leicht weit
Light Structures

Jörg Schlaich   Rudolf Bergermann

Deutsches Architektur Museum
Frankfurt am Main

Ausstellung 22. November 2003 bis 8. Februar 2004
Exhibition November 22, 2003—February 8, 2004

DAM
Deutsches Architektur Museum    **ERNST & YOUNG**   STADT FRANKFURT AM MAIN

leicht weit
Light Structures

Jörg Schlaich   Rudolf Bergermann

Herausgegeben von
Edited by

Annette Bögle
Peter Cachola Schmal
Ingeborg Flagge

Mit Beiträgen von
With contributions by

Annette Bögle
David P. Billington
Ingeborg Flagge
Volkwin Marg
Marc Mimram
Jörg Schlaich
Peter Cachola Schmal

sowie
and

Knut Göppert
Andreas Keil
Sven Plieninger
Mike Schlaich

Prestel   München · Berlin · London · New York

Inhalt
Contents

Fasziniert von den ‚leichten und weiten' Konstruktionen von Jörg Schlaich und Rudolf Bergermann, war es für Ingeborg Flagge, Direktorin des Deutschen Architektur Museums (DAM), seit ihrem Amtsantritt 2000 ein Anliegen, eine Ausstellung über Schlaich Bergermann und Partner zu machen. Geprägt von Effizienz, Ästhetik, Ökologie und sozialer Verantwortung, können diese Konstruktionen es mit jedem Œuvre klassischer Baumeister aufnehmen. Seit 35 Jahren entwerfen die Stuttgarter Ingenieure vielfältige, meist neuartige Bauwerke, die eine gelungene Verbindung von Technik und Gestaltung zeigen. Denn die Hinwendung zum Detail geschieht nie ohne den Blick auf das Ganze. Hierfür kombinieren die Ingenieure Wissen und Können mit Phantasie, um „die Natur, die wir verbauen (müssen), mit der einzigen adäquaten Gegenleistung zu entschädigen, mit Baukultur".

Mit diesem ganzheitlichen Ansatz gelingt es ihnen, die Distanz zwischen den benachbarten Disziplinen Architektur und Ingenieurwesen zu überbrücken und geschätzter Partner vieler Architekten zu sein. Sie stellen sich zugleich der Verantwortung, die aus der Technik als treibender Kraft der Entwicklung resultiert. Bauen heißt bei ihnen individuelle und gesellschaftliche Ansprüche in technisch und ökonomisch realisierbare Konzepte umzusetzen, bei denen die Freude am Konstruieren und Erfinden spürbar ist.

Eines der zentralen Anliegen von Jörg Schlaichs Lehrtätigkeit als Professor an der Universität Stuttgart war, das Image des Technokraten, das den Bauingenieuren anhängt, zu überwinden. Dazu eröffnete er seinen Studenten die kreative Welt des Konstruierens und Gestaltens, basierend auf profundem theoretischen Wissen. Damit prägte Jörg Schlaich Generationen von Studenten einer neuen ‚Stuttgarter Ingenieur-Schule'. Als Erster forderte und praktizierte er an seinem ‚Institut für Konstruktion und Entwurf II' das Entwerfen für Ingenieure von Ingenieuren.

Das DAM freut sich, mit diesem Katalogbuch und der Ausstellung das Gesamtwerk von Schlaich Bergermann und Partner zu präsentieren, die sicher zu den vielseitigsten und wichtigsten Ingenieuren unserer Zeit gezählt werden dürfen. Nach dem DAM und der Freien Akademie der Künste in Hamburg wird die Ausstellung an die Universität für Bodenkultur in Wien, die Università IUAV di Venezia, die Tongji University in Shanghai und an die YSA Gallery der Yale University in New Haven, Connecticut wandern.

When Ingeborg Flagge took up her new post as Director of the Deutsches Architektur Museum (DAM) in 2000, she had already been fascinated by the "Light Structures" of Jörg Schlaich and Rudolf Bergermann and one of her first wishes was to organize an exhibition on these engineers. Their structures are characterized by efficiency, aesthetics, ecology and social responsibility and can stand comparison with the oeuvre of any classical masterbuilder. For 35 years, the Stuttgart engineers have been devising versatile and generally innovative structures which show a successful combination of technology and design. The attention to detail never ignores the view of the whole. To achieve this the engineers combine knowledge, skill and imagination in order to "offer nature, which after all we (have to) fill with buildings the only possible appropriate compensation, namely building culture."

Thanks to this holistic approach they succeed in bridging the gap between the affiliated disciplines of architecture and engineering, and have emerged as the valued partners of many architects. At the same time they accept the responsibility which derives from the fact that, today, technology is the driving force of development. Building for them means translating individual and social requirements into concepts which are technically and economically feasible, and in which you can discern the pleasure in constructing and inventing.

One of the central concerns of Jörg Schlaich's teaching activities as professor at the University of Stuttgart was to overcome the technocratic image associated with civil engineers. He familiarized his students with the creative world of constructing and designing, based on solid theory. Jörg Schlaich has thus influenced generations of students with his philosophy of a new "Stuttgart Engineering School". At his "Institute for Conceptual Design II" he was the first to promote and realize teaching design for engineers by engineers.

With the present catalog and the exhibition, the DAM is pleased to present the oeuvre of Schlaich Bergermann und Partner, who must surely rate among the most multifacetted and important engineers of the day. Following the DAM and the Freie Akademie der Künste in Hamburg the exhibition will travel on to the Universität für Bodenkultur in Vienna, the Università IUAV di Venezia, the Tongji University in Shanghai and to the YSA Gallery of the Yale University in New Haven, Connecticut. Schlaich, Bergermann und Partner have donated

Schlaich, Bergermann und Partner haben der Sammlung des DAM einige Modelle als Schenkung übergeben. Dafür bedanken wir uns. Wir möchten uns auch für die offene Zusammenarbeit mit den Mitarbeiterinnen und Mitarbeitern des Büros bedanken, welche das Projekt mit detaillierten Einblicken in die Arbeit und mit Bild- und Planmaterial unterstützt haben. Ganz besonderer Dank gebührt an dieser Stelle Jörg Schlaich für sein außergewöhnliches Engagement. Nicht zuletzt leben die Ideen und Vorstellungen davon, realisiert und gut präsentiert zu werden, vor allem wenn nicht nur die Projekte des Büros gezeigt werden, sondern auch ihre entscheidenden Entwicklungsschritte. Für die schöne, diese Intentionen unterstreichende Gestaltung von Katalogbuch und Ausstellung danken wir Sibylle Schlaich und Torsten Köchlin bei moniteurs Berlin. Trotz persönlicher Nähe haben sie mit kritischer Distanz dem Werk einen sehr ansprechenden gestalterischen Rahmen gegeben.

Das Projekt wäre nicht möglich gewesen ohne die Sockelfinanzierung durch die Stadt Frankfurt am Main, Amt für Wissenschaft und Kunst. Ein besonderer Dank geht darüber hinaus an den Hauptsponsor des Deutschen Architektur Museums, die Ernst & Young Wirtschaftsprüfungsgesellschaft Eschborn/Frankfurt am Main.

Annette Bögle
Peter Cachola Schmal
Ingeborg Flagge

a number of models to the Collection of the DAM, for which we would like to thank them. We would also like to offer our thanks to the staff for their open-minded collaboration; they supported the undertaking by providing detailed insights into the projects as well as visual images and plans. Our very special thanks are due here to Jörg Schlaich for his extraordinary commitment. Last but by no means least, if not only the projects themselves are put on display, but the various stages that led to their realization, we will be able to do justice to the ideas and visions as put into practice in real life. We would like to express our gratitude to Sibylle Schlaich and Torsten Köchlin at "moniteurs", Berlin, for the beautiful catalog and the exhibition, both of which are designed in such a way as to support the intentions of the oeuvre. In spite of the close personal links, they have exercised critical distance and given the work a very appealing design.

The project would not have been possible without basic financing from the City of Frankfurt. Furthermore, special thanks go to the main sponsor of the Deutsches Architektur Museum, namely Ernst & Young Wirtschaftsprüfungsgesellschaft Eschborn/Frankfurt am Main.

Annette Bögle
Peter Cachola Schmal
Ingeborg Flagge

Jörg Schlaich im Gespräch

Jörg Schlaich in Conversation

Ingeborg Flagge

| *Was ist Baukunst aus Sicht eines Ingenieurs?*
Ein Bauwerk, das sich mit seiner natürlichen oder urbanen Umgebung genauso einfühlsam auseinander setzt wie mit seiner funktionellen und sozialen Aufgabe. Eine dem jeweiligen Zweck angemessene ganzheitliche Lösung, zu der auch die gute Gestalt gehört. Baukunst ist das Ziel, das Urteil wird später gefällt.

| *Ist Baukunst und gute Architektur dasselbe?*
Nein. Baukunst ist mehr als nur gute Architektur. Eine noch so gute aber unangemessene Architektur kann meiner Meinung nach keine Baukunst sein, beispielsweise wenn sie als Solitär ihr Umfeld degradiert. Da gibt es eben noch eine sehr wichtige soziale Komponente. Also: Wenn ein Fabrikant (alter Prägung) meint, seine patriarchal-soziale Haltung dadurch zum Ausdruck bringen zu können, dass er seine Villa inmitten seiner Arbeitersiedlung baut, deren an sich gute Architektur aber ihr Umfeld nicht angemessen reflektiert, sie also ausgrenzt, oder wenn ein Konzern (neuer Prägung) sein Hochhaus in ein Villenviertel stellt und es so seiner Intimität beraubt, ist das nicht ganzheitlich gut, also keine Baukunst, geschweige denn Baukultur. Schauen Sie sich doch nur unsere heterogenen und deshalb unwirtlichen Städte an.

| *Ästhetik und Technik sind kein Gegensatz für Sie?*
Auf keinen Fall. Dass ein konstruktiv falsch angelegtes Bauwerk ästhetisch gut ist, kann ich mir kaum vorstellen, wobei wie immer Ausnahmen die Regel bestätigen, wie das Sydney Opera House von Jørn Utzon (Abb. S. 11). Ich glaube, dass zumindest alle handwerklich empfindsamen Menschen ein gutes Gefühl dafür haben, beziehungsweise

ablehnend reagieren, wenn Konstruktionen verballhornt werden, wenn ihre Form nicht logisch aus ihrer Funktion entwickelt ist und sie unnatürlich gestaltet sind.

| *Was macht Sie so hoffnungsvoll, dass Menschen dafür ein gutes Gespür haben?*
Die eigene Erfahrung, beispielsweise die Resonanz auf einige unserer Brücken, die sich viele offenbar sorgfältig anschauen. Also, die Leute haben Interesse am Ingenieurbau. Es ist ihnen nur nicht klar, dass sie nicht alles hinnehmen müssen, sondern Qualität einfordern dürfen und sollten. Sie nehmen es hin, wenn etwas nicht gut ist, weil sie meinen, das müsse so sein, wenn es so ist. Aber sie freuen sich und spüren, wenn etwas besonders gelungen ist.

| *Aber ist diese Freude an kühnen Bauwerken mehr als nur das Vergnügen an einer außergewöhnlichen Konstruktion? Werden sie auch verstanden?*
Ich glaube ja. Ich habe viele Vorträge bei Gemeindenachmittagen, in Volkshochschulen und Schulen gehalten. Die Leute interessiert, wie eine Brücke funktioniert, warum sie feste und verschiebliche Lager und warum sie an diesem Ort gerade jene Form hat. Sie sehen danach Brücken in ihrer Umgebung mit anderen Augen. Man sieht, was man weiß (das Motto unseres Ingenieurbau-Reiseführers). Man mag, was man versteht. Eine Dampflok ist anregender als eine ICE-Lok.

**Galerie des Machines,
Weltausstellung,
Paris, Frankreich, 1889**
Galerie des Machines,
World Exposition,
Paris, France, 1889

| *What is the art of building from the perspective of an engineer?*
The creation of a building that addresses its natural or urban surroundings as sensitively as it does its functional and social tasks. A cohesive and holistic solution appropriate to the respective purpose and this also includes an excellent form. Art is the goal, judgment is passed later.

| *Are the art of building and good architecture the same thing?*
No. The art of building, or rather architectural or structural art are more than simply good architecture or good structural design. As I see it, no matter how excellent it may be, inappropriate architecture cannot in my opinion be deemed art. An example would be when a solitary building degrades its surroundings. The social side to things is really extremely important. For instance, imagine a factory owner of the old school who thinks he can express his patriarchal-social attitude by building his mansion in the middle of a working-class estate. Now the mansion may actually be good architecture, but it does not give appropriate consideration to its neighborhood, that is to say,

it excludes those surroundings. Or imagine a more modern corporation erecting its high-rise office building in a residential area, thereby robbing the latter of its intimacy. Neither example would be good in the holistic sense, and therefore would not attest to the art of building, let alone to culture. You only have to look at our heterogeneous, and therefore inhospitable, cities.

| *So aesthetics and technology are not mutually exclusive?*
By no means. I find it difficult to imagine a building with structural deficits as being aesthetically good. That said, the exception always proves the rule, such as Jørn Utzon's Sydney Opera House (ill. p.11). I believe that anyone with at least a sense of craftsmanship has a feeling for this and responds disapprovingly when structures are distorted, when their forms do not derive logically from their purpose, and their design is unnatural.

| *What makes you so hopeful that people have a good feeling for this?*
My own experience, or rather the response to some of our own bridges, which evidently many people study very closely. In other words, people are interested in structural engineering. They simply are not aware that they need not accept everything, but can, and should, demand quality. People accept something that is not good because they think that if that is how it is, then that is how it should be. But they sense, and are pleased, when something is especially done well.

| *But is this pleasure in daring buildings more than just enjoyment of extraordinary structures? Do people also understand them?*
Yes, I think so. I have given many lectures to local communities, on adult education programs and in schools. People are interested in how a bridge functions, why it has fixed and movable supports, and how it responds to its specific site. Afterwards, they look at the bridges in their own vicinity with different eyes. You see what you know (the motto of our structures' travel guide). You like what you understand. A steam locomotive inspires people more than a high-speed train.

| *Was ist für Sie das Faszinierende an Ihrem Beruf?*
Diese unauflösliche Mischung von naturwissenschaft-
lichem und intuitivem, von deduktivem und induktivem
Herangehen an immer neue Aufgaben. Dass es deshalb
für jede noch so eindeutige Aufgabe unzählige subjektive
Entwürfe gibt und man immer wieder seine eigenen
neu erfinden kann. Dass man als Einzelner noch etwas
bewirken kann und eines Tages das dasteht, was man
sich so ausgedacht hat – mit demselben Glücksgefühl,
das Gott empfunden haben muss, als er die Erde schuf.

| *Sind Sie eher Erfinder oder Entdecker?*
Jede zweckentsprechende Konstruktion ist eine Erfindung.
Insofern ist jeder entwerfende Ingenieur ein Erfinder.
Naturwissenschaftler entdecken Vorhandenes, Ingenieure

| *Als Geburtsstunde des Ingenieurs gilt die Vorlage
des Gutachtens von 1748 für die Kuppel von St. Peter
in Rom. Ist das wirklich so?*
Nein, das war die Geburtsstunde des Statikers. Ich will
nicht akzeptieren, dass der Ingenieur sich durch die Statik
definiert. Die Geburtsstunde des Ingenieurs kann nicht
dadurch definiert sein, dass er die Standsicherheit einer
vorhandenen Struktur nachweist, sondern dadurch,
dass er das erste Mal eine neuartige eigene Strukturform
erfindet, wie bei der großartigen Galerie des Machines
auf der Weltausstellung in Paris 1889 (Abb. S. 9).
Hier erfanden Ingenieure – mit Wissen und Fantasie
ingeniös konstruierend – völlig neue, mit allem Bisherigen
brechende Formen. Die ,Fußgelenke' dieser riesigen Halle
stellten das Denken und bisherige Verständnis der Bau-

**Jörg Schlaich und Rudolf
Bergermann mit dem
Entwurf für das Stadiondach
Hannover (1973)**
Jörg Schlaich and Rudolf
Bergermann with their design
for the Hanover Stadium (1973)

erfinden immer wieder Neues. Dass viele Ingenieure diese
Chance so selten oder gar nicht nutzen, ist ein Jammer.

| *Sind die Bauingenieure heute immer noch die
„liebedienerischen Sklaven der Architekten", wie Sie diese
einmal genannt haben? Für Sie selbst gilt das sicher nicht.*
Wir Ingenieure begrüßen es natürlich, dass sich in der
Architektur das Verständnis von und das Verhältnis zur
Konstruktion grundlegend verändert hat. Die High-Tech-
Konstruktionen aus Stahlbauteilen und Seilen nutzen
den technologischen Fortschritt in der Werkstoffentwick-
lung sowie den Computer von der Zuschnittsermittlung
über die statischen und dynamischen Berechnungen,
die CNC-Fertigung bis (demnächst) zur GPS- und Roboter-
montage. Sie verdanken ihren Ursprung und ihre Beliebt-
heit – zumindest in ihrer Anfangsphase der siebziger und
achtziger Jahre – dem Trend zum Sichtbarmachen des
Kraftflusses, um über die Ablesbarkeit des Tragverhaltens
Sympathien zu gewinnen. Das Ergebnis zeichnet sich
durch Leichtigkeit und Transparenz aus. Der Druck fließt
in Röhren, der Zug in Stäben oder Seilen, zusammen-
gebastelt mit (möglichst vielen) Gabelköpfen, Fittingen,
Spannschlössern, vorzugsweise aus Edelstahl. Dieser
Ansatz ist uns Ingenieuren natürlich hoch willkommen,
weil er uns die Chance bietet, mit unseren Mitteln origi-
nelle Beiträge zur Architektur zu leisten. Viele meiner
Bauingenieurkollegen reagieren und rechnen aber erst,
wenn der Entwurf steht.

meister auf den Kopf, weil sie dort den Querschnitt ein-
schnüren, wo die Kräfte am größten sind: am Fuß, knapp
über dem Boden, dort, wo das Bauwerk doch am dicksten
sein müsste, wie uns die Natur lehrt! Damit war denen,
die Bauen ohne Statik gelernt und die höchstens ein
Gefühl für, aber keine Erfahrung mit Kraftfluss haben,
den Architekten also, der Boden entzogen. Sie überließen
schmollend solche Konstruktionen den Ingenieuren und
dekorierten deren filigrane Bahnhofshallen und Brücken
mit prunkvollen Fassaden und bombastischen Türmen.
Wie schön, dass Architekten und Ingenieure heute nicht
mehr nebeneinander her, sondern zusammenarbeiten,
bei Bahnhöfen – ich denke an den Berliner Hauptbahnhof
(Lehrter Bahnhof) mit Meinhard von Gerkan – und Messehallen. Wir haben in Hannover vier Messehallen mit
drei verschiedenen Architekten (zweimal Volkwin Marg,
Thomas Herzog, Kurt Ackermann) geplant, das war
äußerst anregend.

| *Aber diese Messebauten in Hannover haben trotz
unterschiedlicher Architekten eine gemeinsame Ausdrucks-
weise. Wie erklären Sie diese?*
Alle zeigen eine aus der Konstruktion entwickelte Form.
Die Zusammenarbeit war von Neugierde und der Absicht
geprägt, die Hallen selbst als architektonische Exponate
zu nutzen.

| *What do you find so fascinating about your profession?*

This indissoluble blend of scientific and intuitive, of deductive and inductive approaches to what are always new tasks. The fact that for every task, no matter how carefully defined, there are countless subjective conceptual designs, and that you can always invent your own ideas anew. That you can still make a difference as an individual, and that one day, what was initially only in your head actually stands there in front of you—with the same feeling of elation God must have experienced when He created the world.

for making visible the flow of forces and reading the structural behavior. The result stands out in terms of lightness and transparency. The compression flows in tubes, the tension along ties or cables, joined with as many forked ends, fittings and turn buckles as possible—preferably all of stainless steel. Naturally, we engineers greatly welcome this approach because it offers us the opportunity to make genuine contributions to architecture using the means we rely on. But many of my civil engineering colleagues only respond and start calculating once the architect's plans have been completed.

engineers and instead embellished the latter's filigree railway stations and bridges with splendid façades and bombastic towers. How wonderful that today architects and engineers no longer work alongside one another but truly collaborate, say, on railway stations—I need think here only of the Berlin Central Station (Lehrter Bahnhof), where we worked with Meinhard von Gerkan—or fair halls. In Hanover, we worked on four trade fair halls with three different architects (two with Volkwin Marg, and with Thomas Herzog and Kurt Ackermann). Now that was really exciting.

Sydney Opera House, Australien, 1973, Jørn Utzon, Arup
Sydney Opera House, Australia, 1973, Jørn Utzon, Arup

Messehalle 8/9, Hannover, 1998, von Gerkan, Marg und Partner
Trade Fair Hall 8/9, Hanover, 1998, von Gerkan, Marg und Partner

| *Are you more of an inventor or a discoverer?*

Every edifice that suits the purpose for which it was made is an invention. Accordingly, every engineer conceiving a structure is an inventor. Scientists discover what is already there, engineers always invent something new. It is a real shame that many engineers never, or hardly ever, make use of these opportunities.

| *Are structural engineers still "fawning slaves of the architects", as you once called them? Surely that does not apply to you.*

Naturally, we engineers welcome the fact that the understanding of and relationship to structural engineering has altered radically in architecture. The "high-tech" structures of filigree steel elements and cables exploit the technological advances in material developments, just as computers are now used to calculate cutting patterns, structural and dynamic behavior, and for CNC production, not to mention the fact we will soon be relying on GPS and robot assembly. All of these processes originated—at least in the initial phase of the 1970s and 1980s—in the trend

| *The 1748 expert assessment of the dome of St. Peter's Cathedral in Rome is considered to mark the birth of the structural engineer. Would you agree?*

No, it was the birth of the structural analyst. I cannot accept that structural engineering is solely a matter of analysis. You cannot define the birth of an engineer by saying he proved the stability of an existing structure. Instead, the definition must be that for the first time he invented an innovative and unique structural form, as was the case with the magnificent Galerie des Machines at the World Exposition in Paris in 1889 (ill. p. 9). With great knowledge, brilliance and imagination, engineers invented completely new shapes that broke with everything that had existed to date. The hinges at the base of this enormous hall turned the basics and approach of master builders of the day on their head because the width of this structure reduces at the very place where the forces are at their greatest—namely at the base, just above the floor, at the point where the building ought to be broadest, or so nature suggests! This effectively pulled the carpet from under the feet of those who had learned to build without a knowledge of structural engineering and at best had a feeling for, but no experience with, the flow of forces—in other words, the architects. They sulkingly left such edifices to the

| *But despite being planned by different architects the four halls in Hanover share the same structural language. How do you explain that?*

All of them demonstrate a form derived from their structural behavior. Our cooperation was shaped by curiosity and the intention of using the halls themselves as architectural exhibits.

| *The German writer Stefan Zweig once referred to "the burden of being creative". Does this also apply to civil engineers?*

Yes, of course. Naturally, there are spontaneous ideas because something stored deep in the recesses of your memory suddenly pops up, but normally the pleasure is arduous: inspect the site, ruminate, produce a sketch, assess it, weigh up the merits, one sketch after another, put the project aside dissatisfied, tussle with it, hatch out new plans, consult others, sweat—until finally the solution emerges from a host of alternatives. The more difficult the task the greater the chance that you will come up with something unprecedented. With time you develop certain design strategies: maybe you tackle the most difficult problem in a complex task first, but solve it as simply

| Der Schriftsteller Stefan Zweig sprach einmal von der ‚Not des Schöpferischen'. Gibt es diese Not auch für den Bauingenieur?

Aber ja. Natürlich gibt es den spontanen Einfall, bei dem etwas im Hinterkopf Gespeichertes plötzlich abgerufen wird, aber normal ist die mühsame Lust: den Ort anschauen, grübeln, skizzieren, abschätzen, gewichten, wieder und wieder skizzieren, unzufrieden weglegen, kämpfen, schwanger gehen, andere fragen, schwitzen, bis sich schließlich aus einer Vielzahl von Alternativen die Lösung herausschält. Je schwieriger die Aufgabe ist, desto größer ist die Chance, etwas bis dahin noch nicht Dagewesenes zu erfinden. Im Laufe der Zeit entwickelt man gewisse Entwurfsstrategien, etwa bei einer komplexen Aufgabe das schwierigste Teilproblem zuerst anzuge-

| Wäre dieser Situation mit mehr Forschung beizukommen?

Natürlich geht ohne Forschung nichts weiter! Aber speziell hierfür brauchen wir eine Sinnesänderung und Erziehung, jedoch kein zusätzliches Fachwissen. Von unserem enormen technologischen Fortschritt mit hochfestem, duktilem Beton und neuen Stahlsorten, Verbund- und faserverstärkten Werkstoffen, den computerorientierten Berechnungs- und Darstellungsverfahren, den CNC-Fertigungs- und Montagetechniken findet sich fast nichts im Ausdruck, in der Gestalt und im Charakter unserer Brücken wieder. Da gibt's eine breite Lücke zwischen dem, was wir wissen, und dem, was wir daraus machen. Wir brauchen stattdessen Mut, gestalterische Fantasie, Qualitätsbewusstsein und das Rückgrat, Qualität einzufordern.

Rheinbrücke Tamins, Schweiz, 1963, Christian Menn
Rhine Bridge Tamins, Switzerland, 1963, Christian Menn

hen, es aber so einfach wie möglich zu lösen, um dann die einfacheren Teilprobleme mit den ausgesparten Fragen zu belasten, wodurch sich für alle eine einheitliche Lösung ergibt.

| Beim Stichwort Brücken beginnen Sie immer, über das Nachlassen von deren Qualität im öffentlichen Raum zu klagen. Welche Gründe gibt es hierfür?

Schon vor Jahrzehnten habe ich Wettbewerbe für Brücken gefordert, es gab dann auch, vor allem hier in Baden-Württemberg, einige, bis sie wieder einschliefen und jetzt dank der Initiative Baukultur hoffentlich wieder erwachen. Was für ein zäher Kampf! Die Gesellschaft, wir alle müssen lernen, dass auch im Ingenieurbau Qualität ihren berechtigten Preis hat und die gebaute Infrastruktur nur durch Kultur zur Zivilisation wird. Die einzig adäquate Gegenleistung für verbaute Natur ist Baukultur. Wenn eine verwöhnte Gesellschaft von den Ingenieurbauten nur lückenlose Funktion bei niedrigsten Kosten verlangt, bekommt sie, was sie verdient: immer dieselben Standardlösungen. Statt eine schön eingebundene individuelle Brücke zu verlangen, verhunzt man das billigste Angebot noch mit der Forderung nach einem viele Meter hohen Schallschutz – der Mensch hat doch nicht nur Ohren, sondern auch Augen. Die Ingenieure können's besser, man muss sie nur fordern!

| Ein weiteres häufig von Ihnen benutztes Wort ist Leichtbau. Warum ist er Ihnen so wichtig?

Der Leichtbau hat heute seinen festen Platz bei Bauaufgaben wie Bahnhöfen, Messebauten, Stadien und so weiter. Der Leichtbau ist für jeden Ingenieur eine Selbstverständlichkeit. Jede intelligent und verantwortungsbewusst entworfene Baukonstruktion will so leicht wie möglich sein. Der Leichtbau ist kein Selbstzweck und kann sogar sinnlos sein. Trotzdem: Nie war Leichtbau zeitgemäßer und notwendiger als heute, aus ökologischer, sozialer und kultureller Sicht.

| Heiße Länder sind meist arme Länder. Sie haben in Kalkutta eine Brücke gebaut und sich dazu etwas Besonderes einfallen lassen. Im Zusammenhang mit solchen Bauaufgaben sprechen Sie immer wieder von sozialer Kompetenz. Was bedeutet das für Sie?

Es sollte mal auf meinem Grabstein stehen, dass ich an dieser Brücke mitarbeitete. Die Hooghly-Brücke ist das Bauwerk, von dem wir, mein Partner und Freund Rudolf Bergermann und viele unserer Mitarbeiter, am ehesten behaupten können, als Ingenieure etwas für die Menschen getan zu haben. Zu ersten Besprechungen war ich bereits 1971 dort. Fertig gestellt wurde sie schließlich 1993, das heißt, wir haben über 20 Jahre mit diesem Bauwerk in Kalkutta gerungen. Sie sollte ohne Importe gebaut werden, um Arbeit vor Ort zu schaffen. Weil es weder schweißbaren Stahl noch Schweißgeräte gab, wurden wir mit der Aufgabe konfrontiert, die Brücke so zu entwerfen, dass sie genietet werden kann. Das muss man sich vorstellen – eine 1.000 Meter lange Schrägseilbrücke nieten! Ich bin heute noch froh, dass wir nicht gleich abgeblasen, sondern diese Herausforderung im

as possible, so that any unresolved issues address the less difficult problems, and you end up with an overall solution that is coherent.

I *At the mention of the word bridge you always begin to complain about the deterioration in the quality of bridges in the public realm. Why is this?*
Decades ago I demanded that design competitions be held for bridges. A few were started up, above all here in Baden Württemberg, until they fizzled out again. Now, I hope they will be revived thanks to the "Initiative Baukultur" campaign.

and robotic assembly techniques, very little of all this is actually reflected in the expression, form or character of our bridges. There's an immense divide between what we know and what we make of this knowledge. What we need is courage, fantasy, quality awareness, and the guts to insist on quality.

I *Another phrase you use frequently is lightweight construction. Why it is so important to you?*
Nowadays, lightweight construction is an integral part of building projects, such as railway stations, trade fair facilities,

such a manner that it could be riveted. Just imagine—riveting a 1,000-meter-long cable-stayed bridge! To this very day I am delighted that we did not call off the whole thing, but on the contrary took up the challenge willingly. The fascinating thing is that the rivets proved to be an excellent solution and saved us a lot of potential welding problems. "Good riveting is better than bad welding" was our witty slogan. As a result, the bridge has its own unique character, and could not be more attractive since there is nothing superfluous about it. The rivets lend the steel surfaces an attractive structure.

Schalungsarbeiten an Candelas Schalen
Formwork for Candela shells

Arbeiter an der Hooghly-Brücke, Kalkutta, Indien, 1986
Working on Hooghly Bridge, Calcutta, India, 1986

What an incredible struggle! Society, in fact all of us, have to learn that engineering quality also deserves its just reward, and that built infrastructure can become civilization only through culture. The high culture of building is the only adequate means of partly making good our destruction of nature. But if a spoilt society demands that civil engineering structures smoothly fill a list of functions at the lowest possible cost, then it will get what it deserves, namely, the same old standard solutions. Instead of asking for an original bridge that fits beautifully into its surroundings, people manage to botch up even the cheapest option by insisting on towering noise barriers. They forget that people have not only ears, but also eyes. Engineers can do a better job; all they need is a challenge.

I *Would more research help solve this situation?*
Well, of course, things cannot progress without research. But this is precisely where we need a change of heart and education, and not additional specialist know-how. Despite enormous technological advances using high-tensile, ductile concrete and new types of steel, composites and fiber-reinforced materials, CAD-visualization and CNC production

stadiums, and so on. Lightweight construction is something every engineer takes for granted. Every intelligent, responsible construction proposal features a structure that aims to be as light as possible. Lightweight construction is not an aim in itself, and can even be pointless. Nevertheless, lightweight construction was never more contemporary and necessary than today—for ecological, social and cultural reasons.

I *Hot countries are often poor. You came up with a highly original idea for the bridge you built in Calcutta. When you mention such projects you often use the term social competence. What does the term mean to you?*
I want it written on my gravestone that I collaborated on this bridge. The Hooghly Bridge is the structure of which we—I, my partner and friend Rudolf Bergermann, and many of our staff—can most honestly claim that we engineers did something for our fellow men. I went there for first talks in 1971, and the bridge was finally completed in 1993. In other words, we wrestled with this bridge in Calcutta for over 20 years. The brief was for a bridge that could be built without imported materials—in order to create work for local people. Because there was neither welding steel nor welding devices, we faced the task of designing the bridge in

The bridge connects West and East Bengal, and its construction kept thousands of families in work and food. The people in Calcutta see it as their bridge—what more do you want?

I *Doesn't forgoing European technology mean this bridge will age quickly?*
Every well-constructed bridge—including this one—lives as long as it is well maintained. Unfortunately, that is not something you can take for granted in India, but we insist on it. Incidentally, the composite construction developed there, welded, of course, has since won the day for cable-stayed bridges. An interesting roundabout way.

I *Is social responsibility a conscious attitude?*
I find it strange that it needs even to be talked about. It goes without saying that we engineers are not there simply to satisfy ourselves, and to push technical progress to some sort of pinnacle of achievement. We are there to make possible a life fit for human beings for the relatively short period of time we all spend on earth. Human dignity comes from being needed, having a meaningful task, whatever it might be. Naturally, people also get enjoyment from their jobs, from

Gegenteil mit Eifer angenommen haben. Das Faszinierende ist, dass das Nieten hervorragend funktionierte und uns vor vielen Problemen des Schweißens bewahrt hat. „Gut genietet ist besser als schlecht geschweißt" war das geistreiche Schlagwort. Die Brücke hat so einen eigenen Charakter, könnte nicht schöner sein, weil wirklich nichts Unnötiges dran ist. Die Nieten geben der Stahlfläche eine schöne Struktur. Die Brücke verbindet West- mit Ostbengalen und ihr Bau hat tausende Familien ernährt. Für die Menschen in Kalkutta ist das ihre Brücke – was will man mehr (Abb. S. 13)?

| *Bringt der Verzicht auf europäische Technik bei dieser Brücke kein schnelles Altern mit sich?*
Jede ordentlich konstruierte Brücke – auch diese – lebt so lange, wie sie gepflegt wird. Das ist in Indien leider nicht selbstverständlich, aber wir insistieren. Übrigens hat sich inzwischen die Verbundbauweise für Schrägseilbrücken, natürlich geschweißt, weltweit durchgesetzt. Ein interessanter Umweg.

| *Ist soziale Verantwortung eine bewusste Haltung?*
Ich finde es merkwürdig, dass man darüber überhaupt reden muss. Es ist doch selbstverständlich, dass wir nicht dazu da sind, uns selbst zu befriedigen und den technischen Fortschritt auf irgendwelche Spitzen zu treiben. Wir sind dazu da, den Menschen in den paar Jahren, die sie leben, ein menschenwürdiges Leben zu ermöglichen. Menschenwürde beginnt damit, dass man gebraucht wird, eine sinnvolle Aufgabe hat, welche auch immer. Natürlich gibt es da auch die schiere Freude am Beruf, den Spiel- und Basteltrieb. Das ist ja auch nichts Schlechtes, solange ich damit niemandem etwas zuleide tue.

| *Ihr Aufwindkraftwerk ist nicht nur eine technische Frage, sondern wäre auch eine soziale Tat. Wird es gebaut werden?*
Ich fürchte, wir sind noch nicht ganz so weit, aber so lange wir leben, bleiben wir dran, auf jeden Fall auch die nächste Generation in unserem Büro. Innerhalb von 100 Jahren verbrauchen wir die über Jahrmillionen entstandenen Ölreserven der Welt egoistisch und ohne Rücksicht darauf, dass die Generationen nach uns leer ausgehen. Wir sind nicht einmal bereit, die damit verbundenen Schäden zu bezahlen, auch die verlagern wir auf die nächste Generation. Das Einzige, was die Menschen der Dritten Welt uns voraus haben, ist Sonne, Wüste und Arbeitswillige. Sonnenenergienutzung ist ihre – und unsere! – Chance. Bisher haben aber die reichen Industrie- und Ölländer kein Verantwortungsbewusstsein gegenüber der Zukunft und unseren Enkeln entwickelt. Sie agieren wohl erst, wenn sie mit dem Kopf an die Wand stoßen.

| *Wenn man den Ingenieur als Statiker ansieht, gibt es im Grunde kaum noch Grenzen. Es kann fast alles berechnet werden, es gibt Materialien, die sind so entwickelt, dass man mit ihnen alles Mögliche machen kann. Aber wenn alles möglich ist, was sollte man nicht tun?*
Bis vor kurzem waren dem Ingenieur durch Statik und Fertigungstechnik noch schmerzhafte Grenzen gesetzt. Durch den fortschreitenden Computereinsatz ist jetzt alles anders. Welch schöner Gedanke, dass dank dieses High-Tech-Werkzeugs die einfachen Berechnungsmethoden, die den Entwurf begleitende, geistreich-transparente Zweiseiten-Kraftfluss-Statik wieder zu Ehren kommt und dass wir wieder ganz unbeschwert entwerfen können, weil Big Brother im Hintergrund wacht und verifiziert, was wir schon wissen! So könnte es zu einer neuen Formenvielfalt kommen! Der Computer ist dumm, aber fleißig. Deshalb ist es einer computergesteuerten Säge egal, ob sie lauter gleiche Stäbe oder unzählige unterschiedliche, auf Bruchteile von Millimetern genau absägt. Wenn daraus eine Stabgitterkuppel werden soll, schnitzt eine CNC-Fräse auch die komplizierten räumlichen Verbindungsknoten, unabhängig davon, ob alle gleich oder jeder anders ist, zum selben Preis.

| *Besteht aber jetzt nicht die Gefahr, dass die unendliche Freiheit, die uns die moderne Fertigungstechnik bietet, weil ja mit der geeigneten Software jeder alles machen kann, in die Beliebigkeit der Formen führt, gar ins visuelle Chaos?*
In der Tat lehrt die Erfahrung, dass einem immer dann beim Entwerfen etwas Neues einfällt, wenn man durch ungewöhnlich schwierige Anforderungen und Rahmenbedingungen eines Projektes herausgefordert wird. Umgekehrt tötet nichts die Fantasie unausweichlicher als ein triviales Entwurfsumfeld. Wenn also zukünftig dank dem Computer statisch und fertigungstechnisch ‚alles möglich' ist, muss man sich, um beispielsweise bei einem Wettbewerb aufzufallen, künstlich ‚etwas einfallen lassen', etwas draufsetzen, eine zumindest Ingenieuren höchst unangenehme Vorstellung. So übertreffen sich die ‚Wilden' mit aufgeblasenen und zerknautschten Blobs, oft Persiflagen und Karikaturen missinterpretierter ‚Vorbilder' – ich weiß aus unserer spannenden Zusammenarbeit mit Frank O. Gehry, wovon ich rede –, bar jeden Bezugs zwischen Form, Funktion und Kraftfluss. Hoffentlich eine schnell vergängliche Mode der Spaßgesellschaft. Andererseits kann es aber wohl nicht wahr sein, dass gerade wir Ingenieure uns gegen den Fortschritt stemmen, an dem wir gleichzeitig eifrig mitstricken, gar ausgerechnet gegen die Automatisierung, die uns die Sklavenarbeit abnimmt.

So bleibt die Hoffnung, dass wir beim Entwerfen an unsere Bauten weitergeben können, was wir ‚im Leben' immer wieder an uns selbst erfahren, nämlich dass Selbstdisziplin und ein liberales Umfeld die Eigenverantwortlichkeit und Kreativität auf lange Sicht mehr fördern als die Abwehr äußerer Zwänge, so wie der Krieg zwar Entwicklungsschübe auslösen, aber nie nachhaltig konstruktiv sein kann.

having fun, making things. There is nothing wrong with that, as long as my actions don't harm anyone.

| *Your Solar Chimney is not only a matter of the right technology, but would also represent a social act. Will it be built?* Unfortunately, I don't think we are quite that far yet, but as long as we live, we will stay with it; it will certainly be continued by the next generation in our office. In the course of 100 years we have been selfishly using the world's oil reserves that took millions of years to be formed, without giving any thought to coming generations

| *If engineers are viewed as the people who do structural analysis, then the sky's the limit. You can calculate almost everything. There are materials developed in such a way that you can do almost anything with them. But if almost anything is possible, what should you not do?* Until recently, structural analysis and production technology imposed painful limits on engineers. But that has all changed thanks to the ever greater use of computers. What a reassuring thought it is that thanks to this high-tech tool, the simple calculation methods, the ingenious and transparent two-sided force-flow analyses

stifles the imagination more than a planning environment devoid of challenges. In other words, if, thanks to the computer, everything is possible in terms of structural analysis and production technology, then in order to catch the competiton judges' attention it will be necessary to artificially "come up with an idea" to top everything else—an approach that engineers at least find highly unpleasant. That is how the "wild ones" outdo each other with puffed up and squashed blobs, often just satires and caricatures of misinterpreted "role models"—with no connection between form, function and flow of forces.

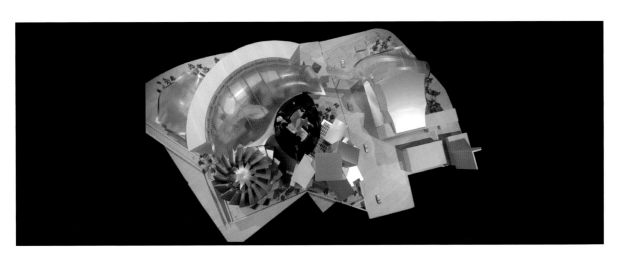

Modell, Museum of Tolerance, Jerusalem, Israel, 2005/06, Frank O. Gehry
Model, Museum of Tolerance, Jerusalem, Israel, 2005/06, Frank O. Gehry

for whom nothing will be left. We are not even prepared to pay for the damage this selfishness has created, but simply pass that on to the next generation as well. The only things that people in the Third World have that we are short of are the sun, the desert and people who really want work. Solar energy is not only an opportunity for them, but for us too. Yet to date, the rich industrial and oil-producing nations have shown no sense of responsibility toward the future or their grandchildren. Presumably they will only sit up and take action when they come up against a brick wall.

have come back into favor, and that we can once again design free of care, because Big Brother is keeping watch in the background and verifying what we already know! This may give rise to a new diversity of building shapes! The computer may be stupid but it is diligent. Which is why it makes no difference to a computer-controlled saw whether it saws off identical rods or countless different ones down to fractions of millimeters. If a steel grid shell is to be made, a CNC milling machine even cuts out its complicated 3D nodes—irrespective of whether they are all identical or each is different—for the same price.

| *But is there not a danger, then, that the unlimited freedom offered by modern production technology—after all, with the right software everything is possible—will result in arbitrariness in design, even in visual chaos?* Indeed, experience has shown than when you are challenged to find a solution to unusually difficult requirements and given conditions in a project, you come up with something new. Conversely, nothing

On the other hand, it simply cannot be that we engineers of all people should try to ward off the very progress that we are simultaneously and eagerly helping to create. This is especially true of automation, which relieves us of so much toil.

And so the hope remains that we can pass on to others what we have experienced personally in our own lives, namely, that in the long term self-discipline and a liberal environment are more conducive to increasing responsibility for oneself and creativity than warding off external pressures and obligations, in the same way that war may trigger development phases, but can never be constructive in a lasting way.

Jörg Schlaich als gestaltender Ingenieur

Jörg Schlaich as a Structural Artist

David P. Billington

Auf einer Tagung über Schalentragwerke lernte ich 1978 einen Professor und Ingenieur aus Stuttgart kennen und wir diskutierten lebhaft über Ästhetik im Ingenieurwesen. Dies war meine erste Begegnung mit Jörg Schlaich. Viele weitere Treffen folgten, es ergab sich ein reger Briefwechsel. Dem Berufsstand ist inzwischen bewusst geworden, dass eine Ästhetik im Bereich von Ingenieurbauten existiert, für die Ingenieurskünstler wie Christian Menn, Heinz Isler und Jörg Schlaich beispielhaft sind.

Die Entwürfe des Ingenieurs Schlaich sind so vielfältig und so zahlreich, dass ich mich hier nur auf einige wenige bedeutende konzentrieren werde. Er hat unter anderem auf drei Gebieten Wichtiges geleistet: erstens als Beratender Ingenieur im Bauwesen, zweitens als Forscher der Stahlbetonbauweise und drittens als Entwerfer von Brücken und Türmen, die vor allem in Stahl gebaut sind.

Schlaich hat häufig gut mit Architekten zusammengearbeitet, insbesondere wenn sie gut zuhören konnten, aber es gab auch einige bekannte Fälle, in denen er als Berater für Projekte hinzugezogen wurde, bei denen die architektonische Form ohne angemessene Konstruktion entstanden war. So ein Fall ist die 1956 errichtete Berliner Kongresshalle (heute: Haus der Kulturen der Welt; Abb. S. 18) des in Cambridge/Massachusetts ansässigen Architekten Hugh Stubbins, bei der „die Disparität zwischen dem architektonischen Konzept und der Konstruktion zum Fiasko geführt hatte". Das Dach schien von zwei Bögen gehalten zu werden, die aus denselben Stützen hervorgingen und in geneigten Ebenen lagen. Diese ausdrucksstarke Form hatte mit dem statischen Konzept des Gebäudes überhaupt nichts zu tun, da, wie Schlaich es formulierte, „der Einsturz des südlichen Außendachs und Bogens durch Fehler beim Entwurf des Tragwerks und beim Bau dieses Teils des Dachs verursacht worden war.

Das Ergebnis war, dass aufgrund von korrosionsbedingten Rissen die vorgespannten Tragglieder versagten, welche die Randbögen trugen. Dies offenbarte die technische Unehrlichkeit des Entwurfs, die darin bestand, dass die geneigten Bögen das Dach nicht trugen [wie es auf den ersten Blick schien], sondern lediglich mit ihm verbunden waren, um das formale Konzept des Architekten zu verstärken, das von Anfang an von erfahrenen Ingenieuren kritisiert worden war. Das innere Dach, das wirkliche Dach des Auditoriums, blieb stehen!"[1]

Als zweites Beispiel für solche Probleme sei Schlaichs Beratertätigkeit bezüglich des wandelbaren Membrandachs des 1976 von dem Pariser Architekten Roger Taillibert erbauten Olympiastadions in Montreal angeführt. Prominente Ingenieure hatten den Entwurf scharf kritisiert, insbesondere Anton Tedesko, der bemerkte, dass der Architekt vor der Entscheidung über den endgültigen Entwurf keinen Ingenieur hinzugezogen hatte.[2] Schlaich wurde gebeten, das wandelbare Dach zu entwerfen, aber aus dem Prozess der Herstellung und Montage ausgeschlossen. Nach vier Jahren Nutzung wies das wandelbare Dach schwere Schäden auf. Das Versagen resultierte zum Teil aus dem unüberlegten Originalentwurf und daraus, dass es sich, wie Schlaich es ausdrückte, „um bombastische Architektur handelte, vollkommen maßstabslos zur Umgebung; ein von Anfang an ineffizienter Entwurf".[3] Typisch für Schlaich ist, dass er die hieraus gewonnenen Erkenntnisse nutzte, um gelungene wandelbare Dächer für großartige historische Bauten in Nîmes und Saragossa zu entwerfen. Dort hatte er die gesamte Kontrolle über die Tragwerksplanung. Der Erfolg dieser Projekte ist durch seine vorangegangenen Erfahrungen bedingt, seine erfindungsreichen Konzepte und seine Aufmerksamkeit für das Detail.

At a 1978 conference on shell structures, I first met a professor and designer from Stuttgart and we had a stimulating discussion on aesthetics in engineering. This was my first encounter with Jörg Schlaich. There have been many subsequent meetings and correspondences since. The profession has meanwhile learned that there is an engineering aesthetic exemplified by such contemporary structural artists as Christian Menn, Heinz Isler and Jörg Schlaich.

Schlaich's engineering designs are so varied and numerous that here I shall focus only on a few significant ones. Three of the ways in which he has done important work are (1) as a consultant on structural designs, (2) as a researcher in reinforced concrete, and (3) as a designer of bridges and towers, especially using steel.

Schlaich has often worked well with architects, especially when they are willing to listen closely to his ideas, but there are several famous cases where he was called in to advise on designs in which architectural forms had been created without proper structural engineering. One of these was the Congress Hall in Berlin (Haus der Kulturen der Welt), by the Cambridge-based architect Hugh Stubbins and built in 1956, where "the disjunction between architectural concept and engineering had led to disaster". The roof

appeared to be supported by two arches that sprang from the same buttresses and lay in sloping planes. This dramatic form was not related to the structural concept since, as Schlaich put it, "the collapse of the southern outer roof and arch was caused by deficiencies in the engineering design and construction of this portion of the roof. The result was failure of the tension members supporting the rim arches, due to corrosion cracking. This exposed the technical dishonesty of the design: the inclined arches did not carry the roof (as they appeared to do) but were merely attached to it, in order to satisfy the architect's formal concept, which had been criticized from the beginning by engineering experts. The inner roof, the real auditorium roof, remained standing!"[1] (ill. p.18)

A second example of such problems was Schlaich's consulting on the retractable membrane roof for the 1976 Olympic Stadium in Montreal by Paris-based architect Roger Taillibert. Prominent structural engineers, especially Anton Tedesko, had severely criticized the design, observing that no structural engineer had been consulted about the architect's form before final design was set.[2] Schlaich was asked to study the retractable roof but was excluded from the process of manufacture and erection. After four years of use, the retractable roof suffered major damage. In part, the failure resulted from the

ill-conceived original design and, as Schlaich commented: "It is bombastic architecture completely out of scale with its surroundings; an inefficient design from the beginning."[3] Typical of Schlaich, he used that experience to design successful removable covers for great historical buildings in Nîmes and Zaragoza. There he had complete control over the structural designs and their success stemmed from his previous experience, his imaginative concept, and his attention to details.

I had one personal consulting experience with Schlaich, in the mid-1990s for the huge Millau viaduct in southern France. He recognized quickly that the proposed design was inappropriate partly because of the influence of the 1987 Kochertal Viaduct in Germany, about which he had written: "Though there is no question that this bridge is a fantastic achievement and though it looks good (slender and elegant) from a distance, one should not do anything like that—those massive beams on those tremendous columns. Cables supporting a continuous double-T beam at close intervals would be better. When a car on a bridge becomes almost invisibly small compared to the deck itself you know something is wrong. When a structure is doing little more than to hold up its own weight and to resist wind loads, it cannot be efficient."[4]

Mitte der neunziger Jahre war ich persönlich beteiligt, als Schlaich als Berater für den riesigen Millau-Viadukt in Südfrankreich hinzugezogen wurde. Schlaich erkannte schnell, dass der vorgeschlagene Entwurf ungeeignet war, was zum Teil auf den Einfluss der 1987 errichteten Kochertalbrücke zurückzuführen war, über die er schrieb: „[...] obwohl es außer Frage steht, dass diese Brücke eine phantastische Leistung ist und obwohl sie aus der Entfernung gut aussieht (schlank und elegant), sollte man so nicht bauen – diese massiven Balken auf diesen ungeheuren Stützen. Seile, die in engen Abständen einen durchgehenden Plattenbalken tragen, wären besser gewesen. Wenn ein Auto auf einer Brücke im Vergleich zum Brückenträger fast unsichtbar klein wird, weiß man, dass etwas nicht stimmt. Wenn eine Konstruktion kaum anderes tut,

einen verblüffenden visuellen Effekt auf den Entwerfer, der andernfalls mit komplexen algebraischen Formeln sowohl für den statischen Nachweis als auch für die Dimensionierung und Anordnung der Bewehrung konfrontiert wird. Der Ingenieur erhält sozusagen ein Röntgenbild der Lastpfade im Beton, dessen Form und Einbindung das Tragverhalten gefühlsmäßig ablesbar macht. Dies steht wirklich in der Tradition der Grafischen Statik, deren Wegbereiter Carl Culmann und sein Schüler Wilhelm Ritter in Zürich waren und die durch Schlaich, seinen Kollegen Kurt Schäfer und ihre Schüler systematisch wieder zum Leben erweckt wurde. Das Titelbild des PCI Journal von 1987 illustriert diese Vorstellungen und kennzeichnet sie als Bestandteil einer folgerichtigen entwerferischen Denkweise für Tragwerksplaner (Abb. S. 19).

Kongresshalle, Berlin, 1956
Congress Hall, Berlin, 1956

Kongresshalle eingestürzt, 1980
Congress Hall, collapsed, 1980

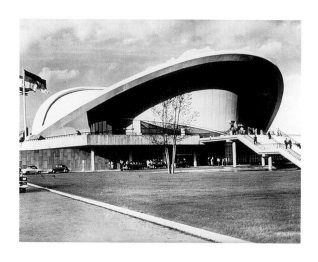

als das eigene Gewicht zu tragen und den Windkräften zu widerstehen, kann sie nicht effizient sein."[4] Deutlicher als ich sah er die Richtung, in die sich der Entwurf für das Millau-Viadukt bewegte, und schied aus dem Beraterkomitee aus. Seine Voraussicht wurde durch das Endergebnis bestätigt.

Forschung

Seine Forschungen auf dem Gebiet des Betonbaus sind von großem fachlichem Wert gewesen, da Schlaich sowohl Lehrer als auch Entwerfer war. Möglicherweise war seine wichtigste Forschung die Formulierung der Methode der Stabwerkmodelle für die Analyse von Stahlbetonbauten. Diese Methode hat den ungeheuren Vorteil, dass die Entwerfer mit ihr den Kraftfluss in einem Betonbauteil nachvollziehen können, während sie zur selben Zeit sehen, wie unterschiedliche Kombinationen von zugbeanspruchtem Stahl und druckbeanspruchtem Beton diese Kräfte effektiv bewältigen können.

Der an der ETH Zürich lehrende Wilhelm Ritter war der Erste, der 1899 diesen Ansatz in seiner wegweisenden Studie der Hennebique-Bauweise für Stahlbeton erkannte. Emil Mörsch, Ritters Nachfolger in Zürich, stellte diese Methode 1912, nachdem er nach Deutschland zurückgekehrt war, in einem Lehrbuch dar. Allerdings setzte sich diese Erfolg versprechende Methode erst in den achtziger Jahren allgemein durch – dies ist zum großen Teil auf die führende Rolle Schlaichs zurückzuführen.[5] Seine systematische Vorstellung der Stabwerkmodelle im Betonkalender von 1984 und ihre ausführliche Darstellung 1987 in der Mai-Juni-Ausgabe des PCI Journal brachten die Stabwerkmodelle einem großen Fachkreis in Deutschland und den Vereinigten Staaten nahe.[6] Diese Entwurfstheorie hat

Der größte Vorzug dieser Methode ist, dass sie nicht allein Balken als Fachwerke modelliert, sondern dieselben Vorstellungen auch auf Elemente überträgt, die andernfalls nicht mathematisch zu behandeln sind, wie Belastungs- oder Widerlagerpunkte, Rahmenecken, Konsolen oder Aussparungen. Das Tragwerk wird zum Leben erweckt und zum integralen Ganzen, welches Schlaich mit großer Begeisterung beschreibt. Ein zweiter Vorzug ist, dass die Methode sich einfach auf Stahl- und Spannbeton zugleich anwenden lässt, beide werden heute häufig als Konstruktionsbeton bezeichnet. Diese beiden Arten des Betons wurden ursprünglich als streng unterscheidbare Bereiche angesehen, was hauptsächlich auf die dezidierten Ansichten von Eugène Freyssinet, dem Pionier des Spannbetons, zurückzuführen ist. Die Vereinigung beider Bereiche ist jedoch nicht nur rationaler, sondern sie führt auch zu einem statischen Ansatz, der schlüssiger ist. Schlaich, Schäfer und Kollegen fassten es 1987 am Ende ihres Beitrags in die folgenden Worte: „Als Resultat dieses Ansatzes entspricht die Aufgabe, irgend einen Spannbetonträger zu entwerfen, der eines Stahlbetonträgers mit Biegung und Schub und dem zusätzlichen Lastfall Vorspannung."[7]

All diese Erfahrungen als Beratender Ingenieur und die Forschungsprogramme resultieren aus der Entwurfstätigkeit. Schlaich folgt einem älteren Forschungsansatz, der den Bezug zur Berufspraxis in den Vordergrund stellt und nicht den zur universitären Forschung. Diese Auffassung von akademischer Arbeit entspricht der der Zürcher Schule mit Culmann, Ritter und, später, Pierre Lardy und sie ähnelt der Stuttgarter Schule von Mörsch, Leonhardt und Schlaich wobei sich diese darin unterscheidet, dass die beiden Letztgenannten auch bedeutende Entwerfer sind. Um einen Einblick in die herausragende Karriere von Schlaich zu erhalten, ist es deshalb wesentlich, seinen

Seeing, more clearly than I, the direction that the design had taken he resigned from the advisory committee and his foresight was justified by the final result.

Research

His research in concrete structures has been of great professional value primarily because he was both a teacher and designer. Probably his most significant research professionally is the clear and full formulation he has made of the strut-and-tie method (STM) for analyzing reinforced concrete structures. This method has the

whose shape and integration give an aesthetic feeling to the workings of the structure. It is really in the tradition of graphic statics pioneered in Zurich by Carl Culmann and his student Wilhelm Ritter and reborn in a systematic way by Schlaich, his colleague Kurt Schäfer and their students. The cover of the 1987 PCI Journal illustrates these images and identifies them as part of a consistent design mode of thinking for structural engineers (ill. p.19).

The greatest virtue is that STM not only turns beam elements into trusses but also carries the same ideas over to such

This is the way the Zurich school of Culmann, Ritter, and, later, Pierre Lardy approached academic work and this was similar to the approach of the Stuttgart school of Mörsch, Leonhardt and Schlaich except that the last two were also major designers. Thus, in presenting some insight into the remarkable career of Jörg Schlaich it is crucial to look more closely at his design ideas, most particularly those that have led to successfully completed structures. Therefore I shall turn to a set of structures that I believe characterize his approach: the 1974 Schmehausen Cable Net Cooling Tower, two Stuttgart

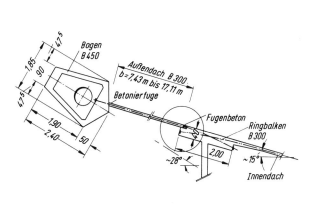

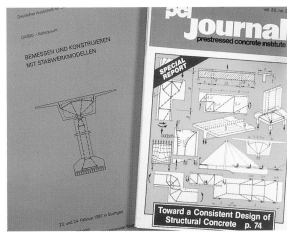

Querschnittssprung zwischen Schale und Randträger, Kongresshalle, Berlin, 1956
Leaps in cross-section between shell and edge beam, Congress Hall, Berlin, 1956

Stabwerkmodelle
Strut-and-Tie Model (STM)

immense virtue of making designers think about the way forces flow in a concrete structure while at the same time seeing how various patterns of tension steel and compression concrete can carry those forces effectively.

Wilhelm Ritter at the ETH Zürich was the first to recognize this approach in his pioneering 1899 study of the Hennebique method for reinforced concrete. Emil Mörsch, Ritter's successor in Zurich, presented the method in his 1912 textbook after he had returned to Germany but his fruitful idea did not enter general practice until the 1980s – due in large measure to Schlaich's leadership.[5] His systematic presentation in the 1984 Beton-Kalender and the full treatment he received in the PCI Journal of May/June 1987 brought STM to a wider audience in both Germany and America.[6] There is a striking visual impact that this design idea has on the designer who is otherwise faced with complex algebraic formulations for both structural analysis and the calculation of reinforcement sizes and locations. The engineer gets an almost X-ray view of concrete as carrying loads through physical elements

otherwise mathematically intractable elements as loading or reaction points, frame corners, corbels and openings. The entire structure becomes alive and an integral whole which Schlaich delights in presenting. A second virtue is that STM easily accommodates both reinforced and prestressed concrete in what is now often referred to as structural concrete. These two aspects of concrete were introduced as very separate fields, due mostly to the strong views held by the pioneer of prestressing, Eugène Freyssinet. But the integration of the two ideas into a single approach is not only more rational but also leads to an analysis approach, which is more elegant. As Schlaich, Schäfer et al. put it at the end of their 1987 paper:
"As a result of this approach, the task of designing any type of prestressed concrete girder becomes the task of designing a reinforced concrete girder with regard to bending, shear forces, and normal forces, which among others include the additional loading case of prestress."[7]

All of these consulting experiences and the research programs spring from the designer. Schlaich follows an older approach to research that centers on writing to the practising profession rather than only to the academic researchers.

footbridges of 1992, the 1993 Kirchheim Overcrossing, the 1998 Ingolstadt Glacis Bridge and the 1999 Duisburg Inner Harbor Footbridge.

Structures

The Schmehausen Cable Net Cooling Tower was created out of a network of three cable layers, one going vertically (following a slight hyperbolic curve), and two diagonally. The design consisted of a central concrete mast 6.6 meters in diameter, slip formed and rising well above the 146-meter-high cable net. From the concrete mast top, cables radiated down to a stiff 92-meter-diameter ring at the top of the cable net to support it. The net was anchored to a 141-meter-diameter base concrete ring and the net was prestressed to provide resistance against wind loads. The steel cables were coated with aluminum and the entire tower was sheathed in aluminum sheeting. This unique structure served as a dry cooling tower, whereby the hot condenser water entering tubes within the lower part of the tower

Entwürfen größere Aufmerksamkeit zu schenken, besonders denen, die zu erfolgreich realisierten Bauten geführt haben. Aus diesem Grund möchte ich mich einer Reihe von Konstruktionen zuwenden, die, wie ich glaube, seinen Ansatz gut charakterisieren: dem 1974 errichteten Seilnetzkühlturm in Schmehausen, zwei Fußgängerbrücken in Stuttgart von 1992, der 1993 entstandenen Autobahn-Überführung in Kirchheim/Teck, der Glacisbrücke in Ingolstadt von 1998 und dem Steg im Duisburger Innenhafen von 1999.

Konstruktionen

Der Seilnetzkühlturm in Schmehausen wurde aus einem Netz von drei Seilscharen gebildet, von denen die eine vertikal (einer leicht hyperbolischen Kurve folgend) und

Schlaichs genaue Kenntnis des Materials Stahl und die Formenvielfalt, die er für ähnliche Aufgaben erzielen kann. Wie es Schlaich ausdrückte, „sollen sie nicht – wie es bei den zahlreichen plumpen Beispielen ihrer Art der Fall zu sein scheint – als rein funktionale Konstruktionen angesehen werden, bei denen man nur den finanziellen Aspekt für wichtig hält. Nein, sie müssen in ihre Umgebung passen und sich nach den Bedürfnissen ihrer Benutzer richten, den Fußgängern. Im Gegensatz zu Eisenbahn- oder Straßenbrücken befinden sich Fußgängerbrücken in menschlicher Reichweite, es sind Brücken, die man berühren kann. Sie sollen schön sein. Man soll sie gerne anschauen; man soll gerne auf ihnen gehen. Sie müssen nicht so gerade sein wie Autobahnbrücken. Sie dürfen sogar ein wenig schwanken, um uns spüren zu lassen, dass sie leben …"[9]

die anderen beiden diagonal verlaufen. Der Entwurf beinhaltete einen mittleren Mast aus Beton mit einem Durchmesser von 6,60 Metern, mittels Gleitschalung erstellt, der sich weit über das 146 Meter hohe Seilnetz erhebt. Vom oberen Ende des Betonmasts führten radiale Seile zu einem aussteifenden Ring von 92 Meter Durchmesser am oberen Ende des Seilnetzes, um dieses hochzuhalten. Das Netz ist in einem Betonring am Boden mit einem Durchmesser von 141 Metern verankert und vorgespannt, um Windkräften Widerstand zu leisten. Die Drähte der Litzen wurden mit Aluminium beschichtet und das gesamte Netz mit Aluminiumblech von innen ausgekleidet. Diese einzigartige Netzkonstruktion diente als Trockenkühlturm, wobei das heiße Kondenswasser in Rohre im unteren Teil des Turms eintrat, durch die aufsteigende Luft abgekühlt wurde und in den Kondensator zurückgeführt wurde. Das Wasser kommt niemals mit der Luft in Kontakt, wie es bei herkömmlichen Kühltürmen der Fall ist.

Dieser bemerkenswerte Bau diente dem dazugehörigen Atomkraftwerk 17 Jahre lang, bis dieses 1991 aus ‚politischen und sicherheitsbedingten' Gründen stillgelegt und der Turm gesprengt wurde. So ging ein wichtiges Denkmal der Ingenieurskunst verloren – sehr zu Schlaichs Widerwillen.[8] Wie die mutwillige Zerstörung von Jack Christensens Kingdome in Seattle von 1975 und von Anton Tedeskos HP-Dach (hyperbolisches Paraboloid-Dach) eines Kaufhauses in Denver, das 1958 errichtet worden war, sollte diese verlorene Landmarke ein Aufruf an die Ingenieure sein, anzufangen, sich ernsthaft um den Erhalt ihrer Werke zu bemühen, vergleichbar mit den erfolgreichen Bemühungen einiger Architektengruppen heute.

Eine ganze Reihe von Landmarken entstand in Stuttgart, rechtzeitig zur Internationalen Gartenbauausstellung (IGA 1993). Diese Fußgängerbrücken veranschaulichen

1992 organisierte Christian Menn in Zürich eine Ausstellung über Schlaichs Fußgängerbrücken. Der Katalog zu diesem einzigartigen Ereignis zeigt eine erstaunliche Vielfalt solcher Brücken, welche die oben beschriebene Idealvorstellung Schlaichs verdeutlichen wie auch sein Ziel, eine Stadt mit undekorierten Werken reiner Konstruktion zu schmücken. Obwohl die wichtigsten Beiträge in diesem Buch von Menn und Schlaich sind, teilt sich der Letztere die Herausgeberschaft mit seinem Partner Rudolf Bergermann.[10] Zwei der vorgestellten Brücken, Pragsattel I und II, sollen als Beispiele für diese vielen Arbeiten dienen (Abb. S. 21).[11]

Pragsattel I überspannt die Heilbronner Straße mit einem polygonalen Stahlbogen mit einer Spannweite von 38 Metern, der aus zwei Rohren hergestellt wurde, die sich am Widerlager vereinen und zum höchsten Punkt hin nach und nach seitlich auseinander bewegen. Die Rohre würden knicken, wäre da nicht die biegesteife Brückenplatte aus Beton, sodass es sich um einen versteiften Stabbogen handelt, ein Brückentypus, der von Robert Maillart erfunden wurde. Schlaich bezeichnet diese Konstruktion als Hommage an Maillart, dessen elegante Betonbrücken und -gebäude in der Schweiz eine wichtige Inspirationsquelle für ihn waren.[12] Diese auffallende kleine Brücke mit etwa derselben Spannweite wie die meisten von Maillarts Konstruktionen des genannten Typus hat den zusätzlichen Vorzug, dass ihre Bögen hellrot gestrichen sind, wodurch sie sich von der vorstädtischen Umgebung abheben und mit dem schwereren Brückendeck aus weißem Beton kontrastieren.

Die nur wenige Meter davon entfernte zweite Pragsattel-Brücke ist eine Variation des ersten Entwurfsansatzes, auch wenn ihre Farbgebung dieselbe ist. Hier bestehen die Stützen aus einer Reihe vertikaler Stahlrohre,

was cooled by the rising air and returned to the condenser. At Schmehausen, the water never touched the air as it does in normal cooling towers.

This remarkable structure served its nuclear power station well for 17 years until the station was closed for "political and safety" reasons in 1991 and the tower demolished by explosives. Thus a major monument to structural engineering was lost, much to Schlaich's disgust.[8] Just as with the wanton destruction of Jack Christensen's Seattle Kingdome of 1975 and Anton Tedesko's Denver hyperbolic-paraboloid roof of a department store built

In 1992 Christian Menn organized an exhibition of Schlaich's pedestrian bridges in Zurich. The book accompanying this unique event demonstrated a stunning variety of such bridges, illustrating Schlaich's ideal (as stated above) and his goal of decorating a city with undecorated works of pure structure. Although the leading articles are by Menn and Schlaich, the latter shares the book credit with his partner Rudolf Bergermann.[10] Two of these bridges, Pragsattel I and II, will serve as images for these many works.[11]

Pragsattel I crosses the Heilbronner Strasse with a 38-meter span polygonal

The aesthetic of these two bridges shows the engineer's form that has three characteristics: first, all parts contribute to carrying the loads, indeed all are essential, and there is no decoration; secondly, the two designs are radically different in form and in concept; and thirdly, they both use color to put their structure in sharp contrast to the surroundings. They are clearly creations of people, not nature, and they clearly add interest to the environment by being so prototypically human.

One year after these Stuttgart footbridges came into service, Schlaich completed another highly unusual bridge: the

Pragsattel I: Fußgängerbrücke über die obere Heilbronnerstraße, 1992
Pragsattel I: footbridge across upper Heilbronner Strasse, 1992

Pragsattel II: Fußgängerbrücke über die obere Pragstraße, 1992
Pragsattel II: footbridge across upper Prag Strasse, 1992

in 1958, this lost landmark should be a call to structural engineers to begin a serious preservation effort comparable to the good work done now by some architect groups.

An entire set of landmarks appeared in Stuttgart in time for the 1993 International Garden Festival. These pedestrian bridges show Schlaich's deep experience with steel and the variety of forms he can achieve for similar crossings. Two examples illustrate his talent for smaller works. As Schlaich put it: "They should not be considered—as appears to be the case in view of those many crude examples—as pure functional structures, with only their economical aspect in mind. No, they have to match their surroundings and to comply with the needs of their users, the pedestrians. In comparison to bridges for rail or road, pedestrian bridges are within human reach, they are bridges to touch. They are supposed to be beautiful. One should enjoy looking at them; one should enjoy walking on them. They need not be straight as highway bridges are. They may even swing a little, to make one feel that they are alive."[9]

steel arch made of two tubes that meet at the supports and separate gradually in the lateral direction as they reach the crown. The tubes would buckle were it not for the stiff concrete bridge so that the system is a deck-stiffened arch, a type bridge invented by Robert Maillart. Schlaich refers to this structure as an homage to Maillart, whose elegant concrete bridges and buildings in Switzerland have provided great inspiration for him.[12] This striking little bridge, of about the same span as most of Maillart's major deck-stiffened arches, has the added virtue of having the arches painted bright red to stand out clearly in the suburban environment and to contrast with the heavier deck of white concrete.

The second Pragsattel Bridge, only a few meters away, is a variation of the former design approach, although its color scheme is the same. Here, the supports are a series of vertical steel tube columns, which about half way up spread into four branches to support the continuous concrete deck. These are called "tree columns". In pure profile these branching arms appear to form polygonal arches or wide column capitals like transparent mushroom columns. Both of these steel works illustrate Schlaich's experience with steel tubes and connections that he began to explore with the Munich Olympic Roof of 1972.

Autobahn overcrossing near Kirchheim/Teck. Schlaich was stimulated by research in Zürich carried on by Menn that had confirmed the efficiency of cable-supported girders in which the cable descends below the deck and outside the otherwise horizontal line of the deck girder. Schlaich's original design followed this idea of exposed cables beneath the deck and in a parabolic form. The authorities were worried about the exposed cables and Schlaich agreed to revise the design by introducing prestressing strands encased in concrete and retaining the underslung appearance. This form corresponds closely to the bending moment diagram for uniform loads although its extra depth at midspan is surprising when first seen. This not fully intended form has stimulated Schlaich to think more deeply about new forms for concrete bridges to avoid "the boring, standard types" that are so oppressively common all over.[13]

die sich etwa auf halber Höhe in vier Äste teilen, um die durchlaufende Brückenplatte aus Beton zu tragen. Sie werden als ‚Baumstützen‘ bezeichnet. Was ihr Profil angeht, scheinen diese sich verzweigenden Arme polygonale Bögen oder breite Säulenkapitelle wie transparente Pilzsäulen zu bilden. Beide Stahlkonstruktionen verdeutlichen die Erfahrungen, die Schlaich seit dem Dach des Münchner Olympiastadions von 1972 mit Stahlrohren und -verbindungen gemacht hat.

Die Gestalt dieser beiden Brücken zeigt die konstruktive Form, die in dreifacher Hinsicht charakteristisch ist. Erstens tragen alle Teile dazu bei, die Lasten abzutragen, sie sind alle unentbehrlich, kein Teil ist nur dekorativ; zweitens unterscheiden sich beide Entwürfe grundlegend in Form und Konzept; und drittens nutzen beide die Farbe,

Landschaftsarchitekten zusammenarbeitet, da die Brücke in einen schönen Park am Stadtrand führen sollte.[14]

Der Entwurf von Schlaich Bergermann und Partner, Sieger des Wettbewerbs, besitzt generell die gleiche Form wie die Überführung in Kirchheim/Teck, aber die Entwicklung des Entwurfskonzepts bestand nicht darin, dass man diese gerade fertig gestellte Form einfach übernahm. Jörg Schlaich und sein Sohn Mike spielten eine Anzahl verschiedener Ideen durch, die schließlich auf das unterspannte Sprengwerk hinausliefen. Die Brücke musste in diesem Fall den Fluss ganz niedrig überqueren, um harmonisch in den Luitpoldpark am rechten Donauufer einzumünden.

Die Form der Brücke entstand in einer Reihe von Skizzen, die zum großen Teil von Mike Schlaich angefertigt

um ihr Tragwerk deutlich von der Umgebung abzusetzen. Sie sind eindeutig menschliche Erzeugnisse, nicht von der Natur hervorgebracht und, indem sie so typisch menschlich sind, machen sie die Umwelt eindeutig interessanter.

Ein Jahr nachdem diese beiden Stuttgarter Fußgängerbrücken eingeweiht wurden, vollendete Schlaich eine andere höchst ungewöhnliche Brücke: die Autobahn-Überführung in der Nähe von Kirchheim/Teck. Schlaich war dazu durch die Forschungen von Menn in Zürich angeregt worden. Diese hatten die Effizienz von mit Seilen unterspannten Balken bestätigt, wobei die Seile unterhalb der horizontalen Brückenplatte geführt werden. Der ursprüngliche Entwurf Schlaichs verfolgte die Idee einer freiliegenden parabelförmigen Unterspannung. Die zuständigen Behörden hatten Bedenken hinsichtlich dieser freiliegenden Stahlseile und Schlaich erklärte sich damit einverstanden, den Entwurf zu verändern, indem er die Seile wie im normalen Spannbeton innerhalb des Querschnitts führte und gleichzeitig das Bild der Unterspannung beibehielt. Seine Form ähnelt dem Verlauf des Biegemoments bei gleichmäßiger Belastung, wenn auch die zusätzliche Höhe in der Mitte der Spannweite zunächst überraschend erscheint. Diese nicht ganz beabsichtigte Form hat Schlaich angeregt, eingehender über neue Formen für Betonbrücken nachzudenken, um die „langweiligen, standardisierten Typen" zu vermeiden, die überall so bedrückend üblich geworden sind.[13]

Noch überzeugender bekämpft hat Schlaich diese langweiligen Brückentypen in seinem Entwurf für den 1993 ausgelobten Ingolstädter Wettbewerb für die Glacisbrücke über die Donau. Zu diesem Wettbewerb hatte die Stadt fünf Ingenieurbüros eingeladen und darauf bestanden, dass jedes Büro mit einem Architekten und einem

wurden; ihre Entstehung wurde von seinem Vater beaufsichtigt sowie vom Architekten Kurt Ackermann, mit dem Schlaich schon früher zusammen gearbeitet hatte, kritisch überarbeitet. Was die Beziehung zum Park betrifft, wurden die entwickelten Ideen von dem Landschaftsarchitekten Peter Kluska redigiert. Doch die Entwurfsideen sind eindeutig Schlaich zuzuschreiben, den Architekten kommt die Rolle von Kritikern, nicht die von Mit-Entwerfern zu. Auf diese Art ist der Entwurf – wie die anderen, oben beschriebenen – wirklich ein Werk der Ingenieurskunst, indem die Form der Vorstellungskraft des Ingenieurs entspringt.

In einem Interview mit Mike Schlaich gewann Eric Hines einen Eindruck von dem Entwurfsprozess, der durch die Notwendigkeit, einen Fußgängerweg als eine Art Parkerweiterung und mit eigenem optischen Akzent einzubeziehen, zusätzlich verkompliziert wurde.[15] Deshalb vereint diese Arbeit Schlaichs Vorstellungen von Autobahnbrücken mit der Formenvielfalt von Fußgängerbrücken in der Tradition der Brooklyn Bridge von John Roebling aus dem Jahr 1883 und der 1960 zwischen München und Salzburg errichteten Mangfallbrücke von Ulrich Finsterwalder.

Einige wichtige Schritte in der Phase des Konzeptentwurfs stellen Studien flacher Bögen dar, die an Robert Maillarts Dreigelenkbögen erinnern, Entwurfsstudien von Schrägseilbrücken mit niedrigen Masten und schließlich unterspannte Tragwerke, welche zuerst unsymmetrisch konzipiert worden waren, aber schließlich die ausgewählte symmetrische Form angenommen hatten. Hier fließt der Verkehr über die fast horizontale Brückenfläche, während der Fuß- und Radweg der gekrümmten Unterspannung folgt. Aufgrund des geringen Seildurchhangs sind die Zugkräfte hoch und erfordern kräftige Verankerungen.

Schlaich combatted the boring types even more convincingly with his winning design in the 1993 competition at Ingolstadt for a bridge over the Danube River. For the competition the city invited five engineering firms to compete and insisted that each work with an architect and a landscape architect because the bridge was to lead into a beautiful park on the city outskirts.[14]

The winning design by Schlaich Bergermann und Partner was of the same general form as the Kirchheim/Teck overcrossing but the conceptual design process involved more than merely taking over that

In an interview with Mike Schlaich, Eric Hines gained a picture of this design process, which was further complicated by the need to include a pedestrian walkway as a kind of extension for the park and as a visual experience in itself.[15] This work, therefore, combines Schlaich's ideas on highway bridge design with those on pedestrian bridge design in the tradition of John Roebling's Brooklyn Bridge of 1883 and of Ulrich Finsterwalder's Mangfall Bridge of 1960 between Munich and Salzburg.

Some major steps in this conceptual design period included studies of flat arches

One final project further illustrates Jörg Schlaich's imagination and that is a 1999 lift bridge at Duisburg over the Inner Harbor (ill. p.17). This fully unique pedestrian bridge converts a low-deck suspension bridge into a high-deck arch, allowing ships to pass beneath. It has also a middle position, which allows about 90% of the shipping to pass and still permit pedestrians to cross the arched deck. At the fully raised position the 73.7-meter span rises to give a clearance of 10.6 meters; the bridge is closed to foot traffic at this height. In the low-deck position and in the middle position, the bridge is a suspen-

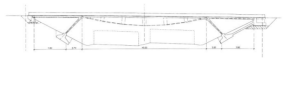

Glacisbrücke, Ingolstadt, 1998
Glacis Bridge, Ingolstadt, 1998

Autobahnüberführung Kirchheim/Teck, erster, unterspannter Entwurf
Kirchheim/Teck Overcrossing, original cable-supported design

Ausgeführter Entwurf
Achieved design

just completed form. Jörg Schlaich and his son Mike went through a number of different ideas that gradually converged on the raked frame underslung deck. Here, the bridge deck had to cross the river at a low elevation because of the need to meet Luitpold Park on the right bank of the Danube.

The bridge form evolved through a series of sketches mainly by Mike Schlaich; these were overseen by his father and were also critically reviewed by the architect Kurt Ackermann, with whom Schlaich had previously worked. The landscape architect Peter Kluska also reviewed the ideas as they related to the park. Clearly the design ideas were Schlaich's and the architects served as critics, not as co-designers. In this way the design—as with the others described above—is truly a work of structural art in which the form arises from the engineering imagination.

in forms reminiscent of Robert Maillart's three-hinged arches, design studies of cable-stayed bridges with low masts, and finally the underslung forms that were first imagined as unsymmetrical in profile but which finally assumed the chosen symmetrical form. Here, the traffic goes over the nearly horizontal deck above while the pedestrians move along a pathway built directly on the curving cable trajectory. Because of the low cable sag the tension forces are high and require heavy anchorages. Also, the raked frame, with a low rise, leads to high compression forces in the deck.

Schlaich had not only to think about the forces in the completed structures but also to define how this unusual form could be built to make it reasonably economical and of high quality construction. Here, he devised a five-step procedure in which stresses for all critical stages had to be calculated and controlled. This is another essential mark of the structural artist, a person who imagines forms that are both efficient (minimum materials) and economical (minimum construction costs). Of course, these disciplines never make a work of structural art unless the designer also thinks carefully about the final appearance.

sion bridge of light, transparent structure. Its lifting is achieved by pulling on the back stays to shorten them and thus tilt the 20-meter-high masts outward. In this way the vertical suspenders are lifted so that the deck forms an arch. This non-structural arch is longer than the deck in its low position so Schlaich provided beneath each mast an extra deck element, which slides out automatically to provide the length required in the arched position. The mechanisms are conceptually simple and were carefully detailed to make construction relatively trouble free.[16]

The bridge has become a tourist attraction and the owners open it three times on Sunday especially to delight visitors. In 2002 a new set of awards was created to honor fine footbridges and the Duisburg bridge received the award in the category of technology median span.[17] There were also awards for aesthetics, which seems strange and, in effect, leads to the retrograde view that aesthetics and technology are separable—the very idea

Auch das Sprengwerk mit seiner geringen Stichhöhe führt zu hohen Druckkräften im Brückendeck.

Schlaich musste nicht nur die Beanspruchung in den fertigen Bauteilen berücksichtigen, sondern auch ermitteln, wie diese ungewöhnliche Brücke gebaut werden konnte, bei Gewährleistung angemessener Wirtschaftlichkeit und hoher Ausführungsqualität. Er ersann eine Vorgehensweise in fünf Schritten, bei der die Belastungen in allen kritischen Zuständen errechnet und kontrolliert werden konnten. Dies ist ein weiteres wesentliches Charakteristikum des gestaltenden Ingenieurs: Bei ihm handelt es sich um jemanden, der Formen kreiert, die sowohl effizient (minimaler Materialverbrauch) als auch ökonomisch (minimale Baukosten) sind. Selbstverständlich ergibt die Berücksichtigung dieser Aspekte noch kein Werk der Ingenieurskunst, wenn sein Entwerfer nicht auch dem endgültigen Erscheinungsbild große Aufmerksamkeit schenkt.

Schließlich veranschaulicht ein weiteres Projekt die Vorstellungskraft von Jörg Schlaich: die 1999 entstandene Katzbuckelbrücke über den Duisburger Innenhafen (Abb. S.17). Diese wirklich einzigartige Fußgängerbrücke verwandelt eine niedrig liegende Hängebrücke in einen hoch liegenden Bogen, der Schiffen ermöglicht, darunter hindurch zu fahren. Eine mittlere Position gestattet es 90 Prozent des Schiffsverkehrs zu passieren und erlaubt gleichzeitig den Fußgängern, das gebogene Brückendeck zu überqueren. In der Position der maximalen Anhebung hat der Brückenbogen mit einer Spannweite von 73,70 Metern eine lichte Höhe von 10,60 Metern; in dieser Position ist die Brücke für den Fußgängerverkehr gesperrt. In ihrer niedrigen und mittleren Position ist die Brücke eine Hängebrücke mit einer leichten, transparenten Struktur. Ihr Anheben wird durch das Ziehen an den Rückspannseilen erreicht, was diese verkürzt und so die 20 Meter hohen Maste nach außen neigt. Auf diese Weise werden die vertikalen Aufhängungen angehoben, sodass das Brückendeck einen Bogen formt. Dieser nichttragende Bogen ist länger als die Brückenlänge der niedrigen Position und so hat Schlaich unterhalb eines jeden Masts ein zusätzliches Stück Brückenplatte vorgesehen, das sich automatisch hervorschiebt, um in der Bogenposition die erforderliche Länge zur Verfügung zu stellen. Diese Mechanismen sind konzeptionell einfach und wurden gut durchdetailliert, um den Bau unproblematisch zu gestalten.[16]

Die Brücke ist zur Touristenattraktion geworden und ihre Eigentümer öffnen sie sonntags dreimal, nur um die Besucher zu erfreuen. 2002 wurde eine neue Reihe von Preisen geschaffen, um gelungene Fußgängerbrücken zu würdigen, und die Duisburger Brücke wurde in der Kategorie ‚Technik mittlere Spannweite' ausgezeichnet.[17] Auch Auszeichnungen für das gestalterische Erscheinungsbild wurden vergeben, was seltsam erscheint und schließlich zu der rückwärts gewandten Ansicht führt, dass Gestalt und Technik voneinander trennbar sind – gerade jene Auffassung, die Jörg Schlaich sowohl in seinen Schriften wie auch in seinem Werk widerlegt. Das veranlasst mich, diesen Beitrag mit einigen allgemeinen Ideen abzuschließen, die durch die Untersuchung mehrerer Aspekte von Jörg Schlaichs Karriere bis zum Ende des 20. Jahrhunderts angeregt worden sind. Zwei Begriffe sind für ihn von größter Bedeutung: Bauen und Ausbildung.

Der Baumeister

Das große Merkmal Schlaichs ist das eines ‚Baumeisters', eine Bezeichnung, die ich nicht oft verwende. Es wird häufig festgestellt, dass heute niemand in dem Maß ein Baumeister sein kann, wie es in der Vergangenheit möglich war. 1927 fasste es der einflussreiche Ingenieur Wilbur J. Watson in Worte: „In früheren Zeiten war es für eine einzige Person möglich, sich die künstlerische Ausbildung und das naturwissenschaftliche Wissen anzueignen, die notwenig waren, um sowohl die Aufgaben eines Architekten als auch die eines Ingenieurs zu erfüllen. Diese Leistung wurde von Sir Christopher Wren und Jean Rudolphe Perronet vollbracht. Zu ihrer Zeit war die für diese Berufe nötige Vorbereitung vergleichsweise einfach, aber moderne Umstände erfordern wesentlich mehr Ausbildung und Erfahrung, als von einer einzelnen Person erwartet werden kann."[18] Sich vorzustellen, dass es einfach war, einen der eleganten Steinbögen von Perronet zu dimensionieren, zu bauen und zu gestalten, zeigt einfach ein fehlerhaftes Verständnis von Geschichte. Ähnlich handelt es sich um ein Missverständnis, wenn man nicht erkennt, dass Ingenieure wie Menn, Isler, Maillart oder Schlaich auf wissenschaftliche Weise analysieren, Bauprozesse festlegen und ohne fremde Hilfe elegante Formen erschaffen können. Selbstverständlich müssen diese Ingenieurskünstler in wesentlichen Punkten unterstützt werden, aber Alan Holgates Buch trägt den Titel ‚The Art of Structural Engineering. The Work of Jörg Schlaich and his Team' ganz zu Recht.

Wenn er es auch nicht so nennt – Christian Menn hat den Baumeister meines Wissens am besten definiert, indem er sagte, dass die „wichtigsten Entwurfsziele beim Brückenbau [...] Tragsicherheit, Gebrauchsfähigkeit, Wirtschaftlichkeit [und] Eleganz" sind. Er fährt mit der Beobachtung fort, dass die ersten beiden die „systematische Anwendung wissenschaftlicher Prinzipien" seien und deshalb das Resultat analytischer Fähigkeiten, während die letzteren beiden „durch nicht-wissenschaftliche Mittel erreichbar sind [...], die nur von der Kreativität des Ingenieurs abhängen". Die überraschende Vorstellung, dass Wirtschaftlichkeit und Eleganz zu paaren sind, besagt, dass Baumeister eingehend darüber nachdenken müssen, wie ihre Werke gebaut werden, wenn sie sich deren Gestalt vorstellen. Diese kreativen Ziele können, nach Menn, „nur durch unmittelbare Entwurfserfahrung erreicht werden, durch kritisches Studium gebauter Tragwerke und durch den vollen Einsatz der kreativen Talente des Ingenieurs". Es stellt sich hier nicht die Frage nach einer Zusammenarbeit beim Entwurf, sondern vielmehr die des profunden Nachdenkens der Einzelperson. Menn warnt jedoch: „Die These, die wirtschaftlichste Lösung sei zugleich die eleganteste, ist keineswegs haltbar."[19]

Diese Definition des Baumeisters trifft auf Jörg Schlaich sicherlich zu und darüber hinaus fügt sie sich zusammen mit der Feststellung, dass es sich bei solchen Personen um Ingenieurskünstler handelt. Natürlich arbeiten Ingenieure häufig mit Architekten zusammen und der Entwurf ist entweder das Ergebnis enger Zusammenarbeit oder ein architektonisches Kunstwerk. Auch Robert Maillart kooperierte oft mit Architekten, aber dort, wo er sich als Baumeister und somit als Ingenieurskünstler auswies, arbeitete er allein oder, wie es Sigfried Giedion ausdrückte: „Dort, wo er groß war, stand Maillart allein."[20] Dieses Urteil ist unmittelbar auf Menn übertragbar und auch auf Schlaich und die Bauten, die ich erörtert habe.

Lehre

Über seine Baumeisterschaft hinaus ist Jörg Schlaich ein Lehrer, dies aber auf zwei verschiedene Weisen. Erstens war er Professor am Institut Konstruktion und Entwurf II

that Jörg Schlaich contradicts both in his writings and in his work. All of this leads me to conclude this essay with some general ideas stimulated by a study of aspects in Schlaich's career up to the end of the 20th century. Two characteristics stand out: building and education.

The Masterbuilder

Schlaich's main characteristic is that of a "masterbuilder", a term I do not use lightly. It is often stated that today no one can be a master builder as one could be in the past. The influential engineer are therefore the product of analytic skill whereas the latter two "are achieved through nonscientific means ... [that] depend almost entirely on the creativity of the engineer." The surprising idea that economy is coupled with elegance means that masterbuilders must think carefully about how things get built as they imagine what their appearance will be. These creative objectives, according to Menn, "can ... be acquired only through direct design experience, critical observation of completed structures, and full utilization of the engineers' creative talents." There is no question of collaborative design here them in his stimulating lectures throughout the world. Like Menn, he teaches in this second way through his great works. It is commonly lamented in the United States that designers do not write or lecture nearly enough about their designs. Schlaich does both with enthusiasm and with the goal of sharing his insights.

This second and most crucial work of education I know about firsthand through his exciting lectures at Princeton, through his speeches at conferences as far flung as Japan and Norway, and especially through his willingness to share design materials with me for my own teaching.

Sunnibergbrücke, Klosters, Schweiz, 1998, Christian Menn
Sunniberg Bridge, Klosters, Switzerland, 1998, Christian Menn

Tössbrücke Winterthur, Schweiz, 1933, Robert Maillart
Töss Bridge, Winterthur, Switzerland, 1933, Robert Maillart

Wilbur J. Watson said the following in 1927: "In earlier days it was possible for one person to acquire the artistic training and scientific knowledge needed to perform the functions of both architect and engineer. This was accomplished by Sir Christopher Wren and Jean Rudolphe Perronet. In their time the preparation required for these professions was comparatively simple, but modern conditions demand far more training and experience than can be expected from an individual."[18] To imagine that one of Perronet's elegant stone arches was simple to dimension, to build, and to make attractive is simply to exhibit a defective understanding of history. Similarly, to fail to recognize that engineers like Menn, Isler, Maillart, or Schlaich can analyze scientifically, define construction procedures, and create elegant forms all on their own also shows a lack of understanding. Of course, these structural artists need considerable help but Alan Holgate's book is correctly entitled "The Art of Structural Engineering. The Works of Jörg Schlaich and His Team".

Although he does not describe it as such, Christian Menn has provided the best definition of a masterbuilder that I know of: "The fundamental objectives of bridge design are safety, serviceability, economy, and elegance." He goes on to observe that the first two are "the systematic application of scientific principles" and but rather the single individual thinking deeply. But, he cautions, "It is incorrect to infer, however, that the most economical design is necessarily the most elegant."[19]

This definition surely suits Jörg Schlaich and, furthermore, it coalesces with the identification of such persons as structural artists. Of course, such engineers will frequently work with architects, and the design will be either a full collaboration or a work of architectural art. Robert Maillart often worked with architects as well but where he was a masterbuilder and hence a structural artist, he was acting alone, or as Sigfried Giedion put it: "Where he was great, he was alone."[20] This applies directly to Menn and also to Schlaich in the structures I have discussed.

Education

In addition to being a masterbuilder, Schlaich is also an educator, but in two different ways. First of all, he was a professor at Stuttgart University in the Institut Konstruktion und Entwurf II and as such taught structures and did research, especially in concrete works. That is the conventional view of education, and Schlaich did that well, but the second, less conventional way is more significant. That way is through his works themselves and his fine talent for writing about them, sharing their details with other teachers, and exhibiting Two examples will make this type of extended education clearer: one for the Ingolstadt Bridge and the other for the Duisburg Bridge.

Schlaich was kind enough to accept a student of mine, Eric Hines, as an intern during the summer of 1994. Hines learned there about the Ingolstadt Bridge design competition, and Mike Schlaich showed him the conceptual design process for that unique project. Jörg Schlaich allowed Eric to bring back valuable materials to Princeton, where he wrote his senior thesis largely on that bridge competition and Schlaich's winning design for it. This thesis was judged the best in our department that year,[21] and together we wrote it up for refereed publication in the ASCE Journal of Bridge Engineering,[22] the most prestigious bridge journal in the United States.

As a second example, Rebecca Nixon wanted to design a footbridge for her senior thesis beginning in September 2000. She decided to propose a new design for a long-span pedestrian bridge in New York City. The original design was by Othmar Ammann in 1939, and the lift bridge was built in 1949. Rebecca surveyed the state of the art in modern lift bridges and decided to make a design patterned after Schlaich's Duisburg Inner Harbor Bridge of 1999. Schlaich responded to her request for information by sending detailed

in Stuttgart, lehrte als solcher sein Wissen über Konstruktionen und forschte vor allem auf dem Gebiet des Betonbaus. Das ist die konventionelle Auffassung von Ausbildung, deren Anforderungen Schlaich in vollem Maße erfüllte. Bedeutender ist jedoch der zweite, weniger konventionelle Aspekt seiner Lehrtätigkeit. Dieser betrifft die Lehre durch seine Werke und durch sein beträchtliches Talent, über sie zu schreiben, ihre Details anderen Lehrenden zur Verfügung zu stellen und sie in seinen stimulierenden Vorträgen weltweit bekannt zu machen. Wie Menn lehrte er auf diese zweite Weise durch seine großen Werke. Es wird allgemein beklagt, dass Planer in den Vereinigten Staaten nicht annähernd genug über ihre Entwürfe publizieren oder vortragen. Beides tut Schlaich voller Enthusiasmus und mit dem Ziel, seine Erkenntnisse mitzuteilen.

Dieser zweite und wesentliche Aspekt der Lehrtätigkeit vermittelte sich mir direkt durch die inspirierenden Vorlesungen Schlaichs in Princeton, durch seine Vorträge auf Tagungen in so weit entfernten Ländern wie Japan oder Norwegen und insbesondere durch seine Bereitschaft, mir Entwurfsmaterial für meine eigene Lehrtätigkeit zur Verfügung zu stellen. An zwei Beispielen wird diese Art erweiterter Ausbildung konkreter: der Ingolstädter und der Duisburger Brücke.

Schlaich war so freundlich, einen meiner Studenten, Eric Hines, im Sommer 1994 als Praktikanten anzunehmen. Hines erfuhr von dem Wettbewerb für die Ingolstädter Glacisbrücke und Mike Schlaich machte ihn mit dem Prozess des ganzheitlichen Entwurfs für dieses einzigartige Projekt vertraut. Jörg Schlaich gestattete es Eric, wertvolles Material nach Princeton mitzunehmen, wo er seine Abschlussarbeit hauptsächlich über diesen Brückenwettbewerb und Schlaichs Entwurf schrieb. Diese Arbeit wurde in jenem Jahr als die beste unseres Fachbereichs beurteilt[21] und zusammen überarbeiteten wir sie für ihre Veröffentlichung im Journal of Bridge Engineering der ASCE[22], der renommiertesten Fachzeitschrift über Brücken in den Vereinigten Staaten.

Ein zweites Beispiel: Rebecca Nixon wollte für ihre im September 2000 beginnende Abschlussarbeit eine Fußgängerbrücke entwerfen. Sie entschloss sich, einen neuen Entwurf für eine Fußgängerbrücke mit großer Spannweite in New York vorzulegen. Der ursprüngliche Entwurf aus dem Jahr 1939 stammte von Othmar Ammann und die Hubbrücke war 1949 errichtet worden. Rebecca verschaffte sich einen Überblick über die neuesten Entwicklungen zu modernen Hubbrücken und entschloss sich, einen Entwurf anzufertigen, der sich Schlaichs Brücke im Duisburger Innenhafen von 1999 zum Vorbild nahm. Schlaich antwortete auf ihre Bitte nach Informationen, indem er ihr Detailzeichnungen dieser innovativen Konstruktion sandte. Diese Hilfe war wesentlich für das Gelingen ihrer Arbeit, die einen äußerst eleganten Entwurf vom Duisburger Typus beinhaltete. Diese Arbeit wurde als beste selbstständige Studienarbeit des Jahres 2001 aus sämtlichen ingenieurswissenschaftlichen Fachbereichen beurteilt[23], und so übte die Möglichkeit, von Schlaich zu lernen, ein weiteres Mal großen Einfluss auf die Ausbildung von Ingenieuren in Princeton aus.

Ich bin der Meinung, dass diese Art von Ausbildung anhand großer Baumeisterentwürfe ein Mittel ist, die Ingenieurstudiengänge im 21. Jahrhundert zu beleben und zu bereichern. Es gibt, zumindest in den Vereinigten Staaten, fast keine Lehrer der Ingenieurwissenschaften, die zugleich entwerfende Ingenieure sind. Deshalb ist der Einfluss zeitgenössischer Entwürfe höchster Qualität für unsere künftige Lehre unerlässlich. Aber damit dies möglich ist, sind ausführliche Details von Entwerfern notwendig – ihre Mitarbeit an unseren Bemühungen, solche Werke in die akademische Welt einzubringen. Da die besten dieser Tragwerke Beispiele von Ingenieurskunst darstellen, müssen wir über unsere Lehrtätigkeit in gleicher Weise nachdenken, wie es Kunsthistoriker und Architekten tun. Das heißt, dass wir die Personen, die diese Kunstwerke entwerfen, ihre Ideen und ihre Konstruktionen in unsere Lehrtätigkeit integrieren. Fragen Sie einen beliebigen Architekturstudenten nach den großen Architekten des 20. Jahrhunderts, man wird Ihnen unweigerlich Namen nennen wie Frank Lloyd Wright, Le Corbusier, Ludwig Mies van der Rohe und Walter Gropius. Stellen Sie dieselbe Frage einem Studenten des Bauingenieurwesens, werden Sie in den meisten Fällen einen verständnislosen Blick erhalten. Sie sollten mit Namen antworten wie Robert Maillart, Othmar Ammann, Heinz Isler, Christian Menn, Pier Luigi Nervi, Eduardo Torroja, Felix Candela, Fazlur Khan und – in letzter Zeit, aber mit größter Sicherheit – Jörg Schlaich.

drawings for this innovative structure. Such help was crucial to her thesis, which included an elegant design of the Duisburg type. Her thesis was judged to be the best independent work for any student in the engineering school for 2001,[23] so again the possibility of learning from Schlaich made a great impact on Princeton engineering education.

I believe this type of education stemming from great designs by master builders is a means of enlivening and enriching engineering study for the 21st century. At least in the United States, there are almost no engineering educators who are also designers, and therefore it is essential that our future teaching be infused by modern designs of the highest quality. But to do that requires full details from the designers—indeed their collaboration in our efforts to introduce such works into academia. Since the best of these structures are works of structural art, we need to think about our education in the same way that art historians and architects do. This means to bring into our teaching the people who design, their ideas, and their structures. Ask any architectural student who the great architects of the 20th century were and you will invariably get answers like Frank Lloyd Wright, Le Corbusier, Ludwig Mies van der Rohe, and Walter Gropius. Put the same question to engineering students and you will normally get blank stares. They should respond with names like Robert Maillart, Othmar Ammann, Heinz Isler, Christian Menn, Pier Luigi Nervi, Eduardo Torroja, Felix Candela, Fazlur Khan, and most recently, but most certainly, Jörg Schlaich.

1 | Alan Holgate, The Art of Structural Engineering. The Work of Jörg Schlaich and his Team, Edition Axel Menges, Stuttgart 1997, S. 58 f. | pp. 58–59
2 | Anton Tedesko, Discussion of Montreal Olympic Stadium, Civil Engineering, December 1976
3 | Holgate, S. 131 | p. 131
4 | Holgate, S. 285 | p. 285
5 | Wilhelm Ritter, Die Bauweise Hennebique, Schweizerische Bauzeitung, Nr. 7, Januar 1899; Emil Mörsch, Der Eisenbetonbau, seine Theorie und Anwendung, Verlag Konrad Wittwer, Stuttgart 1912
6 | Jörg Schlaich, Kurt Schäfer, Konstruieren im Stahlbetonbau, Beton-Kalender 1984, Teil II, W. Ernst & Sohn, Berlin-München, S. 787–1005 | pp. 787–1005
7 | Jörg Schlaich, Kurt Schäfer, Mattias Jennewein, Toward a Consistent Design of Structural Concrete, PCI Journal, vol. 92, No. 3, May/June 1987, S. 74–150, Zitat S. 146. | pp. 74–150, quote p. 146
8 | Holgate, S. 90–96 | pp. 90–96
9 | Jörg Schlaich, On the Aesthetics of Pedestrian Bridges, Aesthetics in Concrete Bridge Design, Hrsg. | Ed. Stewart C. Watson and M. K. Hurd, American Concrete Institute, Detroit 1990, S.134 | p.134
10 | Jörg Schlaich und Rudolf Bergermann, Fußgängerbrücken, Hrsg. | Ed. Hans Jochen Oster, Ausst. Kat. ETH Zürich 1992, 83 Seiten | 83 pages
11 | Eine ausführliche Untersuchung der beiden Brücken in: | For a detailed study of these two bridges see: Daniel Chung, MS Thesis, Princeton University, Princeton NJ, 1999
12 | Schlaich, 1992, S. 62 f. | pp. 62–63; Holgate, S. 257 | p. 257
13 | Holgate, S. 178 f | pp. 178–179
14 | Eric M. Hines, David P. Billington, Case Study of Bridge Design Competition, Journal of Bridge Engineering, vol. 3, No. 3, August 1998, S. 93–102 | pp. 93–102

15 | Eric M. Hines, The Politics of Innovation in Bridge Design. Examples from Stuttgart and Ingolstadt, Senior Thesis, Princeton University, Princeton NJ, 1996
16 | Rebecca Faulkner Nixon, Dynamic Design. The Design of a Movable Pedestrian Bridge in New York City, Senior Thesis, Princeton University, Princeton NJ, 2001, S. 47 f. / pp. 47–48
17 | Duisburg Inner Harbor Footbridge, Bridge Design and Engineering, No. 29, Fourth Quarter 2002, S. 37 | p. 37. Die Auszeichnung wurde auf der internationalen Tagung FOOTBRIDGE 2002 – Design and dynamic behaviour of footbridges verliehen, die im November 2002 in Paris stattfand. | The award was presented at the international conference FOOTBRIDGE 2002—Design and dynamic behaviour of footbridges, in Paris, November 2002.
18 | Wilbur J. Watson, Bridge Architecture, W. Helburn Inc., New York 1927, S. 281 | p. 281
19 | Christian Menn, Stahlbetonbrücken, 2. überarbeitete Auflage, Wien und New York 1990, S. 76. Das Zitat Menns findet sich nicht in der deutschen Ausgabe von 1990. | Christian Menn, Prestressed Concrete Bridges, translated and edited by Paul Gauvreau, Basel, 1990, p. 49
20 | Sigfried Giedion, Raum, Zeit, Architektur. Die Entstehung einer neuen Tradition, Ravensburg 1965, S. 302 | Sigfried Giedion, Space, Time and Architecture and the Growth of a New Tradition, 5th Edition, Cambridge MA, 1967, p. 475
21 | Siehe Anm. 15 | see note 15
22 | Siehe Anm. 14 | see note 14
23 | Siehe Anm. 16 | see note 16

Jörg Schlaich: ein Entwerfer

Jörg Schlaich: a Designer

Marc Mimram

Die Arbeit von Jörg Schlaich hat für einen Tragwerksplaner wie mich zwei grundlegende Dimensionen: Einzigartigkeit und Risiko.

Die Einzigartigkeit einer konstruktiven Lösung für eine bestimmte Aufgabe führt zu den Rahmenbedingungen des Entwurfs zurück. Diese Annahmen sind keineswegs einfach und der Entwurf ist nicht das analytische Ergebnis eines physikalischen oder technischen Problems oder der Suche nach der idealen Lösung. Als Trugbild hat das Streben nach der idealen Lösung die Bauingenieure allzu häufig zu vereinfachenden Vorschlägen verleitet. Die Arbeit von Jörg Schlaich beweist, dass es keine ideale Lösung für ein gegebenes konstruktives Problem gibt, sondern wie aus der Vielfalt der Möglichkeiten die einzigartige, rational erarbeitete Lösung gefunden werden kann, welche sowohl die geografischen Gegebenheiten, den Ausdruck des statischen Systems als auch die Herstellungsmethoden umzusetzen vermag.

Darin ist die Arbeit von Jörg Schlaich beispielhaft. Bei Gebäuden ebenso wie bei Ingenieurbauten hat er während seiner gesamten Laufbahn jede Gelegenheit zur Schaffung bedeutsamer Projekte genutzt. Seine Entwurfsideen verweisen auf die Idee der Kohärenz. Es geht nicht mehr um eine Beschränkung der Beiträge auf diejenigen des Architekten/Künstlers oder die des Ingenieurs/Statikers. Die Kenntnisse werden zusammengeführt, um dieser Kohärenz zu dienen, die konstruktive Idee findet ihren Platz. Sie zeigt oder verbirgt sich, ist aufgedeckt oder integriert.

Risikofreudigkeit ist die zweite Komponente in der Arbeit von Jörg Schlaich, die seinen innovativen Ansatz in der Welt der Konstruktion begründet. Eine Eigenschaft, die unter Ingenieuren nicht immer anzutreffen ist. Viele haben eher eine Vorliebe für die Verwaltung und die Standardisierung des Wissens als für Innovationen.

Angesichts bereits bewährter Lösungen gerät folglich das Eingehen eines Risikos zu einem wahren Hindernislauf.

Seit der Entwicklung der Theorie der Festigkeitslehre im 19. Jahrhundert beschränkt sich die Arbeit des Ingenieurs nicht mehr auf die Ausführung vorhandener Lösungen. Stattdessen muss er auf der Grundlage theoretischer Berechnungsverfahren stets unterschiedliche Vorschläge verifizieren. Das Risiko ist zwar kalkuliert, doch es besteht und man muss es erst einmal eingehen.

Die Eigenschaften der Materialien, der Verbindungen und des statischen Systems stellen beim Entwurf der konstruktiv oder formal innovativen Lösungen ein Risiko dar, welches Jörg Schlaich bei seinen Projekten eingegangen ist. In diesem Sinne wird sein Vorgehen zum Maßstab: Entscheidend ist nicht mehr die Begrenzung des Fortschritts durch nummerische Größen der Konstruktion wie etwa der Spannweite oder des Gewichts. Vielmehr sind Formen anzustreben, die über frühere statische Systeme hinausgehen oder grundlegend andere Kräfteverläufe ermöglichen. Sicher ist es beruhigender, vorhandene Systeme zu reproduzieren, doch ist es weitaus anregender, den ungewissen Wegen zu folgen, welche die neuen Möglichkeiten der Datenverarbeitung und der modernen Materialien eröffnen.

Die Figur des gestaltenden Ingenieurs

Die Figur des gestaltenden Ingenieurs beruht auf der scheinbar widersprüchlichen Dualität von Rationalität und Subjektivität. In der Tat ist die Gestalt von Konstruktionen das Ergebnis rationaler Überlegungen: Festlegung eines statischen Systems, Wahl der Rahmenbedingungen, physikalische Eigenschaften der verwendeten Materialien, Kraftfluss und Ausdruck des Konstruktionsgedankens bei

**Gare de péage des Eprunes,
Autoroute A5,
Melun, Frankreich, 1995,
Marc Mimram**
Toll station des Eprunes,
Autoroute A5, Melun, France,
1995, Marc Mimram

To a structural engineer like myself, Jörg Schlaich's work presents two fundamental facets: uniqueness and risk.

The uniqueness of a structural solution for a given problem can be traced back to the design's general framework. Such an assumption is far from simple: the design is not an analytical result of some physical or technical problem or the search for an ideal solution. This search has all too often been a lure that led structural engineers astray to reductive propositions. Jörg Schlaich's work demonstrates the extent to which no ideal solution exists to any structural problem, but instead how, among the many possibilities, there is one single solution, rationally devised, that can sublimate the geography, the expression of the structural system and the construction techniques.

It is in this respect that Jörg Schlaich's work is exemplary. Whether it be for buildings or for structures, throughout his career Schlaich has seized every opportunity to produce meaningful projects. The idea of his designs is embedded in that of coherence: no longer is it enough to limit interventions to those of the architect/artist or to those of the engineer/structural analyst.

Skills are pooled to further coherence—the constructional idea comes into its own, being expressed or concealed, revealed or integrated.

The second component of Jörg Schlaich's oeuvre is risk, one upon which his innovative approach to the world of structures is founded. In general this quality is not invariably to be found at the forefront of the engineering profession. Engineers have more often been prone to administrate and standardize knowledge rather than to innovate. Faced with so many tried and tested solutions, taking risks has therefore become a singular challenge.

Since the development in the 19th century of the theory of the strength of materials, the engineer's task has no longer been confined to elaborating pre-existent solutions. It is now incumbent upon him to verify ever varying options issuing from the theoretical methods of calculation. Although calculated, risks nonetheless exist and these must first be taken.

Whether one is concerned with the quality of materials, with connecting details, or with the structural system while developing innovative constructive and formal solutions, everything entails risk—something Jörg Schlaich has never been afraid to confront in his projects. In this sense, his approach has become a benchmark.

It is no longer a question of limiting progress to the numerical scale of the structure—be it span or load—but of looking for forms that go beyond earlier structural systems or adopting radically different progressions of forces.

Replicating pre-existing systems is, of course, more reassuring, yet it is far more stimulating to take the less certain paths that new computing methods and materials offer.

The Figure of the Structural Designer

The notion of the structural designer has emerged from the apparent dichotomy between rationality and subjectivity. Indeed, structural form results from a rational process: the definition of a structural system, the selection of the general conditions, the physical characteristics of the materials employed, stress distribution, and the expression of the structural principle in dimensioning the structural members. The compression and tension elements are clearly articulated and distinguished, and a comprehensible hierarchy governs shifts from continuous to discontinuous structure, from surface to structure.

Nonetheless, such rational organization leading to systematic dimensioning

der Dimensionierung der Tragglieder. Die druck- und zugbeanspruchten Elemente sind deutlich artikuliert und differenziert ausgebildet. Eine ablesbare Hierarchie bestimmt den Übergang von durchgehender zu segmentierter Struktur, von Oberfläche zu Tragwerk.

Diese rationale Anordnung, die zu einer gut begründeten Dimensionierung führt und durch die zulässigen Materialbeanspruchungen sowie die annehmbaren Verformungen der Struktur beschränkt wird, sagt daher nichts über den subjektiven Beitrag des Gestalters aus. Es geht hier um ein Verantwortungsbewusstsein, um ein Engagement, das sich stark von dem des Künstlers unterscheidet. Das Tragwerk ist vernünftig, die Dimensionierung sachlich, deshalb zwingt nichts zu einer bestimmten Entscheidung, außer der besonnenen Subjektivität des Gestalters.

Stuttgart scheint Jörg Schlaich ein ganz besonderes Experimentierfeld geboten zu haben. Er konnte dort eine Vielzahl von Fußgängerbrücken realisieren, die stets einen wohl überlegten Kräfteverlauf und die vernunftmäßigen Überlegungen des Gestalters ausdrücken. Indessen zeigen die Verschiedenheit der vorgeschlagenen Lösungen sowie die Vielfalt der statischen Systeme und Ausführungen ganz offensichtlich die Subjektivität des Gestalters, wobei stets die Vernunft im Dienste der Freiheit steht, der Freiheit zur Innovation.

Stuttgart stellt auch einen Ort des Austauschs zwischen den verschiedenen methodischen Ansätzen des Ingenieurberufs dar, der sich – seit den Erfahrungen beim Projekt für die Olympiabauten von München 1972 – vom streng Berechnenden bis hin zum höchst produktiven Experimentellen vollzieht.

Gerade die Arbeit von Jörg Schlaich repräsentiert eine neue Form der Ingenieurpraxis, die mit der Entwicklung der Ingenieurwissenschaft verbunden ist. Entstand zu Beginn des 19. Jahrhunderts mit Louis Marie Navier die Figur des Ingenieurwissenschaftlers, so beherrschte das Bild des Konstrukteurs wie Gustave Eiffel, Eugène Freyssinet, Robert Maillart, Pier Luigi Nervi oder Eladio Dieste das 19. und das 20. Jahrhundert. Für sie war die Vorgehensweise mit einer konstruktiven und formalen Freiheit verknüpft, das Engagement des Ingenieurs verband sich mit dem des Baumeisters.

Mit Persönlichkeiten wie Robert Le Ricolais, Frei Otto oder Richard Buckminster Fuller ist es demgegenüber der experimentierende Ingenieur, der Theoretiker der Geometrie und der Konstruktion, der sich im Bereich der Vorstellung und außerhalb der Konstruktion entfaltet.

Jörg Schlaich bringt eine weitere Synthese zum Ausdruck, die sich zwischen theoretischer Forschung und beruflicher Praxis zwar außerhalb der Bautätigkeit, doch zusammen mit ihnen verwirklicht. Dieses neue Bild des Ingenieurs entspricht der außergewöhnlichen Entwicklung des theoretischen Wissens und den neuen, in der zweiten Hälfte des 20. Jahrhunderts entwickelten Datenverarbeitungsmöglichkeiten. Allerdings wird diese Weiterentwicklung des Wissens jetzt in den Dienst der Gestaltungsfreiheit gestellt, in den Dienst des Entwurfs.

Über die Konstruktion hinaus

Entgegen dem klassischen Bild des Ingenieurs, dessen Leistung im Rekord der größtmöglichen Spannweite besteht, zieht Jörg Schlaich das Gebiet der Gestaltung dem der Konstruktion vor. Natürlich scheint der Leichtbau ein wichtiges Kriterium zu sein, jedoch ist dieses in die tief greifende Verpflichtung der Wirtschaftlichkeit und moralischen Haltung als Grundsatz jeder Konstruktion eingebunden.

Die ersten gespannten Hyperboloide von Kühltürmen bedeuten eine Werkstoffersparnis und ersten verglasten seilverspannten Netzschalen eine Gewichtsersparnis, sodass sie von bestehenden massiven Bauten getragen werden können. Schließlich beinhalten die beweglichen Fußgängerbrücken wie die Katzbruckelbrücke im Innenhafen Duisburg eine Energieersparnis mit einer impliziten Veränderung der geometrischen Struktur. Doch all diese Ersparnisse definieren stets die Regeln einer moralischen Haltung: das Aufzeigen der aktuellen konstruktiven Möglichkeiten bei einem wirtschaftlichen Einsatz der Ressourcen. Die parallelen Arbeiten von Schlaich Bergermann und Partner zu neuen Energiequellen und Solarkraftwerken sind Teil dieses Engagements. Indem Jörg Schlaich den Bereich der Gestaltung von Konstruktionen in dem weiteren Zusammenhang unseres Erdendaseins hinterfragt, vermittelt er große Hoffnungen.

Der Dualität Konstruktion/Energie folgend, eröffnen sich weitere denkbare Bereiche: Konstruktion/Klima, Konstruktion/Mobilität, Konstruktion/Stoff, Konstruktion/Licht. Sie lassen sehr ausgedehnte Forschungsfelder erahnen, welche die Gestaltung angepasster und verfeinerter Konstruktionen fördern werden und dies bei erneuter Beachtung der „einfühlsamen Vernunft" (raison sensible)[1] der Welt. Das Werk von Jörg Schlaich kann diese Perspektive bieten.

1 | Anmerkung d. Übersetzers: Michel Maffesoli, Professor für Soziologie an der Sorbonne in Paris, hat den Begriff ‚raison sensible' geprägt. Mit diesem scheinbaren Paradox meint er die Vernunftbegabung und die Fähigkeit, sich in etwas einzufühlen.

limited by the permissible stresses of the materials and by acceptable structural distortions, gives little inkling as to the subjective contribution of the designer. The responsibilities and commitment here are very different from those of the artist. The structure is reasonable, the dimensioning objective—so that, apart from the reasoned subjectivity of the designer, there is nothing to indicate why one particular decision should win out over the others.

The city of Stuttgart seems to have served as a particular area of experimentation for Jörg Schlaich. He has been able to build several footbridges there that

Louis Marie Navier, the dominant figures of the 19th and 20th centuries were the "constructors" Gustave Eiffel, Eugène Freyssinet, Robert Maillart, Pier Luigi Nervi and Eladio Dieste. For them, the approach was related to constructive, formal freedom—the engagement of the engineer being bound to that of the master builder.

In contrast, with figures such as Robert Le Ricolais, Frei Otto and Richard Buckminster Fuller, it is the experimental engineer, a theorist of geometry and structure, who realizes his goals in the imaginative field, independently of construction.

cooling towers represented material efficiency and domes glazed grid shells a saving in weight, allowing them to be borne by existing solid constructions beneath, while movable footbridges, such as the Humpback Bridge in the Inner Harbor Duisburg, display energy savings compatible with the geometric metabolism of the structure. Yet such economies always define rules for a moral attitude: to show the constructive possibilities today of an awareness of economic resource management.

Jörg Schlaich's parallel undertakings focusing on novel energy sources and

Seinebrücke Passerelle de Solferino, Paris, 1. Arr., Frankreich, 2000, Marc Mimram
Seine footbridge Solferino, Paris, 1st Arr., France, 2000, Marc Mimram

Strommasten, Pylones Très Haute Tension, EDF, Frankreich, Marc Mimram
Power masts, Very High Tension Pylons, EDF, France, Marc Mimram

express a rational progression of forces, as well as the reasonable concept of the designer. On the other hand, the diversity of the solutions proposed, the variety of the structural systems and practical applications demonstrate quite clearly the designer's subjectivity—in which reason is always in the service of freedom, that is, the freedom to innovate.

Stuttgart also allowed for interaction between various approaches to the engineering profession—from the most rigorously calculating to the most productive and experimental—that had sprung up around the experience of the design for the 1972 Olympic facilities in Munich.

Precisely the work of Jörg Schlaich embodies a new method in engineering practice closely linked to the ongoing development of the science of engineering. If the beginning of 19th century saw the birth of engineering scientists such as

Jörg Schlaich conveys another synthesis, between theoretical research and professional practice operating this time outside the building sector, yet in conjunction with it. This new type of engineer mirrors the extraordinary growth in theoretical knowledge and the new possibilities in computational power arrived at during the second half of 20th century. But this time these improvements in knowledge are put to work in the service of a freedom of concept, in the service of the design.

Structure and More

Contrary to the traditional picture of the engineer who seeks to break the record for span, Jörg Schlaich prefers the field of structural design. Naturally, lightweight construction is a significant criterion, but it is integrated with a thoroughgoing commitment to economy of means concomitant with a moral approach to construction. The earliest stressed hyperboloids for

solar power stations form an integral part of his commitment. This determination to position structural design in the wider context of a debate on our role in the world is rich in promise. Other areas for speculation have opened up akin to the structure/energy duality: structure/climate, structure/mobility, structure/materials, structure/light. The perspective contains vast fields of research that will feed into the design of adapted and sophisticated structures, with a renewed concern with the "sensibilized reason" (raison sensible)[1] of the world. The work of Jörg Schlaich offers just such a prospect.

1 | Translator's note: Michel Maffesoli, Professor for Sociology at the Sorbonne in Paris, coined the phrase "raison sensible". With this seemingly paradoxical expression he is referring to the rationale and the ability to empathize.

Das Schwere ganz leicht

Complex Questions Made Easy

Annette Bögle

Was zog sie – Studenten wie Assistenten – an den Lehrstuhl von Jörg Schlaich? Aus aller Welt kamen sie nach Stuttgart: neugierig, lernbegierig und fasziniert von seiner offenen, interdisziplinären Art zu denken, von der Anschaulichkeit, mit der er komplexe Zusammenhänge erklärte, sowie von seinen leichten, aufgelösten, minimalistischen Konstruktionen.

Im Studium gehörten Schlaichs Vorlesungen zu den wenigen, in denen Fakten, Theorien, Formeln und Gesetze konkrete Gestalt annahmen: die Faszination des zukünftigen Berufs füllte den Hörsaal; die konstruktive Vielfalt des Gebauten zeigte das Spiel mit physikalischen Gesetzen und die Grenzen des Machbaren; Schlaichs Freude am Gestalten, des Ganzen ebenso wie des Details, war spürbar und übertrug sich auf alle im Hörsaal. Plötzlich ergaben Fakten, Formeln und Gesetze einen Sinn. Theorien galten nicht mehr um ihrer selbst willen, sondern erhielten ihre Bedeutung durch die Einordnung in den wesentlichen Zusammenhang. So zeigte Schlaich, warum es sich lohnt, ‚die Zähne zusammenzubeißen' und zu pauken. Er zeigte, wie mit Wissen, Können und der individuellen Fantasie Bauwerke entworfen und realisiert werden können, „welche der Natur, die wir verbauen, mit der einzig adäquaten Entschädigung begegnen: mit Baukultur".[1]

Wesen und Faszination dieser Lehre nur über die enge Verbindung von Theorie und Praxis beschreiben zu wollen, wäre zu oberflächlich. Tiefer, in Schlaichs Persönlichkeit, liegt die Grundlage für diese Lehre, die einen wesentlichen Beitrag zum Verständnis der gegenseitigen Beziehung von wissenschaftlicher Theorie und menschlicher Erfahrung darstellt. Damit gelang ihm geradezu selbstverständlich die Verschiebung der Lehrinhalte hin zur eigentlichen Tätigkeit des Ingenieurs: dem Erfinden einer neuen

Vielfalt. Hierfür hebt Schlaich bestehende, traditionell gewachsene Grenzen auf. Er fokussiert den ganzheitlichen Entwurf sowie die werkstoffübergreifende Lehre.

Der Weg zu beidem, der hier aufgezeigt werden soll, ergibt sich beinahe von selbst aus Schlaichs Ausbildung. Mit dem Abitur legte er die Gesellenprüfung als Schreiner ab, studierte zunächst Architektur und Bauingenieurwesen in Stuttgart, bis er sich nach dem Vordiplom für das Ingenieurstudium in Berlin entschied. Hier klingt die wechselseitige Einflussnahme von Theorie und Praxis an, welche dank der Möglichkeit, sowohl als Lehrstuhlinhaber zu lehren, als auch gleichzeitig im eigenen Büro praktisch tätig zu sein, im Berufsleben fortgeführt werden konnte. Dass diese enge Wechselwirkung gelebt werden konnte, ist neben allen Mitarbeitern am Institut und im Büro insbesondere das Verdienst von Rudolf Bergermann, seinem Büropartner, und Kurt Schäfer, mit dem er das Institut an der Universität Stuttgart nahezu 25 Jahre gemeinsam leitete.

Zum Verhältnis von Wissenschaft und menschlicher Erfahrung

Die heutige Forschung ist in der Regel zu theoretisch und empirisch begrenzt, weil es in Ergänzung zur wissenschaftlichen Analyse keinen direkten Zugang zur Erfahrung gibt.[2] Allein die entscheidende Grundlage des Ingenieurberufs – das Entwerfen als Voraussetzung zum schöpferischen Schaffen von Neuem – ist mit den heutigen, rein analytischen Wissenschaftsmethoden nicht erklärbar und schon gar nicht lehrbar, da diese auf den Prinzipien der Objektivität und Kausalität basieren und keinen Raum für Kreativität und Individualität lassen. In gleichem Maß, wie die Wissenschaft zu immer mehr

What was it that attracted those students and research assistants to Jörg Schlaich's institute at the University of Stuttgart? They flocked to Stuttgart from all over the world, filled with curiosity, eager to learn and fascinated by his open, inter-disciplinary way of thinking, by the vividness with which he explained complex structures, as well as by his light, open, minimalist constructions.

For a student, Schlaich's lectures were among the few in which facts, theories, formulae and laws took real shape. The fascination of a future career filled the lecture halls, the wide variety of constructions demonstrated a playful attitude to physical laws and the limits of what could be achieved, and Schlaich's joy in designing both the overall picture and the details was tangible and communicated itself to all present. All of a sudden everything made sense—facts, formulae and laws—and the theories no longer existed for their own sake, but were given meaning by the way they fitted into the overall picture. Schlaich demonstrated why it was worth "gritting your teeth" and swotting up on hard facts. He showed how, with knowledge, ability and imagination, it was possible to design and realize buildings that "offer nature, which we clutter up, the only adequate compensation, namely, the high culture of building."[1]

To describe the substance and fascination of this teaching only by citing the close link between theory and practice would be too superficial. The basis for this approach, which represents a fundamental contribution to understanding the mutual relationship between scientific theory and human experience, lies deeper, in Schlaich's personality. In this way, he succeeded in applying the contents of his teaching to the fundamental activities of an engineer: the invention of a new variety in designing. To this end, Schlaich abolishes existing, traditional boundaries and focuses on holistic design and a material comprehensive teaching.

The path there, which I now wish to describe, was almost a natural by-product of Schlaich's education. While graduating from high school he also passed his final journeyman's examination as a carpenter, and took a preliminary degree in architecture and civil engineering in Stuttgart before deciding to study engineering in Berlin. At this point, we can sense the alternating influence of theory and practice, which Schlaich has been able to continue throughout his career thanks to the opportunity he has both to lecture and to work on a practical level as head of his own company. That he was able to engage in this interaction so closely is due especially, in addition to all the staff at the institute and at the office, to the

efforts of his partner at his consultancy, Rudolf Bergermann, and to Kurt Schäfer, with whom he ran the institute at the University of Stuttgart for close to 25 years.

On the Relationship between Science and Human Experience

As a rule, research nowadays is too theoretical and empirically limited because, as a supplement to scientific analysis, it has no direct access to human experiences.[2] However, the very fundamental basis of engineering—designing as a prerequisite for creating something new—cannot be explained by today's solely analytic scientific methods and certainly cannot be taught, since these are based on the principles of objectivity and causality and leave no room for creativity and individuality. In the same measure as science arrives at ever more detailed knowledge, so practice has taken possession of the scientific results with a flood of rules, leading to an alienation from the roots, that is, from experience.

und detaillierteren Erkenntnissen gelangt, hat die Praxis sich deren Ergebnissen mit einer Flut von Regelwerken bemächtigt. Das führt zur Entfremdung von den Wurzeln, der Erfahrung.

Dabei ist alles, was der Mensch tut, an seine Wahrnehmung gekoppelt. Seine individuellen Eindrücke verarbeitet er und beeinflusst so sein Fühlen, Handeln und Denken. Folglich sind wissenschaftliche Erklärungsmodelle ebenso wie konkrete Bauwerke an die Art und Weise gekoppelt, wie der Mensch zu Erkenntnissen gelangt. So gesehen, sind wissenschaftliche Beschreibungen und Methoden Reflektionen menschlicher Erkenntnisstrukturen.[3] Objektivität als Sinnbild der angeblichen Trennung zwischen dem Menschen einerseits und der Wissenschaft und Technik andererseits ist eine Frage der subjektiven Betrachtung.

Technik zu reflektieren, gesichertes Wissen zu dokumentieren und so den fachlichen Boden für Neues zu bereiten. Schlaich ist der Auffassung, dass Ingenieure nicht ,alles' rechnen sollen, was berechenbar ist, und dass sie nicht ,alles' wissen müssen, sondern ,gerade genug', um ihre Ideen in vielfältigen Konstruktionen zu materialisieren. Was ,gerade genug' ist, kann aber nur der entscheiden, der über ein fundiertes Wissen der Theorie und der Zusammenhänge verfügt. Entwerfen jedoch erfordert zusätzlich Intuition, genährt durch Neugier und Erfahrung. Vielfalt entsteht durch die Kombination technisch-wissenschaftlicher Grundlagen mit Freude am Gestalten, Fleiß, Ausdauer, Liebe zum Detail und dem besonderen individuellen zeitlichen und örtlichen Situationsbezug – Rezepte können dies nicht erfüllen!

Jörg Schlaich und Kurt Schäfer bei der Weihnachtsmusik
Jörg Schlaich and Kurt Schäfer entertaining at a Christmas party

Jörg Schlaich, 2000
Jörg Schlaich, 2000

Jörg Schlaich erklärt die Wirkung des Speichenrads, Abschiedsvorlesung, Dezember 2000
Jörg Schlaich illustrates the effect of the spoked wheel, farewell lecture, December 2000

Konstruktive Vielfalt aus der Verbindung von Wissenschaft und Praxis

Schlaichs Forschungs- und Arbeitsansatz beginnt bei der konkreten Konstruktion, einer konkreten Aufgabenstellung aus der Praxis, welche systematisch auf ihre Grundlagen zurückgeführt wird. Umgekehrt sind es theoretische Grundkenntnisse, dank derer sich die Möglichkeiten des Entwerfens entfalten können. Ohne diese ist keine Deutung der Entwurfsvarianten, einer Berechnung oder eines Versuchsergebnisses möglich.

Eindrücklich erlebte dies Schlaich bereits beim Entwurf der Hyparschale 1967 für die Hamburger Alsterschwimmhalle. Das Selbstbewusstsein, sich als Berufsanfänger an die frei auskragenden Randträger zu wagen, die von erfahrenen Ingenieuren als nicht baubar abgelehnt wurden, verdankte er dem theoretischen und praktischen Wissen, das ihm sein Berliner Professor Werner Koepcke durch seine beeindruckende Vorlesung über Schalen und viele Baustellenbesuche vermittelt hat. Ohne diese Grundlagen wäre ihm „die Bewältigung der Aufgabenstellung, das Finden einer neuartigen Tragwerkslösung und die Deutung der zunächst falschen Versuchsergebnisse nicht möglich gewesen", resümiert Schlaich rückblickend. Aus dieser Erfahrung resultiert auch, dass ihm jede Form von Rezepten – als Sinnbild gedankenloser Abkürzung des komplexen und chaotischen Entwurfsprozesses – zuwider ist.

Rezepte, dieses Das-macht-man-so, heute in Form eines immer dichteren Regelwerks der Normen gängige Praxis, lassen die Frage nach dem Wesen und Situationsbezug der Zahlen und Fakten immer mehr in den Hintergrund treten. In den Vordergrund tritt, ,nichts falsch' zu machen, anstatt ,das Richtige' zu tun. Dabei sind Normen ihrem Ursprung nach dafür gedacht, den Stand der

Forschungsschwerpunkte

Schlaichs Perfektionismus treibt ihn an, jeweils die nach allen Gesichtspunkten beste Lösung zu suchen und diese wissenschaftlich zu begründen. Zugleich sorgt sein Mut zum Handeln dafür, dass die Ideen nicht in der Theorie stecken bleiben. Es ist diese enge Beziehung zwischen Wissenschaft und Baupraxis, die der Wissenschaft den ihr oft eigenen Narzissmus und der Praxis die häufig registrierbare Reduzierung auf das Normative nimmt.

Aus den noch offen gebliebenen Fragestellungen nach dem Bau des Olympiastadions in München 1972 resultierte die Grundlagenforschung im Rahmen des ,Sonderforschungsbereichs 64' zum Einsatz von Seilen im Bauwesen. Die Beschäftigung mit den Fernsehtürmen erforderte Forschungen über die dynamische Windwirkung auf Bauwerke und das Werkstoffverhalten von Stahlbeton und führte über Versuchsreihen mit Betonrohren zu den abgespannten Betonmasten. Auf dem Gebiet des Stahlbetonbaus ganz wesentlich sind die Stabwerkmodelle. Die Kritik an der Gestaltlosigkeit vieler Brücken führte zu Entwicklungen wie den fugenlosen Brücken und zur Einführung von Bewertungsmethoden in das Bauingenieurwesen. Aus dem Bemühen um die Wiederbelebung des Schalenbaus folgten die Forschungsarbeiten über Glasfaserbeton und pneumatische Schalungen. Aus der Forschung über die Verwendung von dünnen Blechen für Membrankonstruktionen entwickelten sich hochkonzentrierende Sonnenspiegel. Kulminationspunkt dieser Forschungsschwerpunkte ist das Aufwindkraftwerk.

Yet everything a person does is linked to his perception. As such, he processes individual impressions and thus influences the way he feels, acts and thinks in the future. As a result, just like real buildings, scientific explanation models are linked to the manner in which a person gains knowledge. Seen in this light, scientific descriptions and methods are reflections of human cognitive structures.[3] Objectivity as a symbol of the alleged division between a person, on the one hand, and science and technology, on the other, is a question of subjective perspective.

Combination of Science and Practice Leading to Structural Variety

The approach Schlaich's research and work takes starts with the actual construction task, a real practical brief which is systematically derived from its principles. Conversely, it is the theoretical knowledge through which possibilities of designing arise. Without it, an interpretation of the possible variants on a design, a calculation or an experiment are not possible.

Schlaich experienced this firsthand in 1967 with the design for the hypar shell for the Alster Indoor Swimming Center in Hamburg. The fact that as a novice he persevered with the cantilevering edge girders, which experienced engineers had rejected as being impossible to build, was the product of the theoretical and practical knowledge he had acquired as a student in Berlin while listening to Professor Werner Koepcke's impressive lectures on shells and by visiting numerous building sites. Without this, "mastering the task, coming up with a new structural solution and interpreting what were initially incorrect experiment results would not have been possible", Schlaich suggests in hindsight. This experience led him to detest any form of set patterns, which he regards as a symbol of thoughtless abbreviation of the complex and chaotic process of designing.

Set patterns along the lines of "that's the way things are done", nowadays in the form of an ever thicker set of rules for norms that have become current practice, tend to push questions about the essence of numbers and facts and their relationship to the current situation further and further into the background. What comes to the fore is to do "nothing wrong", instead of doing "what's right". Originally, norms were introduced in order to reflect the state of the art, to document established knowledge and pave the specialist road for new knowledge. Schlaich makes clears that engineers should not calculate "everything" that can be calculated, and that they need not know "everything", but instead "just enough" to be able to give their ideas concrete form in diverse constructions. Precisely what "just enough" is can, however, only be decided by someone who has a thorough knowledge of the theory and the respective context. Designing also requires intuition, fuelled by curiosity and experience. Variety is the result of the combination of technical and scientific principles with the joy of creating, hard work, endurance, a love of detail and a particular individual temporal and spatial relationship to the context. Set patterns cannot fulfill this!

Concrete Focus of Research

Schlaich's perfectionism drives him, once he has taken all points of view into account, to search for the best solution and to prove it on the basis of scientific facts. Simultaneously, his courage to get things done ensures that his ideas do not just gather dust on the drawing board. It is this close relationship between science and building practice that robs science of its own frequent narcissism, and practice of its tendency to reduce to norms.

Basic research into the use of cables in structures , as part of the "Special Research Section 64", was the result of questions that were left unanswered following construction of the Olympic Stadium in Munich in 1972. Construction of the TV towers required research into the dynamic effect of wind on structures and into the behavior of reinforced concrete and led, via experiments with concrete tubes, to guyed concrete masts. The field of reinforced concrete hinges on the Strut-and-Tie Models, or "STM". Criticism of a lack of design in many bridges led to such developments as

bridges without joints and bearings and to the introduction of evaluation methods for structural engineering. Research work into fiberglass concrete and pneumatic shuttering was a result of efforts to rejuvenate shell structures; research into the use of thin sheet metals for membrane structures led to the development of high-concentration solar reflectors. Solar chimneys represent the culmination of this research activity.

Making the Difficult Easy and the Heavy Light

This mutually beneficial relationship between theory and practice was also evident in Schlaich's style of research and teaching, where neither theory nor practice exist for their own sake. Schlaich succeeds in describing complicated issues in a simple and vivid manner, thus drawing attention to what is relevant in a particular topic. Vividness applies to the perception of phenomena and their qualities. The load-bearing behavior of a structure is quite clearly discernible through its deformation. At a time when structural calculation methods were still unknown this was the only way to acquire knowledge about the inner stress of a building.

Schlaich is, for example, thus able to explain vividly the stiffening of a thin tube by means of a spoked wheel, the task being to prevent deformation of the open edge. To this end, a diaphragm is normally used, which, as a closed surface area, can absorb shear forces. If one simply considers the balance of forces in a non-deformed condition, it is impossible to explain why the thin spokes of the spoked wheel, which can only be subjected to tension, counteract deformation. It becomes clear, however, when Schlaich illustrates how the circular cross-section of the tube tends to deform but is prevented from doing so by the spokes that act in a normal manner (see p. 34).

The most important result of his efforts to explain complex issues vividly, neatly and as realistically as possible is the STM. When he began teaching[4] Schlaich is said to have been annoyed by having to

Schweres leicht gemacht

Diese sich gegenseitig ergänzende Beziehung zwischen Theorie und Praxis durchzog auch den Forschungs- und Lehrstil Schlaichs. Hier existieren weder Theorie noch Praxis um ihrer selbst willen. Ihm gelingt es, komplizierte Zusammenhänge einfach und anschaulich zu beschreiben, um somit das Wesentliche eines Sachverhalts zu benennen. Anschaulichkeit setzt bei der Wahrnehmung von Phänomenen und deren Eigenschaften an.

Das Tragverhalten eines Bauwerks ist ganz offensichtlich über dessen Verformung wahrnehmbar. In Zeiten, als statische Berechnungsmethoden noch unbekannt waren, war dies die einzige Möglichkeit, zu Erkenntnissen über die innere Beanspruchung eines Bauwerks zu kommen.

Zur Wechselwirkung zwischen Lehren und Lernen

Hans Schober, zunächst Student, dann Assistent bei Schlaich und inzwischen seit vielen Jahren sein Büropartner, fasst das Charisma seines einstigen Lehrers kurz und bündig zusammen: „Er schiebt nicht an, er zieht mit." Schlaichs Vorlesungen motivierten, vermittelten Begeisterung und stärkten bereits vorhandenes Interesse, aber sie verlangten auch sehr viel von den Studierenden. Hinter den ‚schönen' Dias der Vorlesung, welche die Begeisterung für die Konstruktion und die Fülle ihrer Möglichkeiten vermittelten, verbarg sich viel selbstständige Arbeit für jeden Einzelnen. Interesse war nötig, um dem Wesen der dargelegten Problematik auf den Grund zu gehen. Schnell jedoch zeigte sich, dass das Einlassen auf diese

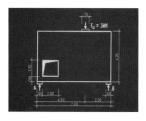
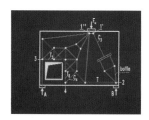
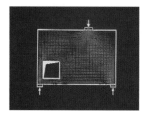
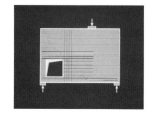

Anschaulich kann Schlaich so beispielsweise die Aussteifung eines dünnen Rohrs durch ein Speichenrad erklären: Es gilt, die Verformungen des offenen Randes zu verhindern. Üblicherweise wird hierfür ein Schott verwendet, das als geschlossene Fläche Schubkräfte aufnehmen kann. Bleibt man allein bei der Betrachtung des Kräftegleichgewichts im unverformten Zustand, dann ist unerklärlich, warum die dünnen, nur zugbeanspruchbaren Speichen des Speichenrads der Verformung entgegenwirken sollen. Einleuchtend wird es aber, wenn Schlaich darstellt, wie der runde Querschnitt der Röhre sich verformt und durch die normal angreifenden Speichen zurückgehalten wird (s. S. 34).

Das wichtigste Ergebnis seines Bemühens, komplexe Zusammenhänge anschaulich, sauber und wirklichkeitsnah zu erklären, sind die Stabwerkmodelle. Bereits zu Beginn seiner Lehrtätigkeit[4] soll es Schlaich geärgert haben, das Bemessen des Werkstoffs Stahlbeton in der Vorlesung erklären zu müssen, ohne sagen zu können, was innerhalb dieses grauen Baustoffs wirklich passiert. Hierfür griff Schlaich die Idee der Fachwerkmodelle von Wilhelm Ritter (1847–1960) und Emil Mörsch (1872–1950) und ihrer Weiterentwicklungen durch Bruno Türlimann (geb. 1923) und Fritz Leonhardt (1909–1999) auf. Systematisch entwickelten er und Kurt Schäfer gemeinsam mit Karl-Heinz Reineck diese weiter zu den berühmten Stabwerkmodellen und nahmen so dem Stahlbeton das Stigma der ‚Black Box'. Mit diesen Modellen können die komplizierten Wege der Kräfte im Stahlbeton anschaulich und präzise abgebildet werden. Die blinde, unreflektierte Anwendung von ‚Konstruktionsregeln' wird durch einen möglichen Lastabtragungsmechanismus ersetzt, der sich nicht nur zum Bemessen vorgegebener, sondern auch zum Entwerfen neuer Strukturen anbietet.

Situation der Unsicherheit Raum für Kreativität schuf. Gemeinsam mit Schäfer hatte Schlaich eine offene und freie Atmosphäre geschaffen, sowohl in der Lehre und im Kontakt zu den Studierenden als auch am Institut in Zusammenarbeit mit ihren Assistenten. In ihrem langjährigen Zusammenwirken und ihrer gründlichen Art, den Dingen auf den Grund zu gehen, ergänzten sich Schlaich und Schäfer nicht nur. Mit ihrem gegenseitigen Respekt waren und sind sie Vorbild, Lehrende und Lernende zugleich. Der Freiraum, den sie schufen, sollte von den Assistenten genutzt werden. Dies verlangte großes Engagement, bot aber zugleich ein hohes Maß an Selbstständigkeit.

Genauer betrachtet, forderte Schlaich noch mehr: nämlich den Mut, die Distanz zu überbrücken, die seine starke Persönlichkeit ausstrahlt. Nicht dass er diese willentlich aufbaute, ganz im Gegenteil, die Tür zu seinem Arbeitszimmer stand offen, es gab keine langen Wege über Sekretariate und er hatte trotz vieler Termine immer Zeit für ein kurzfristiges Gespräch. Der runde Tisch in seinem Büro signalisierte seine Haltung gegenüber seinen Assistenten: Miteinander und Interesse an dem Menschen prägten den Institutsalltag, nicht Hierarchie. Folglich ging Schlaich auch zu den Assistenten in ‚deren' Zimmer, wo er sich gelegentlich ungezwungen ‚auf den' Tisch setzte.

So viel er forderte, so wollte auch er selbst gefordert werden. Widerspruch war nicht einfach, aber mit Argumenten dennoch durchsetzbar, solange es sich nicht um einen Versuch handelte, eine bequemere Lösung zu favorisieren. Bequemlichkeit gehört auch heute weder zum bescheidenen noch zum perfektionistischen Charakter Schlaichs. Seine Methodik eignet sich nicht dazu, Fehler zu vermeiden – diese nimmt er in Kauf und ist auch zur Stelle, wenn es gilt, sie auszubügeln, vorausgesetzt, sie

explain in a lecture how to dimension reinforced concrete, without being able to explain what really happens inside this gray building material. To do this, Schlaich took up the truss models by Wilhelm Ritter (1847–1960) and Emil Mörsch (1872–1950) and their subsequent developments by Bruno Türlimann (b. 1923) and Fritz Leonhardt (1909–1999). Together with Kurt Schäfer and Karl-Heinz Reineck, he systematically advanced these to the famous STM, thus relieving reinforced concrete of the stigma of the "black box". With these models the complicated passage of forces in reinforced concrete can be

Together with his colleague Kurt Schäfer, Schlaich had created an open-minded, free atmosphere, both in his teaching and his contact with his students, as well as with his research assistants at the institute. During their long-lasting collaboration and in the thorough manner in which they got to the bottom of things, Schlaich and Schäfer more than complemented each other. With their mutual respect they were, and indeed still are, role model, teacher and pupil rolled into one. Their research assistants were meant to fill the void they created. This required a tremendous amount of commitment,

provided they are the result neither of laziness nor of negligence. Otherwise he has always been true to the Swabian motto: "Not to be complained about is praise enough."

Conceptual Design

Breaking apart ossified structures changes not only the method of teaching but also the contents that are taught: design and the process of designing are important elements of Schlaich's teaching philosophy. For this, he starts with the understanding of structure. It is not merely

Mitarbeiter und Mitarbeiterinnen des Instituts, 1997
Collaborators at the institute, 1997

Karl-Heinz Reineck, Kurt Schäfer und Jörg Schlaich
Karl-Heinz Reineck, Kurt Schäfer and Jörg Schlaich

depicted vividly and accurately. The blind, unconsidered application of "construction rules" is replaced by a possible load-transfer mechanism that lends itself not only to dimensioning pre-defined structures but also to the design of new ones.

The Interaction between
Teaching and Learning

Hans Schober, who was initially a student and then a research assistant of Schlaich, and who for many years now has been his partner, summarizes his former teacher's charisma succinctly: "He doesn't push, he helps to pull." Schlaich's lectures were motivating, they exuded enthusiasm and consolidated existing interest, but they also made very high demands on the students. Behind the "beautiful" slides that conveyed an impression of the enthusiasm for a building and the number of opportunities it offered, there lurked a great deal of independent work for each and every student. One had to be interested in order to probe the very essence of the problems presented. It quickly became evident, however, that surrendering to the uncertain situation provided space for creativity.

but offered a high level of independence and freedom.

On closer examination, Schlaich actually demanded even more, namely, the courage to bridge the distance that his strong personality created. Not that he nurtured it deliberately. On the contrary, the door to his office was always open. There was no need to report first to the secretary, and despite his very busy schedule he always found time for a talk at short notice. The circular table in his room reflected his attitude towards his research assistants: cooperation and an interest in people, as opposed to hierarchy, were the order of the day at the institute. Consequently, Schlaich also visited his research assistants in "their" rooms, where he would sometimes quite casually sit down "on" the table.

He liked to be challenged in the same way that he challenged others. It was not easy to contradict him, but it was possible to gain acceptance for an idea as long as the arguments used were not made just in favor of a more comfortable solution. Even today, comfort belongs neither to the modest nor to the perfectionist side of Schlaich's character. His methods are not suited to avoiding mistakes — he accepts the possibility of these and is always around when they have to be ironed out,

a framework for somehow or other transferring loads, rather structure is material joined which has to fulfill a number of functions and which makes a substantial contribution to the formal expression of the whole. Since structure and form represent differing sides to the same subject, they ought to complement each other. Among engineers such an approach is, unfortunately, not a matter of course. And so Schlaich promulgated—and took a stage further—a design approach developed by his teacher and predecessor at university, Fritz Leonhardt (1909–1999), who was one of the first to discuss in public the aesthetics of bridges. In this way, structure is explained and appraised in all its obvious aspects—load-bearing behavior and design, functionality, construction and economical nature, that is, in its role as a part of an overall unit. Werner Sobek, Schlaich's former student and successor to the chair, remembers how in his lectures Schlaich thus "greatly expanded the traditional scope of variation", even as far as suggesting holistic design, material comprehensive teaching

sind nicht Folge von Faulheit oder Nachlässigkeit. Ansonsten galt und gilt das schwäbische Motto: „Net gschimpft isch gnug globd." („Nicht geschimpft ist genug gelobt.")

Entwerfen und Konstruieren

Das Aufbrechen verkrusteter Strukturen verändert nicht nur die Lehrmethode, sondern auch die Lehrinhalte: Der Entwurf und die Tätigkeit des Entwerfens sind wesentliche Bestandteile der Schlaichschen Lehre.

Hierfür setzt Schlaich beim Verständnis von Konstruktion an. Sie ist nicht nur ein Gerüst, um Lasten abzutragen, vielmehr ist Konstruktion gefügtes Material, sie hat eine Vielzahl von Aufgaben zu bewältigen und trägt wesentlich zum formalen Ausdruck des Ganzen bei. Da Konstruktion und Form unterschiedliche Ausprägungen desselben Sachverhalts sind, sollten sie einander bedingen. Ein solches Denken ist im Ingenieurwesen – leider – nicht selbstverständlich. Schlaich hatte damit den Entwurfsansatz seines Lehrers und Vorgängers am Lehrstuhl, Fritz Leonhardt (1909–1999), der als einer der ersten über die Ästhetik von Brücken öffentlich diskutierte, aufgegriffen und systematisch weiterentwickelt.

Damit wird das Tragwerk in seiner ganzen Sinnfälligkeit – Tragverhalten und Gestalt, Funktionalität, Herstellung und Ökonomie, eben in seiner Rolle als Teil eines Ganzen – erläutert und beurteilt. So erinnert sich Werner Sobek, Schlaichs Schüler und Nachfolger, wie Schlaich in seinen Vorlesungen dadurch „den traditionellen Variationsspielraum immens erweiterte". Bis hin zum Werkstoffübergreifenden, zur Ganzheitlichkeit und zum Interdisziplinären. Mit diesen Themen und seiner Persönlichkeit hat „Schlaich das Institut auf einen ganz beeindruckenden Stand gehoben und ein ganz besonderes Institut daraus gemacht", resümiert Schäfer.

Werkstoffübergreifende Lehre

Durch den engen Praxisbezug, aber auch durch die offene Diskussion der Aufgabenstellung war Schlaichs Lehre nicht mehr auf einen bestimmten Werkstoff begrenzt, wie sich dies durch die geschichtliche Entwicklung der Hochschulinstitute ergeben hatte. Heute, da alle Werkstoffe gleichberechtigt entsprechend ihrem Charakter und der Aufgabenstellung eingesetzt werden, ist ein auf einen Werkstoff beschränktes Entwerfen und damit auch ein auf einen bestimmten Werkstoff fixierter Lehrer nicht zeitgemäß. Schlaich meint dazu: „Man entwirft keine Beton-, Stahl- oder Holzbrücke, sondern eine gute Brücke." Er forderte die Aufhebung dieses qualitätsfeindlichen Spezialistentums und folglich eine engere Zusammenarbeit aller Institute. Hier verlangte er viel von seinen Kollegen. Das Verlassen traditioneller Pfade ist immer eng verbunden mit der Angst vor dem Verlust eigener Pfründe. Dank seiner Zähigkeit, gelegentlich als schwäbische Sturheit bezeichnet, begründete das traditionsreiche Institut für Massivbau eine neue Tradition: Zusammen mit dem ehemaligen Institut für Stahlbau und Holzbau wurde die werkstoffübergreifende Lehre formuliert. Die neu entstandenen Institute Konstruktion und Entwurf I und II stellten das Entwerfen und Konstruieren mit verschiedenen Baustoffen unter Berücksichtigung konstruktiver Möglichkeiten als obersten Grundsatz in den Mittelpunkt der Lehre. Einziger Wermutstropfen für Schlaich war die ‚falsche Reihenfolge' von Entwurf und Konstruktion im Institutsnamen; die Kollegen der Fakultät Architektur bestanden aber darauf.

Der ganzheitliche Entwurf

Schlaichs Lehre mündete in das erste Entwurfsseminar von einem Ingenieur für Ingenieure an einer Universität. Um die weit verbreitete und gerne getätigte Trennung des Bauwesens in den emotionalen, künstlerischen Anteil der Architekten und in den rationalen, technisch-wirtschaftlichen der Ingenieure zu überwinden, hielt Schlaich es für nicht mehr akzeptabel, die Entwurfslehre für Ingenieure ausschließlich Architekten zu überlassen. Er übernahm diese Aufgabe selbst. So schuf er zugleich eine Basis zur Anerkennung der gegenseitigen Kompetenz von Architekten und Ingenieuren, ohne dabei die Unterschiede zu negieren. Diese allerdings liegen nicht in einer entwurfsorientierten Architektur und in einem rationalen Ingenieurwesen, sondern in dem Ziel, in der Aufgabenstellung. Entwerfen und logisches Denken sind Grundlagen der Arbeit beider Disziplinen. Der Ingenieur ist für die Gestalt seiner Bauten selbst verantwortlich.

Damit ist der Schritt zum ganzheitlichen Entwurf – die Berücksichtigung von sowohl technischen und wirtschaftlichen als auch wahrnehmungsspezifischen und sozialen Belangen – getan. Das ‚Ganzheitliche' ist nicht absolut und eindeutig beschreibbar, sondern entsteht im Beziehungsgeflecht der funktionalen, ästhetischen und sozialen Anforderungen an ein Bauwerk. Besonders überzeugend ist dies für jeden, wenn Schlaich vom Bau ‚seiner' Hooghly-Brücke in Kalkutta (1971–1993) erzählt. Mit der die örtlichen Möglichkeiten berücksichtigenden Herstellungsmethode verbinden sich technologische Neuerungen sowie die Schaffung Tausender Arbeitsplätze vor Ort. Dieselbe Motivation ist es auch, die keine Vorlesung und keinen Vortrag ohne das Aufwindkraftwerk und die Möglichkeiten der solaren Energieerzeugung enden lässt.

Interdisziplinäres Arbeiten

Schlaichs Abneigung gegenüber Spezialistentum war Voraussetzung für sein erfolgreiches interdisziplinäres Arbeiten. Wechselseitiges Über-den-Tellerrand-schauen führte vom Schalen- und Membranbau zu den Sonnenspiegeln, von der Beschäftigung mit den Kühltürmen und deren widersinnigem Zweck der Energievernichtung zum Aufwindkraftwerk und dem Prinzip der emissionsfreien Energiegewinnung.

Schlaich kann einfach erklären, negiert Rezepte und legt Wert auf Grundlagen, ist dabei offen für Unbekanntes und stellt einen größeren Zusammenhang her, von der technischen zur sozialen Verantwortung, vom Detail zum Ganzen, von der Konstruktion zur Form. Vor allem aber steht er hinter seinen Ideen und Überzeugungen – vielleicht war es auch einfach das, was Lernende, Studierende und Assistenten nach Stuttgart zog. Es sind die gleichen Gründe, die heute, drei Jahre nach seiner Emeritierung im Jahr 2000, viele zu seinen zahlreichen Vorträgen in aller Welt ziehen.

and interdisciplinary approaches. As Kurt Schäfer states, these topics, combined with his strong personality, enabled Schlaich to "give the institute an impressive standing and make it into something quite special".

Material Comprehensive Teaching

As a result of a close affinity to practical matters, and through the open discussion of the tasks to be accomplished, Schlaich's teaching method was no longer restricted to one single material, as had come to be the case over time through the development of the university institutes. Nowadays, since all materials are equally well qualified to be used in accordance with their character and the task at hand, any teacher who goes about designing buildings using just one material can no longer be considered up to date. Schlaich states: "One doesn't create concrete, steel or wooden bridges, just good bridges." He demanded the abolition of this form of specialization that was inimical to good quality and, consequently, that all institutes work more closely together. This was asking a lot of his colleagues. Moving away from traditional paths is always associated closely with the loss of one's own staked claims. Thanks to his tenacity, which is also sometimes referred to as Swabian stubbornness, the Institute for Concrete Structures (Institut für Massivbau), already rich in tradition, thus founded a new tradition: together with the former Institute for Steel and

Wood Structures (Institut für Stahlbau und Holzbau), the material comprehensive teaching was formulated. The new institutes, Conceptual Design I and II (Konstruktion und Entwurf I und II), made design using various materials (while considering the structural possibilities) the highest principle and placed it at the very heart of this theory.

Holistic Design

Schlaich's method of teaching culminated in the first university seminar on design by an engineer for engineers. In order to overcome the widespread and gladly-used division of building and construction into the emotional, artistic part played by architects, and the rational, technical and economic part played by engineers, Schlaich no longer considered it acceptable to entrust design theory for engineers to architects alone. He took on this task himself, and thus also created a basis for architects and engineers to recognize their respective expertise without denying their differences in the process. These, though, are not to be found either in architecture that is oriented towards design or in rational engineering, but in the aim, in the tasks at hand. Design and logical thought are the basis of both these disciplines. The engineer is himself responsible for the design of his buildings.

This essentially completes the shift in favor of holistic design work—taking into account both technical and economic factors as well as perceptual and social aspects. "Holistic", however, cannot be described absolutely and unambiguously; it emerges instead from the interrelation between functional, aesthetic and social demands on a building. This is particularly convincing when Schlaich relates the building of "his" Hooghly Bridge in Calcutta (1971–1993). He combined the opportunities offered by local production methods

and technological innovations, creating thousands of jobs locally. The same motivation ensures that he never ends a lecture without mentioning the solar chimney and the opportunities afforded by solar power for the generation of energy.

Interdisciplinary Activities

An aversion to specializing was the prerequisite for Schlaich's successful interdisciplinary activities. Going beyond disciplinary borders led from shells and membrane structures to solar concentrators, from cooling towers and their absurd purpose of energy destruction to the solar concentrators with their principle of low-emission energy production.

Schlaich explains things simply, negates set patterns and values basic principles highly, is receptive to what is unknown and produces a greater link, from the technical to the social responsibility, from the smallest detail to the overall picture, from structure to form. Above all, however, he stands up for his ideas and his convictions. Perhaps that, quite simply, is what attracted pupils, students and research assistants to Stuttgart—the same reasons that today, three years after being given emeritus status in 2000, attract so many to Schlaich's numerous lectures around the world.

1 | Jörg Schlaich, *Der Bauingenieur und die Baukultur, Der Bauingenieur und seine kulturelle Verantwortung*, Hrsg. | Ed. Stiftung Bauwesen, Stuttgart 2000, S. 27 f. | p. 27 f.
2 | Francisco Varela, Evan Thompson und | and Eleanor Rosch, *Der Mittlere Weg der Erkenntnis*, Bern, München, Wien 1992.
3 | Maurice Merleau-Ponty, *Phänomenologie der Wahrnehmung*, Berlin 1974.
4 | 1959/60 war Schlaich bereits als ‚graduate assistant' am | Schlaich was a graduate assistant in 1959–60 at the Case Institute of Technology, Cleveland, Ohio, USA.

Formfinden und Formsetzen: Dialog Ingenieur – Architekt

Finding and Implementing Form: Dialog Engineer—Architect

Volkwin Marg

Am Anfang meiner langjährigen Zusammenarbeit mit Jörg Schlaich, Rudolf Bergermann und deren Team stand ein Schlüsselerlebnis. Ich hatte dem befreundeten Direktor des Museums für Hamburgische Geschichte empfohlen, aus Anlass des 1989 bevorstehenden 700-jährigen Jubiläums der Freien und Hansestadt den Sponsoren die von ihm gewünschte, gläserne Überdachung des offenen Museumshofs vorzuschlagen. Er möge warten, bis sich das Komitee bei der Qual der Wahl des Geburtstagsgeschenks zerstritten habe, um als Retter in der Not die Idee des Glasdachs aus dem Hut zu zaubern und absegnen zu lassen. Er hatte Erfolg mit meiner Skizze und bis zum Tag der Eröffnung noch sechs Monate Zeit für die Verwirklichung (Abb. S. 42).

Meine Freude über den gelungenen Coup hielt nicht lange. Die skizzierte Improvisation hielt bei genauerem Hinsehen im Detail nicht stand. Ein hierarchisch in Bögen und Pfetten gegliedertes und geometrisch regelmäßig geordnetes Glasgewölbe herkömmlicher Art erwies sich als nicht realisierbar – architektonisch unmöglich, da geometrisch unverträglich mit der irregulären Gliederung der verschiedenen Hoffassaden, konstruktiv unmöglich, da das Baudenkmal gesammelte Punktlasten aus dem Dach statisch nicht mehr aufnehmen konnte. Vor dem architektonischen Offenbarungseid, der die Skepsis der Denkmalschützer bestätigt hätte, bewahrte mich mein Freund Jörg Schlaich als Retter in der Not. Seine Idee bestand darin, ein transparentes Stahlnetz vergleichbar einem Salatsieb mit auskreuzenden vorgespannten Seilen auszusteifen und mit digital angefertigten Glaselementen einzudecken.

Die Weltpremiere dieser ingeniösen Innovation fand internationale Beachtung und seither allerorts unzählige Anwendungen für lichtdurchflutete Dachschalen. Die filigrane Gitterschale über dem Museumshof vertrug sich in ihrer selbstverständlichen Ästhetik sehr gut mit den Renaissance-Exponaten der Palladio-Ausstellung wie auch mit der traditionellen Backsteinarchitektur des Baudenkmals aus der Zeit der Heimatschutzbewegung. Diese beglückende Erfahrung animierte mich, künftig bei allen Bauten, bei denen das Tragwerk für die architektonische Gestaltung konzeptionell bedeutsam sein konnte, den Dialog zwischen Ingenieur und Architekt an den Anfang des Entwerfens zu stellen.

Unsere Ingenieur-Kollegen waren an guter Architektur interessiert und wir an guten Konstruktionen. Seither haben wir viele Entwürfe gemeinsam konzipiert, keiner fragt, von wem was stammt, sondern nur, was in der Synthese an Qualität herauskommt. Es liegt in der Natur unserer Zusammenarbeit, dass dabei Sonderbauten im Vordergrund stehen, bei denen die architektonische Gestaltung besondere Herausforderungen an das Tragwerk stellt, seien es weit gespannte Hallen, Brücken, Arenen, Stadien oder Türme.

Die Zusammenarbeit von Ingenieur und Architekt ist merkwürdigerweise weniger selbstverständlich, als allgemein angenommen wird. Ihr steht nicht nur die Komplexität der Entwurfsvorgänge entgegen, die eine Prioritätenentscheidung oft nach irrationalen Kriterien voraussetzen, sondern auch kulturelle Prägungen, welche die Folge der ambivalenten Beziehung von Technik und Kunst in der jüngeren Baugeschichte sind.

Zur Entwicklung der Differenz zwischen Technik und Kunst

Seit der Antike waren Technik und Kunst nahe Verwandte. Die Synthese von Konstruktion mit Repräsentation erging sich in symbolhafter Gestalt tradierter Baukunst. ‚Technik‘

I remember an exceptionally striking event at the very beginning of my long-standing collaboration with Jörg Schlaich, Rudolf Bergermann and their team. I had recommended to the Director of the Museum of Hamburg History, who was a friend of mine, that on the occasion of the forthcoming 700th anniversary of the Hanseatic city in 1989 he propose to the sponsors that a glass roof be erected over the museum courtyard, a move which he very much favored. I suggested that he bide his time until the committee had finally fallen out over the large number of proposals as to what their birthday present to the museum should be, then turn up like a knight in shining armor, pull the idea of the glass skylight out of a hat, as it were, and gain approval for the entire project. My sketch brought him the success he was after, but he was left with only six months until opening day to get the job done (ill. p. 42).

The joy I had initially felt given my successful coup did not last long. On closer examination the improvised sketch just didn't hold water once I started scrutinizing the details. The customary form of a glass vault with a hierarchy of arches and purlins in a regular geometric form proved to be impossible to build. From an architectural standpoint it was geometric-ally incompatible with the irregular pattern of the various courtyard façades, and from a structural point of view the historical building was unable to bear any further load from the skylight. My friend Jörg Schlaich spared me from having to admit that in architectural terms I had put forward a disastrous proposal—which would have been grist to the mill of those skeptics who wished merely to preserve buildings at any cost. In fact, Jörg saved the day. His idea was to use a transparent steel grid, like a sieve, prestressed with diagonal cables and covered with digital manufactured glass elements.

The world premiere of this ingenious innovation made a great international splash and has since been used countless times in the construction of light-flooded roof shells in all manner of locations. With its natural aesthetics, the filigree grid shell over the museum courtyard admirably complemented the Renaissance exhibits in the Palladio exhibition, as well as the traditional brickwork of the historical build-ing, which dated from the days of the "Heimatschutz" movement. This encour-aging experience prompted me in the future, when deliberating on projects for buildings where the structure might be of importance for the architectural design, to prioritize dialogue between engineer and architect at the very beginning of the project.

Our engineering colleagues were all in favor of good architecture, just as we were in favor of good structures. Since that time we have collaborated on several designs, and instead of asking who is responsible for what, the question has always been what this pooling of talent will produce. It's in the very nature of our collaboration that it focuses on special buildings, on cases where the architec-tural design places special demands on the structure, be it wide-span halls, bridges, arenas, stadiums or towers.

Strangely enough, and contrary to popular opinion, collaboration between engineers and architects is by no means common. Such joint ventures must over-come not only complex design procedures that entail deciding on the priorities to be accorded a list of often irrational criteria, but also cultural influences that stem from the ambivalent relationship between tech-nology and art in recent building history.

Development of the Difference
Between Technology and Art

Technology and art have been closely re-lated ever since the days of Ancient Greece, where the synthesis of construction and representation was brought to bear in the symbolic design of traditional buildings.

und Kunst meinten das Gleiche: Technik von dem griechischen ‚téchne' abgeleitet, als Kunstfertigkeit, wie auch die von dem Wort ‚können' abgeleitete ‚Kunst'. Das Pantheon in Rom, die gotischen Kathedralen nördlich der Alpen, Filippo Brunelleschis Kuppel in Florenz – allesamt klassische Manifestationen der Einheit von Technik und Kunst im Bauen. Eine Spaltung in einen rational-technischen und einen emotional-künstlerischen Zweig gab es nicht. Noch im Barock galten Bauten als Gesamtkunstwerk. Der Brückeningenieur und Festungsbaumeister Balthasar Neumann war zugleich Architekt für Kirchen wie für den Erzbischöflichen Palast, in dem sich die Verschmelzung von Bautechnik mit allen bildenden Künsten spiegelt.

Erst im 19. Jahrhundert drifteten die Wege von Technik und Kunst immer weiter auseinander. Die fortschreitende

Die Architekten der Moderne haben nach dem Ersten Weltkrieg, als die bürgerliche Hochkultur zusammenbrach, einen ideologischen Ausbruch aus dem selbst errichteten Elfenbeinturm des L'art pour l'art unternommen, um ihre verlorene Kompetenz als Baumeister zurückzugewinnen. Sie brachten sich nicht nur für die programmatische Lösung sozialer Herausforderung in Position, sondern versuchten die kulturelle Differenz zur Technik zu überwinden, indem sie das Bild des Technischen schlechthin ikonografisch wie propagandistisch besetzten.

So wurden in bilderstürmerischer Attitüde Häuser zu ‚Wohnmaschinen' erklärt und das Erscheinungsbild großer Schnelldampfer aus Flachblech als ‚Dampferstil' mit Relings, Bullaugen und Deckaufbauten schwungvoll auf steinerne Bauwerke übertragen. Die russischen

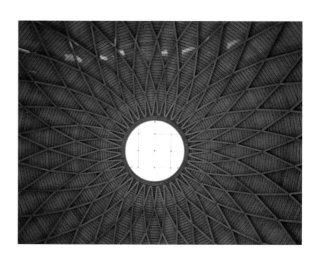

Industrialisierung des Dampfmaschinenzeitalters veränderte Gesellschaft und Umwelt schneller, als die emotionale und somit kulturelle Verarbeitung dieses Wandels folgen konnte. So reiste Clara Schumann – technisch modern – mit Dampfschiff und Eisenbahn nach England, um Robert Schumanns romantische Kompositionen des Biedermeiers zu konzertieren, während Karl Marx dort Probleme des Industrieproletariats für sein und Friedrich Engels' Kommunistisches Manifest studierte. Die Architektur verharrte dagegen im nach-napoleonischen Klassizismus.

Der Londoner Kristallpalast, 1851 von Joseph Paxton erbaut, war ein Paukenschlag und zeigt, wie weit sich Technik und Kunst bereits voneinander entfernt hatten. Es folgten wie Trommelwirbel des neuen Industriezeitalters weitere Kristallpaläste und stählerne Bahnhofskathedralen in Europa und der Neuen Welt Amerikas.

Die auf die Technik konzentrierten Ingenieure suchten und fanden unvoreingenommen im deduktiven entwerferischen Vorgehen neue Strukturformen für die neuen Bauaufgaben und schufen den Typus der ‚Ingenieurkunst-Bauwerke': Tunnel, Brücken, Türme, Hallen. Die auf die Repräsentation von Staat, Kirche und Gesellschaft konzentrierten Beaux-Arts-Architekten dagegen griffen für ihre urbanen Bühnenbilder auf die Formensprache des Historismus zurück, um der kulturellen Tradition und Verständlichkeit willen. So entstand bei der Zusammenarbeit von Ingenieuren und Architekten jenes typische Janusgesicht der großen Bahnhofsbauten vor dem Ersten Weltkrieg: rückwärtig filigrane Bahnsteighallen aus Glas und Stahl, vorne wuchtig-steinerne Metaphern für Stadtportal und Uhrenturm.

Konstruktivisten steigerten das Technische zu esoterischen Konstrukten für den revolutionären Agitprop (berühmtes Beispiel hierfür ist die Lenintribüne 1924 von El Lissitzky). Es hatte den Anschein, als ob Astrologen die Sternwarten der Astonomen besetzten, um mehr Glaubwürdigkeit zu erringen (ein Vorgang von erneuter Aktualität).

Die kulturelle Differenz zwischen Technik und Kunst war auf solche Weise zwar vernebelt, aber nicht eigentlich überbrückt worden, als schon bald die neoklassizistische Gegenrevolution der dreißiger Jahre vom demokratischen Washington bis zu den autoritären Regimes Europas zur populären Tradition zurück vermittelte, aber schließlich im Desaster des Zweiten Weltkriegs verebbte, wenn man vom stalinistischen Nachspiel absieht.

Die Nachkriegszeit eröffnete eine neue Chance für die Zusammenarbeit von Ingenieur und Architekt und eine programmatische Synthese von konstruktiver Technik und gestaltender Kunst. Verheißungsvolle Meister der Ingenieurkunst standen für den Aufbruch in eine neue Kultur des Ingenieurbaus, die für uns bekanntesten Architekten waren Robert Maillart, Pier Luigi Nervi, Felix Candela, Richard Buckminster Fuller, Konrad Wachsmann und Frei Otto. Aber nur selten wurde die Chance zur wirklichen Zusammenarbeit im gemeinsamen Entwurf genutzt. Das schönste und bekannteste Kind aus der Ehe von Ingenieur und Architekt wurde das Gesamtkunstwerk der Bauten für die Olympischen Spiele in München 1972, von Behnisch + Partner mit Frei Otto konzipiert und vom Büro Leonhardt und Andrä mit Jörg Schlaich konzipiert und konstruiert. Diese Überwindung beruflicher Grenzen für ein ganzheitliches Entwerfen hatte Vorbildcharakter für die weitere Entwicklung.

Technology and art were one and the same: the word "technology" is derived from the Greek techne (artistry), just as "art" is derived from the word for ability. The Pantheon in Rome, the Gothic cathedrals north of the Alps, Filippo Brunelleschi's dome in Florence—each and every one of them a classic manifestation of the unification of technology and art in building. There was no division into a rational, technical sphere and an emotional, artistic sphere. Building was considered to be an all-embracing form of art as late as the Baroque era. Balthasar Neumann, the bridge engineer and expert on the

followed in an architectural whirlwind that ensued fast on the heels of the new industrial age.

In their logical methodology, unbiased engineers with an eye on technology went in search of, and indeed discovered, new structural forms for the new building tasks at hand, creating as they did a category of "structural art", such as tunnels, bridges, towers and halls. The beaux-arts architects with their insistence on representing the state, the church and society resorted for their urban sets to a historicist formal idiom for the sake of cultural continuity and comprehensibility.

Tribune by El Lissitzky from 1924). It appeared as if astrologers were occupying the observatories of the astronomers in order to achieve greater credibility (an event that is once again up-to-the-minute).

In this manner, the cultural difference between technology and art was indeed obscured, but had not actually been bridged, when soon the neo-classicist counter-revolution of the 1930s led the way back to popular tradition: from democratic Washington through to the authoritarian regimes of Europe, and finally abating in the disaster that was World War II— excluding, that is, the echo of Stalinism.

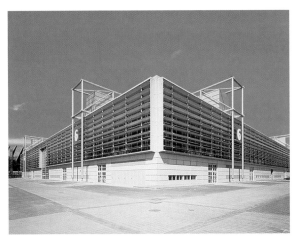

Innenansicht Messehalle 4, Hannover, 1995
Interior, Trade Fair Hall 4, Hanover, 1995

Messehalle 6, Düsseldorf, 2000
Trade Fair Hall 6, Düsseldorf, 2000

construction of fortresses, also designed churches and archbishops' palaces, reflecting the fusion of building technology with all forms of the fine arts.

Not until the 19th century did technology and art begin to drift further and further apart. Ongoing industrialization in the era of the steam engine altered society and the environment faster than society was able to absorb the implications of the changes at the emotional and cultural levels. And so Clara Schumann travelled to England by means of the very latest that technology had to offer, steamboat and railway, in order to give a recital there of Robert Schumann's romantic Biedermeier compositions, while Karl Marx was busy in London studying the problems of the industrial proletariat for his and Friedrich Engels' Communist Manifesto. Architecture, on the other hand, was wallowing in post-Napoleonic classicism.

The resounding tone of Joseph Paxton's Crystal Palace building in London in 1851 heralded a new age, for it demonstrated just how far technology and art had drifted apart by this time. More crystal palaces and steel cathedral-like stations in Europe and the New World of America

In this way, the collaboration between engineers and architects gave rise to the typical double-faced nature of the large station buildings prior to World War I: filigree platform halls made of glass and steel at the back, while at the front stood massive stone metaphors for city portals and clock towers.

After World War I, following the collapse of bourgeois culture, Modernist architects attempted to break out of the ideological "l'art pour l'art" ivory tower they had created for themselves in order to regain their lost expertise as master builders. They not only positioned themselves for a programmatic solution to the challenges facing society, but also attempted to leapfrog the cultural differences between themselves and technology by propagating an image of technology purely and simply for iconographic and propaganda purposes.

In keeping with this iconoclastic spirit, houses were declared to be "living machines" and the image of large high-speed steamers made of sheet-metal complete with railings, portholes and decks were transposed with élan into stone structures. Russian Constructivists even took technology to the heights of esoteric structures for their revolutionary agitprop (a famous example of this is the Lenin

The postwar years presented a new opportunity for engineers and architects to collaborate on a programmed synthesis of construction technology and designer art. Auspicious masters of the art of engineering stood for opening the gates to a new culture of engineering. For us architects, the most well-known were Robert Maillart, Pier Luigi Nervi, Felix Candela, Richard Buckminster Fuller, Konrad Wachsmann, and Frei Otto. The opportunity for real collaboration on joint design projects was, however, very seldom exploited. The most attractive and most famous child to emerge from the marriage between engineers and architects was the "gesamtkunstwerk" of the buildings for the 1972 Olympic Games in Munich, which were devised by Behnisch + Partner with Frei Otto and designed and constructed by Leonhardt and Andrä with Jörg Schlaich. This was a perfect example of professional boundaries being transcended in the cause of holistic design.

Our joint projects with Jörg Schlaich, Rudolf Bergermann and their team that followed the Hamburg museum roof (for example, the station in Spandau and the

Die gemeinsamen Projekte unseres Büros mit Jörg Schlaich, Rudolf Bergermann und deren Team nach dem Hamburger Museumsdach z. B. für den Bahnhof Spandau und den Berliner Hauptbahnhof schreiben die Synthese von Technik und Baukunst fort (Abb. S. 41). Anders als im 19. Jahrhundert bilden Eingangsportal, Überbau, Bahnsteighallen, Gleisbrücken und Tunnelbahnsteige eine architektonische Einheit, infolge der entwurflichen Dialektik von gemeinsam wechselseitig gesuchten, gefundenen und gesetzten Formen.

Messehallen

Die Projekte für die großen Messehallen in Hannover, Düsseldorf und Rimini sind die Ergebnisse einer Zusam-

Das Ergebnis der Suche nach einem dem Quadrat entsprechenden Tragwerk war ein hierarchisch strukturiertes Raumtragwerk, das in seiner Filigranität außen und innen zum architektonischen Gestaltungsmotiv ausgeformt wurde. Konrad Wachsmann hätte seine Freude daran gehabt (Abb. S. 43).

Die hölzernen Bogenhallen für die Neue Messe Rimini (2001) sind wiederum Ergebnis einer Formsetzung in mehrfacher Hinsicht (Abb. S. 42). Als Referenz an die klassische Architektur der Emilia Romagna sollte die Messeanlage in ebenso beziehungsreicher wie praktischer Weise mittels Kolonnaden, Atrien, Zentralkuppel und Gewölbehallen geordnet und dabei alle Dächer aus Holz konstruiert werden. Die rautenförmigen Schalen mit Spannweiten von 60 Metern wurden als Herausforderung begriffen, im

**RheinEnergieStadion,
Köln, 2003**
RheinEnergie Stadium,
Cologne, 2003

Im Bauzustand
During construction

menarbeit von Anfang an. Jede dieser Hallen steht an einem anderen Ort in differenziertem Kontext und unterscheidet sich darum trotz gleichartiger Funktion wesentlich von den anderen. Das wird am konkreten Beispiel deutlich: Die Messehalle 4 in Hannover (1995; Abb. S. 43) steht am Messepark, zu dem sich eine bestehende, formal dominante Messehalle bogenförmig und gläsern öffnet. Unsere Büros einigten sich als Entwurfsprämisse für die 120 x 240 Meter große stützenfreie Halle auf eine sich ebenfalls mit verglastem Giebel zum Park hin öffnende Bogenhalle. Diese aus dem Kontext abgeleitete Formsetzung wurde Prämisse für die Findung der filigranen Dachstruktur aus unterspannten Bogenbindern, die gelenkig an sichtbaren Pendeln an den Längswänden aufgehängt sind.

Die Doppel-Messehalle 8/9 in Hannover für die Expo 2000 dient als gesetzte, städtebauliche Landmarke und zugleich als neuer Brückeneingang ins Ausstellungsgelände. Die Formfindung für das Dachtragwerk über 150 x 250 Meter stützenfreier Ausstellungsfläche ist das Ergebnis gemeinsamer Suche nach einem leichten Hängetragwerk mit städtebaulicher Prägnanz, das in seiner Transparenz und Leichtigkeit und seiner hölzernen Bedachung einen Beitrag zum Expo-Motto ,Mensch – Natur – Technik' liefert.

Die Mehrzweckhalle 6 in Düsseldorf (2000) entstand ganz anders. Sie entspricht im Wortsinne einer Quadratur des Kreises. Im Architektenwettbewerb hatten wir als Großform einen kreisrunden Bau mit einer Tensegrity-Kuppelkonstruktion vorgeschlagen, den der Auftraggeber aber aufgrund seiner Ausstellungspraxis ablehnte. Der auf dem Bauplatz einzig mögliche flächengleiche Ersatz war eine quadratische Halle von 160 x 160 Metern, deren erhöhter Zentralbereich mit einer Stützenfreiheit von 90 Meter Kantenlänge Publikumsveranstaltungen erlaubte.

Geiste des italienischen Ingenieurs Pier Luigi Nervi die hölzerne Zollinger Bauweise der zwanziger Jahre in Deutschland zu weit spannenden Holzschalen weiter zu entwickeln. Klassische Architekturformen präsentieren sich in fortentwickelter Bautechnik und erweisen dem traditionsreichen Italien somit eine zeitgemäße Reverenz.

Ein entwerferischer Dialog zwischen Ingenieur und Architekt setzt also bei komplexen Bauaufgaben den Konsens über einen interdisziplinären Entwurfsansatz voraus. Dieser baut auf Entscheidungen über die Priorität von Aspekten auf, die bei genauer Abwägung oft nicht vergleichbar sind. Außerdem arbeitet architektonische Gestaltung nicht nur mit Formulierungen aus der traditionellen Formensprache, sondern auch mit Metaphern, die assoziativ an das Gefühl appellieren. An dieser Stelle geht der Dialog zwischen Ingenieur und Architekt nur mit gutem Glauben weiter.

Stadien

Die gemeinsamen Entwürfe unserer Büros für Stadien zeigen diese heikle Gratwanderung. Die rechteckige Planung für das RheinEnergieStadion (Fertigstellung 2003) in Köln fügte sich in die orthogonale Ordnung bestehender Alleen und denkmalgeschützter, kubischer Eingangsbauten der zwanziger Jahre ein. Der infolge durchlaufenden Spielbetriebs vierstufige Umbau der Tribünen legte eine Pylon-Konstruktion für eine brückenartige Abhängung der Tribünendächer in jedem fertigen Bauabschnitt nahe. Die Pylone sind als leuchtende Stelen zugleich signifikante Landmarken. Diese Werbewirksamkeit verhalf dem Entwurf nicht zuletzt zum Erfolg im Planungswettbewerb. Der Entwurf für das Neue Frankfurter Waldstadion (Fertigstellung 2005) verlangte ein schließbares Dach für Großveranstaltungen. Die konstruktive Formsuche führte aufgrund der zentral

Berlin Central Station) advanced this synthesis of technology and architecture (ill. p. 41). As opposed to the 19th century, the entrance portal, roof, platform halls, platform bridges and underground platforms create an architectural unity as a result of the dialectic process of jointly striving for, finding and implementing form.

Trade Fair Halls

The projects for the large trade fair halls in Hanover, Dusseldorf and Rimini are the results of collaboration from the very outset. Each of the halls is an individual entity

The origins of the multifunctional Hall 6 in Dusseldorf (2000) were quite different. Here, the problem was tantamount to squaring the circle. In the architectural competition, our basic design had proposed a circular building with a tensegrity dome structure, which the client, however, based on his experience with exhibitions, rejected. The only possible alternative of equal size on the site was a square hall of 160 x 160 meters, the raised central area of which comprised a column-free area 90 meters long and was suitable for staging public events. The search for a structure to go with the square shape

the traditional formal idiom, but also make use of metaphors, which by association appeal to the emotions. At this point, the dialog between engineer and architect can continue only if both sides believe in it.

Stadiums

The joint designs for stadiums are evidence of this precarious balancing act. The plans for a rectangular RheinEnergie soccer Stadium in Cologne (completed 2003) fitted in well with the orthogonal layout of existing avenues and listed, Cubist entrances dating from the 1920s. The four-stage

Berliner Olympiastadion, 2003
Olympic Stadium,
Berlin, 2003

Olympia Stadion, Peking, China, 2003
Olympic Stadium,
Beijing, China, 2003

in a different context and, while each is essentially different from the others, they all ultimately perform the same function. This is evident from specific examples: Trade Fair Hall 4 in Hanover (1995) is located at the Fair Park, onto which an existing dominant glass hall with a curved form opens. For the basic design of the column-free hall, measuring 120 x 240 meters, our offices agreed on a similar curved design with a glass gable looking out onto the park. This particular design, derived as it was from the given context, formed the premise for arriving at the filigree roof structure made of arch girders, underslung and hung from visible hinged supports along the longitudinal walls (ill. p. 43).

The Trade Fair Hall 8/9 at the Expo 2000 grounds in Hanover is both an imposing urban landmark and a new bridge entrance into the exhibition grounds. The shape of the roof structure, which almost floats above 150 x 250 meters of column-free exhibition space, is the result of a joint search for a contextually imposing light-weight suspended structure—one whose transparency and lightness contribute to the Expo theme of "Man—Nature—Technology".

resulted in a hierarchically structured space frame grid, which through its filigree nature inside and outside became the architectural design motif. Konrad Wachsmann would have loved it (ill. p. 43).

By way of contrast, the wooden arched halls for the New Trade Fair in Rimini (2001) are in several respects the result of implementing a form (ill. p. 42). In due deference to the classical architecture of the Emilia Romagna region, the trade fair grounds were to feature (for practical reasons as much as for a sense of affiliation) colonnades, atria, central dome and vaulted halls, with all the roofs constructed of wood. The diamond-shaped shells with 60-meter spans were considered as a challenge to develop the wooden Zollinger method of construction that was used in Germany in the 1920s to incorporate wooden shells of long spans—all in the spirit of the Italian engineer Pier Luigi Nervi.

Thus, in the case of complex building projects, any form of dialog with regard to design between engineers and architects presumes a consensual and interdisciplinary approach to design. This in turn rests on decisions about the priority of certain aspects, which, when compared in the clear light of day, are often not comparable. Furthermore, architectural designs do not work simply with formulations taken from

conversion of the stands, made necessary because the stadium was in constant use, meant that the stand roofs had to be suspended from masts at each completed stage of construction—somewhat like a suspension bridge. The masts are luminous steles and thus function as significant landmarks. In the end, the design won the competition thanks to this visual appeal. (ill. p. 44)

The design of the New Waldstadion in Frankfurt (completion 2005) called for a roof that could be closed for major events. Since the project involved a roof membrane that would contract centrally, a solution was found in an oval ring construction for the roof, which approximated the rectangular shape of the football pitch, with an outer compression ring and an inner tension ring. From the festival lawns, the new look featured a front façade flanked by towers, harking back to the original stadium built in the early days of the sports ground, namely back in 1925. The ingenious idea for the retractable roof in conjunction with the urban gesture gave the proposal a clear edge over the designs submitted by competitors.

zusammenziehbaren Dachmembran zu einer dem recht-eckigen Fußballspielfeld angenäherten ovalen Ringkon-struktion des Dachs mit äußerem Druckring und innerem Zugring. Dieser Entwurf präsentiert zur Festwiese hin eine von Türmen flankierte Frontfassade im Sinne des ursprüng-lichen Stadions aus der Entstehungszeit des Sportparks 1925. Die ingeniöse Konzeption für das bewegliche Dach in Verbin-dung mit der städtebaulichen Geste brachte den ausschlag-gebenden Vorteil gegenüber den Konkurrenzentwürfen.

Das Berliner Olympiastadion ist ein schöner und monu-mentaler Bau, der sich mit dem Marathontor zum Maifeld und dem olympischen Glockenturm demonstrativ zum Reichssportfeld öffnet. Die geforderte nachträgliche Über-dachung der Tribünen (Fertigstellung 2003) sollte die äußere architektonische Erscheinung des Baudenkmals

Hier steht die Ingenieurkunst als Teil einer symbolträchti-gen Gestaltung ganz im Dienste poetischer Metaphern, an deren Überzeugungskraft man glauben muss (Abb. S. 45).

Brücken

Der Brückenbau gehört als Bautypus zu den klassischen so genannten Ingenieurkunst-Bauwerken. Konstruktion und Gestalt werden rational mit deduktiver Logik aus den jeweiligen Gegebenheiten abgeleitet. Ich habe mit Schlaich Bergermann und Partner zwei Brücken gebaut, die das gemeinsame Entwerfen von Architekt und Inge-nieur voraussetzten. Der Grund hierfür war der Umstand, dass die Überbrückung einer Straße und eines Gewässers nicht der alleinige Zweck, sondern vielmehr das Mittel

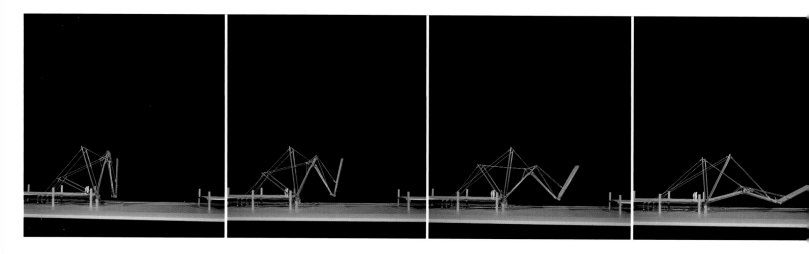

möglichst wenig verfremden. Über das Offenhalten oder Schließen des Marathontors gab es zwischen Ingenieuren und Architekten Kontroversen. Die einen mochten die technisch optimale Ringkonstruktion für das Tribünendach nicht opfern, die anderen nicht die für das städtebauliche Gesamtensemble wichtige, vollkommen unverbaute Öff-nung des Baudenkmals. Kompromisse befriedigten nicht, also musste man sich für eine Lösung entscheiden. Das geschah zugunsten der Öffnung und zulasten einer Kon-struktion, welche die Lasten mit Stützen in den Tribünen abtragen musste (Abb. S. 45)

Die Konzeption des Stadions in Peking für die Olym-pischen Spiele 2008 sieht eine besondere Symbiose aus gestalterischer Formsetzung und konstruktiver Form-findung vor. Der Kreis ist in China seit Jahrtausenden ein Symbol des Himmels und der Vollendung. Die sich öffnen-de Blüte ist ein Symbol des Frühlings. China ist kulturell zutiefst geprägt von solcher symbolischer Zeichenhaftig-keit. Diese Überlegungen veranlassten uns, das ovale Stadion durch den Oberrang in eine Kreisform zu überfüh-ren, die den Kelch für die sich nach oben öffnende Blüte des Stadiondachs bildet. Das Stadiondach mit 350 Meter Außendurchmesser stellt als vorgespannte Tensegrity-Kuppelkonstruktion höchste technische Ansprüche hin-sichtlich seiner Steifigkeit an die aufklappbaren 16 Blüten-blätter der 120 Meter großen Kreisöffnung über dem Spielfeld.

zum Zweck einer weiter gehenden Gestaltung war. Als Zugang zur Expo 2000 in Hannover waren über eine Straße unterschiedlich breite und später demontierbare Fußgän-gerbrücken zu schlagen. Wir gewannen den Entwurfs-wettbewerb 1998 mit der Idee, die Brücken als Begrüßungs-spaliere für die Besucher zu gestalten. Der Synthese dieser Idee mit einer leicht ablesbaren und verständlichen kon-struktiven Ästhetik lag eine Modifikation des Tragwerks einer gekappten Schrägseilbrücke zugrunde. Die verviel-fachten Stützen, welche die Seile tragen, werden zum Bestandteil eines vielreihigen, leuchtenden Säulenspaliers.

Die Überbrückung der Kieler Förde (1997) zur Verbindung zweier Stadtteile für Fußgänger musste für die Schifffahrt zu öffnen sein. Wir überlegten, wie ein Verbindungssteg über dem Wasser mit einem beweglichen Brückenteil auf sinnfällige Weise kombiniert werden könnte. Der Verbin-dungsweg über die Förde ist von großem öffentlichen Inte-resse. Kiel versteht sich als Hafenstadt und als moderner Werftstandort. So konzipierten wir die Idee, die Metapher des klassischen Seestegs für den festen und das Prinzip der mehrteiligen Heck-Klappbrücken von Ro-Ro-Frachtern (Roll on – Roll off) für den beweglichen Brückenteil zu nut-zen. Betroffen von der Erkenntnis, dass fast alle beweg-lichen Brückensysteme im 19. Jahrhundert und nicht etwa im 20. Jahrhundert erfunden wurden, setzten wir uns außer-dem das spielerisch-ehrgeizige Ziel, einen noch nicht da gewesenen dreiteiligen Klappmechanismus zu erfinden. Die Kieler Brücke ist zu einem besonders plausiblen Beispiel für die Synthese von Kunst und Technik geworden. Sie ist weit mehr als ein monokausales Zweckbauwerk. Sie ist das Ergebnis eines lustvollen und innovativen Entwurfs im Dia-log zwischen Ingenieur und Architekt. Sie ist eine kunstvolle Kinetik im öffentlichen Raum, im wahrsten Sinne des Wortes ein ‚Ingenieurkunst-Bauwerk' im architektonischen Kontext.

The Olympic Stadium in Berlin is a beautiful and monumental building. With its marathon gate looking out onto the Maifeld and the Olympic bell tower, the stadium opens up demonstratively onto the former Reich Sports Ground. The retrospective roofing for the stands (completion 2003) was meant to change the outward appearance of the historical building as little as possible. There was heated debate between engineers and architects over whether to keep open or close the marathon gate. There were those who were unwilling to forego what was technically the best solution, a ring construction for the roofing

350-meter outer diameter) entails rigorous technical requirements as regards the 16 opening blossoms in the 120-meter circular opening above the playing field. Here, engineering is at the service of poetic metaphors as part of a symbolic design, whose persuasive powers are a matter of belief (ill. p. 45).

Bridges

As a field in its own right, bridge-building is one of the classic forms of structural art. In each individual case, the structure and the design are deducted logically

across the bay is of enormous public interest, for Kiel sees itself as a harbor city and as a center of modern shipbuilding. As such, we came up with the idea of using the metaphor of a classic jetty for the rigid section and the principle of multisectional rear flap bridges of roll-on roll-off freighters for the movable section. Well aware of the fact that almost all movable bridge systems were invented in the 19th and not in the 20th century, we set ourselves the playful yet ambitious task of inventing a three-part folding mechanism.

The Kiel bridge turned out to be a particularly plausible example of the synthe-

Klappbrücke, Kieler Förde, 1997
Folding Bridge, Kiel Bay, 1997

over the stands, and those who were not prepared to give up the idea of a totally free opening of the original historical entity, important as it was for the overall impact of the stadium in the urban context. There were no satisfactory compromises, yet a decision had to be taken. Those in favor of the opening won, at the cost of a structure that had to bear the load by supports inserted in the stands (ill. p. 45).

The concept for the 2008 Beijing Olympic Stadium is a particular symbiosis of implementing design and finding a structural form. In China, the circle has long been a symbol of heaven and perfection. Buds opening are a sign of spring. Chinese culture is deeply imbued with an adherence to such symbols. These considerations prompted us to use the upper stadium terraces to create a transition from an oval stadium to a circular form, which forms the cup of the blossoming stadium roof opening upwards. The rigidity of the stadium roof (a prestressed tensegrity dome construction with a

from the given circumstances. Together with Schlaich Bergermann und Partner, I was involved in the construction of two bridges that required the collaboration of architects and engineers on the design. The reason for this was that bridging a street and a body of water was not the sole purpose but rather the means to an end of a subsequent design.

In order to provide access to the Expo 2000 grounds in Hanover, we had to erect footbridges of differing widths over a road, whereby it had to be possible to subsequently dismantle the bridges. Our design idea from 1998—to make the bridges a reception area for visitors— won the competition. The synthesis of this idea with an easily grasped structural aesthetic was based on the modification of the structure of a cutoff cable-stayed bridge. The multipled supports that carried the cables became part of a multi-rowed luminous espalier.

A footbridge across the Kieler Förde (1997) connecting two of the city's districts had to allow the passage of ships. We wondered how a path over the water could best be combined with a movable section of the bridge. The connection

sis between art and technology and it is far more than a monocausal functional structure. It is the result of an enthusiastic and innovative design planned carefully thanks to dialog between engineers and architects. It is artistic kinetics in a public domain, "structural art" (in every sense of the word) in an architectural context.

Schlaich Bergermann und Partner: Was war, was ist, was kommt

Schlaich Bergermann und Partner:
Past, Present, and Future

Knut Göppert, Andreas Keil,
Sven Plieninger, Mike Schlaich

Jörg Schlaich und Rudolf Bergermann haben uns gezeigt, dass man ein 50-Mann-Büro leiten und sich trotzdem seine Kreativität bewahren, also erfolgreich entwerfen kann. Diese Ausstellung und der zugehörige Katalog zeigen, dass es von der Idee über das Ausarbeiten des Entwurfes bis zur Festlegung des Montagekonzepts und der Baubegleitung immer ein langer Weg und ein zähes Ringen aller Beteiligten ist. Ein Weg, der viel Diplomatie und Durchsetzungsvermögen, vor allem aber Begeisterungsfähigkeit und Wissen erfordert. Schlaich und Bergermann haben uns dies mit ihrer jahrzehntelangen Erfahrung gelehrt. Die großen Entwürfe und ihre Realisierung sind das Resultat ihrer Teamarbeit mit Rollenverteilung: Oft war es ein iterativer Prozess, initiiert durch die Ideen und gestalterische Klarheit von Schlaich und vorangetrieben durch das Hinterfragen von Bergermann. Ohne die Zähigkeit im Verfolgen der Ziele und die ‚Ceterum-censeo'-Mentalität von Jörg Schlaich in Verbindung mit dem konzentriert Klärenden und Präzisierenden von Rudolf Bergermann sowie dessen phänomenalem Gedächtnis wären Ideen wie das Ringseildach und das Aufwindkraftwerk heute nicht so ausgereift, nicht weltbekannt. Es ist faszinierend, zu beobachten, wie sie objektorientiert arbeiten, das geografische, politische und finanzielle Umfeld sowie technisches Wissen berücksichtigend, immer wieder mit Neuem überraschen.

Durch dieses werkstoff- und bauwerksübergreifende Denken wurden Synergieeffekte freigesetzt. Die Erfahrungen mit Hänge-, Schrägseil- und Spannbandbrücken haben sie vorteilhaft auf den Bau weit gespannter Hallendächer übertragen können ebenso wie den von ihnen für das Olympiadach in München wieder entdeckten Stahlguss auf den Brückenbau. Schlaich und Bergermann haben uns gelehrt, vor Neuem nicht zurückzuschrecken. Mutig, aber

nicht leichtsinnig, technisch abgesichert, aber nicht normengläubig werden Ideen umgesetzt. Sie haben es zudem immer geschafft, ihre Mitarbeiter für diesen spannenden Prozess zu begeistern, jedem die Überzeugung zu vermitteln, an einer besonderen Aufgabe mitzuarbeiten.

Seit 2002 haben wir vier ‚Jungen' das Büro übernommen. Wir verstehen uns als typische Vertreter in der Tradition der ‚Stuttgarter Ingenieur Schule' – Schlaich hat an der Universität Stuttgart als Erster systematisch das Entwerfen für Bauingenieure gelehrt – und als (echte oder geistige) Söhne von Schlaich und Bergermann. Wir stellen den Anspruch an uns, Generalisten auf dem weiten Gebiet des konstruktiven Ingenieurbaus von Dächern und Hochbauten über Brücken bis hin zu Türmen zu sein. Wir werden die Marke ‚Schlaich Bergermann und Partner' lebendig halten. Für die Übernahme der Verantwortung fühlen wir uns gut gerüstet und praktizieren schon seit 1999 zusammen mit unserem Partner Hans Schober erfolgreich den Prozess dieses Übergangs.

Wir wollen mit unseren Mitarbeitern als Team erreichen, dass die Zusammenarbeit der Architekten mit Schlaich Bergermann und Partner immer eine spannende Sache bleiben wird. Ein Abenteuer auf der Suche nach der optimalen Lösung für einen Entwurf, der ja immer ein Balanceakt zwischen zahlreichen oft schwer zu vereinbarenden Anforderungen hinsichtlich Sicherheit, Gebrauchsfähigkeit, Dauerhaftigkeit, Gestalt und Wirtschaftlichkeit ist. Wir möchten weiterhin unseren Beitrag zur Baukultur leisten, Leichtes und Weites planen und als Beratende Ingenieure verstärkt Anlaufstelle auch für junge innovative Architekturbüros sein. So beschäftigt uns die Frage, wie sich die Kluft zwischen dem enormen naturwissenschaftlich-technischen Fortschritt in Theorie und Forschung

Wolfgang Schiel, Rudolf Bergermann, Mike Schlaich, Andreas Keil, Jörg Schlaich, Knut Göppert, Hans Schober, Sven Plieninger (v. l. n. r.)
Wolfgang Schiel, Rudolf Bergermann, Mike Schlaich, Andreas Keil, Jörg Schlaich, Knut Göppert, Hans Schober, Sven Plieninger (from left to right)

Jörg Schlaich and Rudolf Bergermann have shown us all that it really is possible to head a 50-strong team and still remain creative, that is, come up with successful designs for new projects. This exhibition and the accompanying catalog demonstrate how long and stony the road is from elaborating the first designs to deciding on the assembly process and then monitoring the construction work. Along the way there is no end to the amount of diplomacy, persuasive skills, and above all enthusiasm and knowledge that is needed. Schlaich and Bergermann have taught us all this, with decades of experience under their belts. Their major projects are the product of teamwork with clearly defined roles. It was often an iterative process, in which Schlaich's ideas set the ball rolling and Bergermann's subsequent questioning moved things further along. Without Jörg Schlaich's doggedness in pursuing his agenda and his "ceterum-censo" mentality in combination with Rudolf Bergermann's skill in clarifying and formulating matters precisely as well as his phenomenal memory, ideas such as the looped cable roof and the Solar Chimney would not be such mature technologies today, and certainly not known throughout the world.

It is nothing less than fascinating to observe how the two operate, focusing fully on the relevant object, how they take geographical, political and financial aspects into consideration, make use of their technical prowess, and always manage to come up with something new.

This mindset, transcending the boundaries between materials and specific construction projects, has liberated synergies. They were able to make use of their experience with suspension, cable-stayed and stressed ribbon bridges in the construction of wide-span roofs as well as in the rediscovery of the use of cast steel in bridge-building, a process they then used for the Olympic Roof in Munich. Schlaich and Bergermann have taught us not to shy away from innovations. They bring their ideas to life in a manner that is courageous but not frivolous, technically sound whilst not conforming devoutly to the norm. What is more, they have always managed to imbue their staff with enthusiasm for this exciting process, and to convince each and every one of them that there was something special about the project on which they were working.

In 2002, we four "youngsters" took over at the helm. We see ourselves, on the one hand, as representatives of the "Stuttgart Engineer School"—at Stuttgart University Jörg Schlaich was the first to lecture systematically in design for structural engineers—and, on the other, as the sons (both genuine and intellectual) of Schlaich and Bergermann. We have also set ourselves the task of being all-rounders in a wide field of structural engineering: from roofs and buildings via bridges right through to towers. We will keep up "Schlaich Bergermann und Partner" as a brand name. We feel well prepared for this transition and, because we have been working on it together with our partner Hans Schober since 1999, there will be no hurdles en route.

As a team, together with our other members of staff, we aim to ensure that working with Schlaich Bergermann und Partner remains an exciting prospect for architects—an adventure in the search for the best solution for a particular design, which is at the best of times a fine balancing act with numerous criteria that all have to be compatible with regard to safety, serviceability, durability, design and economic feasibility.

(im Bauwesen) und dem Wenigen, das davon in der Praxis ankommt, schließen lässt. Neue Werkstoffe finden bisher keinen gestalterischen Widerhall. Kunststoffe werden eingesetzt wie Stahlprofile, so wie der frühe Eisenbau zuerst den Holzbau nachahmte. Und Brücken werden weiterhin mit Fugen und Lagern durchschnitten, als ob unsere fortschrittlichen duktilen Werkstoffe nicht wartungsärmere und integrale Denkansätze erlaubten. Mit unserem Wissen im Massiv-, Membran-, Glas- und Stahlbau wollen wir uns nicht mit dem Kopieren und Wiederholen begnügen, sondern nach neuen Tragwerken mit einer adäquaten Formensprache suchen.

Zu den weiteren vielen neuen und reizvollen Aufgabengebieten gehört sicher auch die Planung adaptiver und autonomer Systeme, weil sie Statik, Dynamik, Mechanik, Mikrosystemtechnik und verschiedenste Materialien miteinander verbindet. Bewegliche Dächer und Brücken werden deshalb einer unserer Schwerpunkte sein, weil Tragwerke für flexible Mehrzwecksysteme immer mehr gefragt sind. Die Bauwerke der Zukunft haben nicht nur statische Funktionen zu erfüllen, sie müssen auch in der Lage sein, sich ändernden Nutzungen und Einwirkungen anzupassen. Wir werden uns weiterhin mit dem Thema Solarenergie und den zugehörigen Bauten beschäftigen. Unser ‚Solarteam' unter Leitung unseres Partners Wolfgang Schiel beschäftigt sich mit Aufwindkraftwerken, Dish/Stirlingsystemen und Rinnenkraftwerken. Es wird uns in Zukunft vermehrt helfen, Architekten und Bauherren mit thermodynamischen Untersuchungen für Gebäude, Hallen und Fassaden zu unterstützen. In diesem Sinne möchten wir Raum für Neues schaffen, indem wir Bewährtes weiterentwickeln.

Mitarbeiterinnen und Mitarbeiter des Büros im Sommer 2003 – motiviert, vor Ideen sprühend und neugierig. Das Team hat dank seiner Begeisterungsfähigkeit und seines Fachwissens diese vielfältigen und anspruchsvollen Bauwerke erst möglich gemacht.
The office staff in summer 2003 – motivated, inquisitive and bubbling over with ideas. These varied and sophisticated projects were possible only thanks to the enthusiasm and competence of the team.

We would like to continue making a contribution to the culture of building, to design lightweight and wide-span structures and to become even more of a focal point in our capacity as consultant engineers, for young innovative architects as well.

As a consequence, we are working on the question of how to close the gap between the enormous scientific and technical progress in engineering and the fact that so little of it is actually put into practice. To date, new materials have found no resonance in designs. Plastic is used in place of steel profiles, just as in earlier times iron began to replace wood. Bridges continue to be cut by joints and bearings, as if the ductile materials available today did not provide an inspiration for integral solutions that require less maintenance. Given our knowledge of solid state, membrane, glass and steel engineering, we are not content to simply copy and repeat, but will continue the search for new structures with an appropriate formal vocabulary.

Planning adaptive and autonomous systems is without doubt yet another example of new, exciting challenges, combining as it does structural analysis, dynamics, mechanics and micro-system technologies as well as the most diverse materials. Movable roofs and bridges will therefore be one of the areas on which we will concentrate, for structures for multi-purpose systems are increasingly in demand. The buildings of the future need to fulfill not only structural functions, they must also be in a position to adapt to different uses and influences. We will continue to dedicate ourselves to the topic of solar energy and the type of buildings that go with it. Our "Solar Team", headed by the partner Wolfgang Schiel, is working on Solar Chimneys, Dish/Stirling systems and parabolic trough power plants, and in future it will help us even more to support architects and clients with thermodynamic studies for buildings, halls and façades.

As such, it is our intention to create a forum for innovation whilst moving tried and tested solutions even further forward.

hoch breit

complex buildings

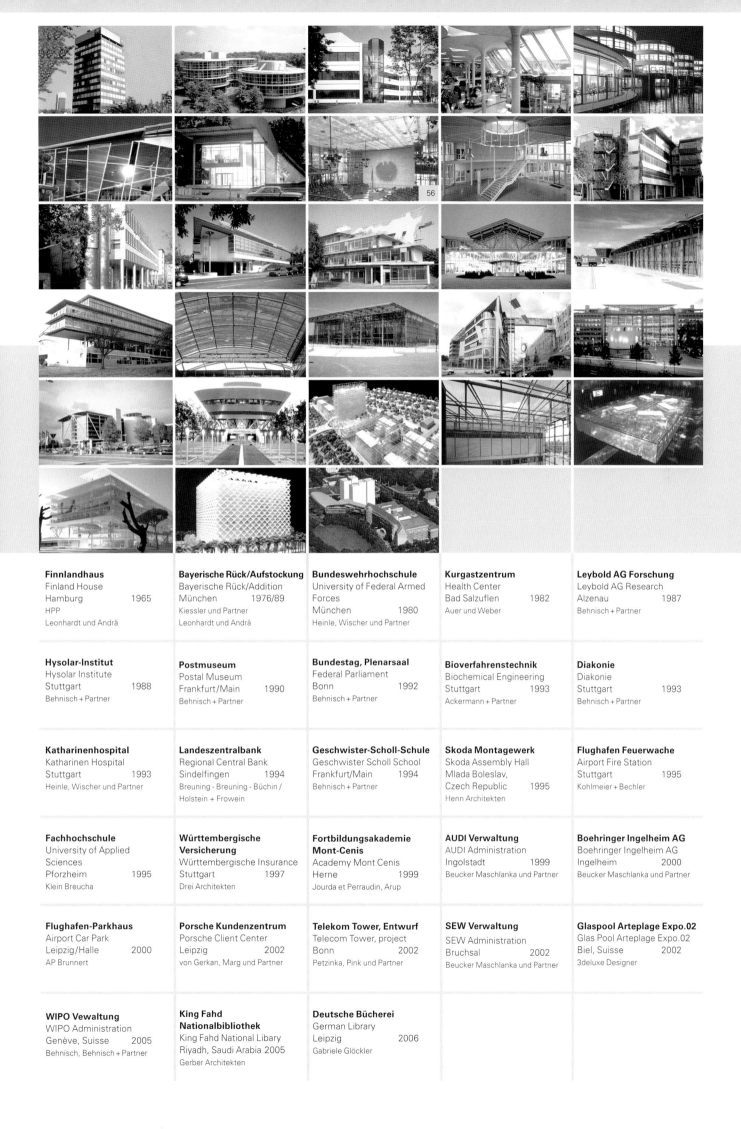

Finnlandhaus
Finland House
Hamburg   1965
HPP
Leonhardt und Andrä

Bayerische Rück/Aufstockung
Bayerische Rück/Addition
München   1976/89
Kiessler und Partner
Leonhardt und Andrä

Bundeswehrhochschule
University of Federal Armed
Forces
München   1980
Heinle, Wischer und Partner

Kurgastzentrum
Health Center
Bad Salzuflen   1982
Auer und Weber

Leybold AG Forschung
Leybold AG Research
Alzenau   1987
Behnisch + Partner

Hysolar-Institut
Hysolar Institute
Stuttgart   1988
Behnisch + Partner

Postmuseum
Postal Museum
Frankfurt/Main   1990
Behnisch + Partner

Bundestag, Plenarsaal
Federal Parliament
Bonn   1992
Behnisch + Partner

Bioverfahrenstechnik
Biochemical Engineering
Stuttgart   1993
Ackermann + Partner

Diakonie
Diakonie
Stuttgart   1993
Behnisch + Partner

Katharinenhospital
Katharinen Hospital
Stuttgart   1993
Heinle, Wischer und Partner

Landeszentralbank
Regional Central Bank
Sindelfingen   1994
Breuning - Breuning - Büchin /
Holstein + Frowein

Geschwister-Scholl-Schule
Geschwister Scholl School
Frankfurt/Main   1994
Behnisch + Partner

Skoda Montagewerk
Skoda Assembly Hall
Mlada Boleslav,
Czech Republic   1995
Henn Architekten

Flughafen Feuerwache
Airport Fire Station
Stuttgart   1995
Kohlmeier + Bechler

Fachhochschule
University of Applied
Sciences
Pforzheim   1995
Klein Breucha

**Württembergische
Versicherung**
Württembergische Insurance
Stuttgart   1997
Drei Architekten

**Fortbildungsakademie
Mont-Cenis**
Academy Mont Cenis
Herne   1999
Jourda et Perraudin, Arup

AUDI Verwaltung
AUDI Administration
Ingolstadt   1999
Beucker Maschlanka und Partner

Boehringer Ingelheim AG
Boehringer Ingelheim AG
Ingelheim   2000
Beucker Maschlanka und Partner

Flughafen-Parkhaus
Airport Car Park
Leipzig/Halle   2000
AP Brunnert

Porsche Kundenzentrum
Porsche Client Center
Leipzig   2002
von Gerkan, Marg und Partner

Telekom Tower, Entwurf
Telecom Tower, project
Bonn   2002
Petzinka, Pink und Partner

SEW Verwaltung
SEW Administration
Bruchsal   2002
Beucker Maschlanka und Partner

Glaspool Arteplage Expo.02
Glas Pool Arteplage Expo.02
Biel, Suisse   2002
3deluxe Designer

WIPO Vewaltung
WIPO Administration
Genève, Suisse   2005
Behnisch, Behnisch + Partner

**King Fahd
Nationalbibliothek**
King Fahd National Libary
Riyadh, Saudi Arabia 2005
Gerber Architekten

Deutsche Bücherei
German Library
Leipzig   2006
Gabriele Glöckler

Form und Funktion

Form and Function

Peter Cachola Schmal

Ein Sonderfall Es gibt mehrere Gründe, warum die Arbeiten des Büros Schlaich Bergermann und Partner auffallen. Einer liegt darin, dass es sich bei ihnen meist um außergewöhnliche Konstruktionen handelt, für die sie von Architekten gezielt herangezogen worden sind. Oft sind es aufgelöste Überdachungen oder Fassaden aus Stahl und Glas. Aufgrund ihrer großen Erfahrung in der kreativen Entwicklung anspruchsvoller Lösungen und der dadurch erlangten hohen Kompetenz sind sie auch mit einem entsprechenden Selbstbewusstsein ausgestattet, um Architekten mit eigenen Vorschlägen zu begegnen. Egal für welches Architekturbüro sie arbeiten, jedes Sonderbauteil wird charakteristische und wieder erkennbare Züge aufweisen. Ob es sich dabei um eine Überdachung des Schlüterhofs des Deutschen Historischen Museums in Berlin für den geometrisch exakt entwerfenden I. M. Pei handelt, um die fast nicht vorhandene Konstruktion einer riesigen Glasfassade des Münchner Airport Hotel Kempinski für den glamourösen Helmut Jahn, um eine elastische Turmspitze für das Gebäude der New York Times, die sich bei Sturm selbst stabilisiert, für den experimentierfreudigen Renzo Piano oder um einen 416 Meter hohen Doppelgitterturm als Ersatz für das zerstörte World Trade Center in New York für den in großem Maßstab planenden Rafael Viñoly – letztendlich ist es immer ein „echter Schlaich". Jede dieser Konstruktionen harmoniert mehr oder weniger gut mit der architektonischen Sprache des Gesamtprojekts.

Mit manchen Architekten verbindet Jörg Schlaich geradezu eine Seelenverwandtschaft beim konstruktiven Entwerfen, die Ergebnisse einer solchen Zusammenarbeit passen wie selbstverständlich zur Entwurfshaltung des jeweiligen Architekturbüros, hier seien insbesondere Meinhard von Gerkan und Volkwin Marg genannt. Bei anderen Architekten können die Ergebnisse kontrastreicher ausfallen, wobei die gestalterische Qualität dieser Konstruktionen deutlich höher sein kann als die des Bauwerks, das sie umhüllen oder überdachen. Bei einigen Projekten kommen einem die Abbildungen der Konstruktion bekannt vor, obwohl weder der Name des Architekturbüros noch der des eigentlichen Bauwerks geläufig sind.

Zusammenarbeit mit Architekten

Ein weiterer Grund, warum die Bauten des Büros Schlaich Bergermann und Partner auffallen, liegt in ihrer Unabhängigkeit und formalen Klarheit. Sie sind gekennzeichnet durch die über Jahrzehnte konsequent beibehaltene Einstellung ihrer Entwerfer, die sich an der Ökonomie der gestalterischen Mittel, der ausdifferenzierten Konstruktion und der Leichtigkeit ihrer Bauelemente orientiert – eine ganzheitliche und anspruchsvolle Gestaltung „ohne Firlefanz". Dies ist erstaunlich, wenn man sich die Beziehung von Auftraggeber und Auftragnehmer vergegenwärtigt.

Bei so genannten Ingenieurbauten ist das Verhältnis klar: Der Ingenieur wird direkt vom Bauherrn beauftragt. Bei Planung und Bau dominiert die tragende Konstruktion als formgebender Faktor oder ist sogar identisch mit dem Bauwerk selbst, wie bei Brücken oder Türmen. Seltener wird ein solcher Bau nicht nur nach pragmatischen Kriterien erstellt, sondern darüber hinaus bewusst gestaltet. Ingenieure bauen „Ingenieurbauten". Was aber bauen Architekten? „Architektenbauten"? Das wären in diesem Sinne Bauwerke, bei denen das Tragwerk eine untergeordnete Rolle spielt und andere Faktoren einen größeren Einfluss auf die Formgebung ausüben, seien es städtebauliche, programmatische, funktionelle, künstlerische oder gar ideologische oder politische. „Man sieht einem

A Special Case There are several reasons why projects by the office of Schlaich Bergermann und Partner are remarkable. One reason is that, for the most part, they involve special constructions for which architects have specifically commissioned their services. Often the designs produced were for lightweight wide-span roofs or steel-and-glass façades. Given their in-depth experience in the creative develop-ment of demanding constructions and the great expertise they have thus acquired, they are correspondingly self-confident and can come up with own proposals. Irrespective of the architectural office for which they work, every element exhibits characteristic and readily discernible traits. Be it the covering for the Schlüter court-yard of the German Historical Museum in Berlin for I. M. Pei, an architect dedicated to geometrically exact plans, the almost invisible structure of a giant glass façade at the Airport Hotel Kempinski in Munich for the glamorous Helmut Jahn, the pliant needle of the New York Times building, which stabilizes itself in storms, for Renzo Piano, who so loves experimentation, or a 416-metre-high double-grid tower as a substitute for the destroyed World Trade Center in New York for Rafael Viñoly, who plans in such immense scales—in the end it is always a "genuine Schlaich".

Every special construction harmonizes more or less well with the architectural idiom of the overall project.

When it comes to developing new structures, Jörg Schlaich and certain architects are virtually kindred spirits in their approach, and the fruits of their joint efforts are naturally suited to the planning methods employed by the architects' respective offices—one need think only of Meinhard von Gerkan and Volkwin Marg. In the case of other architects, there may be greater contrasts in the results, with the design quality of the special elements being decidedly higher than that of the building for which they function as an outer skin or roof. For some projects the illustrations of the special constructions seem familiar, and yet one can name neither the architects' office nor the actual building.

Collaboration with Architects

Another reason why buildings by Schlaich Bergermann und Partner catch the eye is that they are independent solutions exhibiting great formal clarity. They are characterized by an attitude on the part of their designers that has remained con-sistent over the decades and which takes its cue from an economic use of archi-tectural devices, a differentiated structure and lightness in terms of the elements

used. In other words, a holistic and discer-ning "no frills" design. This is all the more astonishing if you consider the relation-ship between client and contractor.

Things are clear enough in the case of so-called engineers' works: the engi-neer is commissioned directly by the client. In terms of the form of the building, the load-bearing structure is the dominant factor of the planning and construction work or is, in fact, identical with the building itself, as with bridges or towers. In rare cases, such a building is not only created in line with pragmatic criteria, but also consciously designed. Engineers build "engineers' works". So what do architects build? "Architects' works"? If so, that would mean buildings in which the load-bearing structure plays a sub-ordinate role and other factors have a greater influence on the shape, whether these be town planning requirements, programmatic, functional, artistic, or even ideological or political factors. "You can always tell from a building what forces played a role in its creation," says Günter Behnisch.

Bauwerk immer an, welche Kräfte bei seiner Entstehung eine Rolle spielten", sagt Günter Behnisch.

Der Architekt war immer stolz darauf, einer der letzten Generalisten zu sein. Der neuesten Entwicklung zufolge agiert er auch als Generalplaner, beauftragt selbstständig Fachingenieure verschiedener Disziplinen und zahlt ihnen ein Honorar aus seinem Gesamthonorar. Im Normalfall, wenn er nicht als Generalplaner auftritt, berät er als Treuhänder des Bauherrn diesen bei der Wahl der jeweiligen Fachingenieure und empfiehlt oft ‚seine' Spezialisten: für das Vermessen des Baugrundstücks seinen Vermessungsingenieur, für die Belange der Bauphysik ‚seinen' Bauphysiker, für die haustechnische Ausstattung ‚seinen' Haustechniker. Für die Bemessung der Konstruktion – die Statik – holt er ‚seinen' Statiker. In vielen Fällen mag diese Berufsbezeichnung auch Umfang und Bedeutung der Tätigkeit hinreichend beschreiben. Der Dortmunder Ingenieur Stefan Polonyi prägte in den siebziger Jahren den differenzierenden Begriff ‚Tragwerksplaner'. Heute nennen sich die früheren Tragwerksplaner, also selbstständige Diplom-Ingenieure, die ein Bauingenieurstudium absolviert haben und in den Ingenieurkammern der Ländern eingetragen sind, ‚Beratende Ingenieure im Bauwesen'. Schlaich Bergermann und Partner sind solche Beratende Ingenieure.

Der unbekannte Pilot und Behnisch

Ferner fällt bei der Arbeit des Büros Schlaich Bergermann und Partner auf, dass sie in Zusammenarbeit mit bestimmten ‚Künstler-Architekten' deutlich in den Hintergrund treten. Gerne vergleicht Jörg Schlaich seine Rolle in solchen Fällen mit der des Piloten eines Passagierflugzeugs, über den bei glatt verlaufener Landung keiner spricht, nur wenn er eine Notlandung meistert.

Bei Behnisch + Partner trat dieser Fall ein. Angefangen hat die Zusammenarbeit mit den Stuttgarter Architekten bei den Bauten für die Olympischen Spiele in München 1972 und hat sich seither über viele weitere Meilensteine des Büros, wie die Schule und Sporthalle auf dem Schäfersfeld in Lorch, die Diakonie und das Hysolar-Institut in Stuttgart, das Frankfurter Postmuseum bis hin zum Plenarsaal des Bundestags in Bonn weiter ausgebaut. Immer wirkt die Konstruktion als Unterstützung des architektonischen Konzepts, das bei Behnisch anhand detaillierter Arbeitsmodelle ausformuliert wird. Beim Bonner Plenarsaal (1992), dem lichten und freundlichen Symbol der alten Bundesrepublik, wurde eine der Hauptstützen der Eingangshalle noch während des Rohbaus gestrichen, weil sie räumlich störte. Treppen und Stege weisen erstaunlich wenig Stützen auf, die Fischbauchträger auf dem Dach wirken unangestrengt und die Besuchertribünen kragen wie selbstverständlich meterweit in den Plenarsaal hinein. Bleche, Streben, Unter- und Überzüge sowie einbetonierte Stahlträger wirken im Verborgenen, dienen der Aussteifung oder Verstärkung und legen Zeugnis ab für den sowohl für Bauherrn wie Fachingenieure nicht immer einfachen Prozess der ‚baubegleitenden Planung'. Dies ist nicht mehr die ‚reine Lehre' der Baukonstruktion. Es wird von Seiten der Ingenieure professionell gezaubert, denn das Ziel ist es, „den Behnisch möglich zu machen, ihn nicht zu verhunzen", so Jörg Schlaich. Denn er schätzt die Architektur von Günter Behnisch sehr, weil sich die Nutzer darin wohl fühlen, „auch wenn sie konstruktiv nicht logisch ist, und da habe ich nicht das Recht und die Pflicht, den Konstrukteur raushängen zu lassen".

Zusammenarbeit mit Gehry

Ähnlich hat sich die Zusammenarbeit mit dem amerikanischen Architekten Frank O. Gehry aus Santa Monica ergeben. Die Entwicklung typischer Gehry-Projekte in den USA führte in den Entwurfsphasen von Skizzen und vielfältigen Modellen auf Stadtplanungsebene bis hin zu Detailmodellen im Maßstab 1:1 für die Innen- und Außenhüllen der einzelnen Bauteile. Im nächsten Arbeitsgang wurden diese Modelle eingescannt, digitalisiert und mit der Software CATIA optimiert, um anhand von Modellen, generiert aus digitalen Daten, wieder überprüft und weiterentwickelt zu werden. Dieser iterative Prozess wird bis zur endgültigen Lösung mehrfach wiederholt, um dann die Datensätze an die ‚general contractors' und deren Subunternehmer zu geben. Für die Platzierung des Tragwerks bleibt den Ingenieuren meist nur der Bereich zwischen stabilisierter Innenhülle und jeweils speziell materialisierter Außenhülle. Meist wird diese mit groben Gerüstbaurohren an dem fixierten Spritzbeton befestigt.

Aus der ersten Zusammenarbeit mit Gehry und dem Künstler Richard Serra beim Wettbewerb der Millennium Bridge in London 1996 entwickelte sich eine spannende Beziehung zwischen dem kalifornischen Architekten und dem schwäbischen Ingenieur. Eines Tages sei Gehry mit Bildern vom Entwurf der DG Bank in Berlin gekommen, erinnert sich Schlaich. Aus der frei gestalteten Form wurde gemeinsam „eine ruhigere und ordentlichere Konstruktion" mit einer der geometrischen Logik und günstigen Fertigungstechnik verpflichteten Form entwickelt. Zu seinem Erstaunen zeigte Gehry reges Interesse an der Konstruktion, da es ihn selber belastete, dass die Ausführung seiner Bauten so oft nachlässig ausfiel. Das Ergebnis – außergewöhnliche Glasdächer über dem biomorphen Konferenzraum im Atrium – ist laut Schlaich „eine Konstruktion, die identisch ist, mit dem, was man sieht".

Derzeit werden mit der Realisierung des Museum of Tolerance in Jerusalem, Israel (Fertigstellung 2005/06), mit dem Projekt Venice Gateway in der Nähe des venezianischen Flughafens Marco Polo International Airport und einer 750 Meter langen Brücke im englischen Sunderland mehrere interessante Projekte gemeinsam bearbeitet.

Schlaich sieht die ideale Zusammenarbeit von Architekt und Ingenieur geprägt von gegenseitigem Respekt und Anerkennung der Kompetenz des Partners, wobei beide Seiten zum Gelingen eines ganzheitlichen und qualitätvollen Ergebnisses beitragen: „Wenn Architekten uns Ingenieure holen, um das, was sie entworfen haben, zu berechnen, dann degradieren sie uns zu Statikern. Wenn sie aber beschreiben, was sie wollen, ohne es zu zeichnen und zu konstruieren, und damit die Fantasie des Ingenieurs anregen, dann haben sie die Chance, von uns auch eine Anregung zu bekommen."

Architects have always been proud of being one of the last professional all-rounders. Most recently, they have also acted as general planners, commissioned consulting specialists from various engineering disciplines and paid the relevant fees from their own overall fees. In normal cases, when not acting as general contractors, they are trustees, advising their clients on the choice of consultants, and often recommend "their" own specialists. They appoint their surveyor to survey the site, their physicist to calculate the building physics, and their technical services specialist to ascertain what technological requirements are involved. When calculating the structure, they commission their respective engineer, called the structural analyst. In many cases, this label may be sufficient to describe the scope and complexity of the activities involved. In the 1970s, Dortmund-based engineer Stefan Polonyi introduced the differentiated notion of "structural planner". Nowadays, former structural planners—that is, freelance graduate engineers who have studied civil engineering and are registered with their state's professional association of engineers—call themselves "consultant structural engineers". Schlaich Bergermann und Partner are such consultants.

The Unknown Pilot and Behnisch

Finally, projects by the office of Schlaich Bergermann und Partner are also striking because when working with particular "architectural artists" they deliberately take a back-seat role. Jörg Schlaich likes to compare his role in such cases to the pilot of a passenger plane who receives no accolades for a smooth landing, only for successfully controlling an emergency landing.

This was the case with Behnisch + Partner. The cooperation with the Stuttgart architects began when planning the facilities for the 1972 Olympic Games in Munich and has since that time included many of the office's milestone achievements, such as the school and sports hall at Schäfersfeld in Lorch, the Diakonie and the Hysolar Institute in Stuttgart, the Postal Museum in Frankfurt and even the Federal Parliament's Plenary Chamber in Bonn. The load-bearing structure has always served to support the architectural concept, which Behnisch formulates using detailed working models. In the case of the Plenary Chamber in Bonn (1992), that light-filled and friendly symbol

of West Germany, one of the main pillars supporting the entrance hall was cut during construction because it was seen as spoiling the spatial effect. The staircases and walkways have astonishingly few supports, the fish-belly girders for the roof seem light and the visitor galleries jut several meters into the Plenary Chamber, as if this were a matter of course. Sheet metal, struts, joists and suspender beams set into the concrete all do their job concealed from sight, serving to stiffen or reinforce, and attesting to the fact that the client and the consultants faced a not always simple process of "planning-while-building". This is no longer the "pure doctrine" of building construction. The engineers have become professional magicians, for the goal now is "to make the Behnisch building possible, not to uglify it," suggests Jörg Schlaich. For he holds the architecture of Günter Behnisch in very high esteem, as users feel well in Behnisch's buildings "even if they are not structurally logical, and I certainly don't have the right or the duty to try to put the structural engineer in the limelight."

Collaboration with Gehry

Collaboration with the American architect Frank O. Gehry, based in Santa Monica, California, has been in a similar vein. The development of typical Gehry projects in the United States led in the early design phase from sketches and a variety of models through to detailed mock-ups on a 1:1 scale for the inner and outer skins of individual architectural elements. In the next stage, these models were scanned, digitized and optimized using CATIA software, to be reviewed and taken forward using digitally-generated models. This is an iterative process that continues until the final solution is found, and the database is then sent to the general contractors and their subcontractors. The engineers then have to fit the load-bearing structures in somewhere between the stabilized inner and the specified outer skins. Usually these are fastened to the fixed shot concrete by means of crude scaffold tubing.

Schlaich first collaborated with Gehry and artist Richard Serra on a submission for the 1996 Millennium Bridge competition in London, and since then an exciting working relationship has evolved between the Californian architect and the Swabian engineer. One day, Gehry came by with drawings of his design for the DG Bank in Berlin. Schlaich recounts that the free-form was developed further into "a more calm and orderly structure", committed to geometrical logic and advantageous manufacturing techniques. To Schlaich's

astonishment, Gehry showed great interest in the structure itself, for he was troubled by the fact that the execution of his ideas was often so neglectfully handled. The result—extraordinary glass roofs over the biomorphic conference room in the atrium—is, according to Schlaich, "a construction, where there is no difference between the structure and what you actually see."

At present, the offices are working together on several very interesting projects, such as the realization of the Museum of Tolerance in Jerusalem, Israel (completion 2005/06), the Venice Gateway project close to Venice's Marco Polo International Airport, and a 750-meter-long bridge in Sunderland, in North England.

Jörg Schlaich believes that ideal collaboration between architects and engineers is characterized by mutual respect and recognition for the each other's expertise—leading to the success of the holistic, high-quality task. "If architects commission engineers like us in order to calculate what they have designed, then they simply downgrade us to the status of stress analysts. Yet if they describe what they want without drawing or building it and kindle the imagination of an engineer, then there is a good chance they will receive stimulating input from us."

schmal hoch

slender towers

Heinrich-Hertz-Turm	**Fernmeldeturm II**	**Fernsehturm**	**Typenentwürfe für**	**Fernsehturm**
Heinrich Hertz Tower	Telecommunications Tower II	Television Tower	**Fernmeldetürme**	Television Tower
Hamburg 1967	Stuttgart 1970	Mannheim 1975	Standard Communications	Kiel 1976
Fritz Trautwein,	Leonhardt und Andrä	Heinle, Wischer und Partner,	Tower 1975	G. Kiesel,
Leonhardt und Andrä		Leonhardt und Andrä	Heinle, Wischer und Partner,	Leonhardt und Andrä
			Leonhardt und Andrä	

Wasserturm	**Landmarkturm, Entwurf**	**Fernsehturm**	**Aufwindkraftwerk**	
Water Tower	Landmark Tower, project	Television Tower	Solar Chimney	
Leverkusen 1977	Abu Dhabi, United Arab	Köln 1980	Mildura, NSW,	
Leonhardt und Andrä	Emirates 1979	Heinle, Wischer und Partner,	Australia 2007	
	Leonhardt und Andrä	Leonhardt und Andrä	EnviroMission Ltd./Leighton	

Betontürme

Die schlanken, eleganten und frei stehenden Türme von 100 bis 300 Meter Höhe mit Betonschaft und markantem individuellem Kopf haben die Vorstellung von Fernsehtürmen weltweit grundlegend geprägt und sind Zeichen des Kommunikationszeitalters geworden. Der von dem Ingenieur Fritz Leonhardt und von dem Architekten Erwin Heinle entworfene und im Jahr 1955 fertig gestellte Stuttgarter Fernsehturm ist heute gepriesenes Wahrzeichen der Stadt. Kaum vorstellbar, dass bei dessen Baubeginn Proteste laut wurden, der Turm sei ohne Maßstab, ein ‚Schandmal'.[1]

Ästhetisch wie konstruktiv war der Stuttgarter Fernsehturm ein Novum mit einer bisher noch nicht erreichten Schlankheit. Die kreisrunden Querschnitte von Turmkopf und Schaft minimieren die Windeinwirkungen. Durch Verwendung von Stahlbeton anstelle von Stahl reduzieren sich die Biegeverformungen bei Wind, ein Umstand der die Sendequalität steigert. Die Gefahr der Schwingungen durch Windstöße und Wirbelablösungen wird durch die Dämpfung von Stahlbeton vermieden. Um den Turm zu stabilisieren, bewährte sich anstelle des üblichen massiven Kreisplattenfundaments das wegen seiner größeren ‚Kernweite' effektivere Kreisringfundament. Als Verbindung zwischen Ringfundament und Turmschaft kamen erstmalig Kegelschalen zum Einsatz.

Concrete Towers

The slender, elegant free-standing towers 100 to 300 meters high with a concrete shaft and striking, individual heads have fundamentally influenced our perception of TV towers worldwide and have become a symbol of the communications age. The Stuttgart TV Tower, designed by engineer Fritz Leonhardt and architect Erwin Heinle and completed in 1955, is today the city's highly praised landmark. It is hard to imagine that the start of construction was accompanied by protests claiming the tower lacked all proportion and was a mark of disgrace.

With its unprecedented slenderness, the Stuttgart TV Tower set new standards from both an aesthetic and a structural point of view. The circular cross-sections of the tower head and the shaft minimize wind impact. The use of reinforced concrete instead of steel reduces bending deformation in windy conditions, improving transmission quality. The danger of sway through gusts and turbulence is eliminated by the absorbing qualities of the reinforced concrete. In order to stabilize the tower, the usual circular plate foundations were rejected in favor of circular ring foundations, which were more effective because of the larger "spread of its core". For the first time, conical shells were used to connect the ring foundations and the tower shaft.

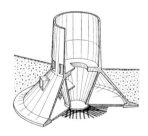

Fernsehturm, Stuttgart, 1955
TV Tower, Stuttgart, 1955

Schalenfundament
Shell foundation

1| Heinle, Erwin und Fritz Leonhardt,
Türme aller Zeiten, aller Kulturen, Stuttgart 1988.

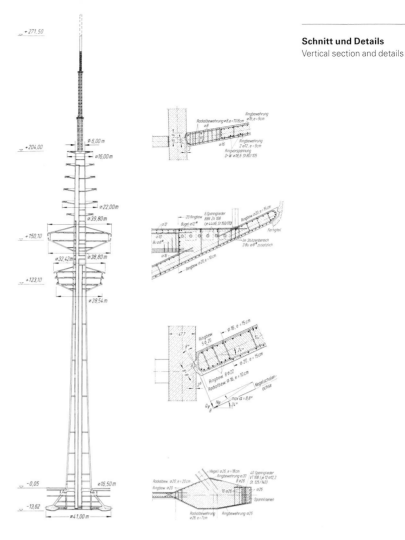

schmal hoch Betontürme
slender towers Concrete Towers

Heinrich-Hertz-Turm, Hamburg (1967)

Heinrich Hertz Tower, Hamburg (1967)

Als 1962 mit Planungen für einen Fernsehturm in Hamburg begonnen wurde, wandte sich die Architektenschaft gegen die „langweilige Betonröhre von Leonhardt". Im daraufhin eingeleiteten Gutachterverfahren – zur Klärung von Standort und Form – wurde aus fünf Entwürfen derjenige von Fritz Trautwein ausgewählt – und damit schließlich doch eine Betonröhre! In Arbeitsgemeinschaft mit Leonhardt und seinem jungen Mitarbeiter Jörg Schlaich entstand ein Turm mit einer eigenwillig markanten Form, die bei den Hamburgern bald allgemeinen Anklang fand.

Wie in die Luft geworfen und durch den schlanken Betonschaft in Position gehalten scheinen sich zwei Diskusse in Höhen von 125 Metern und 150 Metern auf der Stelle zu drehen. Der obere Kopf mit 40 Meter Durchmesser dient dem Funkbetrieb und hat einen einzigen 1.000 Quadratmeter großen Betriebsraum. Der untere, kleinere Kopf mit 30 Metern Durchmesser beherbergt ein Drehrestaurant sowie eine Aussichtsplattform. Darüber, bis zur Spitze des Betonschafts bei 204 Metern, sind fünf Plattformen für die Antennen angeordnet, deren abnehmender Durchmesser – von 22 Meter auf 15 Meter – die Turmsilhouette unterstreicht, ebenso wie die leicht gekrümmte Mantellinie des Betonschafts, dessen Durchmesser sich von 16,50 Meter am Fuß bis auf 6 Meter an der Spitze verjüngt. Mit einem 70 Meter hohen Antennenträger aus Stahl erreicht der Turm seine endgültige Höhe von 272 Metern.

In 1962, when planning began for a TV Tower in Hamburg, architects came out against "Leonhardt's boring concrete tube". In the process of expert assessment that was therefore instituted in order to decide on the shape and location of the tower, Fritz Trautwein's design was the one selected from the five entries—and turned out to be a concrete tube after all! The collaboration between Leonhardt and his young staffer Jörg Schlaich produced a tower with a strikingly individual shape that was soon in general favor among the city's residents.

Two discuses positioned at a height of 125 and 150 meters respectively appear to revolve on the spot. The upper head, 40 meters in diameter, is used for transmitting, and houses a single 1,000-square-meter room: the transmitting station. In the smaller head below, 30 meters in diameter, there is a revolving restaurant and viewing platform. Even higher, stretching up as far as the tip of the concrete shaft at a height of 204 meters, there are five platforms for aerials, the decreasing diameter of which, from 22 to 15 meters, showcases the silhouette of the tower, as do the slightly curved shell lines of the concrete shaft, which tapers from a diameter of 16.5 meters at the base to 6 meters at the tip. A 70-meter-high steel aerial support gives the tower its ultimate height of 272 meters.

Ort | Location:
Hamburg,
Rentzelstrasse/Lagerstrasse

Bauherr | Client:
Deutsche Bundespost,
Oberpostdirektion Hamburg

Fertigstellung | Completed: 1967

Charakteristik | Characteristics:
Freistehender Betonturm,
Höhe: 272 m | Free-standing
concrete tower, height 272 m

Zusammenarbeit | Cooperation:
Fritz Trautwein, Architekt, Hamburg

Leistungen | Scope of work:
Entwurf, Ausführungsplanung,
Bauleitung, Jörg Schlaich bei
Leonhardt und Andrä |
Conceptual design, detailed design,
site supervision: Jörg Schlaich
at Leonhardt und Andrä

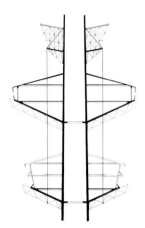

Kegelschalen

Der konsequente Einsatz der Kegelschalen, nicht nur wie schon in Stuttgart beim Fundament, sondern auch für die Konstruktion der Turmköpfe und der tellerartigen Antennenplattformen, charakterisiert diesen Turm. Kegelschalen sind mit ihren geraden Mantellinien einfach herzustellen und trotzdem ideale Schalen. Ihre effiziente Ausnutzung des Materials ermöglicht die gegenüber den üblichen biegebeanspruchten Kreisringplatten dünnen Querschnitte. Für die tragende Konstruktion der beiden Turmköpfe wurden jeweils eine stehende untere Schale und eine hängende obere Schale mit einem horizontalen Deckenplattenring zu einem ringförmigen Hohlkasten zusammengesetzt. Das Gewicht des oberen Hohlkastens wird mittels Stahlstützen auf den unteren abgetragen. Der untere Hohlkasten ist in Ringrichtung vorgespannt. Ihre aus dem Tragverhalten resultierenden Meridiankräfte pressen die untere Schale gegen den Schaft. Die Vorspannung in den oberen Kegelschalen – über die ganze Schalenfläche in Meridianrichtung sowie in Schaftnähe in Ringrichtung – dient dagegen der Rissefreiheit.

Betongelenke

Insgesamt waren neun Schalen und zwei Decken an den Turmschaft anzuschließen. Die bei konventionellen biegesteifen Anschlüssen der Köpfe an den Schaft – wie beim Stuttgarter Turm – erforderliche Anschlussbewehrung hätte die Bauausführung entscheidend behindert, da hierfür die Kletterschalung des Betonschafts an jedem Anschluss abgebaut und oberhalb der Anschlussbewehrung wieder hätte zusammengesetzt werden müssen. Deshalb wählten Leonhardt und Schlaich quasi-gelenkige Anschlüsse,

Conical Shells

The Hamburg tower is characterized by the consistent use of conical shells not just in the foundation (as was the case in Stuttgart) but also, for the first time, in the structural design of the tower heads and the plate-like aerial platforms. With their straight generatrix, conical shells are easy to manufacture and yet represent ideal shells. Their efficient utilization of material made thin cross-sections possible, compared with circular ring plates, which are subject to bending stress. In each of the tower heads the load-bearing structure consists of a standing lower shell and a suspended upper shell, with a horizontal ring slab, forming a circular hollow beam. The upper hollow beam is transferred onto the lower one by means of steel struts. The lower hollow beam is prestressed in the direction of the ring. The meridian forces that results from the structural behavior press the lower shell against the shaft. The prestressing in the upper conical shells (across the entire shell surface area in the meridian direction as well as in the proximity of the shaft in the ring direction) serves to prevent cracking.

Concrete Joints

A total of nine shells and two slabs had to be connected to the shaft of the tower. The reinforcement necessary in the case of conventional rigid joints between the heads and the shaft, as in the Stuttgart tower, would have hampered the construction considerably, since for this the climbing

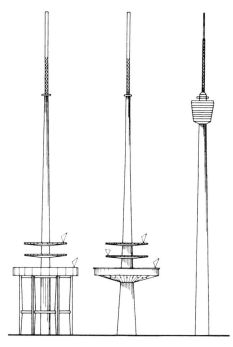

**Fernmeldeturm II,
Stuttgart, 1970**
Telecommunications Tower II,
Stuttgart, 1970

**Fernmeldeturm II (Mitte) im
Vergleich zur Alternative mit
direkter Stützung (links) und
dem Fernsehturm (rechts)**
Telecommunications Tower II
(middle) in comparison with
the alternative proposal with
permanent columns (left) and
the TV Tower (right)

für die am Schaft nur eine flache, 3,5 Zentimeter tiefe Nut auszusparen war. Diese Einschnittstiefe innerhalb der Betondeckung stört weder die vertikale Schaftbewehrung noch den Kraftfluss aus dem Eigengewicht des Schaftes. Die geringen Tiefen der Nuten riefen Staunen und Bedenken in Ingenieurkreisen hervor – basierend auf einem Denken im ebenen Schnitt. Die räumliche Anschauung zeigt jedoch, dass das charakteristische Tragverhalten der Kegelschale, nämlich ihre Dehnsteifigkeit in Ringrichtung, dort eine Aufweitung und damit ein Abgleiten des Auflagers ausschließt. Die Meridiankräfte der unteren Kegelschalen erzeugen einen so starken radialen Druck, dass hier kein Abscheren an den Nuten zu befürchten ist.

Herstellung und Form

Da die Herstellungsmethoden Auswirkungen bis ins Detail haben, ist es für einen formal und wirtschaftlich gelungenen Entwurf essenziell, die Fertigungstechnik in den Entwurfsprozess einzubeziehen. So wurden neben der beschriebenen Lagerung der Schalen, welche das kontinuierliche ‚Durchlaufen' der Kletterschalung ermöglichte, die großen und kleinen Schalen mit jeweils gleicher Neigung geplant, um die Rüstung mehrfach verwenden zu können. An diesem Turm gab es also bis zu vier Baustellen gleichzeitig.

formwork of the concrete shaft would have had to be dismantled at every joint and then reconnected above the joint reinforcement. For this reason, Leonhardt and Schlaich chose quasi hinged joints, for which a flat groove only 3.5 cm in depth had to be cut on the shaft. The depth of this cut into the concrete covering disturbs neither the vertical shaft reinforcement nor the flow of forces caused by the shaft's dead load. Engineers were astonished by, and concerned about, the shallow depth of the grooves—used as they were to thinking in terms of 2D sections. Looked at in 3D, however, we can see that the characteristic structural behavior of the conical shell, namely, its expansion rigidity in the ring direction, prevents any expansion there and thus any slide by the supports. The meridian forces of the lower conical shells produce such intense radial pressure that there is no need to fear shearing on the grooves.

Manufacture and Shape

Since manufacturing methods can have an impact down to the smallest of details, it is essential for a design that is to be successful both economically and formally to take production methods into consideration while still on the drawing board. Thus, for example, alongside the above-mentioned bearings of the shells, which allowed the climbing formwork to run end-to-end, large and small shells were devised, each with the same angle, in order to enable multiple use of the scaffolding. As a consequence, work on the tower occurred at as many as four building sites at once.

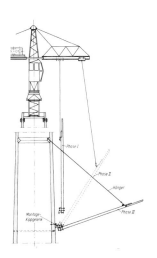

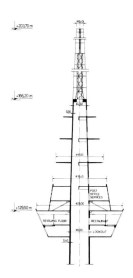

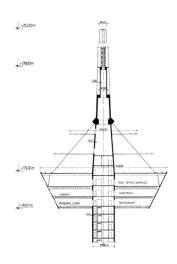

Herstellungsvarianten

Um der besonderen Situation, der unmittelbaren Nähe zum
berühmten ersten Fernsehturm in Stuttgart, Rechnung
zu tragen, ist der kegelförmige Betriebskopf des zweiten
Turms am Frauenkopf (1970) unmittelbar über den Baum-
kronen positioniert. Logisch und kostengünstig – in nur
35 Meter Höhe – war die Herstellung der erforderlichen
Schalfläche mittels eines Gerüsts vom Boden aus. Schlaichs
Vorschlag einer noch günstigeren, permanenten Stütz-
konstruktion zur direkten Lastabtragung aber wurde nicht
aufgegriffen.

Die Betriebsgeschosse des Kieler Turms (1976) wurden
in 103 Meter Höhe mittels Stahlbetonfertigteilen hergestellt. Die 48 Teile wurden, in Einheiten zu je vier, an zwei
um 180 Grad gegeneinander versetzten Stellen gemeinsam von einem Turmdrehkran aus montiert.

Einbindung der Montageseile

Die zur Abhängung von Rüstungen oder Fertigteilen
erforderlichen Montageseile wurden in der Regel nach der
Fertigstellung wieder entfernt, bei den Fernsehtürmen in
Mannheim (1975) und Köln (1980) dagegen zur permanenten Abhängung der konischen Köpfe verwendet. In Mannheim wurden sie noch im Turmkopf verborgen, erst beim
Kölner Turm sind sie sichtbar.

Manufacturing Variants

In order to take the proximity of the famous first
TV tower into account, the conical operational
head of the second Stuttgart tower at Frauenkopf
(1970) is positioned directly above the top of the
tree line. It was logical and cost-effective to produce the necessary formwork (only 35 meters
above the ground) using scaffolding standing
on the ground. Schlaich's suggestion of an even
cheaper permanent supporting structure that
would provide direct load transmission was,
however, not adopted.

The technical floors of the Kiel Tower (1976)
were built at a height of 103 meters by means
of prefabricated reinforced concrete elements.
Using a tower crane, 48 of these were erected
in units of four on two diametrically opposite
locations.

Including the Erection Cables

As a rule, the erection cables required to suspend
scaffolding or prefabricated parts were removed
on completion of the construction. In the case
of the Mannheim (1975) and Cologne (1980)
TV Towers, by contrast, they were utilized as permanent suspension for the conical heads. They
were in evidence for the first time in the Tower
in Cologne, whereas in Mannheim they were concealed in the head of the Tower.

Seilnetzkühlturm
Cable Net Cooling Tower
Schmehausen   1974
Leonhardt und Andrä

Aufwindkraftwerk
Solar Chimney
Manzanares, España 1982
Union Electrica Fenosa

Windkraftanlage GROWIAN
Wind Power Converter
GROWIAN
Marne   1983

Messeturm
Trade Fair Tower
Leipzig   1995
von Gerkan, Marg und Partner

Aussichtssturm mit Steg
Viewing Tower with Footbridge
Weil am Rhein   1999

**Gläsernes
Aufwindkraftwerk, Entwurf**
Glass Solar Chimney, project
Hannover   2000
von Gerkan, Marg und Partner

Killesbergturm
Killesberg Tower
Stuttgart   2001
Luz und Partner

**World Cultural Center,
Entwurf**
World Cultural Center, project
New York City, USA   2003
Team THINK

**Mast auf NY Times
Gebäude, Entwurf**
Mast on NY Times Building,
project
New York City, USA   2003
Renzo Piano Building Workshop

Tensegrity-Turm
Tensegrity Tower
Rostock   2003
von Gerkan, Marg und Partner

schmal hoch   Seilverspannte Türme und Stahlgittertürme
slender towers   Guyed Masts, Cable Net Towers and Steel Lattice Towers

Seilverspannte Türme und Stahlgittertürme

Damit die schlanke Betonröhre eines Fernsehturms sicher gründet, benötigt sie eine Fußverbreiterung wie bei einem Baum. Bei Röhren mit im Verhältnis zur Höhe großem Durchmesser, wie Silos oder Kühltürmen, kann hingegen ein ringförmiges Fundament direkt unter der Wandung positioniert werden. Der Wind, der diese großen vertikalen Betonröhren umströmt, führt zu hohem Flankensog, der den Querschnitt der Röhren oval verformt. Dadurch werden ihre Meridiankräfte und Bodenpressungen ungleich über den Querschnitt verteilt, mit hohen Zugspannungen (Stahlbeton reißt) auf der Luvseite und hohen Druckspannungen (Schale beult) an den Flanken. Diesen Spannungen kann mit einer Schottaussteifung, mit horizontalen ‚Speichenrädern', begegnet werden. Dank dieser glättet sich der Zug- und Druckspannungsverlauf am Fuß ganz erheblich, beziehungsweise verringern sich die Beanspruchungen dort deutlich.

Knicken und Beulen sind Stabilitätsprobleme, die typisch sind für alle druckbeanspruchten Konstruktionen, bei Zugbeanspruchung dagegen nicht auftreten. Daraus ergab sich die dem Seilnetzkühlturm zugrunde liegende Idee, anstelle einer druckbeanspruchten Betonröhre eine zugbeanspruchte vorgespannte Membran zu verwenden.

In Übereinstimmung mit der Membrantheorie der Schalen kann der Mantel einer druck- und zugbeanspruchten Röhre ebenso wie einer zugbeanspruchten vorgespannten Membran in ein statisch gleichwertiges Stabnetz mit dreieckigen Maschen aufgelöst werden. Davon wurde beim Vorschlag zweier Gittertürme für den Wettbewerb des neuen World Trade Centers in New York, beim Seilnetzkühlturm Schmehausen sowie beim Killesbergturm in Stuttgart Gebrauch gemacht. Die abgespannten Masten können als Reduktion dieser räumlichen Strukturen verstanden werden.

Guyed Masts, Cable Net Towers and Steel Lattice Towers

In order to secure the slender concrete tube of a TV tower, its base needs to be spread out widely, like that of a tree. In the case of tubes that in relation to their height have a wide diameter, such as silos or cooling towers, on the other hand, circular foundations can be laid out directly beneath the walling. The wind that flows around these large vertical concrete tubes causes high flank suction, which results in oval deformation of the cross-section of the tubes. In this case, the tower's meridian forces and soil pressures are distributed unevenly throughout the cross-section, with high tensile stress (reinforced concrete cracks) to windward, and high compression stress (the shell buckles) on the flanks. These stresses can be met by stiffening diaphragms, here horizontal "spoked wheels". As a consequence, the tensile and compression stress at the base is spread evenly or considerably reduced.

Buckling is a stability problem typical of all structures subject to compression, but does not appear under tensile stress. This led to the idea underlying the cable net cooling tower of using a prestressed membrane acting always in tension instead of a concrete tube subject to compression.

In accordance with the membrane theory of shells, both the surface of a tube subject to both compression and tension as well as that of a prestressed membrane subject to tensile stress can be replaced by a net of strut and ties with triangular meshes that possesses the same structural properties. This idea was used in an entry for the competition for the new World Trade Center in New York, in the Cable Net Cooling Tower in Schmehausen, as well as in the Killesberg tower in Stuttgart. The guyed masts can be interpreted as a reduced form of such spatial structures.

Spannungsverteilung in der Bodenfuge von Türmen und Röhren, teilweise mit Speichenrädern ausgesteift
Stress distribution at base of towers and tubes, some stiffened by spoked wheels

Eigengewicht
Dead load

Wind
Wind

Seilnetzkühlturm, Schmehausen (1974)

Cable Net Cooling Tower, Schmehausen (1974)

Der Seilnetzkühlturm des Atomkraftwerks Hamm-Uentrop in Schmehausen stellt einen Prototyp zur Erprobung eines neues Kühlverfahrens – der Trockenkühlung – und einer neuen Konstruktion – der Seilnetzbauart – dar. Nach Stilllegung des Kraftwerks 1989 wurde der Turm 1991 gesprengt.

Entwurfsziel war eine Alternative zu den üblichen Stahlbeton-Kühltürmen, da die Trockenkühlung bei gleicher Leistung wesentlich größere Kühltürme erfordert als die bekannte Nasskühlung. Erreicht wurde dieses Ziel mit einem Seilnetz aus dreieckigen Maschen, welches sich zwischen einem im Boden verankerten Fundamentring aus Beton mit 141 Meter Durchmesser und einem Stahlring mit 91 Meter Durchmesser am oberen Rand in 146 Meter Höhe aufspannte. Dieser Druckring hing wie ein Adventskranz an der Spitze eines zentrischen, 180 Meter hohen Betonmasts und spannte das Seilnetz gegen den Mast vor. Zur Erfüllung der funktionalen Anforderung – den Luftstrom nach oben zu lenken – war das Netz von innen mit Aluminiumtrapezblech verkleidet.

Formfindung

Ein möglichst grenzenlos hoher Turm konnte nur umgesetzt werden, indem alle mit der Größe eines Bauwerks überproportional anwachsenden Einflüsse schon beim Entwurf ausgeschaltet wurden: Der vorgespannte Membranmantel garantierte eine optimale Werkstoffausnützung bei minimaler Eigenlast. Stabilitätsprobleme wurden durch die Wahl eines nur zugbeanspruchten, vorgespannten Seilnetzes ausgeschlossen und der kompakte zentrisch

The Cable Net Cooling Tower for the Hamm-Uentrop nuclear power plant in Schmehausen represents a prototype for the testing of a new cooling process — dry cooling — and a new structure: namely, a cable net structure. Power generation was discontinued in 1989 and the cooling tower was dynamited in 1991.

The idea behind the design was to find an alternative to the standard reinforced concrete cooling towers, since for the same output dry cooling requires substantially larger cooling towers than traditional wet cooling. This objective was achieved using a cable net of triangular meshes, spanned between a concrete foundation ring, 141 meters in diameter and secured firmly in the ground, and a steel ring, which was 91 meters in diameter at the top, at a height of 146 meters. This compression ring hung like an advent wreath at the tip of a centric, 180-meter-high concrete mast, prestressing the cable net against the mast. In order to meet its functional requirements — to guide the flow of air upwards — the net was coated on the inside with trapezoidal corrugated sheet aluminum.

Formfinding

It is only possible to build an infinitely high tower if all the influences that increase at an over-proportional rate to the size of the building are eliminated during the design phase: the prestressed membrane skin guarantees optimum material utilization

Ort | Location:
Schmehausen, Hamm-Uentrop

Bauherr | Client:
VEW, Dortmund

Fertigstellung | Completed: 1974

Charakteristik | Characteristics:
Vorgespannte Seilnetzstruktur,
Höhe: 180 m, Durchmesser: 141 m |
prestressed cable net structure,
height 180 m, diameter 141 m

Zusammenarbeit | Cooperation:
Balcke-Dürr Prozesstechnik GmbH,
Ratingen

Ausführung | Construction:
Krupp Industrie- und Stahlbau,
Werk Goddelau

Leistungen | Scope of work:
Entwicklung, Entwurf, Ausführungs-
planung, Bauleitung, Jörg Schlaich
bei Leonhardt und Andrä |
Development, conceptual design,
detailed design, site supervision,
Jörg Schlaich at Leonhardt und Andrä

**Zwei Möglichkeiten
der Seilanordnung**
Two possibilities
of cable arrangement

Seilnetz mit Speichenrädern
Cable net with spoked wheels

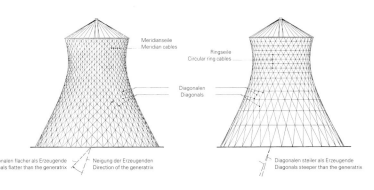

Meridianseile
Meridian cables

Ringseile
Circular ring cables

Diagonalen
Diagonals

Diagonalen flacher als Erzeugende
Diagonals flatter than the generatrix

Neigung der Erzeugenden
Direction of the generatrix

Diagonalen steiler als Erzeugende
Diagonals steeper than the generatrix

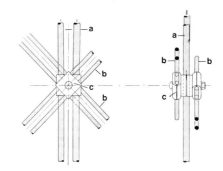

Klemmen dreier Seilscharen
a | Meridianseile
b | Diagonalseile
c | Klemme
Clamps for three cable layers
a | Meridian cables
b | Diagonal cables
c | Clamps

Flechten des Netzes
Plaiting of the net

68 | 69

schmal hoch Seilverspannte Türme und Stahlgittertürme
slender towers Guyed Masts, Cable Net Towers and Steel Lattice Towers

gedrückte Betonrohrmast war nicht knickgefährdet. Die Geometrie eines vorgespannten Seilnetzes ist nicht frei wählbar, da die Umlenkkräfte der Seilscharen miteinander im Gleichgewicht stehen müssen. So wird die Geometrie zum Abbild des inneren Kräftegleichgewichts, zur zwingend notwendigen Form.

Netz statt Membran

Zunächst sollte der Mantel aus einer textilen Membran hergestellt werden. Statisch gesehen ist eine Membran einem Seilnetz mit dreieckigen Maschen gleichwertig. Beide Konstruktionsarten können erst im vorgespannten Zustand den angreifenden Windkräften standhalten. Da aber bereits im Bauzustand, beim Hochziehen der Membran, große Windkräfte auftreten und die schlaffe Membran zerreißen könnten, fiel die Wahl auf das Seilnetz.

Für eine gleichmäßige Anordnung der drei Seilscharen auf der gekrümmten Fläche boten sich zwei Möglichkeiten an, beide mit je einer rechts- und linksgängigen Schrägseilschar und der dritten entweder als Ringseilschar oder als Meridianschar. Während bei der ersten Lösung alle Ringseile eine unterschiedliche Länge haben, sind bei der zweiten Lösung alle Meridianseile gleich lang, sodass sie mit nur zwei verschiedenen, vom oberen Ring bis zum Fundament durchlaufenden Netzseilen hergestellt werden konnten. Da dies fertigungstechnisch einen unschätzbaren Vorteil darstellte, ja praktisch die problemlose Errichtung des Turms erst sicher stellte, kam die zweite Lösung zur Ausführung.

with a minimal dead load; any stability problems are prevented by the choice of a tensile, prestressed cable net—the compact, centrically compressed tubular concrete mast is not prone to buckling. The geometry of a prestressed cable net cannot be chosen at will, since the deviative forces of the cable layers must be equally balanced. Thus the geometry becomes an image of the inner equilibrium of the forces, leading to a shape that is determined by necessity.

Net Instead of Membrane

Initially, the plan was to make the skin from a textile membrane. Structurally speaking, a membrane is equal to a cable net made of triangular meshes. Both structures can only cope with the forces of wind if prestressed. However, since there can be strong wind when the membrane is being hoisted into position, possibly causing the untautened membrane to tear, it was cable net that was chosen.

There were two possible ways to evenly distribute the three cable layers on the curved surface, each entailing a stay cable layer on the left and right hand, with the third either as a ring cable layer or as a meridian layer. Whereas in the first solution all the ring cables were of different length, in the second all the meridian cables had the same length, enabling them to be produced with just two different net cables, which ran from the upper ring down to the foundations. Since this was an invaluable advantage in terms of manufacturing, indeed, it enabled the tower to be constructed almost without problem, it was the second solution that was adopted.

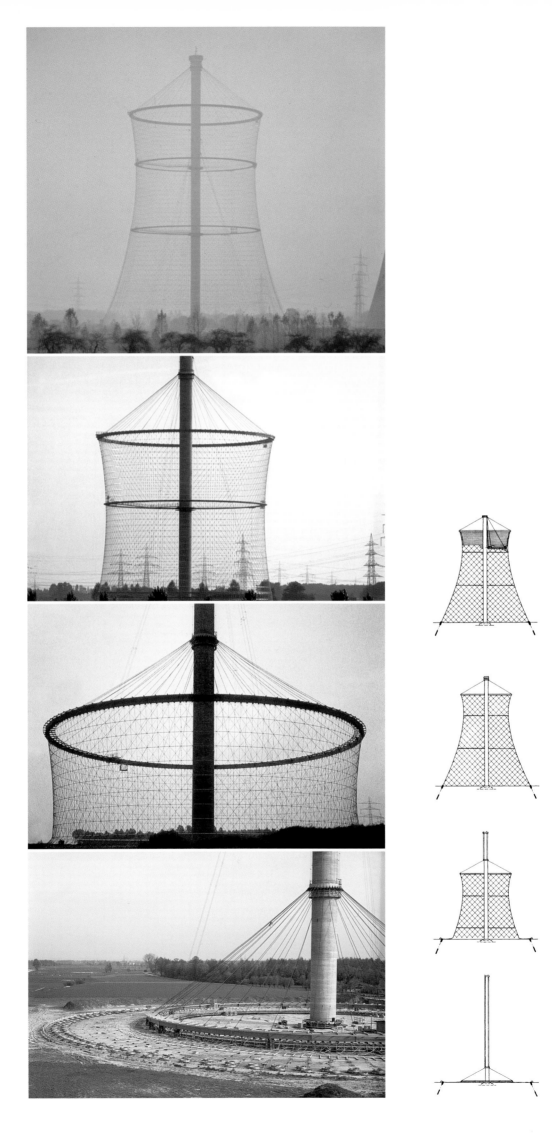

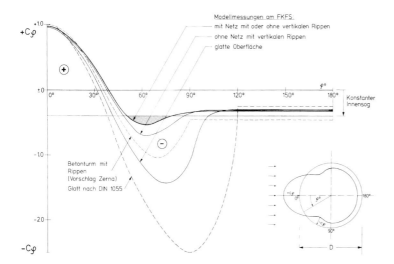

Modellmessungen am FKFS.
mit Netz mit oder ohne vertikalen Rippen
ohne Netz mit vertikalen Rippen
glatte Oberfläche

Konstanter Innensog

Betonturm mit Rippen (Vorschlag Zerna) Glatt nach DIN 1055

Ergebnisse des Windkanalversuchs
Results of wind tunnel test

Windkanalmodell
Wind tunnel model

Teilweise verkleideter Kühlturm
Partly cladded cooling tower

70 | 71

schmal hoch   Seilverspannte Türme und Stahlgittertürme
slender towers   Guyed Masts, Cable Net Towers and Steel Lattice Towers

Flechten und Liften

Die gesamte Netzkonstruktion konnte am Boden gefertigt werden. Nach dem Betonieren von Mast und Ringfundament wurde der äußere Druckring und am Mast der Hubring – beides Stahlhohlkästen – montiert sowie zwischen diesen die Speichen – voll verschlossene Spiralseile – eingebaut. Hydraulische Pressen am Mastkopf zogen den inneren Hubring an Zugstangen nach oben. Die Seile des Mantels wurden an den Druckring angeschlossen und ihre Knoten während des Hubvorgangs kontinuierlich am Boden verknüpft. Jede Seilschar bestand aus den vom Olympiadach in München (1972) bewährten Doppelseilen und kam mit den bereits im Werk in planmäßigen Abständen aufgepressten Knoten auf die Baustelle. Dort musste zum ‚Knüpfen' des Netzes dann nur noch eine Schraube durch die Knoten der drei Seilscharen gesteckt werden. Nach vollständiger Montage wurde das Seilnetz gespannt – nun konnte es den Windkräften standhalten.

Netz außen, Verkleidung innen

Wohin mit der Verkleidung? Der Bauherr wollte sie außen haben, um die Seile zu schützen. Ohne äußere Gliederung durch die Netzstruktur hätte der riesige Mantel aber plump und platt gewirkt. Trickreich wurde im Windkanal nachgewiesen, dass ein außen liegendes Seilnetz insbesondere den Flankensog reduziert und es deshalb außen ‚richtig liegt'. Zugleich wurde für die Netzlitzen eine Aluminiumbeschichtung gewählt, um einen perfekten Korrosionsschutz zu gewähren.

Plaiting and Lifting

The entire net construction was made on the ground. Once the concrete mast and the ring foundation had been cast, the outer compression ring and (on the mast) the lift ring, both made of steel box girders, were assembled and the spokes, locked coil cables, inserted in between. Hydraulic jacks at the masthead hoisted the inner lift ring upwards on ties. The cables of the surface were attached to the compression ring and their joints tied continually on the ground during the lifting process. Each cable layer consisted of the double cables used so successfully for the Olympic Roof in Munich (1972) and were delivered to the site with the cable net clamps pressed on at predetermined intervals in the factory. All that was then necessary to "mesh" the net was to insert a screw through the clamps of the three cable layers. Once fully assembled, the cable net was tightened and thus able to withstand the wind forces.

External Net, Inside Cladding

What to do with the cladding? The client wanted it on the outside to protect the cables. Without the external structure by the net, the enormous surface would have seemed ungainly and trivial. It was cleverly proved in a wind tunnel that a cable net on the outside reduces in particular side-wall suction and that it is therefore "right" to put it on the outside, but at the same time an aluminum coating was chosen for the net strands in order to guarantee perfect corrosion protection.

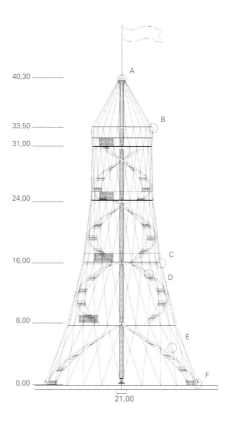

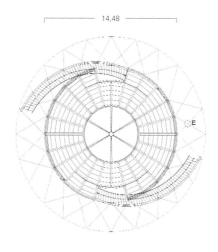

Killesbergturm, Stuttgart (2001)

Killesberg Tower, Stuttgart (2001)

Ort | Location:
Stuttgart, Killesberg

Bauherr | Client:
Verschönerungsverein der Stadt
Stuttgart

Wettbewerb | Competition: 1986

Charakteristik | Characteristics:
Vorgespannte Seilnetzstruktur,
Höhe: 41 m, Durchmesser: 21 m |
Prestressed cable net structure,
height 41 m, diameter 21 m

Zusammenarbeit | Cooperation:
Luz und Partner,
Landschaftsarchitekten, Stuttgart

Ausführung | Construction:
E. Roleff GmbH & Co. KG Stahlbau,
Esslingen; Wayss & Freytag AG,
Stuttgart; Pfeifer Seil- und
Hebetechnik GmbH, Memmingen

Leistungen | Scope of work:
Entwurf, Ausführungsplanung,
Bauleitung | Conceptual design,
detailed design, site supervision

Ein Turm, mit Aussicht über Stuttgart hinweg, je nach Blickrichtung ins Neckartal oder bis in den Schwarzwald; ein Turm, der durch eine doppelte Wendeltreppe den Weg in die Höhe zelebriert; ein Turm schließlich, dessen sanftes Schwingen Höhe und Wind erlebbar machen – so vollendet der Stuttgarter Killesbergturm das so genannte ‚Grüne U', das sich vom Herzen der Stadt bis zur Höhe des Killesbergs zieht. Der Turm markiert dort den Übergang der kultivierten städtischen Gartenlandschaft in die üppigen, die Stadt umgebenden Wälder.

Diese Aussicht ist von vier großen Aussichtsplattformen in 31, 24, 16 und 8 Meter Höhe und von den zwei großzügig ausladenden, um 180° versetzten Wendeltreppen ohne Gedränge zu genießen: hoch hinauf auf der einen, anders hinunter auf der anderen. Die Aussichtsplattformen sind in ein Seilnetz aus nur 48 fingerdicken Seilen eingehängt, welches zwischen einem Druckring in 33,50 Meter Höhe und einem ringförmigen Fundament verspannt ist. Die Seile werden durch den Druckring zur Spitze eines 41 Meter hohen zentralen und nur 50 Zentimeter dicken Masts umgelenkt; der Druck im Mast erzeugt die erforderliche Vorspannung im Netz.

A tower with a view over Stuttgart, and depending on which direction one is looking in, either over the Neckar valley or to the Black Forest. A tower that with its double spiral-winding staircase is a celebration of the way up. A tower, whose gentle oscillations bring the experience of height and wind to life. As such, the Killesberg Tower in Stuttgart perfects the "green U" that stretches from downtown to the Killesberg hill, and marks the point of transition from well-tended urban gardens to the lush woods that surround the city.

This view can be enjoyed without hustle and bustle from four large viewing platforms, 31, 24, 16 and 8 meters up, and from the two spacious projecting spiral staircases set at 180° respectively: one leads way upward, the other taking a different route downward. The viewing platforms are suspended in a cable net of just 48 cables the width of a finger, strung between a compression ring at a height of 33.5 meters and a circular foundation. The cables are directed through the compression ring to the central mast of just 50-centimeter thickness at a height of 41 meters; compression in the mast generates the necessary prestressing of the net.

Geländerdetail
Detail of railing

Netzklemme
Net clamp

Hyperbolische Krümmung
Hyperbolic curvature

Details im Schnitt
Details in cross-section

Wendeltreppe
Spiral staircase

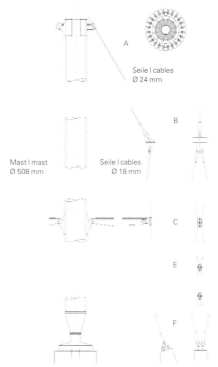

Seile I cables
Ø 24 mm

A

Mast I mast
Ø 508 mm

Seile I cables
Ø 18 mm

B

C

E

F

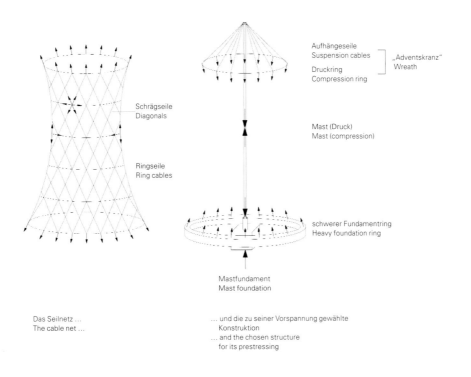

Aufhängeseile
Suspension cables

Druckring
Compression ring

„Adventskranz"
Wreath

Schrägseile
Diagonals

Mast (Druck)
Mast (compression)

Ringseile
Ring cables

schwerer Fundamentring
Heavy foundation ring

Mastfundament
Mast foundation

Das Seilnetz ...
The cable net ...

... und die zu seiner Vorspannung gewählte
Konstruktion
... and the chosen structure
for its prestressing

Ein Anfang mit Ende

Mit dem Killesbergturm als markantem Bestandteil ihres Entwurfs gewann die Planungsgruppe Luz-Egermann-Loher-Schlaich den Wettbewerb zur Gestaltung des Geländes für die Internationale Gartenbauausstellung (IGA) in Stuttgart. Doch leider wurde die IGA 1993 ohne den Killesbergturm eröffnet, da die Stadt die finanziellen Mittel nicht bewilligte. Es ist der Initiative und dem Durchhaltevermögen des Verschönerungsvereins der Stadt Stuttgart zu verdanken, dass der Turm heute, nach achtjährigem Sammeln von Spenden, doch steht – zur Freude aller.

Noch ein Seilnetzkühlturm?

An dem äußeren Seilnetz lässt sich unschwer der Seilnetzkühlturm Schmehausen als konstruktives Vorbild ausmachen. Der druckbeanspruchte Mast dient bei beiden Türmen der Vorspannung des Netzes. Der Mast des Killesbergturms trägt noch zusätzlich vertikale Lasten aus den Plattformen.

Hier wie dort dient eine Art ‚Adventskranz', von der Mastspitze abgehängt, als Aufhängung und Aussteifung des Netzes. In beiden Fällen besteht das Netz aus dreieckigen Maschen und wirkt statisch wie eine Membranschale. Allerdings ist beim Killesbergturm die dritte Seilschar nicht wie bei dem Seilnetzkühlturm vertikal angeordnet, sondern horizontal, genauer gesagt wird ihre aussteifende Funktion von vier Plattformen übernommen.

Beginning with an End

Using the Killesberg Tower as the landmark in their design, the Luz-Egermann-Loher-Schlaich planning team won the competition to design the grounds of the International Garden Exhibition (IGA) in Stuttgart. In 1993, however, the IGA opened without the Killesberg Tower, as the city had not approved the necessary financing. Thanks to the initiative and perseverance of the "Verschönerungsverein der Stadt Stuttgart" (an initiative to spruce up the city of Stuttgart) the Tower is standing today, after eight years spent drumming up donations, and is a pleasure to all.

Yet another Cable Net Cooling Tower?

Judging from the exterior cable net it is not difficult to see that the Cable Net Cooling Tower in Schmehausen served as a model for the tower. In both towers, the mast, which is subject to compression, serves to prestress the net. In addition, the mast of the Killesberg tower also supports vertical loads from the platforms. As in Schmehausen, a "wreath" suspended from the tip of the mast serves to suspend and stiffen the net. In both cases, triangular meshes are used that function structurally like a membrane shell. In the case of the Killesberg tower, however, the third cable layer is not arranged vertically as in the Cable Net Cooling Tower, but horizontally, to be more precise, its stiffening function is taken over by the four platforms.

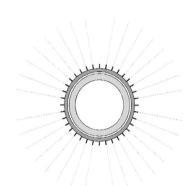

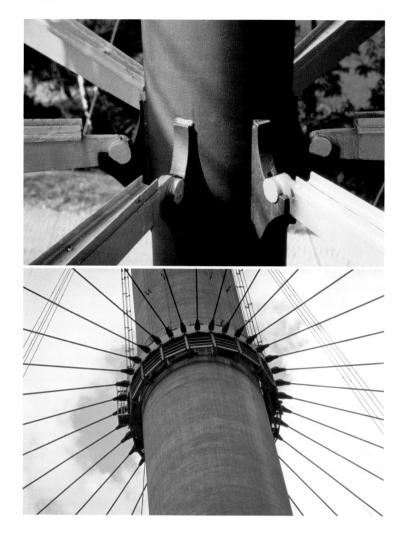

Ganz anders!

Beide Türme erfüllen einen völlig unterschiedlichen Zweck, erkennbar an den konstruktiven Unterschieden: das Turminnere völlig frei und nach außen luftdicht abgeschlossen der Kühlturm; der Aussichtsturm dagegen mit Treppen und Plattformen im Inneren, die zu jedem Zeitpunkt des Aufstiegs eine Aussicht bieten. Aus einer geschlossenen Außenhaut resultiert beim Kühlturm der Windangriff als maßgeblicher Lastfall. Dagegen leisten das dünne Seilnetz und die Plattformen des Killesbergturms dem Wind nur einen sehr geringen Widerstand; der Lastfall ‚Mensch' wird hier maßgeblich: Die Bewegungen der Besucher versetzen den Turm in Schwingung.

Durch die Vorspannung ist das Seilnetz fähig, die Plattformen und die stählernen Treppenläufe zu tragen und der Windlast standzuhalten, ohne dass die Seile schlaff werden. Die vertikale Last wird anteilig von Mast und Seilnetz abgetragen. Im Seilnetz stützt sie sich über die vorgespannten Seile nach unten ab oder hängt sich nach oben über den ‚Adventskranz' als Druckkraft in den Mast. Die Koppelung von Mast und Netz durch die Plattformen aus mit Riffelblechen belegten radialen Trägern wird zur Aussteifung des Mastes genutzt. Deshalb kann der Mast so schlank sein. Würde das Seilnetz Windlasten einfangen wie bei dem Seilnetzkühlturm, reduzierte sich durch die Koppelung des Mantels über die Speichenräder an den Mast dessen Knicklast stark. Daher umgreifen dort die Naben der Speichenräder den Mast, ohne ihn zu berühren.

Quite Different!

Each of the towers fulfills a wholly different purpose, as can be seen from the structural differences: with the Cooling Tower the interior is completely free and hermetically sealed on the outside; the look out tower, by contrast, must have staircases and platforms inside offering a view at all times to those ascending them. With the Cooling Tower and its sealed exterior the wind is the main load. The thin cable net and the platforms of the Killesberg Tower, by contrast, offer only very slight resistance to the wind. Here, humans become the main load factor; the visitors moving about cause the tower to oscillate.

As a result of the prestressing, the cable net is capable of supporting the platforms and the steel staircases, as well as withstanding the wind without the cables becoming slack. The vertical load is dispersed proportionally by the mast and the cable net. In the cable net, the vertical load is supported in a downward direction via the prestressed cables or is dispersed upwards via the wreath as compression to the mast. The coupling of the mast and the net by means of the platforms, made of radial girders covered in checker plate, is used to stiffen the mast. This is why the mast can be so slender. Were the cable net to attract wind to the same extent as the Cable Net Cooling Tower, the coupling of the cable net via the spoked wheels to the mast would considerably reduce the buckling load. For this reason, the hubs of the spoked wheels surround the mast at this point without actually touching it.

Kontur des Killesbergturms
im Wettbewerb 1986
The shape of the Killesberg
Tower in the 1986 competition

Die typische
Suchov-Form
Typical shape of
a Suchov tower

Die Kontur des gebauten
Killesbergturms 2001
The shape of the built
Killesberg Tower 2001

Unter dem visuellen Eindruck der unglaublich leichten, filigranen Turmkonstruktionen von Suchov (bis zur Ausstellung im Institut für Auslandsbeziehung, Stuttgart 1991, waren seine Türme nahezu unbekannt) wurde die Erscheinung des Killesbergturms leicht verändert
Under the visual impact of the breathtakingly high filigree towers of Suchov (his towers were almost unknown until the exhibition at the Institut für Auslandsbeziehung, Stuttgart 1991) the appearance of the Killesberg Tower was slightly altered

Montage eines Suchovturms: Die Türme aus geraden Stabelementen werden teleskopartig von unten nach oben gebaut, weshalb sie konisch nach oben zulaufen müssen und sich oben nicht weiten können
Erection of a Suchov tower: the towers of straight truss elements were erected like a telescope from bottom to top, leading to conical reductions and thus preventing any widening at the top

Wasserturm, Niznij Novgorod, 1853, Vladimir G. Suchov
Water tower, Niznij Novgorod, 1853, Vladimir G. Suchov

Assoziation Suchov

Gerne wird die Konstruktion des Killesbergturms mit den filigranen Funktürmen, Wassertürmen und Stromleitungsmasten atemberaubender Höhen des russischen Ingenieurs Vladimir G. Suchov (1853–1939) verglichen. In ihrer Gestalt sind sie sicher verwandt – und tatsächlich hat das Wissen um die Suchovschen Türme die Form des Killesbergturms etwas beeinflusst. Das konstruktive Konzept aber, welches das Tragverhalten der beiden Türme bestimmt, ist gänzlich verschieden.

Suchovs rotationshyperbolische Türme entsprechen aufgelösten Stabröhren, welche vorteilhaft die Windlasten reduzieren. Die links- und rechtslaufenden Erzeugendenscharen sowie die horizontalen Ringstäbe ergeben eine Stabröhre mit dreieckigen Maschen. Diese trägt die Lasten wie die geschlossene Röhre mit Zugkräften auf der Luvseite und Druckkräften auf der Leeseite. Für die Bemessung wird dann das Stabknicken unter Druck relevant; deshalb wären diese Stäbe für eine freie Aussicht und ein filigranes, durchsichtiges Erscheinungsbild zu dick.

Suchov in Mind

The construction of the Killesberg Tower is frequently compared with the breathtakingly high filigree transmitting towers, water towers and electricity masts designed by the Russian engineer Vladimir G. Suchov (1853–1939). They are certainly related in their shape—and, indeed, a familiarity with Suchov's towers did influence slightly the form of the Killesberg Tower. However, the structural concept underlying the load-bearing behavior of the two towers is quite different.

Suchov's rotational hyperbolic towers correspond to dissolved trussed tubes, which beneficially reduce wind loads. The generatrix to the left and right, as well as the horizontal ring bars, produce a trussed tube with triangular meshes. This carries the load in the same way as a sealed tube tensioned on the windward side and subject to compression forces on the leeward side. Buckling of the struts then becomes relevant for the dimensioning; for this reason, these struts would be too thick for an unimpaired view and a filigree, transparent appearance.

World Cultural Center,
New York City, USA (2003)

World Cultural Center,
New York City (2003)

Ort | Location:
USA, NY, New York City,
Lower Manhattan

Bauherr | Client:
Port Authority of New York
and New Jersey

Wettbewerb | Competition:
Entscheidung 27. Februar 2003,
2. Preis
Decision February 27, 2003,
2nd Prize

Charakteristik | Characteristics:
Zwei Stahlgittertürme,
Höhe: 416 m |
Two steel lattice towers,
height 416 m

Zusammenarbeit | Cooperation:
Team THINK: Rafael Viñoly Archi-
tects, New York; Frederic Schwartz
Architects, New York; Ken Smith
Landscape Architects, New York;
Shigeru Ban Architects, Tokyo/Japan

Leistungen | Scope of work:
Entwurf | Conceptual design

‚Erinnern – Wiederaufbau – Erneuern': Unter diesem Motto
luden die Lower Manhattan Development Corporation und
die Port Authority of New York and New Jersey zu einem
Wettbewerb für die Wiederbebauung des Ground Zero
ein. Das hervorstechendste Merkmal des eingereichten
Vorschlags ‚World Cultural Center' (WCC) sind zwei transparente Stahlgittertürme, etwa mit den Abmessungen der
zerstörten World Trade Center (WTC) Türme, jedoch mit
achteckigem Querschnitt. In die Türme sollten Plattformen
für verschiedene Kultureinrichtungen eingehängt werden.
Die klaren, kristallinen Strukturen wurden zuletzt noch
mit helixförmigen Spiralschienen für Kabinenbahnen über-
lagert: zu einer spektakulären Aussicht von Plattformen
in 416 Meter Höhe nach einer nicht minder spektakulären
Auffahrt. Zwischen der Erinnerung, dem respektvollen
Umfassen, aber nicht Berühren der alten Fundamente,
und der Erneuerung, der Wiedergeburt des WTC als WCC
in der Tradition der Ideale Demokratie und Toleranz, wurde
so sinnbildlich ein Gleichgewicht hergestellt.

"Remember—Rebuild—Renew": this was the
motto selected by the Lower Manhattan Development Corporation (LMDC) and the Port Authority
(PA) of New York and New Jersey when inviting
entries for a competition to rebuild Ground Zero.
The salient features of the proposal for a "World
Cultural Center" (WCC) are two transparent steel
lattice towers, of approximately the same dimensions as the WTC towers that were destroyed,
though with an octagonal plan. Platforms for
various cultural associations are to be suspended
within the towers. The clear, crystalline structures
were then covered with helix-shaped spiral tracks
for cable cars running up to a spectacular view
from memorial platforms at a height of 416 meters,
following an ascent that is no less spectacular. In
this way, a fine balance was established between
the memory, a respect expressed by embracing
but not actually touching the old foundations, and
the renewal, the rebirth, of the WTC as the WCC
in keeping with the tradition of the ideals of demo-
cracy and tolerance.

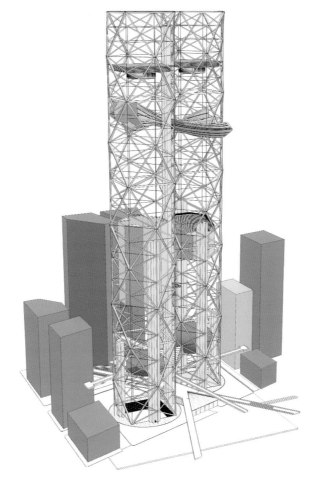

Der Wettbewerb

Der New Yorker Architekt Rafael Viñoly des Teams THINK, zu der auch die Architekten Shigeru Ban, Frederic Schwartz und Ken Smith gehörten, lud Jörg Schlaich ein, den Ingenieurpart zu übernehmen. Die Gruppe reichte drei Vorschläge ein: Sky Park, Great Hall, World Cultural Center. Daniel Libeskind und THINK Team mit ihrem Vorschlag WCC kamen in die Endrunde. Nach dreiwöchiger intensiver Überarbeitungszeit von Jörg Schlaich und Hans Schober mit Rafael Viñoly, Frederic Schwartz, Chan-Li Lin und Carlos Soubie fand die Schlusspräsentation am 25. Februar 2003 statt – Viñoly für den architektonischen Gesamtentwurf und Programmerfüllung, Schlaich für die Konstruktion und Herstellung sowie Peter Davoren für die Kostenplanung. Die Kommission war von dem Entwurf von THINK überzeugt, die New York Times verkündete bereits deren Sieg, aber unter Einfluss von Governor Pataki und Mayor Bloomberg entschied man sich am nächsten Tag für den Entwurf von Libeskind.

Oktagonale Form

Mit der achteckigen Form wurden die Abmessungen der ‚footprints‘ aufgegriffen und Quadrate mit 55 Meter Seitenlänge im Höhenabstand von jeweils 24 Metern um 45° gegeneinander verdreht. Ihre Ecken waren durch Diagonalstäbe mit Dreiecksmaschen verbunden.

The Competition

New York architect Rafael Viñoly from the Team THINK, which also included the architects Shigeru Ban, Frederic Schwartz and Ken Smith, invited Jörg Schlaich to undertake the role of structural engineer. The group submitted three proposals: Sky Park, Great Hall and World Cultural Center. Daniel Libeskind and Team THINK with their suggestion WCC reached the final round. Following three weeks of intense revising by Jörg Schlaich and Hans Schober together with Rafael Viñoly, Frederic Schwartz, Chan-Li Lin and Carlos Soubie, the final presentation took place on February 25, 2003, with Viñoly responsible for the overall architectural design and program, Schlaich for the structure and construction, and Peter Davoren for costing. The commission was impressed with THINK's proposal—the New York Times even announced their victory—but under the influence of Governor Pataki and Mayor Bloomberg, the following day Libeskind's entry was chosen.

The Octagonal Shape

The octagonal form reflected the dimensions of the "footprints" and squares 55 meters long and set at upward intervals of 24 meters were rotated against each other at an angle of 45°. Their corners were connected to triangular meshes using diagonal tubes.

**Stahlgussknoten mit
30 Tonnen Gewicht**
Cast-steel joints weighing 30 tons

**Bei Versagen eines Knotens
(durch Flugzeuganprall)
bleibt der Turm standhaft**
Failure of a joint (through airplane impact) will not destabilize the tower

Superstructure
Superstructure

Gitter mit diagonalen Streben
Lattice with diagonal struts

Oktagonaler Grundriss
Octagonal plan

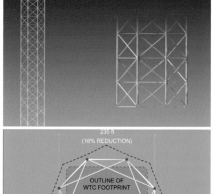

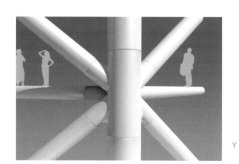

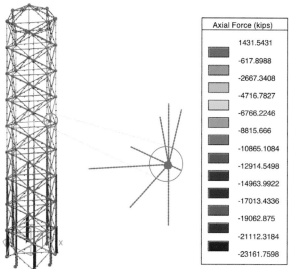

Stahlgitter

Das Stahlgitter der Türme sollte aus Stahlrohren herge-stellt werden, die abnehmend nach oben im unteren Bereich einen Durchmesser von jeweils über 2 Metern erreichen. Die Wandstärken der Rohre betragen ungefähr 10 Zentimeter. Im Hinblick auf das Erscheinungsbild und die Unterhaltungskosten wurde selbst rostfreier Edelstahl in Erwägung gezogen.

Gussknoten

Ein direktes Verschweißen derart starker Rohre mit bis zu acht Stäben pro Knoten, teilweise in spitzen Winkeln ankommend, hätte nicht nur einen großen Aufwand bedeutet, sondern wäre auch hinsichtlich der Qualitäts-kontrolle und -sicherung sehr problematisch gewesen. So wurde vorgeschlagen, die Knoten aus Stahlguss her-zustellen – der größte mit 30 Tonnen Gewicht. Die Guss-knoten hätten den Vorteil, dass dann nur Stöße recht-winklig zu den Rohrachsen zu verschweißen gewesen wären, kreisförmig, ideal für den Einsatz von Schweiß-automaten und leicht zugänglich für die Qualitätskontrolle (Durchstrahlen). Zweifeln der Jury konnte Schlaich mit den eigenen jahrzehntelangen Erfahrungen mit Stahlguss, vom Olympiadach München (1972) bis zur Eisenbahn-brücke über den Humboldthafen in Berlin (1999) begegnen.

Steel Lattice

The towers' steel lattice was to be made of steel tubes, with a diameter of over 2 meters in the lower section, tapering with increasing height, and tube walls with a thickness of 10 centimeters. With a view to appearance and running costs even the use of stainless steel was considered.

Cast-Steel Joints

Direct welding of such thick tubes with up to eight elements per joint, partly at acute angles, would not only have been very laborious but would have been highly problematical in terms of quality con-trol and assurance. For this reason, it was sugge-sted that the joints be made of cast-steel, the larg-est weighing 30 tons. The cast joints would have the advantage that welding would only have to be done at right angles to the tube axes, in a circular manner, which was ideal for the use of welding machines and easily accessible for quality control purposes (radiographic examination). Decades of experience with cast-steel, from the Olympic Roof in Munich (1972) to the Railway Bridge over the Humboldt Harbor in Berlin (1991), helped Schlaich to overcome the jury's doubts.

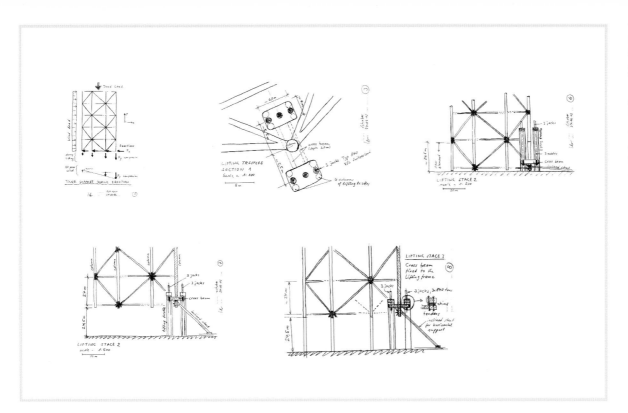

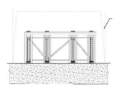
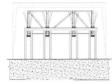

Detailskizzen von Hans Schober, Stabilisierung des Turms während des Takthebens
Detail sketches by Hans Schober, stabilization of tower during incremental hoisting

Schema der Herstellung im Takt-Hubverfahren
Scheme of incremental hoisting process

80 | 81

schmal hoch Seilverspannte Türme und Stahlgittertürme
slender towers Guyed Masts, Cable Net Towers and Steel Lattice Towers

Redundanz des Stahlgitters

Diese Rohrstruktur ist so duktil, dass sie den Totalausfall eines Knotens mit acht Rohren verkraftet. Beim WTC führte auch nicht der Anprall, sondern der nachfolgende Brand zum Einsturz; beim WCC könnte aber mangels Brandlast ein Brand gar nicht erst entstehen.

Taktheben

Die Jury wollte ganz genau wissen, ob man die dicken Rohre in 400 Meter Höhe in Wind und Wetter sicher liften, fügen, verschweißen und prüfen könne, also ob dieser allgemein als sehr schön empfundene Vorschlag überhaupt baubar sei. Dieser Kardinalfrage konnte mit dem detailliert ausgearbeiteten Vorschlag begegnet werden, den etwa 20.000 Tonnen schweren Turm in 24-Meter-Schüssen am Fuß zu fertigen und abschnittsweise zu heben. Beginnend mit dem einfacheren, obersten Abschnitt, wird dieser nach seiner Fertigung am Boden angehoben und mit dem nächsten darunter gefertigten Abschnitt verschweißt. Für das taktweise Heben waren insgesamt 48 hydraulische Pressen à 846 Tonnen vorgesehen. So hätten alle Arbeiten am selben Ort unter einer Hülle unter Werkstattbedingungen durchgeführt werden können, optimal gerade für schwierige Schweißarbeiten mit Vorwärmen, Schweißen und Durchstrahlen.

Redundancy of the Steel Lattice

This tubular structure is so ductile that it can cope with the complete failure of a joint with eight tubes. It was not the impact of the airplanes but the ensuing fire that led to the collapse of the WTC; the WCC has no fire load, so there can be no danger of fire.

Incremental Hoisting

The jury was eager to know precisely whether it was possible to safely lift, join, weld and test the tubes at a height of 400 meters in windy, bad weather conditions, that is, whether this highly attractive proposal could be built in the first place. The cardinal question was answered by submitting a highly detailed proposal to complete the roughly 20,000-ton tower in 24-meter sections at the base and raising these. Beginning with the easier, uppermost section, this was raised after completion on the ground and then welded to the section below it after this had been completed. For the lifting process, plans foresee using a total of 48 hydraulic jacks at 846 tons each. In this way, all work could be carried out in the same place, undercover, and in conditions resembling those of a workshop: ideal for difficult welding work, including pre-warming, welding and radiographic examination.

Messeturm, Leipzig (1995)

Trade Fair Tower, Leipzig (1995)

Ort | Location:
Leipzig, Eingang West,
Neues Messegelände

Bauherr | Client:
Leipziger Messe GmbH

Fertigstellung | Completed: 1995

Charakteristik | Characteristics:
Stahlrohrmast mit seilverspannten
Auslegern, Höhe: 85 m |
Tubular steel mast with guyed
outriggers, height 85 m

Zusammenarbeit | Cooperation:
von Gerkan, Marg und Partner,
Architekten, Hamburg

Ausführung | Construction:
Stahlbau Illingen

Leistungen | Scope of work:
Entwurf, Ausführungsplanung,
Bauüberwachung | Conceptual design,
detailed design, site supervision

Mit seinen 85 Meter Höhe ist der Messeturm in Leipzig das weithin sichtbare Wahrzeichen der Neuen Leipziger Messe. Sein zentraler Mast, bestehend aus vier kräftigen vertikalen Rohren mit dünnen horizontalen Rohren versteift, ist über horizontale Ausleger mit vertikalen Seilen abgespannt. Die Zahl der Seile nimmt entsprechend dem Momentenverlauf von oben nach unten zu. Die Stahlrohre von Mast und Ausleger sind durch Gussteile miteinander verbunden. So können auch vier nicht tragende Kamine, welche der Heizzentrale als Abluftkanäle dienen, von dem Mast und den Seilen in horizontaler Richtung stabilisiert werden.

Varianten der Abspannung

Zusammen tragen Mast und Seile die Biegung aus der Windlast ab, der Mast allein zusätzlich die Querkräfte. Deshalb müssen beim Leipziger Turm die Ausleger biegesteif mit dem Mast verbunden sein. Soll in einem weiteren Schritt jede Biegebeanspruchung vermieden werden, also die Ausleger gelenkig an den Mast angeschlossen werden, können, wie beim Entwurf für das Gläserne Aufwindkraftwerk (von Gerkan, Marg und Partner, 2000), zusätzlich vorgespannte Diagonalseile vorgesehen werden. Auch dort spiegeln die abgestuften Seilstränge die zum Boden hin zunehmenden Seilkräfte.

At a height of 85 meters and visible from afar the tower is the landmark of the New Leipzig Trade Fair. Its central mast is made of four sturdy vertical tubes, stiffened with thin horizontal tubes and guyed via horizontal outriggers with vertical cables. The number of cables increases from top to bottom corresponding to the moment diagram. The steel tube of the mast and the outriggers are connected to one another by cast-steel joints. In this way, four non-load-bearing chimneys, which serve as ventilation for the central heating system, can be stabilized horizontally by the mast and the cables.

Variants of Guyed Masts

The mast and the cables together transfer bending caused by wind load, and the mast, in addition, carries the shear forces. For this reason, in the case of the Leipzig tower the outriggers had to be rigidly connected to the mast. If, in a further step, all bending stress was to be avoided, that is, the outriggers were hinged to the mast, additional prestressed diagonal cables had to be factored in: as in the design for the Glass Solar Chimney (von Gerkan, Marg und Partner, 2000). There, too, the staggered cable bundles reflect the increased cable forces the closer they get to the ground.

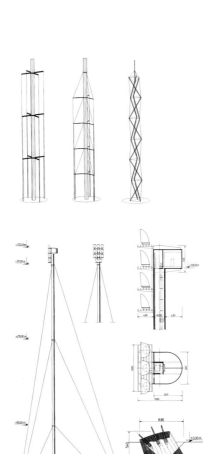

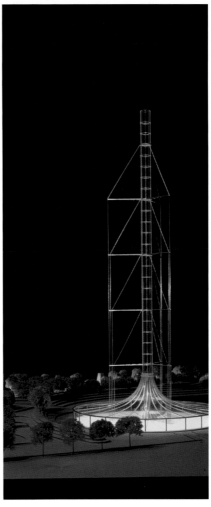

**Verschiedenartig
abgespannte Maste**
Variants of guyed masts

**Entwurf einer abgespannten
Röhre für ein Gläsernes
Aufwindkraftwerk,
Expo, Hannover 2000**
Design of guyed tube
for a Glass Solar Chimney,
Expo, Hanover, 2000

**Ansicht und Draufsicht
der Seilklemme mit
Anschluss an die Ausleger,
Messeturm Leipzig**
View and plan of cable clamp
with connection to the outrigger,
Trade Fair Tower, Leipzig

**Abgespannter Betonmast,
Berlin-Gatow, 1979**
Guyed concrete mast,
Gatow, Berlin, 1979

Draufsicht

Ansicht

Je höher die Konstruktion ist und je dichter die Seile am Mast geführt werden, desto größer werden die Zugkräfte in den Seilen und die Druckkräfte im Mast. Aus Stahl werden diese abgespannten Maste zunehmend unwirtschaftlich. Maste aus Stahlbeton sind hingegen prädestiniert, hohe Druckkräfte aufzunehmen. Mit nur 5 Meter Durchmesser sind Türme bis zu 300 Meter Höhe möglich. Leider konnte sich diese Entwicklung Schlaichs für Fernmeldetürme beim damaligen Staatsbetrieb Post nicht durchsetzen – heute sind sie dank Satellitentechnik überflüssig.

Schwebende Druckstäbe

Sehr leichte und aufgelöste Konstruktionen verbergen sich hinter dem von Richard Buckminster Fuller geprägten Begriff ‚Tensegrity'. Sie bestehen aus einem kontinuierlichen System von Zugelementen und einem diskontinuierlichen Subsystem von Druckelementen. Ihre Stabilität verdanken sie sehr hohen Vorspannkräften und einer hochpräzisen Fertigung und Montage. Beim im Sommer 2003 fertig gestellten Rostocker Tensegrity-Turm (von Gerkan, Marg und Partner) berühren sich entgegen der ganz strengen Definition jeweils zwei Druckstäbe und ermöglichen so einen 60 Meter hohen Turm, dessen Spitze sich bei Sturm bis zu 1,50 Meter hin und her bewegen und der zum Wahrzeichen der IGA 2003 werden kann.

The higher the construction and the closer the cables to the mast, the greater the tension in the cables and the compression in the mast. Made of steel, these guyed masts are increasingly uneconomical. Reinforced concrete masts, on the other hand, are the very things for accommodating high compression. With a diameter of just 5 meters, towers up to 300 meters high are possible. Unfortunately, at the time Schlaich was unable to convince the state-run Post and Telecommunications Service of this development for transmitting towers, which nowadays, thanks to satellite technology, are superfluous anyway.

Floating Struts

Very lightweight and airy structures underlie the concept of "tensegrity" coined by Richard Buckminster Fuller. They consist of a continuous system of tensioning elements and a discontinuous system of compression elements. Their stability derives from the very high prestressing forces and the highly precise way in which they are manufactured and assembled. In the case of the Rostock Tensegrity Tower (von Gerkan, Marg und Partner), completed in the summer of 2003, counter to the strict definition, two struts each come into contact, thus enabling a 60-meter-high tower, the tip of which can sway up to 1.5 meters in a storm and which is destined to become the landmark of the IGA 2003.

**Tensegrity-Turm, Messe,
Rostock, 2003**
Tensegrity Tower, Trade Fair,
Rostock, 2003

Twistelemente
Twist elements

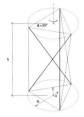

Twistelement A
(oberes Dreieck um
+30° verdreht)

Twistelement B
(oberes Dreieck um
-30° verdreht)

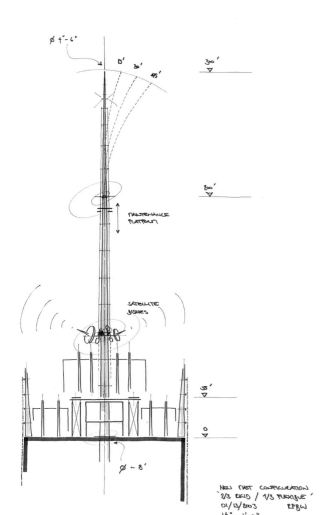

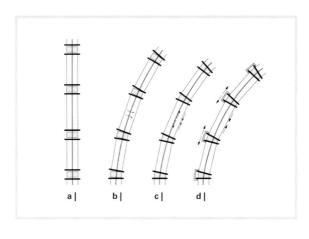

Mast auf dem Gebäude der New York Times, USA, 2005/2006
Mast on New York Times Building, USA, 2005/2006

Prinzipielle Funktionsweise
a | Wind
b | Gemäßigter Wind
c | Starker Wind
d | Sturm
Principle of system
a | Wind
b | Slight wind
c | Strong wind
d | Storm

Last-Verschiebungsverhalten der Mastspitze
Load transfer behavior of mast tip

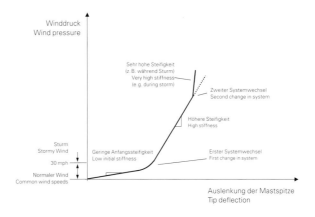

Wind macht stark

Der etwa 92 Meter hohe Mast auf dem zukünftigen Hochhaus der New York Times (voraussichtlich 2005/06) formuliert eine scheinbar widersinnige Aufgabe: Unter geringer alltäglicher Windlast soll er sich weithin sichtbar verformen. Natürlich muss er zugleich aber jeden Sturm verkraften – Windlastfaktor 1:25! Hierfür ist der Mast in eine 55 Meter hohe konventionelle konisch zulaufende Röhre und einen 37 Meter hohen flexiblen ‚Wedel' unterteilt. Am unteren Ende hat der Mast einen Durchmesser von 2,40 Metern und am oberen einen von nur 15 Zentimetern, um dem Erscheinungsbild einer Nadel zu entsprechen.

Der flexible obere Abschnitt besteht aus zwei Elementen: einer inneren Röhre mit geringer Biegesteifigkeit und einer segmentierten äußeren Röhre. Bei normaler Windstärke wird nur die geringe Biegesteifigkeit der inneren Röhre aktiviert, die Gewichte der äußeren Segmente vergrößern dabei die Verformungen schon bei geringen Auslenkungen zusätzlich.

Wird der Wind stärker, wird die Steifigkeit der äußeren Röhre aktiviert und damit die Zunahme der Verformung reduziert. Je stärker der Sturm, desto mehr öffnen sich die Spalten. Schließlich erfolgt die Lastabtragung bei diesen sehr hohen Windgeschwindigkeiten ausschließlich über die äußere Röhre. Zur Wartung und für den Fall extremer Winde kann die flexible Mastspitze teleskopisch ins Innere der unteren steifen Röhre eingeholt werden.

Wind Strengthens

The approximately 92-meter-high mast on the tower of the future New York Times high-rise (scheduled for 2005–2006) illustrates a seemingly pointless task: it is meant to bend visibly in minimal everyday wind conditions. On the other hand, it must be able to withstand storm conditions—a wind load factor of 1:25! To this end, the mast is divided up into a 55-meter-high conical tube and a 37-meter-high flexible "tail". At the bottom the mast has a diameter of 2.4 meters and at the top of a mere 15 centimeters, so as to give it the appearance of a needle.

The flexible upper section consists of two elements: an inner tube with minimal bending resistance and a segmented outer tube. In normal wind conditions only the minimal flexural stiffness in the inner tube is activated, and in addition, the weights of the outer segments increase the deformation in the case of minimal excursion.

If the wind increases, the stiffness of the outer tube becomes activated, thus reducing the degree to which deformation increases. The more severe the storm is, the more the gaps open. Finally, the load is dissipated under these extreme high wind speeds exclusively via the outer tube. For maintenance purposes and in the case of extreme winds the flexible tip of the mast can be retracted into the lower rigid tube, like a telescope.

84 | 85

schmal hoch **Seilverspannte Türme und Stahlgittertürme**
slender towers Guyed Masts, Cable Net Towers and Steel Lattice Towers

weit breit

floating roofs

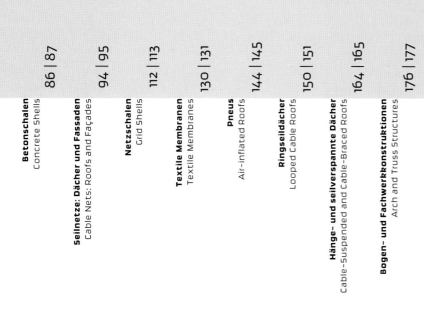

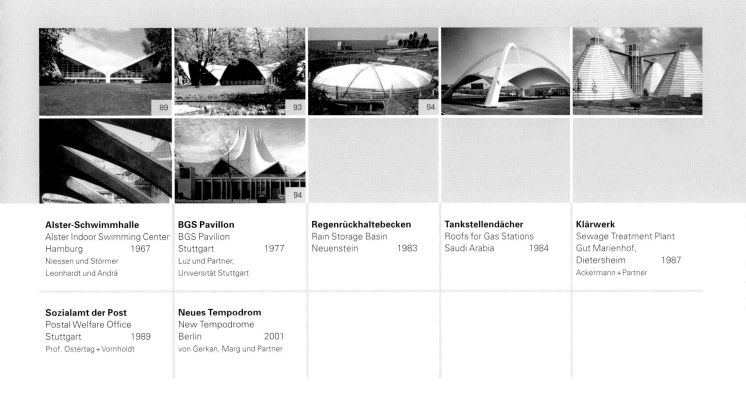

Alster-Schwimmhalle
Alster Indoor Swimming Center
Hamburg   1967
Niessen und Störmer
Leonhardt und Andrä

BGS Pavillon
BGS Pavilion
Stuttgart   1977
Luz und Partner,
Universität Stuttgart

Regenrückhaltebecken
Rain Storage Basin
Neuenstein   1983

Tankstellendächer
Roofs for Gas Stations
Saudi Arabia   1984

Klärwerk
Sewage Treatment Plant
Gut Marienhof,
Dietersheim   1987
Ackermann + Partner

Sozialamt der Post
Postal Welfare Office
Stuttgart   1989
Prof. Ostertag + Vornholdt

Neues Tempodrom
New Tempodrome
Berlin   2001
von Gerkan, Marg und Partner

Betonschalen

Schalen faszinieren – mit ihrer spürbaren Leichtigkeit scheinen sie über dem Raum zu schweben und die Gesetzmäßigkeiten der Schwerkraft außer Kraft zu setzen. Damit verkörpern sie die Ideale des Ingenieurbaus: Leichtigkeit durch Effizienz; aus dem idealen Tragverhalten doppelt gekrümmter Flächentragwerke folgen hauchdünne Querschnitte und damit minimaler Materialverbrauch; eine vollkommene Einheit von ablesbarer Form und Tragverhalten. Dafür müssen sie stetig, möglichst doppelt gekrümmt, kontinuierlich belastet und am Rand so gelagert sein, dass die Membranschnittkräfte dort nur unwesentlich gestört werden. Der Umgang mit ihnen schult das für Ingenieure unerlässliche räumliche Denken, das durch die übliche zeichnerische Darstellung der Konstruktion in Ansichten und Schnitten zu verkümmern droht. Glücklicherweise erleichtert das CAD die 3D-Darstellungen, sodass hier ein Wandel zum Guten zu erwarten ist.

Wenn es den Stahlbeton nicht längst gäbe, müsste man ihn um der Schalen willen erfinden. Denn diese verlangen nach einem Werkstoff, der auf der Baustelle in beliebig geformte Schalungen gegossen werden kann und dort erhärtet, den (Stahl) Beton. Darin besteht leider aber genau das heutige Dilemma der Schalen. In Zeiten hoher Löhne und billiger Werkstoffe ist man nicht mehr bereit, teure Schalungen zu bezahlen, und verzichtet oftmals ganz auf diese geistreiche Art der Baukonstruktionen. Stahlbeton ist der Werkstoff unserer Zeit, der aber aufgrund massenhaft produzierter ebener und linearer Bauteile zum Synonym für eine menschenfeindliche technische Infrastruktur wurde. Wem das werkstoffgerechte Bauen mit Stahlbeton ein Anliegen ist, der kann das Verschwinden der Schalen, dieser leichten und beschwingten Betonsegel, nicht widerstandslos hinnehmen.

Concrete Shells

Shells are fascinating—with a tangible sense of lightness they seem to hover in space and contradict the laws of gravity. As such, they embody the ideals of engineering: lightness through efficiency; paper-thin cross-sections and the associated minimal use of materials follow the ideal structural characteristics of double-curved membrane structures, delivering the perfect union of comprehensible form and structural behavior. To this end, they must always be continually loaded, double-curved if possible, and supported at the edges so as to create only minor disturbance to the membrane forces. Working with them encourages a spatial outlook, indispensable for engineers and in danger of wasting away as a result of structures being depicted in sketches in 2D elevations and sections only. Fortunately, CAD facilitates 3D representations, meaning that a change for the better can be expected.

If reinforced concrete had not already existed for some time, it would have been necessary to invent it, if only for the sake of building shells. The reason being that building shells requires a material that can be cast on site in formworks of random shape and hardened there, that is, (reinforced) concrete. Unfortunately, this is precisely where the real dilemma of shells lies today. In times of high wages and cheap materials, people are no longer willing to pay for expensive formworks, preferring to do without these ingenious structural forms. Reinforced concrete is the building material of our day and age, having become synonymous with a misanthropic technical infrastructure as a result of mass-produced planar and linear building elements. Anyone who is interested in seeing that buildings are constructed in a way that does justice to the material used—in this case reinforced concrete—cannot stand by and watch these shells, these light and exhilarated concrete sails, disappear without putting up a fight.

Firma Kilcher, Recherswil, Schweiz, 1965, Heinz Isler
Kilcher Company, Recherswil, Switzerland, 1965, Heinz Isler

Bahai-Tempel, Neu Delhi, Indien, 1992, Faribuz Sahba, Flint & Neill
Bahai Temple, New Delhi, India, 1992, Faribuz Sahba, Flint & Neill

Aufwändige Schalung für die Schalenelemente
Complex formwork for shell elements

gleichsinnig
synclastic

gegensinnig
anticlastic

gemischt
mixed

Gleichsinnig und gegensinnig doppelt gekrümmte Schalen | Synclastic and anticlastic double-curved shells

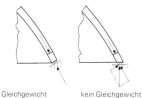

Gleichgewicht
equilibrium

kein Gleichgewicht
no equilibrium

Ideale und ungünstige Lagerung einer Schale | ideal and unfavorable support of a shell

kein Gleichgewicht möglich
no equilibrium possible

Gleichgewicht möglich
equilibrium possible

Schale mit Punktlasten: Hohe konzentrierte Einzellasten wirken wie Nadelstiche beim Luftballon | Shell with point loads: highly concentrated single loads act like a needle piercing a balloon

Dachübersicht
Roof in plan and section

Randträger, abwechselnd als Hohl- und Vollquerschnitte ausgebildet, um ihre Schnittgrößen und ihre Bauhöhe zu minimieren
Edge beams, alternately defined as hollow and full cross-section, to minimize their sectional forces and construction heights

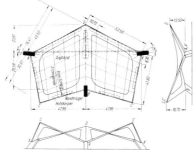

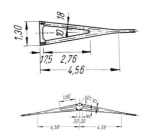

Alster-Schwimmhalle, Hamburg (1967)

Alster Indoor Swimming Center, Hamburg (1967)

Eine dünne Membran, scheinbar über dem Schwimmbecken schwebend, nur an drei Punkten gestützt – mit dieser Idee gewannen die Architekten Niessen und Störmer 1961 den Wettbewerb für das Hallenbad der Hamburger Wasserwerke an der Sechslingspforte. Wie aber war das Dach zu realisieren? Die hinzugezogenen Ingenieure waren sich einig, dass für die Umsetzung mindestens eine weitere Stütze erforderlich sei, lehnten den Entwurf als unbaubar ab und gaben den Auftrag zurück.

Die zwei gebauten, aneinander gelehnten Hypar-Spannbetonschalen, jeweils mit einem rhombischem Grundriss mit den Diagonalmaßen von 76,40 und 56,20 Metern, weit über die Fassade hinausragend, sind tatsächlich auf nur drei Punkten gelagert. Entlang allen Schalenrändern – also auch entlang der mittleren Kehle – verdickt sich die 8 Zentimeter dünne Schale stetig und geht so kontinuierlich in die dreieckigen Randträger über, die maximal 54 Meter von den Stützen auskragen. Die Bauhöhen aller Stirnflächen der teilweise hohlen Randträger laufen von 2,40 Metern an den Stützen auf 70 Zentimeter an den Hochpunkten aus.

A thin membrane, apparently hovering above the swimming pool, and supported at only three points—this was the winning idea by the architects Niessen and Störmer for the 1961 competition for the indoor swimming center commissioned by the Hamburger Wasserwerke at Sechslingspforte. But how was it going to be possible to construct the roof? The engineers who were consulted all seemed to agree that at least one additional support was necessary, rejected the design as unfeasible and refused to do the work.

The two prestressed concrete hypar shells, built to lean against each other (each has a rhombic layout measuring 76.4 and 56.2 meters diagonally) and jutting out way beyond the façade, are indeed supported at just three points. Along the edge of the shells—that is, also along the middle valley— the thin shell (initially 8 centimeters slim) thickens constantly and thus gradually merges with the triangular edge beams, which at most project 54 meters from the supports. The height of all the faces of the edge beams (which are in part hollow) ranges from 2.4 meters at the supports to 70 centimeters at the highest points.

Ort | Location:
Sechslingspforte/ Ifflandstrasse 21, St. Georg, Hamburg

Bauherr | Client:
Hamburger Wasserwerke GmbH

Wettbewerb | Competition: 1961

Fertigstellung | Completed: 1967

Charakteristik | Characteristics:
2 gekoppelte Hypar-Spannbetonschalen, max. Spannweite: 96 m | 2 coupled prestressed concrete hypar shells, max. span 96 m

Zusammenarbeit | Cooperation:
Niessen, Wiesbaden, und Störmer, Bremen, Architekten

Ausführung | Construction:
Paul Hammers AG, Beton- und Monierbau AG, Kriegeris u. Söhne

Leistungen | Scope of work:
Entwurf, Ausführungsplanung, Bauüberwachung: J. Schlaich bei Leonhardt und Andrä | Conceptual design, detailed design, site supervision: J. Schlaich at Leonhardt und Andrä

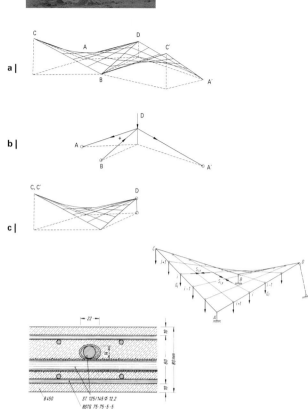

a |

b |

c |

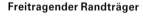

Freitragender Randträger

Randträger nehmen die Lasten von Schalen auf und leiten sie zu den Widerlagern ab. Bei großen Schalen werden dicke Querschnitte erforderlich und folglich wird es problematisch, deren hohes Eigengewicht in den Baugrund abzuleiten. Üblich war damals die gleichmäßige Unterstützung der Randträger mit dünnen Stützen – eindrucksvoll von Felix Candela umgesetzt. Wenig ermutigend war die Warnung des ‚Schalenpapstes' Wilhelm Flügge, der die Unterstützung für unerlässlich hielt, „denn eine lotrechte Last (= Eigengewicht der Randträger, Anmerkung d. Verf.) kann der Schalenrand überhaupt nicht vertragen". Schlaichs Lösung bestand darin, die Schale selbst zur Lastabtragung des Eigengewichts der Randträger heranzuziehen: Die Eigengewichtslasten bewirken Membranschnittkräfte entlang der geraden Erzeugenden, welche am gegenüber liegenden Rand in gleicher Höhe wieder abgenommen werden müssen. Dies kann durch ein Seilsystem abstrahiert und ebenso berechnet werden. So können sich gleich große Eigengewichtslasten gegenüber liegender Ränder im Gleichgewicht halten.

Fließender Übergang am Rand

Mit den dreieckigen Querschnitten der Randträger wurde dem damals der Berechnung noch weitgehend unzugänglichen Problem des Zusammenwirkens von Schale und Randträger konstruktiv begegnet. Die intuitiv gewählte Formgebung erwies sich als richtig, wie später durch die Untersuchung zur Einsturzursache der Kongresshalle

Cantilevered Edge Beams

Edge beams absorb the shell loads and transfer them to the abutments. In the case of large shells, thick cross-sections are necessary and this, in turn, creates the problem of how to transfer their own high dead load onto the foundations. In the mid-1960s, it was common practice to support edge beams continuously by means of thin struts—as Felix Candela impressively demonstrated. Less encouraging was a warning from Wilhelm Flügge, the "high priest of shells", who considered such support to be indispensable since"… there is no way that the edge of the shell can withstand a vertical load" [that is, the dead load of the edge beams—the author]. Schlaich's solution was to use the shell itself to transfer the edge beams' dead load: the weight of the dead load generates membrane forces along the straight generatrix which then need to be absorbed on the opposite edge at the same height. This can be appraised abstractly by means of a cable system and then be computed. In this way, if the weight of the dead loads on the two opposite edges is identical, then they hold each other in balance.

Flowing Edge Transitions

The triangular cross-sections of the edge beams provided a structural solution for the problem of how the shells and edge beams interacted, something that was more or less impossible to compute in those days. The intuitively chosen shape proved to be right, as was later confirmed by investigations into the collapse of the Congress Hall roof in Berlin

Berlin (21. Mai 1980) bestätigt wurde (vgl. S.16). Dort führte der Querschnittssprung zwischen Schale und Randträger zu örtlichen Spannungsspitzen, welche Risse im Beton und Korrosion der Spannglieder verursachten.

Knick in den Stützen

Die Randträger gehen monolithisch in die Stützen über. Diese sind Hohlkästen und mussten aus Platzgründen in Höhe des Geländes geknickt werden, ein Umstand, der ein Zugband zwischen den gegenüber liegenden Stützen erforderte.

Modellversuche

Modellstatische Untersuchungen waren damals, vor den Möglichkeiten der Computer, üblich. Die Finiten Elemente (FE) waren noch nicht praxisgerecht und man vertraute bei komplizierten Bauten nicht allein den ‚Handrechnungen'. So wurde ein riesiges Plexiglasmodell im Maßstab 1:26 gebaut und mit zahlreichen Messstreifen bestückt. Der Vergleich der Messergebnisse mit den aufwändigen Berechnungen war desaströs. Jedermann ging davon aus, dass die vorhergegangenen Berechnungen falsch gewesen sein müssten, und pries die Notwendigkeit des Modells – bis sich herausstellte, dass die Modellergebnisse durch die ungewollte Nachgiebigkeit der Widerlager total verfälscht waren. Versuche taugen nur zur Verifikation, nach Karl Popper streng genommen sogar nur zur Falsifikation.

Was damals für die Versuche galt, gilt heute für 3D-FE-Rechnungen: Der verantwortungsbewusste Ingenieur macht sich zunächst über ein möglichst einfaches, das Wesen seines Entwurfs widerspiegelndes Berechnungsmodell

(May 21, 1980; see p.16). In Berlin, leaps in the cross-section between the shell and the edge beams led to localized peak stress, causing the concrete to crack and the prestressing tendons to corrode.

Bend in the Supports

The edge beams merge monolithically with the abutments. The latter are hollow boxes and because of space restrictions had to be bent at ground level, requiring a tie between diametrically opposing supports.

Attempts Using Models

At the time (BC, before computers)—finite elements (FE) had not yet been sufficiently developed to be put into practice and people did not entirely trust "calculations done by hand" for complex buildings—model analysis was the customary procedure. To this end, an enormous plexiglass model on a scale of 1:26 was built and fitted out with countless strain gages. A comparison of the results measured with the voluminous calculations was disastrous. Everyone assumed that the previous calculations must have been wrong and stressed the necessity of such a model, until it was discovered that the results from the model were totally wrong because of the involuntary flexibility of its abutments. Experiments are only good for verification, or, strictly speaking, for falsification, as Karl Popper would say.

What in those days applied to experiments applies nowadays to 3D FE calculations: any

‚von Hand' ein Bild von Tragverhalten und Kraftfluss,
um sich dann durch Versuche und Berechnungen nur
noch bestätigen zu lassen, was er ohnehin schon weiß.

Idee und Konstruktion

Die Architekten verzichteten im Wettbewerb für die
Alster-Schwimmhalle auf jede Ingenieurberatung. Das
war angesichts der Komplexität dieser Schalen unverant-
wortlich und führte in den realisierten Abmessungen der
dicken sichtbaren Randträger und der großen Stützen
zum Verlust der ursprünglichen Idee.

Der Erkenntnisgewinn, das Finden einer neuartigen
Lösung, das gründliche Nachdenken über theoretische
Zusammenhänge war dagegen entscheidend für
Schlaichs Werdegang. Mit seinem heutigen Wissen
und seiner Erfahrung allerdings würde er den Entwurf
einer solchen Struktur möglichst nicht den Architekten
überlassen.

Renaissance der Schalen?

Obwohl Hyparschalen geometrisch sehr einfache Formen
sind, erwies sich die Schalung als unverhältnismäßig
teuer. So konnten Schalen sich immer weniger gegen
aufkommende Seilnetz- und Membrankonstruktionen
behaupten. Der Jammer über das Aussterben der Betonschalen – Heinz Isler ist der letzte, allerdings fulminant

responsible engineer will initially use the simplest
possible calculation "done by hand" to get a picture
of the essential structural behavior and flow of
forces, and then only use experiments and sophisticated calculations to confirm what he already
knows.

Idea and Structure

In the competition for the Alster Swimming Center
the architects dispensed with any advice from
engineers, an irresponsible act considering the
complexity of these shells, and they later had
to drop their original idea, given the dimensions
of the completed, thick visible edge beams and
the large supports.

Yet the insights gained, the discovery of
a novel solution, and the fundamental studying
of theoretical interrelations proved to be deciding
factors in Schlaich's career. With the knowledge
and experience that he has today, however,
he would not, if at all possible, leave the design
of a structure like this to architects.

Renaissance of Shells?

Although hypar shells are geometrically very simple shapes, the formworks proved to be dispropor-
tionately expensive. As a result, the shells were
increasingly unable to hold their own against the
cable net and membrane structures that were
beginning to emerge. The distress at the prospect
of concrete shells disappearing—Heinz Isler is the
last, albeit highly imaginative, "survivor" who still

phantasievolle ‚Überlebende', der sie nach wie vor einsetzt – führte zu Wiederbelebungsversuchen. Der erste Ansatzpunkt war natürlich die Schalung.

Glasfaserbeton

Mit Glasfaserbeton – damals frisch entwickelt – kann die konstruktionsbedingte Mindeststärke der Stahlbetonschalen (6 bis 8 Zentimeter) auf die hinsichtlich des Beulens nötige Stärke reduziert werden. Mit 10 bis 12 Millimeter Stärke können so großformatige Fertigteile sehr geringen Gewichts hergestellt werden. Erprobt wurde diese Fertigteilbauweise bei dem Pavillon für die Bundesgartenschau (BGS) in Stuttgart (1977). Vorbild war Candelas wunderschöne Xochimilco-Schale in Mexico City (1958). Die 8 Fertigteile waren auf der gleichen Schalung hergestellt und konnten mit einem normalen Hochbaukran verlegt werden. Candela selbst besuchte den Pavillon kurz nach seiner Fertigstellung und bedankte sich sehr für die Weiterentwicklung. Leider waren die Glasfasern damals noch nicht ausreichend alkalibeständig, sodass der Glasfaserbeton versprödete und das Dach 1982 abgebrochen werden musste.

uses them—led to attempts to revive their use. The first aspect targeted was naturally enough the formworks.

Glass-Fiber Concrete

When using glass-fiber concrete—at the time a new development—the minimum thickness of the reinforced concrete shells required for structural reasons (6 to 8 centimeters) can be reduced to the thickness necessary to avoid buckling. In this way, large pre-fabricated and light-weight sections with a thickness of 10 to 12 millimeters can be produced. This method was tested with the pre-fabricated sections for the National Garden Festival (BGS) pavilion in Stuttgart (1977), which took its cue from Candela's wonderful Xochimilco shell in Mexico City (1958). The 8 pre-fabricated sections were constructed using one and the same formwork and were brought into position using a normal building crane. Candela himself visited the pavilion shortly after its completion and expressed his gratitude that his idea had been moved forward. Unfortunately, in those days glass fibers were not sufficiently alkali-resistant, which meant that the glass-fiber concrete became brittle and the roof had to be dismantled in 1982.

Funktionsmodell für pneumatische Schalung
Model demonstrating the principle of air-inflated formworks

Pneumatische Schalung, Regenrückhaltebecken, Neuenstein, 1983
Air-inflated formworks, Rain Storage Basin, Neuenstein, 1983

Neues Tempodrom, Berlin, 2001
New Tempodrome, Berlin, 2001

Stahlfachwerk mit aufgelegten Betonplatten im Bauzustand
Steel trusses covered with reinforced concrete slabs during construction

Pneumatische Schalung

Der Gedanke, Betonschalen auf Pneus als Schalung herzustellen, war zwar nicht neu, aber noch nicht gründlich untersucht worden. Bei einem realen Modell von 1983, das heute als Regenrückhaltebecken dient, wurden durch diagonal aufgelegte Gurte die Krümmung und damit die Beullast erhöht. Mit dieser Erfahrung untersuchte Werner Sobek in seiner Dissertation, welche Pneuformen ein günstiges Schalentragverhalten versprechen.

Vertane Chance

Für das Neue Tempodrom in Berlin (von Gerkan, Marg und Partner, 2001) war endlich ein echtes Stahlbeton-Schalen/Faltwerkdach möglich und vor allem nötig: 10 Zentimeter Betonstärke sollten für Schallschutz sorgen. Sichtbare und tragende Form sind identisch! Die Planung stand, als der billigste Bieter eine Stahlfachwerkkonstruktion mit aufgelegten Stahlbetonfertigteilen vorschlug und – ohne auf Widerstand zu stoßen – durchsetzte. Camouflage – spiegeln sich hier Inhalt und Bauweise?

Air-inflated Formwork

The idea of producing concrete shells using air-inflated formwork was not new, but had still not been investigated in depth. Using a 1:1 model in 1983 (which today serves as a rain storage basin), the curvature and the buckling load were increased by web belts applied diagonally. With this experience, Werner Sobek in his dissertation investigated which air-inflated forms delivered favorable shell load-bearing characteristics.

Missed Chance

For the New Tempodrome in Berlin (von Gerkan, Marg und Partner, 2001), a genuine reinforced concrete shell/folded plate roof was at long last possible and, above all, necessary: a 10-centimeters-thick concrete layer was meant to provide sound insulation. The visible shape and structure are identical! Planning work was already completed when the cheapest bidder suggested a steel-truss structure featuring superimposed pre-fabricated sections of reinforced concrete and won the day without encountering any opposition. Camouflage—does this structure reflect its content?

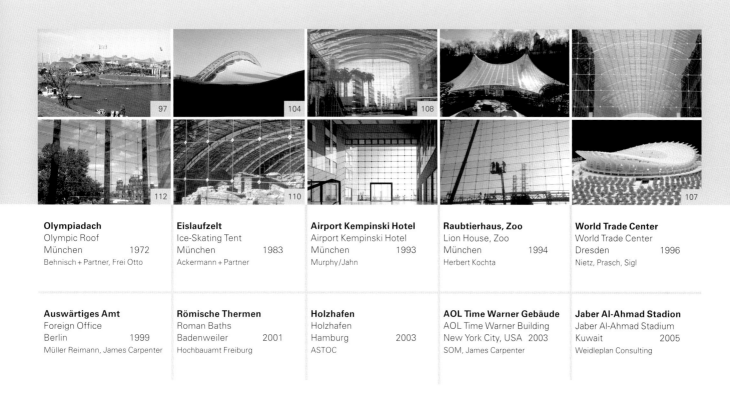

Olympiadach	**Eislaufzelt**	**Airport Kempinski Hotel**	**Raubtierhaus, Zoo**	**World Trade Center**
Olympic Roof	Ice-Skating Tent	Airport Kempinski Hotel	Lion House, Zoo	World Trade Center
München 1972	München 1983	München 1993	München 1994	Dresden 1996
Behnisch + Partner, Frei Otto	Ackermann + Partner	Murphy/Jahn	Herbert Kochta	Nietz, Prasch, Sigl

Auswärtiges Amt	**Römische Thermen**	**Holzhafen**	**AOL Time Warner Gebäude**	**Jaber Al-Ahmad Stadion**
Foreign Office	Roman Baths	Holzhafen	AOL Time Warner Building	Jaber Al-Ahmad Stadium
Berlin 1999	Badenweiler 2001	Hamburg 2003	New York City, USA 2003	Kuwait 2005
Müller Reimann, James Carpenter	Hochbauamt Freiburg	ASTOC	SOM, James Carpenter	Weidleplan Consulting

weit breit Seilnetze: Dächer und Fassaden
floating roofs Cable Nets: Roofs and Façades

Seilnetze: Dächer und Fassaden

Seilnetze mit viereckigen Maschen und konstanten Knotenabständen erlauben eine Formenvielfalt, die von keiner anderen Konstruktion auch nur annähernd erreicht wird, obwohl und gerade weil ihre Formfindung strengen physikalischen Gesetzen gehorcht. Sie sind stets gegensinnig gekrümmt, wenn sie wie üblich vom starren Rand her oder über flexible Randseile an Abspannpunkten vorgespannt werden. Wenn sie pneumatisch vorgespannt sind, beispielsweise als Verstärkung eines Luftkissens, spannen sie auch gleichsinnig gekrümmte Flächen auf. Immer stellt die ebene Fläche den Grenzfall dar.

Nur bei einfachen Sattelflächen zwischen starren Rändern kann es sich anbieten, die einzelnen Seile des Netzes vom Rand her vorzuspannen. Wenn man hingegen die Formenvielfalt dieser Bauweise ausschöpfen will und das Netz mit Randseilen einfasst, ist die Fertigung über einen Zuschnitt nötig: Das gleichmaschige Seilnetz wird – geschrumpft um das Maß seiner Dehnung unter planmäßiger Vorspannung – vorgefertigt am Boden ausgelegt. Noch schlaff wird es mit seinen Randseilen verknüpft, die wiederum in Abspannseilen zu den Fundamenten hin enden. Beim Hochheben vom Mast aus nimmt es durch Verdrehung seiner Maschenwinkel die doppelt gekrümmte Form an und findet durch Spannen vom Rand her ‚von alleine' seine endgültige Form und Vorspannung, die sich gegenseitig bedingen. Da diese ursprünglich quadratischen, nun leicht rhombischen Maschen auch unter äußeren Lasten verschieblich bleiben, kann ein solches Netz nicht starr eingedeckt werden, sondern verlangt nach einer flexiblen Haut. Das Vierecknetz muss seine Formenvielfalt und ideale Herstellung also mit einem ungünstigen Trag- und Verformungsverhalten bezahlen. Es steht in vollem Gegensatz zum Seilnetz mit Dreiecksmaschen, das aus fertigungstechnischer Sicht nur rotationshyperbolische Formen erlaubt, im vorgespannten Zustand dafür aber das Tragverhalten einer idealen Membranschale hat.

Cable Nets: Roofs and Façades

Cable nets with quadrangular meshes and equal mesh width enable a wide variety of forms which no other structure comes even close to matching, despite the fact that—and precisely because—its formfinding obeys strict physical laws. If, as is usually the case, they are prestressed from the rigid edge or via flexible edge cables from anchoring points, then their curved surface is always anticlastic. If they are prestressed pneumatically, for example, as strengthening for an air cushion, they can also form synclastic curved surfaces—always with the planar surface as transition.

Only in the case of simple saddle surfaces between rigid edges can the prestressing of the individual net cables from the edges be considered. If, by contrast, one wishes to exhaust the range of possible forms afforded by this type of structure and frames the net with edge cables, then these need to be cut to size. The pre-fabricated cable net of equal meshes—shrinked in line with the size of its expansion under scheduled prestress—is laid out on the ground. Still being slack, it is fixed to the edge cables, which in turn end in the back stay cables in the foundations. While being hoisted from the mast, rotation of the mesh angles creates the double curvature, and by tensioning from the edges it assumes its final form "on its own". Since these meshes, which were initially square, are now slightly rhombic and remain movable when subject to loads, a net like this cannot have a rigid cover, but requires a flexible skin. Thus, the price paid for formal variety and ideal manufacture and erection methods of a rectangular net is unfavorable structural and deformation behavior. This is quite unlike a cable net with triangular meshes, which from a construction point of view enables only rotational hyperbolic forms, but in a prestressed condition has the structural behavior of an ideal membrane shell.

Seilnetz mit flexiblem Randseil: Deutscher Pavillon, expo '67, Montreal, Kanada, Rolf Gutbrod mit Frei Otto, Leonhardt und Andrä
Cable net with flexible edge cable: German pavilion, expo '67, Montreal, Canada, Rolf Gutbrod with Frei Otto, Leonhardt und Andrä

Gegensinnig gekrümmtes Seilnetz mit starren Rändern: Raleigh-Arena, North Carolina, USA, 1953, William Henley Deitrick mit M. Nowicki, Fred N. Severud
Anticlastic curved cable net with rigid edges: Raleigh Arena, NC, USA, 1953, William Henley Deitrick with M. Nowicki, Fred N. Severud

Synklastisch gekrümmtes Seilnetz: Vista Alegre, Madrid, Spanien, 2000, Jaime Perez
Synclastic curved cable net: Vista Alegre, Madrid, Spain, 2000, Jaime Perez

Olympiadach, München (1972)

Olympic Roof, Munich (1972)

Leichte, durchsichtige, gleichermaßen schützende, wie offene Dächer überspannen den sanft modellierten Olympiapark auf dem früheren Oberwiesenfeld. In ihrem Wind- und Wetterschutz fanden 1972 in München die 20. Olympischen Spiele statt. Unter insgesamt 74.000 Quadratmetern zeltförmiger Dachfläche vereinigen sich die einzelnen Sportstätten: Olympiastadion, Olympiahalle und Schwimmhalle.

Der Vision des legendären Tüllmodells wurde mit einer Seilnetzkonstruktion aus vielen fast regelmäßigen sattelförmigen, mit Randseilen eingefassten Flächen weitgehend entsprochen. Diese Flächen werden an mehreren Punkten von außen stehenden Masten abgehängt, beziehungsweise von innen durch so genannte Luftstützen getragen und nach außen abgespannt. Beim Stadiondach bewirkt ein starkes über das Spielfeld verlaufendes Randseil die freie Auskragung über der Tribüne. Die Schwimmhalle dagegen erhielt eine freie Flächengeometrie, punktförmig von einem von außen überhängenden Mast abgehängt. Das gleichmaschige Seilnetz ist für den Wetterschutz mit beweglich aufgelagerten Plexiglasplatten eingedeckt. Deren Transparenz sollte einerseits ein offenes, demokratisches Deutschland signalisieren, andererseits konnte so der Forderung des Fernsehens nach einer weitgehend verschattungsfreien Überdachung entsprochen werden. Die Fugen zwischen den Platten, die ein eingepresstes schwarzes Neoprenprofil überbrückt, geben den Dächern ihre charakteristische, von weitem sichtbare Struktur, die leider die Feinstruktur des Netzes überblendet. Allerdings hatte man sich inzwischen sehr

Light, transparent roofs that are both open and yet afford protection span the gently landscaped Olympic Park on the former Oberwiesenfeld. Protected from the elements, the XX Olympic Games took place here in Munich in 1972. Various sporting venues, such as the Olympic Stadium, the Olympic Arena and the Olympic Swimming Hall, are united under a total of 74,000 square meters of roofing.

With a cable net structure consisting of many almost regular saddle-shaped surfaces framed by edge cables, all this corresponded almost entirely to the architects' vision of the legendary tulle model. These surfaces are suspended at several points from masts that are situated behind the grandstand, or are supported on the inside by cable-supported props, and then back anchored. In the case of the Stadium roof, a huge massive edge cable curving around the boundary of the playing field provides the tension for the roof to project over the stands. By contrast, the Swimming Hall was given a freeform geometry, point-suspended from an overhanging mast on the outside. The cable net with regular meshes is covered with plexiglass plates on flexible rubber supports to protect it from the weather. The transparency signals, on the one hand, an open-minded, democratic Germany and, on the other, fulfilled the requirements of the TV stations for more or less shade-less roofing. The joints between the plates, which are

Ort | Location:
München, Olympiapark,
Spiridon-Louis-Ring

Bauherr | Client:
Olympia Baugesellschaft München

Wettbewerb | Competition: 1967

Bauzeit | Construction: 1969–1972

Charakteristik | Characteristics:
Vorgespannte Seilnetzkonstruktion,
Dach: 74.000 qm | Prestressed cable
net structure, roof 74,000 sq. m

Zusammenarbeit | Cooperation:
Behnisch+Partner, Architekten, Stuttgart; Frei Otto, Architekt, Warmbronn

Ausführung | Construction:
Arge Stahlbau: Aug. Klönne GmbH,
Dortmund; Fried. Krupp GmbH,
Rheinhausen; Rheinstahl AG,
Dortmund; Steffens & Nölle GmbH,
Berlin; Vereinigte Österreichische
Eisen- und Stahlwerke, Linz;
Waagner-Biró AG, Wien, Graz

Leistungen | Scope of work:
Entwurf, Ausführungsplanung, Bauüberwachung: J. Schlaich und R. Bergermann bei Leonhardt und Andrä |
Conceptual design, detailed design,
site supervision: J. Schlaich and
R. Bergermann at Leonhardt und Andrä

Ebenes Gelände zu Baubeginn
Plane site at beginning
of construction

Tüllmodell des Wettbewerbs
Tulle model of competition entry

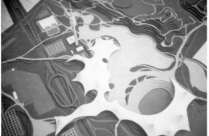

**Heinz Isler, Fritz Auer,
Frei Otto, Jörg Schlaich,
Fritz Leonhardt, Rudolf
Bergermann, Knut Gabriel
(v. l. n. r.)**
Heinz Isler, Fritz Auer, Frei Otto,
Jörg Schlaich, Fritz Leonhardt,
Rudolf Bergermann, Knut Gabriel
(l. to r.)

**Größenvergleich des
Münchner Olympiadachs mit
dem Pavillon von Montreal**
Comparison of size of the
Munich Olympic Roof with
that of the Montreal pavilion

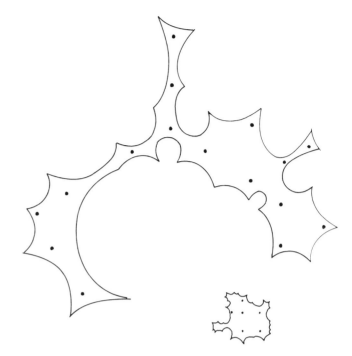

daran gewöhnt: Als die Platten nach etwa 25 Jahren ausgewechselt werden mussten, da sie blind geworden waren, hätte dieser Mangel mit einer inzwischen verfügbaren transparenten Membran behoben werden können – das wurde aber vom Denkmalschutz zurückgewiesen.

Das Team

Mit der Idee eines transparenten, ungewöhnlichen und innovativen Zeltdachs gewannen die Architekten Behnisch + Partner und Jürgen Joedicke mit dem Schweizer Ingenieur Heinz Isler 1967 den Wettbewerb, ohne dass die Realisierbarkeit nachgewiesen war. Das architektonische Vorbild ist klar erkennbar: der Deutsche Pavillon für die expo '67 in Montreal von Frei Otto (Abb. S. 96). In technischer und konstruktiver Hinsicht waren jedoch entscheidende Weiterentwicklungen nötig, um diese erste dauerhafte und um ein Vielfaches größere Seilnetzkonstruktion in vergleichsweise kurzer Entwicklungszeit zu realisieren.

Die Jury empfahl die Zusammenarbeit mit dem dritten Preisträger, dessen Entwurf realistischer erschien, den Architekten Heinle, Wischer und Partner mit Jörg Schlaich von Leonhardt und Andrä. Da die architektonischen Ansätze nicht zu vereinbaren waren, schlug Heinle in Anerkennung der Qualität von Behnischs Dachentwurf und „wegen der nationalen Verpflichtung Olympia" ein Überwechseln seiner Ingenieure zu Behnisch + Partner vor – eine von Schlaich nicht leichten Herzens getroffene Entscheidung. Die Architekten zogen Frei Otto als Berater

bridged by an injected black neoprene profile, lend the roofs their characteristic structure, visible from afar, which unfortunately steals the limelight from the fine structure of the net. In the meantime, however, people had grown quite used to them, but when, some 25 years later, the plates had to be renewed because they had become opaque with age—an imperfection that could have been corrected by means of a transparent membrane which had since become available—this was rejected by the authorities responsible for monuments.

The Team

Together with Swiss engineer Heinz Isler, architects Behnisch + Partner and Jürgen Joedicke won the competition in 1967 with their idea for a transparent, unusual and innovative tent roof, even though its feasibility still had to be proved. It is immediately clear where the architectural inspiration came from: Frei Otto's German pavilion for expo '67 in Montreal (ill. p.96). In terms of technology and engineering, however, decisive advances were necessary in order for this first permanent cable net structure—which was also several times larger—to be realized in the relatively short space of time available for development.

The jury recommended cooperation with the winners of the 3rd prize—architects Heinle, Wischer and Partner, together with Jörg Schlaich of Leonhardt und Andrä, whose design seemed more realistic. Since the architectural concepts could not be matched, Heinle, in due deference to

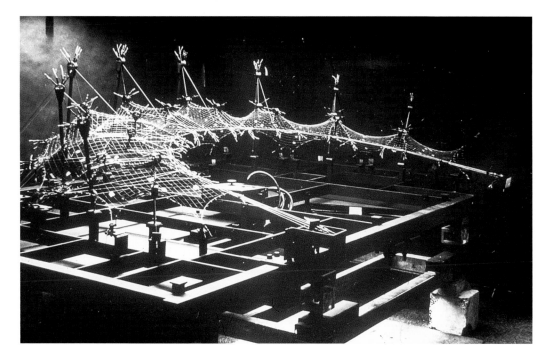

hinzu, welcher den Formfindungsprozess entscheidend beeinflusste, sich aber gegen die notwenigen konstruktiven Weiterentwicklungen sträubte.

Kreativer Dialog

Die präzisen Vorgaben der gestalterischen Absichten und der angestrebten Atmosphäre, nicht aber die Vorgabe der Konstruktion ermöglichte einen kreativen Dialog über Alternativen und führte letztendlich zur umgesetzten innovativen Lösung. Das Rollenverständnis von Architekt und Ingenieur war geprägt von gegenseitiger Akzeptanz und fachlichem Vertrauen. Für Schlaich und Bergermann ist dies auch die Erklärung dafür, dass das Dach in der kurzen Zeit, trotz der begleitenden, recht polemisch geführten öffentlichen Diskussionen über die Unbaubarkeit der Dächer, gelang und den Vorstellungen des Entwurfes entsprach.

Zu Fuß oder per Computer

Die Formfindung erfolgte zunächst über Tüllmodelle, danach über verfeinerte Drahtmodelle im Maßstab 1:75. Letztere wurden mangels anderer Möglichkeiten als Messmodelle zur Ermittlung des genauen Zuschnitts fotogrammetrisch vermessen. Diese Methode war aber zu ungenau und auch nicht mehr zeitgemäß. Daher wurde mit der Entwicklung rechnerischer Methoden begonnen, die erstmalig bei der Berechnung des Zuschnitts der Sporthalle angewandt wurden. Aus Zeitgründen musste der Zuschnitt der anderen Dächer – zum letzten Mal –

the quality of the roof design that Behnisch had proposed and because "the Olympic Games were a national duty", suggested that his engineers "switch camp" to Behnisch + Partner, a decision that Schlaich made only with a heavy heart. Behnisch + Partner then drew on the services of Frei Otto as consultant, who had a decisive influence on the design process, but went against the grain of the further structural advances required.

Creative Dialog

The precise specifications on the intentions with regard to design and desired atmosphere, but not on the entire structural solution, sparked a creative dialog about alternative possibilities and resulted finally in the innovative solution that was actually realized. The roles played by architect and engineer were based on mutual acceptance and professional trust. As far as Schlaich and Bergermann are concerned, this also explains how they were able to design and construct the roof in such a short space of time and in line with what had been envisaged despite the accompanying heated public controversy on how it was impossible to build such roofs.

On Foot or by Computer

The design process was initiated using tulle models before moving on to refined wire models on a scale of 1:75. Owing to the lack of other possibilities, the latter were measured photogrammetrically to ascertain the exact cutting pattern.

über Messmodelle ermittelt werden, was nur dank des von Klaus Linkwitz aus der Geodäsie stammenden Fehlerausgleichverfahrens vertretbar war.

Baukastenprinzip

Der Wunsch nach gestalterischer Klarheit und Ruhe durch ein konstruktives Ordnungsprinzip als auch die Rationalisierung durch die Serie und damit die Gewährleistung einer termingerechten Fertigstellung führte bei der Wahl der Seile und der konstruktiven Durchbildung aller Details zu einem Baukastenprinzip. Die Rand-, Grat- und Kehlseile der Netze sind daher aus einem immer gleichen, verschlossenen Seil mit 80 Millimeter Durchmesser addiert, also je nach Bedarf ein, zwei oder mehrere dieser Seile hintereinander gekoppelt. Dadurch konnten alle Klemmen, Umlenknuten in den Gusssätteln und Seilköpfen standardisiert werden. Ähnlich wurde mit dem großen Randseil des Stadions verfahren und prinzipiell auch bei den Litzenbündeln für die Abspannseile.

Netzseile

Als erste dauerhafte Seilnetzkonstruktion konzipiert, war für die Wahl der Netzseile aus 19 dickdrähtigen Litzen eine geringe Anfälligkeit gegen Korrosion, eine geringe Empfindlichkeit gegen Querpressung an den Klemmen und Umlenkungen oder gegen Knicken während der Montage, sowie ein möglichst kontrolliertes Dehnverhalten entscheidend. Nicht nur im Hinblick auf die Ermüdung des Materials durch winderregte Schwingungen, sondern weil so alle verborgenen Mängel entdeckt werden können, wurden für alle Seile samt ihren Verankerungen und Umlenkungen ausführliche Dauerschwingversuche durchgeführt.

However, this method was neither accurate enough nor did it conform to contemporary practice. For this reason, computer-aided calculation methods had to be developed and were applied for the first time in calculating the cutting pattern of the Sports Arena. Given the time constraints, the fabrication of the other roofs had to be determined using measuring models (for the last time), which was only justifiable thanks to Professor Klaus Linkwitz's geodesic method of least squares adjustment.

Modular Principle

In the choice of cables and the carefully detailed design, a modular principle was adopted in order to do justice to the desire for clarity in design and a sense of calmness and tranquility through structural order, as well as for rationalization by means of serial production. This ensured that the building would be completed on time. For this reason, the edge, ridge and valley cables in the nets are all made up of an identical locked coil 80-millimeter-diameter cable, meaning that, according to requirements, one, two or more of these cables were linked one after the other. In this way, all the clamps, devitative grooves in the cast saddles, and cable anchors could be standardized. The large edge cable for the Stadium was treated in a similar manner, as were, in principle, the bundles of prestressed strands for the stay cables.

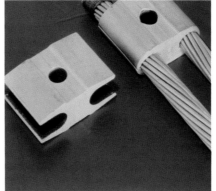

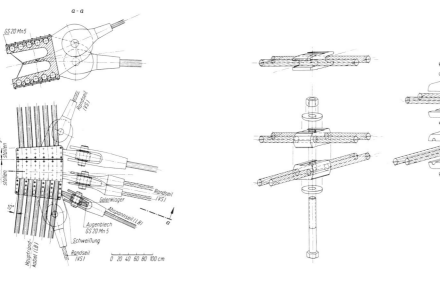

Maschenweite

Die Maschenweite des zweischarigen Seilnetzes von 75 x 75 Zentimetern – die wichtigste Maßzahl – sollte möglichst groß sein, um die Zahl der Klemmen und Knoten zu minimieren, aber auch klein genug, damit das Netz direkt begehbar war, um eine gerüstfreie Montage und Eindeckung zu ermöglichen.

Drehbare Knoten

Die sehr unterschiedlichen Maschenwinkel führten bei den bisher bekannten starren Knoten zu Verzerrungen und Längenfehlern, die den Zuschnitt unvertretbar verfälschten. Drehbare Klemmen gelangen mit nur einer Schraube im Drehpunkt, was zu Doppellitzen führte. An den Knotenpunkten wurden Aluminiumklemmen mit zentrischem Loch bereits im Werk mit äußerster Präzision aufgepresst, damit auf der Baustelle kein Maß genommen werden musste. Diese Entscheidung trug wesentlich zur Baubarkeit des Olympiadaches bei.

Renaissance des Stahlgusses

Die Umlenksättel mit Seilnuten und die Verankerungsknoten für die Rand- und Abspannseile verlangten größte Genauigkeit bei komplexer und völlig unterschiedlicher Geometrie. Ein gründliches Studium der Stahlgusstechnologie, insbesondere des Modellbaus, löste das geometrische Problem: Gussmodelle wurden, statt wie bisher üblich aus Holz, ganz einfach aus Hartschaum geschnitzt. Die Zeichnungen mussten nur noch die Geometrie der Seilnuten und der Anschlüsse festhalten, der Rest konnte von Hand geformt werden. Teilweise wurden

Net Cables

Designed as the first permanent cable net construction, minimum corroding tendencies, minimum sensitivity to transverse forces on the clamps and devitative points or to bends during erection, as well as controlled expansion were all deciding factors in the choice of cables made of 19 thick wire strands. Extensive long-term fatigue tests were conducted on the cables, along with their anchoring and devitative points, not only with regard to fatigue from wind-induced oscillation but also because it was a good way to detect all possible forms of concealed faults.

Mesh Width

The 75 x 75-centimeter mesh width of the double layer cable net (the crucial variable) was meant to be as large as possible in order to minimize the number of clamps and nodes, but small enough for the net and its covering to be accessed directly, thus enabling it to be erected without scaffolding.

Rotating Nodes

With earlier rigid nodes the high degree of variety in mesh angles led to deformations causing errors in the length, resulting in an unacceptable level of falsification in cutting the nets to size. Rotating clamps with a single-screw pivot were therefore used, resulting in double strands. At the factory stage, aluminum clamps with a centered hole were pressed on with ultra-precision to make certain

Netz ohne Eindeckung
Net without covering

Räumliche Wirkung des Dachs
Spatial impression of roof

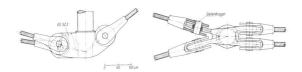

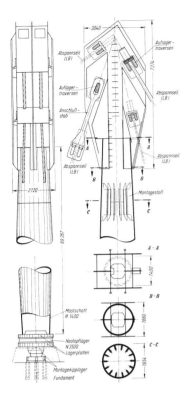

Detail des Gussknotens
einer Luftstütze
Detail of the cast-steel joint
of a cable-supported prop

Netz bei Nacht
Net at night

Schnitt, Mastkopf
und Mastfuß
Cross-Section, masthead
and mast base

Schwimmhalle mit
temporärem Membrandach
Swimming Hall with temporary
membrane roof

Erstes Kugelgelenk, zur
Positionierung schräger
Maste, welches später
einbetoniert wurde
First ball joint to position inclined
masts, later cast in concrete

die Schaumstoffmodelle, nachdem sie in die Sandform
gebettet waren, nicht mehr ausgebaut, sondern beim
Gießen durch den flüssigen Stahl ausgebrannt. Das lohnte
aber nur bei hinterschnittenen Formen – die so immerhin
möglich wurden! – weil die Schaumstoffreste an der
Oberfläche des Gussstücks ein Nacharbeiten verlangten.
Diese Renaissance der Stahlgusstechnologie bedeutete
nicht nur die wirtschaftliche und terminliche Rettung
für das Olympiadach, sondern wurde entscheidend für
die Entwicklung der so genannten High-Tech-Architektur,
wie am Centre Pompidou in Paris (1976) zu sehen. Dessen
Gussteile tragen dasselbe Firmensignum PHB (Pohlig-
Haeckel-Bleichert) wie die Gussteile des Olympiadachs.

that no additional measurements would be needed
at the site itself. This decision was instrumental
in it being feasible to build the Olympic Roof.

Renaissance of Cast Steel

Despite the complex and completely differing
geometry involved, a high level of precision was
required for the devitative saddles with cable
grooves and the anchorages for edge and stay
cables. A careful study of steel-casting technology,
in particular of model building, provided the geometric solution: the cast models were not cut from
wood, as was usually the case, but quite simply
out of hard foam. Drawings thus needed only to
depict the geometry of the cable grooves and the
connections; the rest could be shaped by hand.
In part, the foam models, once they had been embedded in the sand mold, were no longer removed
but burnt out by the liquid steel. This, however,
was worthwhile only for undercut molds—which
only became possible this way in the first place!—
because the foam residues on the outer surface
of the cast part required subsequent working. This
renaissance in cast-steel technology was not only
the savior of the Olympic Roof in economic and
scheduling terms, it also became an integral part
of so-called high-tech architecture, as can be seen
in the Centre Pompidou in Paris (1976), where the
cast parts bear the same company signature PHB
(Pohlig-Haeckel-Bleichert) as the cast-steel joints
in the Olympic Roof.

Eislaufzelt im Olympiapark, München (1983)

Ort | Location:
München, Olympia Eissport-
Zentrum, Spiridon-Louis-Ring

Bauherr | Client:
Olympiapark GmbH, München

Fertigstellung | Completed: 1983

Charakteristik | Characteristics:
Membranbespanntes, von Stahlrohrbogen abgehängtes Seilnetz, maxi-
male Spannweite: 100 m | Cable net
suspended from steel-tube arch,
covered with membrane, maximum
span 100 m

Zusammenarbeit | Cooperation:
Ackermann + Partner, Architekten,
München

Ausführung | Construction:
Pfeifer Seil- und Hebetechnik GmbH,
Memmingen; Maurer Söhne,
München; Koitwerk H. Koch,
Rimsting; Huber & Sohn,
Bachmehring

Leistungen | Scope of work:
Entwurf, Ausführungsplanung,
Bauüberwachung | Conceptual design,
detailed design, site supervision

Das Leichte, Heitere, Schwebende des Eislaufs spiegelt sich in diesem lichtdurchfluteten Zelt wieder. Ein im Grundriss elliptisches, vorgespanntes Seilnetz mit den Hauptachsen von 88 Metern beziehungsweise 67 Metern wird von einem Bogen mit 100 Meter Spannweite und nur 19 Meter Höhe getragen. Das Seilnetz ist mit einem Holzrost belegt und mit einer transluzenten Membran eingedeckt.

Das Dach ist aus zwei spiegelbildlich gleichen, mit Randseilen regelmäßig girlandenförmig eingefassten Seilnetzen zusammengesetzt. Die Randseilknoten werden am Umfang von abgespannten Stützen getragen, während sie unter dem Bogen gekoppelt und aufgehängt sind, sodass zwischen den Aufhängungen verglaste ,Augen' entstehen.

Zunächst sah es so aus, als ob die neue Halle nach dem Entwurf von Kurt Ackermann ebenfalls ein strenger Quader wird, wie die neben ihr stehende ältere Eissport-halle. Schlaichs und Bergermanns Alternative des bogengestützten Seilnetzdachs basierte auf Studien für das Stadion Hannover (1973), hatte aber auch zum Ziel, einiges, das ihnen beim benachbarten Olympiadach seinerzeit noch nicht gelungen erschien, weiterzuent-wickeln. Der Bauherr entschied sich für das Seilnetzdach.

Ice-Skating Tent at Olympic Park, Munich (1983)

The lightness, cheerfulness and sense of floating through the air associated with ice-skating are reflected in this light-flooded tent. A prestressed cable net that is elliptical in its layout—with main axes of 88 meters and 67 meters respectively— is suspended from an arch with a span of 100 meters at a height of just 19 meters. The cable net bears a wooden lattice and is covered with a translucent membrane.

The roof is composed of two laterally reversed identical cable nets that are enclosed by garland-shaped edge cables. Where the edge cables meet, they are supported by guyed struts, while beneath the arch they are coupled and suspended in such a way that glazed "eyes" emerge between the hangers.

Initially, it looked as if the new hall, based on a design by Kurt Ackermann, would also be a box, just like the older adjacent hall for the ice rink. Schlaich's and Bergermann's alternative for the arch-supported cable net roof was based on studies for the 1973 Hanover stadium, but this time they also intended to advance some of the aspects that had not quite succeeded when working on the Olympic Roof. The client chose the cable net roof.

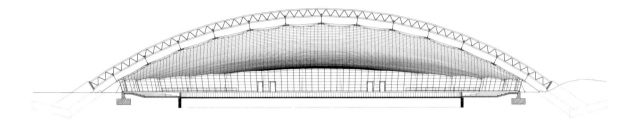

Schnitt
Section

**Entwurf,
Stadion Hannover, 1973**
Conceptual design,
Hanover Stadium, 1973

**Detail des Bogens
mit Hänger**
Detail of arch with hanger

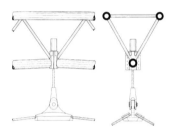

Der Bogen und sein Seilnetz

Ein Dreigurtbogen trägt punktförmig das vorgespannte Seilnetz; umgekehrt wird er von diesem stabilisiert. Durch die sichtbare Ablösung des Bogens vom Seilnetz wird diese Tragwirkung ablesbar. Das Seilnetz des Eislaufzelts entspricht mit Doppellitzen und aufgepressten Knoten im Abstand von 75 Zentimetern dem des Olympiadachs. Auf Spannschlösser wurde im Vertrauen auf einen präzisen Zuschnitt verzichtet.

Gespannte Fassade

Die Unverträglichkeit zwischen einer starren Fassade und dem sich unter Schnee verformenden Dach – bei der Olympia-Schwimmhalle offensichtlich nicht bewältigt – wurde mit einer vertikalen Seilverspannung zwischen dem weichen Randseil des Seilnetzes und dem starren Randfundament gelöst. Die vertikalen Verformungen der Randseile werden so bleibend vorweggenommen. Die Glasscheiben mit 60 x 130 Zentimeter Länge werden über horizontale Aluminiumschienen direkt von den Seilen getragen – der erste Schritt zu den Seilnetzfassaden.

Holzlattenrost

Der Holzlattenrost eignet sich sehr gut als Vermittler zwischen Seilnetz und Membran, weil er sich sowohl bohren und schrauben (Rost auf Netz) als auch nageln (Membran auf Rost) lässt. Entlang den Rändern ist das Dach flach, Schnee kann dort liegen bleiben und sich anhäufen. Damit die Membran dann nicht durchhängt, wird dort der Rost verengt. Umgekehrt kann der Schnee oben unter dem Bogen abgleiten, also genügen dort für den Rost die

The Arch and its Cable Net

An arch with a triangular cross-section supports the prestressed cable net at single points and is in turn stabilized by the net. The structural behavior is visualized by ensuring that the arch is visibly separated from the cable net. The cable net for the ice-rink tent, with its double-stranded cables and pressed-on clamps at intervals of 75 centimeters, concurs with the Olympic Roof. No turnbuckles were used, as the designers relied on great accuracy in cutting the cable net.

Cable Façade

The problem of incompatibility between a rigid façade and a roof that deforms under snow load (a problem that had clearly not been overcome at the Olympic Swimming Hall) was solved by stretching vertical prestressed cables between the flexible edge cable of the cable net and the rigid foundations. The vertical deformations of the edge cables is thus permanently preempted. The 60 x 130-centimeter glass panes are borne directly by the cables via horizontal aluminum rails—the first step towards cable net façades.

Wooden Lattice

A wooden lattice grid is highly suitable as an intermediary between cable net and membrane since it can be drilled, screwed (lattice on net) and nailed (membrane on grid). Along the edges the roof is flat, and so snow can settle there and mount up.

Bauprozess: Am Boden ausgelegtes Seilnetz
Construction: cable net laid out on ground

Aufbringen der Dacheindeckung
Assembly of roof covering

Gespannte Fassade
Cable façade

Stahlknäuel während des Hochziehens
Steel clew during lifting

Augen des Netzes
Eyes of the net

Innenraum
Interior space

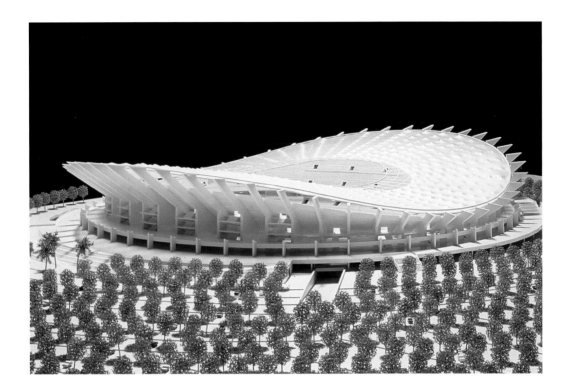

75 x 75 Zentimeter Maschen des Netzes, ein Umstand der auch im Hinblick auf die Brandlast für den Bogen gut ist. Das dadurch unten am Außenrand weniger und oben zum Bogen hin immer mehr durchscheinende Dach führt zu der erwünschten optischen Überhöhung des Innenraums.

Ondulierender Druckring

Für große Spannweiten, leichte Konstruktionen und freie Formen sind Seilnetze prädestiniert. Allerdings sind sie mit ihrer Vielzahl an Details und der zusätzlich benötigten Eindeckung auch relativ teuer und kommen daher nur bei sehr großen Spannweiten in Frage. Aktuell bietet sich für das Jaber Al-Ahmad Stadion in Kuwait (Weidleplan Consulting, Fertigstellung 2005) die Gelegenheit zum Bau einer einlagigen, mit Membranen eingedeckten Seilnetzkonstruktion. Die stark ondulierende Tribünenoberkante ergibt sich aus der Optimierung der Sichtentfernungen und bietet gleichzeitig eine ideale Voraussetzung für ein sattelförmiges, doppelt gekrümmtes Seilnetz. Mit Hauptachsen von 280 und 260 Metern ist das Stadion im Grundriss nahezu kreisförmig. Die Dachöffnung über dem Spielfeld wird durch den zum äußeren Druckring affinen Seilzugring gebildet. Dagegen orientiert sich der ovale Ausschnitt aus der Dachhaut am Verlauf der Zuschauerränge.

To prevent the membrane from bulging downwards, the lattice is narrowed at this point. On the other hand, on top and below the arch the snow can slip off, which means that at this point the 75 x 75-centimeter net meshes are sufficient for the lattice, too—a fact that is also beneficial in terms of the arch's fire load. That this results in the roof being increasingly opaque on the outer edge down below, yet all the more transparent up above towards the arch, has made it possible to achieve the desired visual intensification of the interior space.

Undulating Compression Ring

Cable nets are ideal when it comes to providing wide spans, light structures and free forms. However, the countless details involved and the additional need for a covering means that they are expensive structures and can only be considered for very wide spans. At present, a due occasion has arisen: a single-layer cable net structure covered with membranes for the Jaber Al-Ahmad Stadium in Kuwait (Weidleplan Consulting, completion 2005). The upper edge of the stand undulates greatly due to optimizations of the viewing distances and at the same time provides all the requisites for a saddle-shaped double-curved surface. With the main axes measuring 280 and 260 meters, the plan of the stadium is almost circular. The roof opening over the field is formed by the cable tension ring, which has an affinity to the outer compression ring. By contrast, the oval section cut out of the membrane is aligned to the spectator stands.

Seilnetzfassade des Airport Hotel Kempinski, München (1993)

Cable Net Façade of Airport Hotel Kempinski, Munich (1993)

Ort | Location:
Flughafen München,
Terminalstrasse Mitte 20

Bauherr | Client:
Flughafen München GmbH

Fertigstellung | Completed: 1993

Charakteristik | Characteristics:
Vorgespannte Seilnetzfassade,
tragende Glasregale, Spannweite:
25 x 40 m | Prestressed cable net
façade, load-bearing glass panes,
span 25 x 40 m

Zusammenarbeit | Cooperation:
Murphy/Jahn, Architects,
Chicago, IL, USA; CBP Cronauer
Beratung Planung, München

Ausführung | Construction:
Helmut Fischer GmbH, Talheim;
Pfeifer Seil- und Hebetechnik GmbH,
Memmingen

Leistungen | Scope of work:
Entwurf, Ausführungsplanung,
Bauüberwachung |
Conceptual design, detailed design,
site supervision

Beim Airport Hotel Kempinski hebt die fast nahtlose Transparenz der Fassade die Grenze zwischen Innen- und Außenraum auf. Dieser scheint in das Atrium des Hotels überzugehen; vergessen sind herkömmliche Fassadenkonstruktionen mit starken Profilen und begrenzten Spannweiten. Für die 25 x 40 Meter große verglaste Fläche wurde mit dieser Seilnetzfassade eine völlig neuartige Konstruktion entwickelt. Horizontale und vertikale Seilscharen aus Edelstahlseilen von 22 Millimeter Durchmesser bilden ein ebenes Seilnetz mit Maschenweiten von 1,50 x 1,50 Metern. Sie spannen sich zwischen den beiden seitlichen Baukörpern sowie zwischen Dachbindern und Boden.

Ebenes Seilnetz

Ebene Seilnetze können praktisch beliebig hohe Lasten tragen, indem sich das Netz ausstülpt, wodurch es Rückstellkräfte mobilisiert. Die Maschen sind viereckig – quadratisch oder rechteckig – und werden in einen Rahmen gespannt, wie bei einem Tennisschläger. So wenig ein solches ebenes Seilnetz für ein Dach taugt, da sich im Durchhang ein Wassersack bildet, so vorteilhaft lässt es sich für eine extrem transparente verglaste Fassade verwenden. Die Verformungen werden umso kleiner und die Seilkräfte umso größer, je stärker das Netz vorgespannt wird. Prinzipiell genügt es, nur eine Seilschar vorzusehen, das führt allerdings zu nicht notwendigen Randinkompatibilitäten. In München sind

At the Airport Hotel Kempinski, the façade's almost seamless transparency dissolves the boundary between interior and exterior, and the exterior space seems to flow into the atrium. Long forgotten here are the traditional façades with their thick profiles and limited spans. A completely new type of structure was developed for the 25 x 40-meter glazed façade. Horizontal and vertical cable layers made of stainless steel cables 22 millimeters in diameter, form a flat cable net with meshes of 1.5 x 1.5 meters. They are stretched between the two building wings as well as between roof girders and ground.

Planar Cable Net

By turning the net inside or outside, which mobilizes reactive forces, planar cable nets can bear loads of almost any scale. The meshes are quadrangular—rectangular or square—and are stretched in a frame, like a tennis racket. This type of planar cable net is unsuitable for roof, as water would pond in the sag—yet this makes it all the more suitable for an ultra-transparent glazed façade. The higher the prestressing of the net, the smaller the deformation and the greater the cable forces. In principle, just one layer of cables suffices, although this leads to unnecessary incompatibility at the edges.

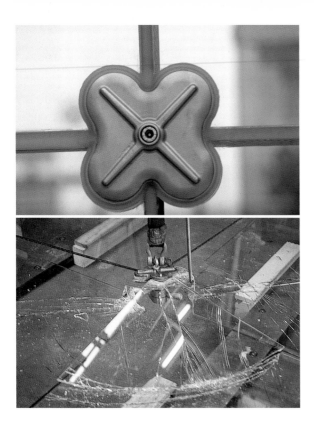

Klemmteller von außen
Clamp plate from outside

Versuche zum Tragverhalten dieser ersten geklemmten Punktlagerung von Glasscheiben
Tests for the load-bearing behavior of these first clamped point-supported glass panes

die horizontalen Seile stark und die Vertikalseile, welche die Glasscheiben tragen, nur wenig vorgespannt, um die Dachbinder nicht unnötig zu belasten.

Geklemmte Glasscheiben

In den Kreuzungspunkten der horizontalen und vertikalen Seilschar sind Klemmteller aus Edelstahlguss vorgesehen, die sowohl die Seile gegenseitig fixieren als auch als Eckauflager für die Gläser fungieren. Vorteilhaft werden die Gläser geklemmt und schwimmend gelagert, statt der üblichen Bohrungen an den am stärksten beanspruchten Eckpunkten. So können sie den Verformungen des Netzes folgen, das sich bei Wind in Netzmitte bis zu 90 Zentimetern verschiebt.

In Munich, the horizontal cables are strongly prestressed, whereas the vertical cables, which bear the glass panes, are only slightly prestressed. In this way, the roof girders are not subjected to more load than is necessary.

Clamped Glass Panes

Cast-stainless-steel clamp plates are positioned at the intersecting points of the horizontal and vertical cable layers. They serve to secure the cables to one another and also function as corner support for the glass panes. To its advantage, the glass is clamped and has a floating support, instead of being drilled (the usual procedure) at precisely those corner points that are subject to the greatest strain. In this way, they are able to accommodate deformation in the net, which under windy conditions can be up to 90 centimeters in the middle of the net.

Überdachung der Römischen Thermen, Badenweiler, 2001
Skylight covering Roman Baths, Badenweiler, 2001

Klemmteller
Clamp plate

Ansicht
Elevation

Außenansicht | Outside elevation

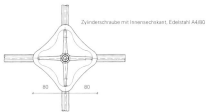

Zylinderschraube mit Innensechskant, Edelstahl A4/80

80   80

Innenansicht | Inside elevation

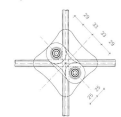

29   33   33   29

25   25

Seil OSS 1x37 ø16   innen   3-teilige Seilklemme aus Stahlguss GS-18

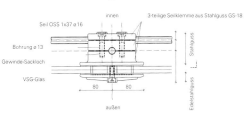

Bohrung ø 13   Stahlguss

Gewinde-Sackloch

VSG-Glas   Edelstahlguss

80   80

außen

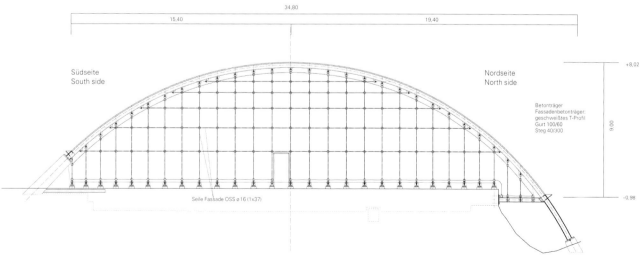

34,80		
15,40		19,40

Südseite
South side

Nordseite
North side

+8,02

Betonträger
Fassadenbetonträger:
geschweißtes T-Profil
Gurt 100/60
Steg 40/300

9,00

Seile Fassade OSS ø 16 (1x37)

-0,98

**Auswärtiges Amt,
Berlin, 1999**
Foreign Office,
Berlin, 1999

Lichtspiel
Light reflected by glass

Abstandhalter
Distancers

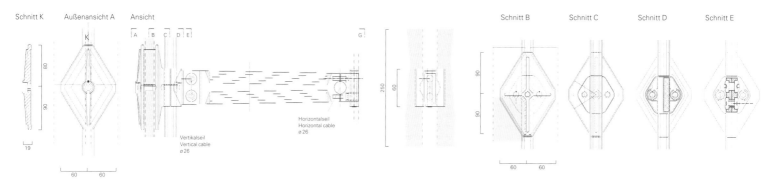

Schnitt K   Außenansicht A   Ansicht

Vertikalseil
Vertical cable
ø 26

Horizontalseil
Horizontal cable
ø 26

Schnitt B   Schnitt C   Schnitt D   Schnitt E

Kunst und Konstruktion

Das Ergebnis eines Zusammenspiels zwischen Kunst und Konstruktion zeigt die Glasfassade des Lichthofs des Auswärtigen Amts in Berlin (1999). Aus gestalterischen Gründen (Müller Reimann, James Carpenter) sind hier die horizontalen Seile gegenüber den vertikalen mit einem Abstandshalter versehen, um entlang den inneren horizontalen Seilen blau getönte, nichttragende Glasstreifen befestigen zu können. Bei Sonne werfen sie schöne, sich ständig wandelnde Lichtstrukturen in den Innenhof und bei Nacht sorgen sie dafür, dass die farbig reflektierende Glasfassade weit in die Stadt hinaus leuchtet. Die eigentliche Verglasung der 32 x 24 Meter großen Fassade und damit auch die Maschenweite des Netzes besteht aus 2,70 x 1,80 Meter großen Scheiben.

Schutz und Aussteifung

Die Ruine der Römischen Thermen in Badenweiler (Abb. S. 110/111) ist ein einmaliges Zeugnis römischer Kultur nördlich der Alpen. Sie wird seit 2001 durch eine tonnenförmige Netzschale geschützt. An ihren Enden dienen zwei Seilnetzfassaden sowohl dem Raumabschluss als auch der Aussteifung der Dachbögen gegen halbseitige Lasten. Das Raster des Seilnetzes ist auf die geometrische Ordnung des Dachs abgestimmt und wird daher nach oben und zur Seite hin kleiner. Ein offener Streifen zwischen Dach und Boden sorgt für eine natürliche Belüftung. Offene Glasfugen bieten dennoch Witterungsschutz und ermöglichen durch den Verzicht auf die Verfugung zwischen den Gläsern eine optimierte Transparenz – eine absolut minimalistische, auf das Wesentliche reduzierte Konstruktion.

Art and Structure

The glass façade of the courtyard of the Foreign Office in Berlin (1999) is the result of interaction between art and structure. For visual reasons (Müller Reimann, James Carpenter), the horizontal cables, as opposed to the vertical cables, are in this case equipped with distancers so that blue-tinted, non-load bearing strips of glass can be affixed along the inner horizontal cables. In sunlight they project attractive, constantly changing light patterns into the courtyard, and at night they ensure that the colors reflecting off the glass façade radiate from afar. The actual glazing of the 32 x 24-meter façade, and with it the mesh width of the net, consists of panes measuring 2.7 x 1.8 meters.

Protection and Bracing

The ruin of Roman Baths in Badenweiler (ill. p. 110/111) is a unique example of Roman culture north of the Alps. Since 2001, it has been protected by a barrel-vaulted grid shell. At its ends, two cable net façades serve to enclose the space, as well as to stiffen the roof arches against uneven loads. The grid of the cable net conforms to the geometry of the roof and for this reason becomes smaller towards the top and the sides. An open strip between the roof and the ground provides natural ventilation. Open glass joints deliver due protection from the elements, but since they feature no jointing between the glass panes they also ensure maximum transparency—an absolutely minimalist structure that has been reduced to the bare essentials.

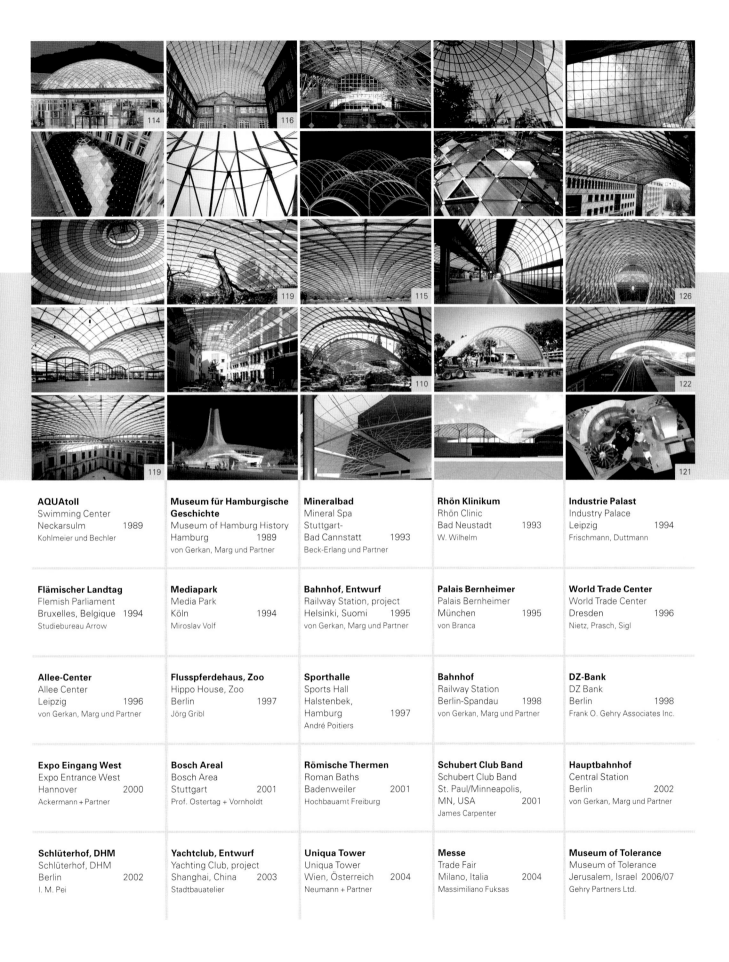

AQUAtoll
Swimming Center
Neckarsulm 1989
Kohlmeier und Bechler

Museum für Hamburgische Geschichte
Museum of Hamburg History
Hamburg 1989
von Gerkan, Marg und Partner

Mineralbad
Mineral Spa
Stuttgart-
Bad Cannstatt 1993
Beck-Erlang und Partner

Rhön Klinikum
Rhön Clinic
Bad Neustadt 1993
W. Wilhelm

Industrie Palast
Industry Palace
Leipzig 1994
Frischmann, Duttmann

Flämischer Landtag
Flemish Parliament
Bruxelles, Belgique 1994
Studiebureau Arrow

Mediapark
Media Park
Köln 1994
Miroslav Volf

Bahnhof, Entwurf
Railway Station, project
Helsinki, Suomi 1995
von Gerkan, Marg und Partner

Palais Bernheimer
Palais Bernheimer
München 1995
von Branca

World Trade Center
World Trade Center
Dresden 1996
Nietz, Prasch, Sigl

Allee-Center
Allee Center
Leipzig 1996
von Gerkan, Marg und Partner

Flusspferdehaus, Zoo
Hippo House, Zoo
Berlin 1997
Jörg Gribl

Sporthalle
Sports Hall
Halstenbek,
Hamburg 1997
André Poitiers

Bahnhof
Railway Station
Berlin-Spandau 1998
von Gerkan, Marg und Partner

DZ-Bank
DZ Bank
Berlin 1998
Frank O. Gehry Associates Inc.

Expo Eingang West
Expo Entrance West
Hannover 2000
Ackermann + Partner

Bosch Areal
Bosch Area
Stuttgart 2001
Prof. Ostertag + Vornholdt

Römische Thermen
Roman Baths
Badenweiler 2001
Hochbauamt Freiburg

Schubert Club Band
Schubert Club Band
St. Paul/Minneapolis,
MN, USA 2001
James Carpenter

Hauptbahnhof
Central Station
Berlin 2002
von Gerkan, Marg und Partner

Schlüterhof, DHM
Schlüterhof, DHM
Berlin 2002
I. M. Pei

Yachtclub, Entwurf
Yachting Club, project
Shanghai, China 2003
Stadtbauatelier

Uniqua Tower
Uniqua Tower
Wien, Österreich 2004
Neumann + Partner

Messe
Trade Fair
Milano, Italia 2004
Massimiliano Fuksas

Museum of Tolerance
Museum of Tolerance
Jerusalem, Israel 2006/07
Gehry Partners Ltd.

Netzschalen

Leichtigkeit im doppelten Sinne ist das charakteristische Merkmal der Netzschalen: Sie sind materialsparsame Konstruktionen infolge doppelter Flächenkrümmung und des daraus resultierenden effizienten Schalentragverhaltens. In Stäbe so aufgelöst, dass verglasbare Maschen entstehen, löst ihre Transparenz auch die Grenzen zwischen innen und außen auf. Konstruktion wird hier zur ‚Essenz der Architektur'.

Damit die aufgelösten Strukturen leicht wirken, müssen sie ihre Lasten effizient über Membrankräfte mit minimaler Biegung abtragen können, das bedeutet, dass sie dreieckige Maschen haben müssen. Bis vor kurzem – als es die CNC-Fertigung noch nicht gab – waren aus fertigungstechnischer Sicht noch Stabstrukturen mit möglichst vielen Stäben gleicher Länge und drehbarer Knoten beziehungsweise Knoten gleicher Winkel erwünscht. Aber selbst regelmäßige Kugelkalotten lassen sich nur lagenweise mit Dreiecken gleich bleibender Geometrie belegen, ganz zu schweigen von freien Formen. Für dieses Problem gibt es keine eindeutige Lösung. Die Suche nach dem Kompromiss verbindet sich mit Namen wie Konrad Wachsmann, Richard Buckminster Fuller, Max Mengeringhausen und Frei Otto.

Prinzip des Salatsiebs

Für die Entwicklung von regelmäßigen steifen Stabstrukturen für völlig frei geformte und möglichst filigran mit Glas eingedeckte Netzschalen boten sich als Anknüpfungspunkt für Schlaich die von Frei Otto aus Holzlatten gebauten Gitterschalen für die expo'67 in Montreal und die Bundesgartenschau in Mannheim (1975) an: Nach dem Prinzip des Salatsiebs kann sich das eben ausgelegte quadratische Stabnetz aus lauter gleich langen rechteckigen massiven Stahlstäben und drehbaren Knoten durch Verformung einer beliebigen Flächengeometrie anpassen. Jede Masche wird dann mit vorgespannten Diagonalseilen ausgesteift, die von Rand zu Rand über alle Knoten durchlaufen und deshalb zuschnittsfrei sind. Prototyp dieser Konstruktion ist die Kuppel des AQUAtolls in Neckarsulm (1989) – trotz der Kugelgeometrie ohne Stabverdichtung am Zenith.

So verbindet sich das effiziente Tragverhalten der Dreiecksmaschen mit den für die Verglasung günstigen Vierecksmaschen. Die Glasscheiben werden direkt auf die tragenden Stäbe gelegt, und ohne sie zu durchbohren, nur in ihren vier Ecken festgeklemmt, ohne Schmutz fangende Deckleisten. Sind die Maschen windschief, können teure doppelt gekrümmte Scheiben erforderlich werden.

Translationsflächen und Streck-Trans-Flächen

Diesem Problem kann sehr elegant begegnet werden, indem man Flächen als Translationsflächen und Streck-Trans-Flächen optimiert. Mit diesem Prinzip kann zwar nicht, wie mit den Dreiecksmaschen, jede beliebige Form umgesetzt werden, aber Hans Schober, Partner bei Schlaich Bergermann und Partner, hat die große Vielfalt der damit möglichen Flächenformen ausgelotet.

Das Ziel der geometrischen Flächenerzeugung mit Translationsflächen und Streck-Trans-Flächen sind Maschen, bei denen jeweils alle vier Knoten in einer Ebene liegen, um eine wirtschaftliche Eindeckung mit ebenen (Glas-)Platten zu gewährleisten. Sie beruhen auf dem mathematischen Prinzip, dass zwei parallele

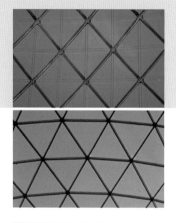

Netzstruktur mit Vierecks-maschen, ausgesteift mit Doppelseilen
Net structure with quadrangular meshes, stiffened by double cables

Netzstruktur mit Dreiecksmaschen
Net structure with triangular meshes

Grid Shells

Lightness, in both senses of the word, is the characteristic feature of grid shells: their double-curved surface and the resultant efficient shell structural behavior mean that they are highly economic in their use of material. Dissolved into slats in such a manner that glazeable meshes arise, their transparency dissolves the boundary between interior and exterior. Here, the structure becomes the "essence of architecture".

To enable the dissolved structures to appear light they must be able to transfer their load favorably via membrane forces with minimal bending, meaning that they must have triangular meshes. Until recently—when CNC production did not exist—it was desirable, from a production point of view, to have grid structures with slats of the same length and rotating joints or same-angled joints. Even regular spherical caps, however, can only bear triangles that are geometrically identical in layers, to say nothing of freeforms. There is no clear solution for this problem. Names such as Konrad Wachsmann, Richard Buckminster Fuller, Max Mengeringhausen and Frei Otto were searching for the best possible compromise.

Sieve Principle

In the search for regular rigid grid structures for completely freeform grid shells that are, if possible, delicately glazed, the grid shells that Frei Otto had made from timber battens for the Montreal expo'67 (1967) and for the National Garden Festival in Mannheim (1975) presented themselves as a starting point for Schlaich. Taking the principle of a sieve, the square net consisting of slats laid out flat and made of equally long rectangular solid steel slats and rotating joints can be shaped so as to adapt to any surface geometry. Each mesh is then stiffened using prestressed diagonal cables that run from edge-to-edge through all the joints and need not be cut to length. The prototype for this structure is the dome of the AQUAtoll in Neckarsulm (1989), which shows no grid density at the zenith for all the spherical geometry .

In this way, the favorable load-bearing behavior of triangular meshes are combined with quadrangular meshes that are favorable for glazing. The glass panes are placed directly on the load-bearing slats and, without drilling through them, are clamped in four corners, avoiding cover strips that catch dirt. If the meshes are warped, expensive double-curved panes may well be necessary.

Translational Surfaces and Scale-Trans-Surfaces

This problem can be elegantly solved by optimizing the surfaces as translational surfaces and scale-trans-surfaces. As opposed to the triangular meshes, this does not allow any arbitrary shape to be created, but Hans Schober, a partner at Schlaich Bergermann und Partner, has explored the great variety of surface forms possible.

The aim behind creating geometric surfaces with translational surfaces and scale-trans-surfaces is to produce meshes in which all four joints are on

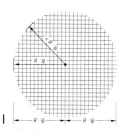

a |

b |

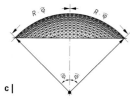

c |

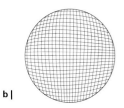

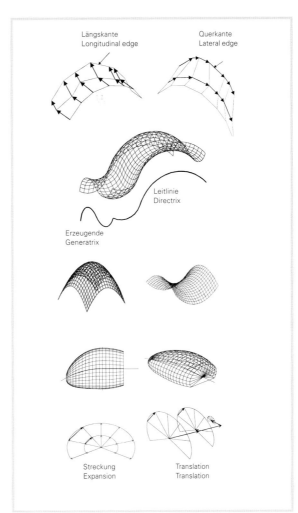

Längskante
Longitudinal edge

Querkante
Lateral edge

Leitlinie
Directrix

Erzeugende
Generatrix

Streckung
Expansion

Translation
Translation

Vektoren im Raum stets eine ebene Fläche aufspannen. Sind diese zwei Vektoren noch gleich lang und wird eine Kurve, die Erzeugende, entlang dieser Vektoren, den Leitlinien, verschoben, entstehen Translationsflächen. Bei diesen Flächen sind immer zwei gegenüber liegende Seiten gleich lang (und parallel), mit dem Sonderfall eines Flächennetzes aus gleich langen Stäben. Sind die Vektoren unterschiedlich lang und mindestens zwei von ihnen parallel, dann sind nahezu beliebige Flächen mit ebenen Maschen generierbar. Um eine geometrische Regelmäßigkeit zu erreichen, wird die Erzeugende gestreckt und parallel verschoben, die so genannten Streck-Trans-Flächen.

Risiken

Trotz der heute dank CNC sehr präzisen Vorfertigung dieser Netzschalen lauert natürlich nach wie vor der Erzfeind aller Ingenieure beziehungsweise ihrer Strukturen: die Instabilität, das Beulen, ausgelöst durch nie ganz vermeidbare, vom Geschick, der Erfahrung, der Sorgfalt und dem Verantwortungsbewusstsein der ausführenden Unternehmen abhängigen Imperfektionen. Diese bittere Erfahrung blieb auch dem Büro Schlaich Bergermann und Partner nicht erspart, als trotz ihrer drängenden Einsprüche bei einer in der Tat recht flachen Kuppel in Hamburg-Halstenbek ein unerfahrener billigst bietender Unternehmer beauftragt wurde und es zu zweimaligen Einstürzen dieser Kuppel kam.

one and the same level to ensure that they can be covered economically with planar (glass) panes. This method is based on the mathematical principle that two parallel vectors in space always define a planar surface. Moreover, should these two vectors be of the same length and should a curve, as the generatrix, be shifted along these vectors as the directrix, then translational surfaces are formed. With these surfaces, two opposing sides are always of the same length (and are parallel); a special case is a surface net with slats all of equal length. Should the vectors be of varying lengths, with at least two of them running parallel, then almost any surface with planar meshes can be created. In order to achieve geometrical regularity, the generatrix is expanded and shifted in a parallel manner, the so-called scale-trans-surfaces.

Risks

Despite the fact that pre-fabrication of these grid shells is today highly accurate thanks to CNC, the arch-enemy of all engineers and their structures naturally enough still lie in wait: instability and buckling caused by the almost inevitable imperfections that are dependent on the skill, experience, care and sense of responsibility of the construction companies involved. Schlaich Bergermann und Partner were not spared this bitter pill either when, despite their vehement objections, an inexperienced company, the cheapest bidder, was commissioned to build what was indeed quite a flat dome in the Halstenbek district of Hamburg, with the result that the dome collapsed twice.

**Die Abwicklung des Vierecks-
netz mit gleicher Maschenweite und drehbaren Knoten
ergibt ein Quadratnetz mit
Randstäben unterschiedlicher
Längen:**
a | Abgewickeltes Stabnetz
b | Draufsicht
(ohne Seildiagonalen)
c | Ansicht
(mit Seildiagonalen)
The development of a quadrangular net of equal width meshes
and rotatable joints results
in a square net with edge slats
of different lengths
a | Cutting pattern of grid
b | Plan view
(without diagonal cables)
c | View (with diagonal cables)

Salatsieb
Sieve

**‚Salatsiebkuppel' mit
Diagonalseilen, AQUAtoll,
Neckarsulm, 1989**
"Sieve-type dome" with diagonal
cables, AQUAtoll Swimming
Center, Neckarsulm, 1989

**Zwei parallele Vektoren
erzeugen ebene Maschen:
Längskanten parallel
Querkanten parallel**
Two parallel vectors generate
planar meshes:
Longitudinal edges parallel
Lateral edges parallel

**Bildungsgesetz für
Translationsflächen**
Geometric principle for
translational surfaces

**Beispiele von
Translationsschalen**
Examples of translational
surfaces

**Streck-Trans-Flächen mit
ebenen Viereckmaschen**
Scale-trans-surfaces with planar
quadrangular meshes

Innenhofüberdachung des Museums für Hamburgische Geschichte (1989)

Courtyard Skylight of Museum of Hamburg History (1989)

Ort | Location:
Hamburg, Holstenwall 24

Bauherr | Client:
Museum für Hamburgische
Geschichte

Fertigstellung | Completed: 1989

Charakteristik | Characteristics:
2 Tonnenschalen mit frei geformtem
Übergang, Spannweiten: 14–17 m |
2 barrel-vault shells with freeform
transition, spans: 14–17 m

Zusammenarbeit | Cooperation:
von Gerkan, Marg und Partner,
Architekten, Hamburg

Ausführung | Construction:
Helmut Fischer GmbH, Talheim

Leistungen | Scope of work:
Entwurf, Ausführungsplanung, Bau-
überwachung | Conceptual design,
detailed design, site supervision

Ein Hauch von Dach wölbt sich über den L-förmigen Innenhof des Museums mit zwei rechteckigen, 14 und 17 Meter breiten Flügeln. An ihrem Eckpunkt bauscht sich der frei fließende Übergang zwischen den Zylinderschalen zu einer Kuppel auf. Die leichte und transparente Konstruktion belastet das Gebäude so wenig wie möglich: Aufgrund der historischen Bausubstanz strebte der Architekt ein visuell und statisch möglichst leichtes Dach an. Ermöglicht wurde dies durch die kurz zuvor an der regelmäßigen Kugelkalotte in Neckarsulm erprobten neuen Netzschalenbauweise. Für Planung und Bau standen insgesamt nur sechs Monate zur Verfügung.

Architekt und Ingenieur

Das scheinbar schwebende Dach des Hamburger Museums ist ein Meilenstein des Büros Schlaich Bergermann und Partner: eine minimale Konstruktion bei höchster Effizienz und größter Schönheit. Der Raum ist umschlossen und doch offen. Zugleich war der Bau ein Schlüsselerlebnis in der Zusammenarbeit von Architekt und Ingenieur. Volkwin Marg formulierte sehr präzise seine Vision: „leicht, transparent". Derart provoziert gelang den Ingenieuren das Neue (vgl. S. 40).

A hint of a roof—with two rectangular wings, 14 and 17 meters—arches over the L-shaped inner courtyard of the museum. In the corner, the free-flowing transition between the cylindrical shells swells up to form a dome. The light, transparent structure places the least possible burden on the building. Given the historical substance of the building, the architect envisaged a roof that was as light as possible, both visually and structurally. This was made possible by the new method using grid shells that had been tested shortly before on the regular spherical cap in Neckarsulm. And only six months were scheduled for the planning and construction work.

Architect and Engineer

The floating roof of the Hamburg museum is a milestone of the office Schlaich Bergermann und Partner: a highly efficient and incredibly beautiful minimalist structure. The interior is enclosed and yet open. At the same time, the building proved to be a key experience in collaboration between architect and engineer. Volkwin Marg was exceedingly precise in the formulation of his vision: "light, transparent". Challenged in this way, the engineers succeeded in creating something new (see p. 41).

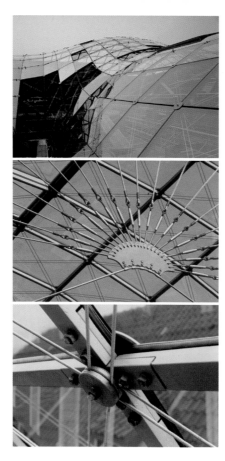

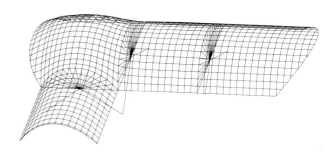

Effiziente Lastabtragung

Die orthogonale Tragstruktur mit einem quadratischen
Raster von 1,17 Metern besteht aus Flachstahlstäben von
60 x 40 Millimetern, verbunden mit drehbaren Laschen-
kreuzen. Im Bereich der Tonnen bilden sich ebene Quadrate, im Bereich der Übergangskuppel verformen sich
diese nach dem Prinzip des Salatsiebs zu Rhomben mit
wechselnden Winkeln. Die viereckigen Maschen sind
mit vorgespannten durchlaufenden und an die Knoten
geklemmten Doppelseilen mit 6 Millimeter Durchmesser
aus Edelstahl diagonal ausgesteift und verwandeln den
Trägerrost in eine ideale Netzschale. Die Lastabtragung
sowohl der Tonnen als auch der freien Übergangskuppel
gelingt so biegungsfrei, allein über Membrankräfte.

Verschmelzen von Trag- und Glasebene

Die Abmessungen der Flachstähle entsprechen den für
die Auflager einer Verglasung erforderlichen Mindest-
abmessungen, sodass die Scheiben aus 10 Millimeter-
Verbundsicherheitsglas wie in Neckarsulm direkt auf die
Tragkonstruktion aufgelegt und punktförmig mit Tellern im
Knotenbereich gehalten werden. Die Maschen der beiden
Tonnen sind natürlich eben, da Tonnen simple Translationsflächen sind. Bei der frei geformten Kuppel sind die
Maschen (noch) windschief. Bei fast allen genügte aber
dafür die Biegsamkeit der Verbundglasscheiben mit bis
zu 25 Millimetern Verschiebung der vierten gegenüber
den drei anderen Ecken. Drei Scheiben mussten allerdings
diagonal geschnitten werden. Diese schwierige Erfahrung
löste das Nachdenken über Translationsflächen aus.

Efficient Load Transfer

The orthogonal load-bearing structure with a square
1.17-meter grid consists of 60 x 40-millimeter
steel slats connected by rotating joints. In the area
of the barrel vaults, planar squares are formed
which, in the transitional dome, are reshaped
according to the sieve principle into rhombi with
alternating angles. The rectangular meshes are
diagonally stiffened by prestressed stainless
steel end-to-end double cables with a diameter of
6 millimeters that are clamped to the joints and
transform the girder grid into an ideal grid shell.
In this way, the load transfer of both the barrel
vaults and the freeformed transitional dome works
without bending, via membrane forces alone.

Melting of the Load-Bearing and Glass Planes

The dimensions of the steel slats deliver the minimum dimensions necessary for supporting glazing, so that the 10-millimeter panes of laminated
safety glass can be placed directly on the load-
bearing structure and be secured by cover plates
at the joints, as was the case in Neckarsulm. The
meshes of both barrel vaults are naturally plane,
since vaults are simple translational surfaces.
In the case of the freeform dome, the meshes are
(still) warped. In practically all cases, however, the
flexibility of the panes of laminated safety glass
was sufficient for this, with the fourth corner being
shifted up to 25 millimeters in comparison with the
other three corners. Three panes did, however,
have to be cut diagonally. This difficult experience
initiated the reflection about translational surfaces.

**Flusspferdehaus,
Berliner Zoo, 1997**
Hippo House, Berlin Zoo, 1997

**Dachfläche als
Translationsfläche**
Roof surface as translational
surface

Innenansicht
Interior view

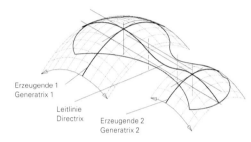

Erzeugende 1
Generatrix 1

Leitlinie
Directrix

Erzeugende 2
Generatrix 2

Speichen

Zur Aufnahme einseitiger Belastungen wie Schnee oder
Wind sind die tonnenförmigen Bereiche an drei Stellen
durch vor- und abgespannte Fächer ausgesteift, die ursprünglich als Speichenräder zur Aussteifung des Seilnetzkühl-
turms Schmehausen entwickelt wurden.

Erste Translationsfläche

Eine bemerkenswerte Variation der Netzschale ist beim
Flusspferdehaus im Berliner Zoo (Jörg Gribl, 1997) zu
sehen. Was ist innen, was ist außen? Die Transparenz der
Netzschale irritiert die Wahrnehmung klarer Grenzen.
Die Schale überspannt zwei kreisrunde Becken mit 21,
beziehungsweise 29 Meter Durchmesser. Scheinbar frei
geformt, gehorcht sie jedoch effizienten Gesetzmäßigkeiten: Elegant und doppelt gekrümmt, erstmals nach
dem Prinzip der Translationsfläche gebaut, ermöglicht sie
die vorteilhafte Eindeckung mit ebenen Scheiben.

Spokes

To resist high snow and wind loads on only one
side, the vault-shaped areas are stiffened by three
prestressed and guyed fans, which were initially
developed as spoked wheels to stiffen the Cable
Net Cooling Tower in Schmehausen.

First Translational Surface

A noteworthy example of a variation on the
grid shell is the Hippo House at the Berlin Zoo
(Jörg Gribl, 1997). What is inside, what is outside?
The transparency of the grid shell irritates the eye
expecting to see clear boundaries. The shell spans
two circular basins, 21 and 29 meters in diameter;
apparently a freeform structure it nonetheless
obeys the laws of efficiency. Elegant and double-
curved, and the first instance of a building based
on the principle of translational surfaces, it offers
the advantage that it can be covered with planar
glass panes.

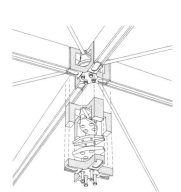

**Explosionszeichnung
des Knotens**
Extracted drawing of joint

**Überdachung Schlüterhof,
DHM, Berlin, 2002**
Skylight covering Schlüterhof,
DHM, Berlin, 2002

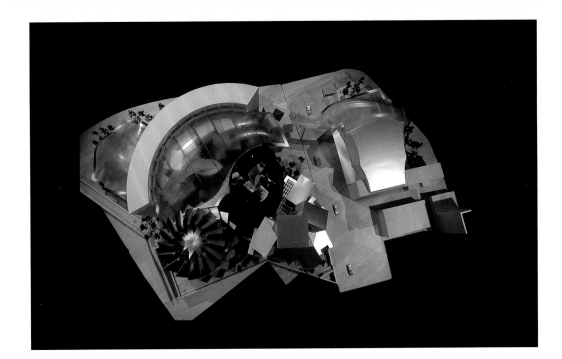

**Modell, Museum of Tolerance,
Jerusalem, Israel, 2006/2007**
Model, Museum of Tolerance,
Jerusalem, Israel, 2006/2007

**Überdachung des Atriums
als Streck-Trans-Fläche**
Atrium skylight
as scale-trans-surface

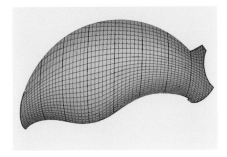

Variable Transparenz

Die Überdachung des Schlüterhofs des Deutschen Historischen Museums (DHM) in Berlin (2002) fasziniert durch das Spiel von Volumen und Transparenz. Der quadratische Hof mit den Maßen 40 x 40 Meter wurde im Rahmen des Museumsumbaus durch I. M. Pei überdacht. Die Tragstruktur verläuft diagonal zu den Ecken, dorthin, wo das Dach sich auf vorhandene Mauerwerkspfeiler stützt. Nicht flach in der Schalenebene liegend, sondern rechtwinklig stehend, formulieren dessen Flachstähle eine räumliche Struktur. Vier ebene, vertikale Kreissegmente bilden den seitlichen Abschluss.

Freiheit und Ordnung

Die individuellen, großzügigen Netzschalen des Museum of Tolerance in Jerusalem, Israel (Gehry Partners Ltd., geplante Fertigstellung 2006/07) verbinden die individuellen Gebäudeelemente und schaffen so geschützte Orte der Begegnung, ganz im Kontext des thematischen Schwerpunkts des Museums, der im gegenseitigen Respekt und der Akzeptanz der Individualität liegt. Mit den Streck-Trans-Flächen für die Glasdächer haben Architekten und Ingenieure gemeinsam die Individualität der Form zu einer harmonischen Struktur verbunden, die mit ihren ebenen, viereckigen Glasscheiben auch dem Kostenrahmen Rechnung trägt. Indem die Kurven der Erzeugenden und der Leitlinie ganz der Vorstellung des Entwurfs angepasst werden kann und der Streckungsfaktor veränderbar ist, kann eine große Vielfalt komplexer Formen abgebildet werden, nicht aber jede beliebige.

Variable Transparency

The interplay of volume and transparency is a fascinating aspect of the skylight covering of the Schlüterhof courtyard at the German Historical Museum (DHM) in Berlin (2002). The courtyard is square-shaped, measuring 40 x 40 meters, and was roofed over as part of the remodeling into a museum by I. M. Pei. The load-bearing structure runs diagonal to the corners, to where it is supported by existing masonry piers. Standing at right angles, as opposed to lying flat in the shell, the steel slats form a spatial structure. Four planar, vertical circular segments form the outer side boundaries.

Freedom and Discipline

The individual, spacious grid shells of the Museum of Tolerance in Jerusalem, Israel (Gehry Partners Ltd., scheduled completion 2006–2007), combine individual building elements and thus create a protected meeting place, quite in keeping with the thematic focus of the museum, which emphasizes mutual respect and the acceptance of individuality. For the scale-trans-surfaces of the glass roofs, the architects and engineers joined forces to combine the individuality of the shape in order to create a harmonious structure, which, with its planar quadrangular glass panes, also took the budget into consideration. Since the curves of the generatrix and the directrix can be fully adapted to meet the design, and the expansion factor can be changed, a great variety, if not every kind, of complex forms can be created.

Bahnsteigdach des Hauptbahnhofs Berlin (2002)

Platform Roof of Central Station, Berlin (2002)

Ort I Location:
Berlin, Hauptbahnhof

Bauherr I Client:
Deutsche Bahn AG, Knoten Berlin

Wettbewerb I Competition: 1993

Fertigstellung I Completed: 2002

Charakteristik I Characteristics:
Seilverspannter Korbbogenrahmen
mit verglaster Netzschale, Länge:
450 m, maximale Spanweite: 66 m I
Cable-supported three-centered arch
with glazed grid shell length 450 m,
maximum span 66 m

Zusammenarbeit I Cooperation:
von Gerkan, Marg und Partner,
Architekten, Hamburg

Ausführung I Construction:
MERO Bausysteme Inland, Würzburg

Leistungen I Scope of work:
Entwurf, Ausführungsplanung, Bau-
überwachung I Conceptual design,
detailed design, site supervision

Im zentralen europäischen Eisenbahnknotenpunkt, dem neuen Hauptbahnhof in Berlin (vormals Lehrter Bahnhof), kreuzen sich unterirdisch die Nord-Süd-Bahnlinie Stockholm–Palermo und oberirdisch auf etwa 1.000 Meter langen Brücken (s. S. 228) die Ost-West-Fernbahn Paris–Wladiwostok sowie die lokalen S-Bahnen mit insgesamt sechs Gleisen. Das große Ost-West-Dach folgt fließend der in der Kurve liegenden Bahn. Von den ursprünglich geplanten 450 Metern Länge sind leider nur 320 Meter ausgeführt worden. Das Dach spannt an seinen Enden 44 Meter beziehungsweise 56 Meter weit und verbreitert sich zur Mitte hin im Bereich der beiden Bügelbauten auf 66 Meter. Zwischen diesen Bügelbauten verschneidet es sich mit einem zylindrischen, 40 Meter breiten und 200 Meter langen Nord-Süd-Dach, das an beiden Enden mit einer großzügigen Glasfassade abschließt. Die klassischen, hoch aufragenden Bogenkonstruktionen der Bahnhofshallen hatten ihre Ursache in der Notwendigkeit, den Lokomotivrauch abzuführen, und ihren Vorteil darin, große Spannweiten als Stützlinien bewältigen zu können. Der hier gebaute flache Korbbogen schafft dies ebenfalls dank einer geeigneten Seilverspannung und liegt dabei dicht über dem erforderlichen Lichtraumprofil der sechs Gleise.

In this central European railway hub, the new Central Station in Berlin (formerly "Lehrter Bahnhof"), the underground north-south Stockholm–Palermo track meets the east-west Paris–Vladivostock line, which runs above ground on bridges some 1,000 meters long (see p. 228). In addition, local regional trains also stop at a total of six platforms above ground. The large roof over the east-west line runs along the curved railway track. Originally conceived to be 450 meters in length, unfortunately only 320 meters were actually completed. At its two ends, the roof has a span of 44 and 56 meters and widens towards the middle in the area of the two wing buildings to 66 meters. Between these two wing buildings it intersects with a 40-meter-wide and 200-meter-long cylindrical roof that runs from north to south and culminates at both ends in a spacious glass façade. The classical, arched constructions of station halls were originally necessary to disperse the smoke from the locomotives, but also had the advantage of accommodating wide spans as thrust lines. Thanks to a suitable cable support, the flat three-centered arch built here also fulfills this function and lies just above the clearance necessary for the six platforms.

Schnitt des Korbbogen
Cross-section of three-centered arch

Beanspruchung der Binder ohne und mit Seilverspannung
Load-bearing behavior of three-centered arch without and with cable support

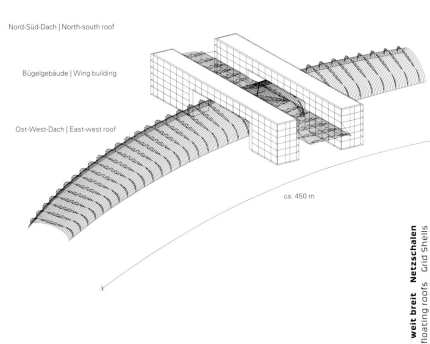

Nord-Süd-Dach | North-south roof

Bügelgebäude | Wing building

Ost-West-Dach | East-west roof

ca. 450 m

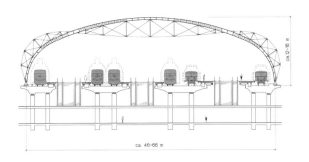

Biegemomente (kNm)
Bending moments (kNm)

ohne Seile
without cables

Biegemomente (kNm)
Bending moments (kNm)

mit Seilen
with cables

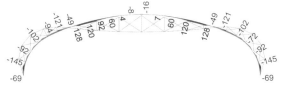

Verformungen (mm)
Deformations (mm)

ohne Seile
without cables

Verformungen (mm)
Deformations (mm)

mit Seilen
with cables

Korbbogenförmiger Binder

Die zwischen außen und innen wechselnde Seilverspannung sorgt dafür, dass der korbbogenförmige Binder in
erster Linie druckbeansprucht ist. Unter gleichmäßiger
vertikaler Belastung stellen die ‚Durchstoßpunkte' der
Seile die Momentennullpunkte dar. An diesen Stellen
müssen die Bindergurte nur geringfügig verstärkt werden,
um einseitige Schneelasten abtragen und Seitenwind
ableiten zu können. Die Binder sind auf den Brücken
gelenkig und längsverschieblich gelagert.

Tonnenschale

Zwischen den Bindern im Abstand von 13 Metern ist das
Dach als zylindrische Netzschale ausgebildet und stellt
damit eine wichtige Weiterentwicklung gegenüber den
klassischen Bahnhofshallen mit schweren Pfetten dar.
Trotz der sehr geringen Krümmung der Schale im Scheitel-
bereich sind Stäbe mit einer mittleren Konstruktionshöhe
von 175 Millimetern ausreichend. So wirkt das Dach mit
einer Maschengröße von 1,40 bis 1,60 Metern und diagonalen Doppelseilen mit einem Durchmesser von 12 Millimetern sehr leicht.

Three-Centered Cable-Supported Arch

The cable support, which alternates between the
inside and the outside, ensures that the three-centered arch is primarily subject to compression.
Given a regular vertical load, the "points of pene-
tration" of the cables act as the zero point of
moments. At these points, the arch chords have
to be thickened only slightly to be able to transfer
unilateral snow loads and side winds. The three-
centered arches are hinged on both supports and
lie on bearings, which can slide lengthwise.

Barrel-Vault Shell

At a distance of 13 meters between the three-
centered arches the roof is constructed as a cylindrical grid shell, and as such represents an important
further development in comparison with classical
station buildings with their heavy purlins. Despite
the shell's negligible curvature at the zenith, slats
with a medium height of 175 millimeters are sufficient. In this way, the roof, with a mesh size measuring from 1.4 to 1.6 meters and diagonal double
cables with a diameter of 12 millimeters, appears
to be very light.

Details der Seilverspannung
Details of cable support

Binder mit Fußpunkt
Arch with base

**Detail des längsverschieb-
lichen Binderfußpunkts**
Detail of movable base

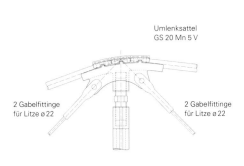

Umlenksattel
GS 20 Mn 5 V

2 Gabelfittinge
für Litze ø 22

2 Gabelfittinge
für Litze ø 22

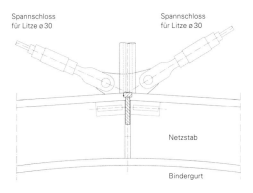

Spannschloss
für Litze ø 30

Spannschloss
für Litze ø 30

Netzstab

Bindergurt

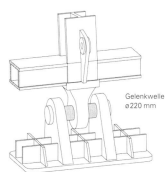

Gelenkwelle
ø 220 mm

Streck-Trans-Fläche

Die Geometrie der Dachfläche und der Maschen wurde
als Streck-Trans-Fläche konzipiert, sodass die vier Eck-
punkte einer Masche im Interesse ebener Glasscheiben
auf einer Ebene liegen. Die Scheiben sind in Teilbereichen
mit Solarzellen beklebt.

Kürzung des Dachs

Die Kürzung des Dachs erfolgte aus terminlichen Gründen,
welche für die Deutsche Bahn AG mit wirtschaftlichen
Folgen verbunden waren. Neben funktionalen Nachteilen,
wie der Nichtüberdachung eines gesamten ICE-Zugs,
büßt das Dach seinen Schwung und die elegante Gesamt-
erscheinung ein. Leider haben wir noch keine ökonomi-
sche Bewertung für Ästhetik!

Scale-Trans-Surface

The geometry of the roof surface and the meshes
was conceived as a scale-trans-surface so that the
four corner points are on one and the same level in
order to enable planar glass panes. At some points
the glass panes are coated with solar cells.

Foreshortened Roof

Scheduling difficulties led to the roof being short-
ened, as any deadline extension would have had
financial consequences for German Rail. In addition
to practical disadvantages, such as the roof not
covering the entire length of an ICE high-speed train,
the roof also loses some of its élan and its overall
elegant appearance. As yet, however, there is still
no way to define aesthetics in economic terms!

Glasdach der DZ-Bank, Berlin (1998)

Glass Skylight of DZ Bank, Berlin (1998)

Ort | Location:
Berlin, Pariser Platz 3

Bauherr | Client:
DG Immobilien Management GmbH,
Frankfurt/Main

Fertigstellung | Completed: 1998

Charakteristik | Characteristics:
Frei geformte Netzschale mit
Dreiecksmaschen, Fläche: 1.220 qm |
Free-formed grid shell with triangular
meshes, surface 1,220 sq. m

Zusammenarbeit | Cooperation:
Frank O. Gehry & Associates Inc.,
Architects, Santa Monica, CA/USA;
Hines Grundstücksentwicklung
GmbH, Berlin

Ausführung | Construction:
Josef Gartner & Co., Gundelfingen

Leistungen | Scope of work:
Entwurf, Ausführungsplanung, Bau-
überwachung | Conceptual design,
detailed design, site supervision

Angesichts der prominenten historischen Umgebung am Pariser Platz in Berlin gibt sich der Neubau der DZ-Bank (vormals DG-Bank) des Architekten Frank O. Gehry nach außen hin ruhig und zurückhaltend. Gehrys berühmte skulpturale Kraft entfaltet sich im Innern. Um das Atrium dieses Gebäudes scharen sich insgesamt neun Glasdächer, Fassaden und Glasböden, die alle nach dem gleichen Prinzip mit verglasten Dreiecksmaschen aus Edelstahlprofilen konstruiert sind. Das größte Dach über dem 61 x 20 Meter großen Atrium durchlief eine stufenweise Entwicklung in einer stimulierenden und spannenden Zusammenarbeit mit dem Architekten mit dem Ziel, und vor allem der beiderseitigen Bereitschaft, gestalterische und konstruktive Gesichtspunkte zwanglos zusammenzuführen.

Das schließlich gewählte Atriumdach ist am Eingang noch ganz flach gewölbt, buckelt sich dann nach oben und rollt sich zunehmend ein, gleichzeitig den Raum von außen nach innen durchstoßend, bis es am Ende des Atriums einem Punkt zustrebt. Gelagert ist das Dach im Abstand von 16,50 Metern auf einzelnen Punkten, entweder auf Konsolen oder an Seilaufhängungen. An diese Stellen wird es zudem mit Speichenrädern in Form gehalten und ausgesteift.

Given the prominent historical setting of Pariser Platz in Berlin, the new DZ Bank building (former DG Bank), designed by American architect Frank O. Gehry, appears from the outside to be calm and subdued. It is on the inside that Gehry's famous sculptural powers come into their own. A total of nine skylights, façades and glass floors cluster around the building's atrium, all of them constructed according to the same principle, with glazed triangular meshes made of stainless steel profiles. The largest skylight above the 61 x 20-meter atrium underwent several planning stages and was a source of stimulating and exciting cooperation with the architect. The mutual goal was to marry design and structural points of view smoothly.

At the entrance the atrium skylight that was finally selected is a very flat vault which then bends upwards, and increasingly rolls in at the edges, while at the same time penetrating the interior from outside before finally fixing on a single point at the end of the atrium. The skylight is fixed at individual points at a distance of 16.5 meters, either on consoles or suspended by cables. At these points the shape is also held and stiffened by spoked wheels.

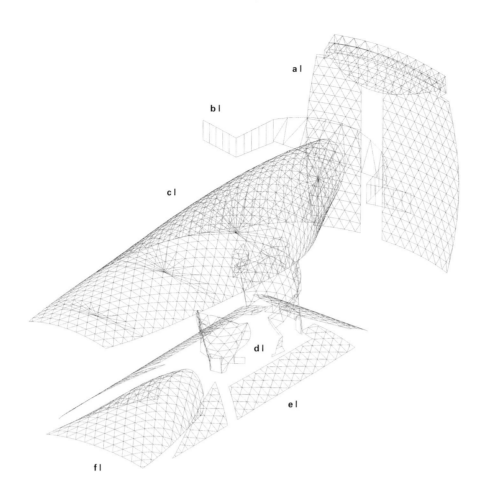

Verglaste Bauteile
a | Oberlicht Haus
Fassade Haus
b | Ebene 6
c | Artrium Überdachung
d | Konferenzsaal Verglasung
e | Glasboden
f | Nordschale
Glazed elements
a | Housing skylight
Housing façade
b | Level-6
c | Atrium skylight glazing
d | Conference hall glazing
e | Glass floor
f | North shell

Entwurfsstadien
Design stages

a |
b |
c |
d |
e |
f |

weit breit Netzschalen
floating roofs Grid Shells

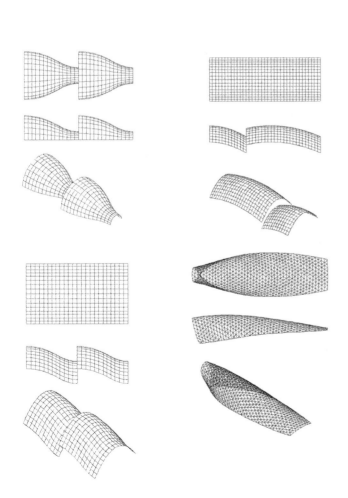

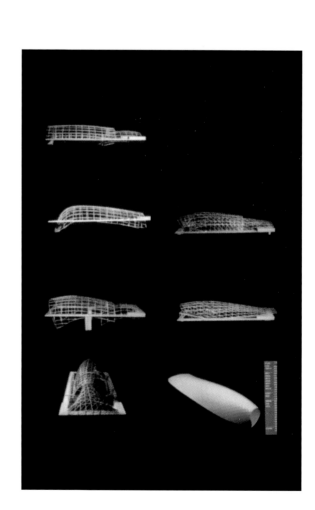

**Aussteifung mittels vorge-
spannter Speichenräder**
Stiffening with prestressed
spoked wheels

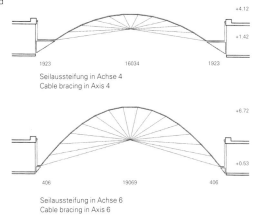

+4.12
+1.42

1923   16034   1923

Seilaussteifung in Achse 4
Cable bracing in Axis 4

+6.72

+0.53

406   19069   406

Seilaussteifung in Achse 6
Cable bracing in Axis 6

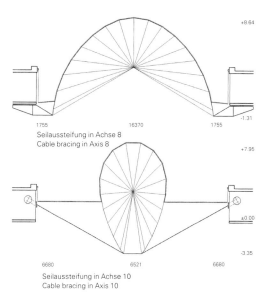

+8.64

1755   16370   1755
-1.31

Seilaussteifung in Achse 8
Cable bracing in Axis 8

+7.95

±0.00

-3.35

6680   6521   6680

Seilaussteifung in Achse 10
Cable bracing in Axis 10

Innenansicht mit Konferenzsaal
Interior view with conference hall

Dachaufsicht
View of roof

Knoten
Joint

128 | 129

weit breit Netzschalen
floating roofs Grid Shells

Dreiecksmaschen

Das Atriumdach beschreibt eine frei geformte, einachsig symmetrische, doppelt gekrümmte Fläche. Der Versuch, diese Fläche nach dem Prinzip der Translationsflächen zu beschreiben, stellte weder konstruktiv noch vom Fluss der Netzstrukturlinien her zufrieden. Daher wurde die Fläche mit dreieckigen Maschen belegt, mit dem Nachteil eines gegenüber Viereckmaschen größeren Glasverschnitts.

Da solche frei geformten doppelt gekrümmten Flächen nur mit Dreiecken unterschiedlicher Stablängen mit ständig veränderlichen Knoten belegt werden können und spitze Winkel für die Verglasung sehr problematisch sind, wurde nach Dreieckswinkeln, möglichst nahe dem 60°-Winkel, mit optimaler Wiederholung gesucht. So kam es zu einem Netz mit stets gleich langen Diagonalstäben, von jeweils 1,55 Metern, jedoch unterschiedlich langen Bogenstäben, zwischen 1,52 bis 1,95 Meter. Insgesamt waren daher 2.490 verschieden lange Stäbe, 826 verschiedene Sternknoten mit je sechs Anschlüssen und 14.940 verschiedene Anschlusswinkel erforderlich.

Triangular Meshes

The atrium skylight describes a free-form, single-axis, symmetrical, double-curved surface. No attempt to describe this surface using the principle of translational surfaces was satisfactory either from a structural point of view or as regards the flow of the grid structure lines. For this reason, the surface was covered with triangular meshes, which in comparison with the rectangular variants have the disadvantage of larger glass offcuts.

Given that this sort of free-form double-curved surface can only be covered with triangles of slats of varying lengths and permanently adjustable joints and, further, that acute angles are highly unsuitable for glazing, the focus was on achieving triangular angles as close as possible to the 60°-angle with optimum iteration. Thus, a grid emerged that comprised diagonal slats of equal length, each 1.55 meters long, yet with arch slats of lengths varying between 1.52 and 1.95 meters. This meant that a total of 2,490 slats of varying length and 826 different star joints, each with six connection points, and 14,940 different connection angles were required.

Material Edelstahl

Die überaus sorgfältige Detaillierung der Struktur sollte nicht unter einem Korrosionsschutz verschwinden. Deshalb wurde die gesamte Konstruktion aus Edelstahl hergestellt: die Stäbe mit ihrer Regelabmessung von 60 x 40 Millimetern, die Seile der Speichenräder mit Durchmessern von 14 und 20 Millimetern sowie die Knoten. Diese wurden mit einem Hochdruckwasserstrahl sternförmig aus bis zu 70 Millimeter starken Blechen geschnitten und auf CNC-gefertigten Fünffachsfräsmaschinen in zwei Arbeitsgängen auf Sollmaß gefräst.

Freud und Leid mit dem Computer

Darstellung, Berechnung und Fertigung dieses Dachs waren allein dank des Computers möglich. Hier drängte sich Schlaich unweigerlich die Sorge auf, ob in einer Zeit, in der alles möglich ist und die Fertigungstechnik keine Disziplin mehr auferlegt, wie dies beispielsweise früher beim Ziegelstein oder der Tatamimatte der Fall war, das gestalterische und konstruktive Chaos vorprogrammiert ist? Dass diese Befürchtungen sich nicht bewahrheiten müssen, zeigt die Arbeit an den Dächern der DZ-Bank, entwickelt mit einem Architekten, den man nicht a priori zu den Konstrukteuren zählen würde. Das Ergebnis ist nach Schlaich ‚trotzdem' – oder gerade deswegen – harmonisch fließend, ja schön.

Material Stainless Steel

No one wanted the carefully detailed design of the structure to disappear beneath corrosion protection. For this reason, the entire roof was made of stainless steel: the slats with their standard cross-sections of 60 x 40 millimeters; the cables of the spoked wheels with diameters of 14 and 20 millimeters; as well as the joints. Using high-pressure water jets, these were cut into star shapes from sheets up to 70 millimeters thick and cut to size in two stages using CNC-manufactured five-axle cutting machines.

Joys and Fears of Computers

Representation, computation and production of the roof were only possible thanks to computers. Here, Schlaich was confronted with the inevitable concern that in an age in which anything was possible and production technology was no longer subject to any form of discipline, (as was the case in earlier times with bricks and tatami mats), the design and construction process would invariably involve chaos. That such fears need not become reality is evidenced by the work for the DZ Bank skylights, which were developed together with an architect not necessarily regarded as a constructionalist. According to Schlaich, the skylights flow harmoniously, indeed, are beautiful "despite" this—or perhaps for this very reason.

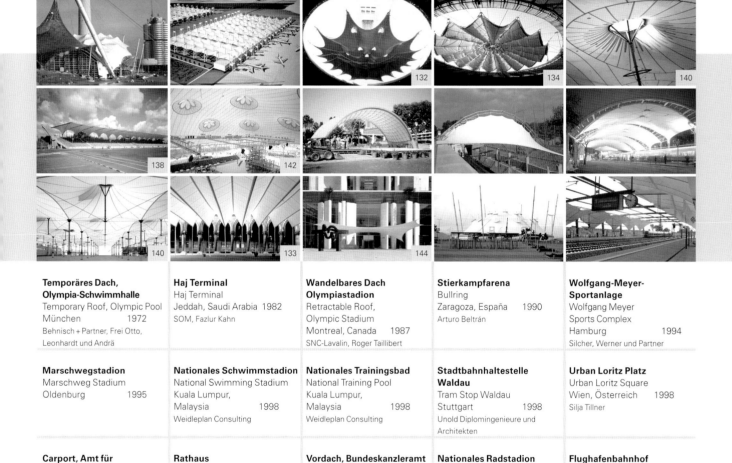

**Temporäres Dach,
Olympia-Schwimmhalle**
Temporary Roof, Olympic Pool
München   1972
Behnisch + Partner, Frei Otto,
Leonhardt und Andrä

Haj Terminal
Haj Terminal
Jeddah, Saudi Arabia 1982
SOM, Fazlur Kahn

**Wandelbares Dach
Olympiastadion**
Retractable Roof,
Olympic Stadium
Montreal, Canada   1987
SNC-Lavalin, Roger Taillibert

Stierkampfarena
Bullring
Zaragoza, España   1990
Arturo Beltrán

**Wolfgang-Meyer-
Sportanlage**
Wolfgang Meyer
Sports Complex
Hamburg   1994
Silcher, Werner und Partner

Marschwegstadion
Marschweg Stadium
Oldenburg   1995

Nationales Schwimmstadion
National Swimming Stadium
Kuala Lumpur,
Malaysia   1998
Weidleplan Consulting

Nationales Trainingsbad
National Training Pool
Kuala Lumpur,
Malaysia   1998
Weidleplan Consulting

**Stadtbahnhaltestelle
Waldau**
Tram Stop Waldau
Stuttgart   1998
Unold Diplomingenieure und
Architekten

Urban Loritz Platz
Urban Loritz Square
Wien, Österreich   1998
Silja Tillner

**Carport, Amt für
Abfallwirtschaft**
Carport, Office for Waste
Management
München   1999
Ackermann + Partner, Peter Kluska

Rathaus
Town Hall
Wien, Österreich   2000
Silja Tillner

Vordach, Bundeskanzleramt
Canopy, Federal Chancellery
Berlin   2001
Axel Schultes

Nationales Radstadion
National Velodrome
Abuja, Nigeria   2003
Weidleplan Consulting,
ASS Architekten

Flughafenbahnhof
Airport Railway Station
Leipzig / Halle   2003
AP Brunnert

Textile Membranen

Textile Membrandächer spannen weit, sind leicht und transluzent, beschwingt und anpassungsfähig. Daher werden sie zunehmend für Sportbauten, zur Überdachung von Märkten und Straßen und gar als wandelbare Dächer über Stadien oder Freilichtbühnen eingesetzt. Wird bei Seilnetzdächern und Netzschalen immer zuerst eine tragende Struktur gebaut, die dann mit einer Sekundärkonstruktion eingedeckt wird, übernehmen die vorgespannten textilen Membranen Tragen und Schützen in einem. Maste und Abspannungen bilden Hoch- und Tiefpunkte und sorgen so für die erforderliche Flächenkrümmung. Für reine Membrankonstruktionen sind aber mögliche Spannweiten relativ begrenzt. Daher wird bei großen Membranbauten zunächst auch eine Primärstruktur aus Masten, Ring- und Binderseilen, Aufhängungen und Abspannungen errichtet, um dann zwischen deren Knoten einzelne mit Randseilen eingefasste Membranfelder zu verspannen.

Die heute üblichen Gewebe aus technischen Fasern haben mit der einfachen, früher für Zeltdächer üblichen Baumwolle nur noch wenig gemeinsam. Bei der Entscheidung zwischen Polyester/PVC und Glasfaser/PTFE ist aus konstruktiver Sicht maßgebend, dass Ersteres weniger knickempfindlich, also faltbar, aber schwer entflammbar und dafür billiger ist, das Zweite dagegen sehr knickempfindlich, aber nicht brennbar und etwas dauerhafter. Hinsichtlich der Lebensdauer ist allerdings die sorgfältige konstruktive Durchbildung, vor allem die Faltenfreiheit und die lückenlose Entwässerung mindestens ebenso wichtig wie das Material selbst.

Ebenso wie die Seile sind auch die Membranen nur zugfest. Folglich müssen sie vorgespannt werden, um neben ihren sehr geringen Eigenlasten Wind und Schnee mit vertretbaren Verformungen standhalten zu können. Die Vorspannung muss hoch genug sein, damit die Lasten ohne Faltenbildung abgetragen werden können. Ist sie allerdings zu hoch, wird sie durch Kriechen abgebaut, die Lebensdauer sinkt. Wie beim Seilnetz kann die Vorspannung entweder über Hoch- und Tiefpunkte und Randseile oder kontinuierlich vom Rand her in die Membranfläche eingeleitet werden, die dann eine gegensinnig sattelförmig gekrümmte Form annimmt. Wird die Membran pneumatisch vorgespannt, entsteht eine gleichsinnig kuppelförmig gekrümmte Form.

Aufgrund dieser gegenseitigen Abhängigkeit von äußerer Form und inneren Kräften kann man Membranbauten nicht im üblichen Sinne entwerfen, also nach Lust und Laune, sondern sucht und findet ihre Form als Gleichgewichtsfigur. Dieser Formfindungsprozess kann am physischen Modell (mit Tüll, Fäden, Stäbchen und Kleber) oder heute am Computer stattfinden. Wichtigstes Kriterium der Statik ist neben der Spannungsanalyse die Untersuchung der Verformungen hinsichtlich der funktionalen Anforderungen: der Sicherstellung der Entwässerung und der aerodynamischen Stabilität (Flattern).

Textile Membranes

Textile membrane roofs span wide, are light-weight and translucent, vibrant and adaptable. This is why they are becoming increasingly popular for sports facilities, for roofing over markets or streets and even as retractable roofs over stadiums and open-air stages. Whereas in the case of cable net roofs and grid shells a load-bearing structure is always built first and is then covered by a secondary structure, prestressed textile membranes perform load-bearing and protective functions in one. Mast and guying cables define the high and low points and in this way produce the surface curvature required. With pure membrane structures, the possible span is relatively limited. For this reason, in the case of large-scale membrane constructions, an initial primary structure of masts, ring and radial, suspending and bracing cables is constructed; the individual membrane sections, framed by edge cables, can then be inset between its joints.

Today's standard textiles made of synthetic fibers have little in common with the simple cotton that was used for tent roofs in earlier times. When it comes to choosing between polyester/PVC and fiberglass/PTFE, from a structural point of view the deciding factors are that the former is less sensitive to sharp bending and can thus be folded but is non- inflammable and therefore cheaper, whereas the latter is extremely sensitive to folds but non-combustible and somewhat more durable. With regard to durability, careful structural detailing, above all avoiding folds and perfect draining, is at least just as important as the material itself.

Like cables, membranes possess only tensile strength. Consequently, given their very low dead load, they have to be prestressed to withstand wind and snow loads with acceptable deformation. The prestressing must be sufficient to transfer the loads free of folds. Yet if it is too high it will dissipate as a result of creeping and life expectancy will sink. As with cable nets, the prestressing can be introduced into the membrane surface either via low or high points and edge cables, or continuously from a rigid edge. The membrane then adopts a saddle-shaped anticlastic curvature. If it is prestressed pneumatically, a dome-shaped synclastic curvature develops.

Because of this mutual dependence on outer shape and inner forces, membrane buildings cannot be designed in the usual manner, that is, at will. Instead, their form is arrived at and determined by an equilibrium being reached. This form-finding process can take place on physical models (with tulle, threads, little rods and adhesives) or nowadays on computers. The most important criterion for the structure is, in addition to a stress analysis, an investigation into deformations with regard to functional requirements: provision for drainage and aerodynamic stability (fluttering).

Das bisher größte wandelbare Membrandach: Olympiastadion, Montreal, Kanada, 1987
Up to now the largest retractable membrane roof: Olympic Stadium, Montreal, Canada, 1987

Zur Fertigung wird die doppelt gekrümmte Fläche in Zuschnittsstreifen abgewickelt, die entlang ihrer Ränder verschweißt, gelegentlich auch zusätzlich vernäht werden. Die schlaffe Membran muss exakt um das Maß ihrer Dehnung unter Vorspannung verkleinert fabriziert werden. Bei dieser heiklen ‚Kompensation' kommt erschwerend hinzu, dass sich diese Gewebe in Kett- und Schussrichtung deutlich unterschiedlich dehnen – ein Fall für erfahrene Ingenieure mit Fingerspitzengefühl und Erfahrung.

Membranbauten verzeihen keinen Fehler: Ein falscher Zuschnitt, ein schlechtes Detail brandmarken Unachtsamkeiten des Entwurfs. So fasziniert der Student Schlaich in den späten fünfziger Jahren von der Schönheit der frühen schwungvollen Membrankonstruktionen Frei Ottos war, so sehr schreckte ihn die große Diskrepanz zwischen ihrer schönen Gestalt als Ganzes und den schrecklich nachlässigen Details ab. Da hier anfänglich kaum eine Entwicklung zu verzeichnen war, sind Schlaich und Bergermann erst relativ spät unter die Membranbauer gegangen. Mit dem Haj Terminal in Jeddah (1982), dem King Fahd International Stadium in Riad (1985) sowie dem wandelbaren Dach des Olympiastadions in Montreal (1987) und dem der Stierkampfarena in Saragossa (1990) gelang es ihnen dann gezielt saubere und einfache Details zu entwickeln, die in Harmonie mit dem ganzen Bauwerk stehen.

For their manufacture the double-curved surface is developed in flat strips cut to size and then welded along their edges and occasionally also sewn. The slack membrane must be manufactured in the size that corresponds to the finished size minus its expansion under prestressing, whereby this tricky "compensation" is made even more difficult by the fact that such fabric expands differently in the direction of the warp as opposed to the weft— definitely a case only for experienced engineers with intuition and experience.

There is no margin for error with membrane constructions: an erroneous cut or a poor detail leave the mark of carelessness on the design. As much as he was fascinated as a student in the late 1950s by the beauty of Frei Otto's early sweeping membrane constructions, so Schlaich was shocked by the great discrepancy between the beauty of their overall design and the awfully careless details. As there was initially no evidence of any further development in this field, only at a relatively late point did Schlaich and Bergermann venture into using membranes for building purposes. With the Haj Terminal in Jeddah (1982), and the King Fahd International Stadium in Riyadh (1984), as well as the retracable roofs in Montreal (1987) and Zaragoza (1988), they then succeeded in purposely developing clear and simple details that harmonized with the whole building.

Stierkampfarena, Saragossa, Spanien (1990)   Bullring, Zaragoza, Spain (1990)

Ort | Location:
Plaza de Toros de la Misericordia,
Zaragoza, España

Bauherr | Client:
Servicios Taurinos de Aragón,
Arturo Beltrán

Fertigstellung | Completed:
Außendach | Outer roof: 1988
Innendach | Inner roof: 1990

Charakteristik | Characteristics:
Außendach: Ringseildach mit Membraneindeckung, Fläche: 4.400 qm,
Innendach: wandelbares Membran-
dach, Fläche: 1.000 qm | Outer roof:
looped cable roof with membrane
cover, surface 4,400 sq. m, inner
roof: retractable membrane roof
1,000 sq. m

Ausführung | Construction:
Pfeifer Seil- und Hebetechnik GmbH,
Memmingen; Koch Hightex GmbH,
Rimsting

Leistungen | Scope of work:
Entwurf, Ausführungsplanung,
Bauleitung | Conceptual Design,
detailed design, site supervision

Mittig, in einem festen kreisrunden, mit einer Membran eingedeckten Dach öffnet und schließt sich eine flexible Membran – einer Blume vergleichbar. Ein Schauspiel, nur 2 bis 3 Minuten lang, das den 15.000 Zuschauern auf der fest überdachten Tribüne die ganze Schönheit der Membranbauweise entfaltet. Das feste Dach spendet während der traditionellen Stierkämpfe im Sommer Schatten, das bewegliche Innendach verwandelt die historische Stierkampfarena in eine Mehrzweckhalle für jede Witterung.

Das frei spannende Dach ist leicht genug, um von dem alten Bau optisch und statisch getragen werden zu können. Dazu wurde das Prinzip des in sich geschlossenen Ringseildachs erstmals aufgegriffen: mit einem äußeren Druckring und zwei zentralen Zugringen für das Außendach und denselben zwei Zugringen und einem zentralen Knoten für das bewegliche Innendach.

Wandelbarkeit der Membrandächer

Für wahre Membrandächer ist die Faltbarkeit textiler Membranen kein einmaliger Vorgang, wie bei der Montage fester Membrandächer, sondern er kann mehrfach wiederholt werden. Sie zelebrieren buchstäblich diese einmalige Besonderheit textiler Werkstoffe und sind Ergebnis einer gelungenen Synthese von konstruktivem Ingenieurbau und Maschinenbau.

In the middle, in a fixed, circular roof encased with a membrane, a flexible membrane opens and shuts, like a flower. A theatrical performance, just 2 to 3 minutes long, which reveals to the 15,000 spectators in the permanently roofed stand the beauty of building with membranes. The permanent roof provides shade during the traditional summer bullfights; the retractable interior roof transforms the ancient bullring into a multi-functional arena for use in any weather.

The freely spanned roof is sufficiently light for the old building to bear it visually and structurally. To this end, use was made for the first time of the principle of a self-enclosed looped cable roof: with an outer compression ring and two central tension rings for the outer roof; and the same two tension rings and a central node for the movable inner roof.

Adaptable Membrane Roofs

True membrane roofs do not make only one-time use of the folding qualities of textile membranes (as is the case in the assembly of fixed membrane roofs), but instead utilize this quality constantly. They quite literally celebrate the unique quality of textile materials and are the result of a successful synthesis of structural and mechanical engineering.

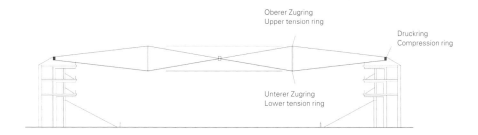

Oberer Zugring
Upper tension ring

Druckring
Compression ring

Unterer Zugring
Lower tension ring

**Schnitt durch das feste
äußere Ringseildach und
das bewegliche Innendach**
Section through fixed outer looped
cable roof and retractable inner roof

Blick von oben
View from above

Festes Außendach

Das Außendach spannt zwischen einem Druckring mit
83 Meter Durchmesser und zwei frei schwebenden Ringseilen mit jeweils 36 Meter Durchmesser. Der Druckring
mit einem Querschnitt von 800 x 500 Millimetern ist am
oberen Rand der Tribüne gelagert. Die 60 Millimeter dicken
Ringseile werden durch 16 je 6 Meter lange Druckstäbe
gespreizt und radial mittels 64 untere und 32 obere Radialseile mit dem Druckring verspannt (s. S. 152). Zwischen den
unteren Radialseilen spannt sich leicht gefaltet eine transluzente PVC-beschichtete Polyestergewebe-Membran,
da diese Seile am Druckring im Wechsel oben und unten
angeschlossen sind.

Bewegliches Innendach

Das bewegliche Innendach überspannt die Sandfläche mit
einem Durchmesser von 36 Metern. Der Zentralknoten
wird von 16 oberen und 16 unteren Radialseilen getragen,
die jeweils gegen die oberen oder unteren Enden der
Druckstäbe zwischen den Ringseilen verspannt sind. Im
offenen Zustand ist die Membran unter der Nabe gerafft,
sie schließt sich, indem sie an jeweils 5 Gleithülsen entlang den 16 unteren Radialseilen zum unteren Ringseil hin
auseinander gezogen und dann gegen Flattern im Wind
vorgespannt wird. Weil das Auf- und Zufahren der Membran einen schnellen Fahrvorgang mit geringen Kräften
erfordert und umgekehrt das Vorspannen der Membran
große Kräfte bei geringem Weg und sehr kleiner Geschwin-
digkeit bedeutet, wurden die Antriebe für diese beiden
Funktionen entkoppelt.

Fixed Outer Roof

The outer roof spans between a compression ring
83 meters in diameter and two free-floating ring
cables, each with a diameter of 36 meters.
The compression ring, with a cross-section of
800 x 500 millimeters, is positioned at the upper
edge of the stand. The 60-millimeter ring cables
are kept apart by 16 steel struts, each 6 meters
long and braced by means of 64 lower and 32 upper
radial cables to the compression ring (see p. 152).
A translucent PVC-coated polyester membrane
spans between the lower cables, slightly folded
since these cables are attached alternately at the
top and at the bottom to the compression ring.

Retractable Inner Roof

With its 36-meter diameter, the retractable inner
roof spans the sandy arena. The central node is
borne by 16 upper and 16 lower radial cables, each
tensioned against the upper or lower ends of the
struts between the ring cables. When open, the
membrane is gathered up under the hub and closes
by being extended by 5 sliding sleeves along the
16 lower radial cables in the direction of the lower
ring cable and then prestressed so as to prevent
fluttering in the wind. Because the process of opening and closing the membranes must be fast and
requires minimal force, and contrary prestressing
of the membranes entails a large amount of force
at very low speed, the drive mechanisms for these
two functions have been kept separate.

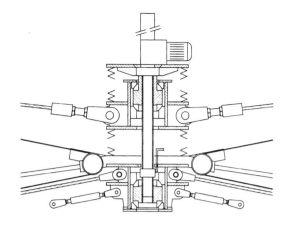

Zentraler Knoten der Speiche mit Spindel zum Spannen der Radialseile und der Membran des Innendachs
Central node of the spoke with spindle to tension the radial cables and the membrane of the inner roof

Vorspannen

Zum Spannen der Membran ist der Zentralknoten zweigeteilt, oben sind 16, unten die anderen 16 Radialseile und die Membran befestigt. Die beiden Hälften können durch eine elektromotorisch betriebene Spindel zum Spannen der Seile und der Membran – mit Hilfe einer Kraftmesseinrichtung rechnergesteuert ‚auf Kraft' – zusammengezogen und zum Entspannen vor dem Öffnen wieder auseinander gefahren werden. Der ganze Fahrvorgang wird von Sensoren überwacht und durch einen Rechner gesteuert.

Prestressing

In order to prestress the membrane, the central node is divided in two, with 16 radial cables above and the other 16, plus the membrane, on the lower half. An electric motor-driven spindle is used to tension the cables and the membrane—thanks to a computer-controlled load-sensing device set to "force" when opening or closing it. The entire process is monitored by sensors and controlled by a computer.

Tribünenüberdachung des Marschwegstadions, Oldenburg (1995)

Roofing Over Marschweg Stadium Grandstand, Oldenburg (1995)

Ort | Location:
Oldenburg, Marschweg

Bauherr | Client:
Stadt Oldenburg

Fertigstellung | Completed: 1995

Charakteristik | Characteristics:
Vorgespannte Membranen zwischen
Primärkonstruktion aus Seilen und
Masten, Fläche: 3.500 qm |
Prestressed membrane between
a primary structure of cables and
masts, surface area 3,500 sq. m

Zusammenarbeit Tribüne |
Cooperation Stand: Kulla Herr und
Partner, Architekten, Oldenburg

Ausführung | Construction:
Philipp Holzmann AG, Köln;
Pfeifer Seil- und Hebetechnik GmbH,
Memmingen; Koch Hightex GmbH,
Rimsting

Leistungen | Scope of work:
Entwurf, Ausführungsplanung,
Bauleitung | Conceptual design,
detailed design, site supervision

Ein elementiertes Membrandach schützt die Fans des VFB Oldenburg vor Regen und Schnee. Es ist ein attraktiver Blickfang vom Schlossgarten aus und findet gegenüber der sich anschließenden Wohnbebauung die richtige Maßstäblichkeit. Zwischen horizontalen Druckstreben spannen sich insgesamt 14 im Grundriss rechteckige, beziehungsweise an den Kurven trapezförmige Membranflächen auf. Die vier Ränder der je 9,25 x 23 Meter großen Flächen liegen in einer Ebene. In der Mitte sind die Membranen zu Tiefpunkten hin 4 Meter nach unten gespannt und erhalten so die erforderliche Krümmung und Vorspannung. Die Membranelemente werden in ihrer über die Tribüne 17,60 Meter weit auskragenden und rückwärtig noch 5,40 Meter ausladenden Lage durch eine seilverspannte Rohrkonstruktion getragen. Die horizontalen Druckstreben sind über geneigte Seilbinder an den Masten aufgehängt. Am hinteren Rand dienen Abspannstäbe zur Aufnahme des Kragmomentes.

Sichtbarer Kraftfluss

Die kelchartig auf den Tiefpunkt zulaufenden Nähte des Zuschnitts bilden dunklere Linien auf der transluzenten Membranfläche. Dort sind aufgrund der Spannungskonzentration Verstärkungen erforderlich, welche sternförmig auf die Radialbahnen geschweißt werden. So wird der Kraftfluss optisch unterstrichen und die innere Spannung auf das visuelle Erscheinungsbild der Membrankonstruktion projiziert.

A segmented membrane roof protects the VFB Oldenburg fans from rain and snow. Viewed from the nearby castle gardens it is quite an eye-catcher, while its scale fits in with the housing areas opposite. A total of 14 membrane segments, each rectangular in layout and trapezoidal in the curves, stretch between horizontal struts. The four edges of the 9.25 x 23-meters surfaces are on one and the same level. In the middle, the membranes are held down to a depth of 4 meters and thus attain the curvature and prestressing required. The membrane sections are held in position by a cable-braced tubular structure and thus project 17.6 meters over the stand and overhang the rear by 5.4 meters. The horizontal struts are attached to the masts via cable girders. At the rear edge, ties serve to accommodate the cantilever moment.

Visible Flow of Forces

The chalice-like seams of the cut-to-size fabric, which run toward the low point, form darker lines on the translucent membrane surface. Because of the concentration of tension at this point strengthening membrane strips are necessary, and these are welded on the radial tracks in a star shape. In this way, the flow of force is visually accentuated and the inner tension projected onto the outward appearance of the membrane construction.

 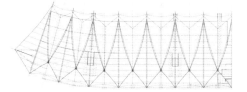

weit breit **Textile Membranen**
floating roofs Textile Membranes

Ansicht, Schnitt und Draufsicht
Elevation, cross-section and plan

Leichte, transparente Innenansicht
Light, transparent interior view

Montage einzelner Dachelemente
Assembly of individual roof segments

**Wolfgang-Meyer-
Sportanlage, Hamburg,
1994**
Wolfgang Meyer Sports
Center, Hamburg, 1994

**Lichtdurchflutete
Außenansicht bei Nacht**
Translucent exterior view
at night

**Paralleler und radialer
Zuschnitt der Membran**
Parallel and radial cut
of membrane

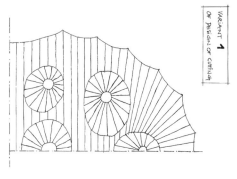

Paralleler und radialer Zuschnitt

Gleich zwei Beanspruchungszustände visualisiert der
Zuschnitt der schwebenden Membran über der Radbahn
und dem Eisstadion der Wolfgang-Meyer-Sportanlage in
Hamburg (Silcher, Werner und Partner, 1994). Es wird von
nur 4 Masten und 8 sich pilzförmig aufspreizenden unterspannten Luftstützen getragen. An den Hochpunkten ist
die Membran an Zugringe geklemmt. Die parallel verlaufenden Membranstreifen zum Rand hin reflektieren die
Belastung unter Windsog, das radiale Muster der Hoch-
punkte die Konzentration unter Schneelast, wozu die
Streifen zusätzlich verstärkt wurden.

Sternförmiger Zuschnitt

Das regelmäßig von Masten abgehängte Dach des Munhak
Stadions in Incheon, Korea (2002), für die Fußballweltmeisterschaft in Japan und Korea 2002 visualisiert den Kraftfluss
über einen sternförmigen Zuschnitt. Immer zwei Membran-
bahnen sind zu einer zusammengefasst, um so gleichzeitig
das Problem der immer schmaler werdender Bahnen zu
lösen. Die Membran liegt hier doppelt, ein Umstand, der,
vergleichbar einer zweischnittigen Verbindung im Stahlbau,
einen gleichmäßig kraftschlüssigen Materialübergang zuließ.

Radialer Zuschnitt

Eine ringsum offene, punktgestützte Membran überdacht
den Carport der Münchner Müllfahrzeuge (Ackermann +
Partner, 1999). Stahlstützen bilden ein strenges rechteckiges Raster, jedes Membranfeld wird durch eine zentrische,
diagonal unterspannte Luftstütze mittig gestützt und vorgespannt.

Parallel and Radial Cut

The floating membrane over the cycle track and
ice rink at the Wolfgang Meyer Sports Center in
Hamburg (Silcher, Werner und Partner, 1994) visualizes two different load states. It is supported by
just 4 masts and 8 cable-supported props that
sprout up like mushrooms. At the high points the
membrane is clamped to tension rings. The parallel
membrane strips running towards the edge reflect
the stress caused by wind suction, the radial pattern
of the high points reflect the concentration of loads
from snow for which the strips were additionally
strengthened.

Star-Shaped Cut

The roof of the Munhak Stadium in Incheon,
Korea (2002), is suspended from masts at regular
intervals. Made in time for the Soccer World Cup
in Japan and Korea in 2002, the roof visualizes the
flow of forces across a star-shaped membrane.
In each case, two membrane strips are joined
into one to solve simultaneously the problem of
the strips becoming ever thinner. In this case,
the membrane has a double layer, which permits
a steady load transfer at material joints.

Radial Cut

A membrane open right round and point-supported
covers the carport for the Munich garbage trucks
(Ackermann + Partner, 1999). Tubular steel columns
form a stringent rectangular grid, whereby each

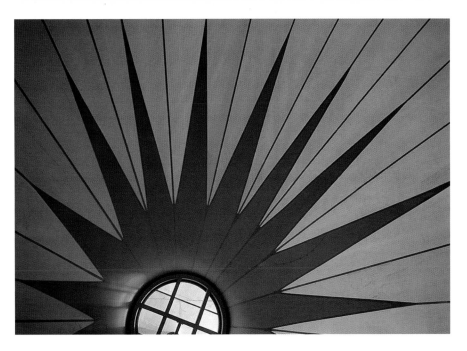

**Munhak Stadion,
Incheon, Korea, 2002;
sternförmiger Zuschnitt**
Munhak Stadium,
Incheon, Korea, 2002;
Star-shaped cutting pattern

Außenansicht
Exterior View

**Carport des Amts für Abfall-
wirtschaft, München, 1999,
im Bauzustand, Membran
noch nicht ausgeblichen**
Carport for Munich Office for
Waste Management, 1999,
during construction, membrane
not yet bleached

Mit ausgeblichener Membran
With bleached membrane

**Im Hintergrund
das Olympiadach**
In the background the
Olympic Roof

Querschnitt der Stütze
Cross-section of column

140 | 141

weit breit Textile Membranen
floating roofs Textile Membranes

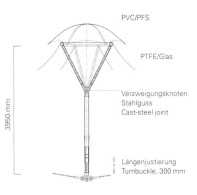

PVC/PFS

PTFE/Glas

Verzweigungsknoten
Stahlguss
Cast-steel joint

3950 mm

Längenjustierung
Turnbuckle, 300 mm

**Überdachung des
Nationalen Schwimm-
stadions, Kuala Lumpur,
Malaysia, 1998**
Roof covering of National
Swimming Stadium, Kuala
Lumpur, Malaysia, 1998

Diese Luftstützen verästeln sich wie in Hamburg zu einem Stahlrohr als Zugring. Hier allerdings ist die Membran nicht wie bisher üblich an den Ring geklemmt, sondern elegant mit einem Seil, innen am Ring mit angeschweißten Stahlstiften in Position gehalten, eingefasst. So ist nicht nur eine schnelle Montage möglich, sondern auch ein ungestörter Membrananschluss mit konstant verteilter Krafteinleitung.

Blütenförmige Aufhängepunkte

Eine einzige Membran überspannt das Nationale Schwimmstadion in Kuala Lumpur, Malaysia (Weidleplan Consulting, 1998). An 13 Einzelpunkten wird sie mit Seilen hochgezogen und über einen Mast abgespannt. Ehrgeizig und zugleich poetisch ist die konstruktive Ausbildung der blütenförmigen Aufhängepunkte. Die radial angeordneten Membranstreifen aus stärkerem Material als die parallelen Steifen der Hauptfläche werden von doppelten Polyestergurten eingefasst, welche die Last in die 6 Spiralseile weiterleiten.

membrane field is supported and prestressed by a centered cable-supported prop. As in Hamburg, these cable-supported props interweave to become a steel tube that serves as a tension ring. In this case, however, the membrane is not clamped to the ring in the customary manner, but is elegantly bordered with a cable held in position by steel pins welded to the interior of the ring. This enables not only very quick assembly, but also unimpeded connection of the membrane and a regular distribution of the induced forces.

Suspension Points Like Flowerbuds

A single membrane spans the National Swimming Stadium in Kuala Lumpur, Malaysia (Weidleplan Consulting, 1998). It is lifted at 13 individual points using cables and suspended from a guyed mast. The construction of the flowerbud-like points of suspension is both ambitious and poetic. The membrane strips, which are positioned in a radial pattern, and are made of stronger material than the parallel strips of the main surface, are surrounded by double polyester belts that transfer the load to the 6 spiral cables.

**Finite Elemente zur
Optimierung der Geometrie
eines Aufhängeknotens**
FE to optimize the geometry
of a suspension point

Ansicht
Elevation

**Blütenförmige
Aufhängepunkte**
Suspension points
like flowerbuds

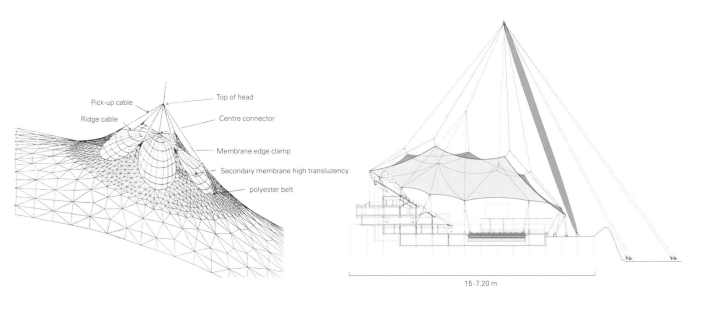

Pick-up cable

Top of head

Ridge cable

Centre connector

Membrane edge clamp

Secondary membrane high transluzency

polyester belt

15·7,20 m

**Vordach des Bundes-
kanzleramts, Berlin, 2001**
Canopy of Federal Chancellery
Berlin, 2001

Randausbildung
Edge detailing

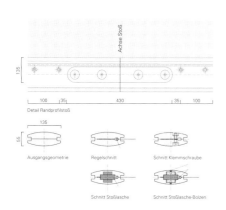

Glatter Rand

Der Schwung des leichten Vordachs über dem Eingang
des Bundeskanzleramts in Berlin (2001) nimmt diesem ein
wenig die Strenge. Es war ein Anliegen des Architekten
Axel Schultes, Membran und Randverstärkung möglichst
homogen und ruhig zu gestalten – ohne die üblichen
Taschen, Randseile und Klemmen – und so kam es zu
diesem neuen, ersten vollkommen integrierten Membran-
rand. Hier sind die Alu-Klemmprofile verdeckt zugfest
untereinander verbunden. Der Rand folgt der Membranfläche durch eine Verwindung um die Profilachse und
sammelt alle Kräfte aus der Membran ein, um sie zu den
Auflagerpunkten weiterzuleiten.

Smooth Edge

The sweep of the light canopy at the entrance to
the Federal Chancellery in Berlin (2001) relieves
the latter of some of its stringency. The architect
Axel Schultes wanted as homogenous and calm
a design as possible for the membrane and edge,
without the usual pouches, edge cables and clamps.
The result: the very first perfectly integrated membrane edge. The concealed internaly tension-proof
aluminum clamp profiles are connected. The edge
follows the membrane surface through a twist
around the profile axis and absorbs all forces from
the membrane in order to transfer them to the
support points.

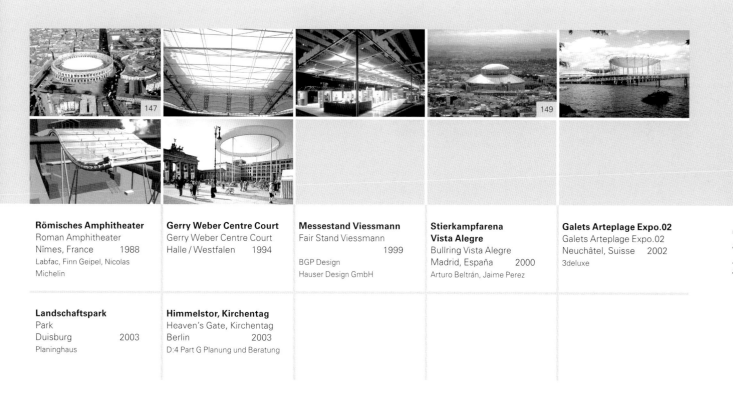

Römisches Amphitheater
Roman Amphitheater
Nîmes, France   1988
Labfac, Finn Geipel, Nicolas
Michelin

Landschaftspark
Park
Duisburg   2003
Planinghaus

Gerry Weber Centre Court
Gerry Weber Centre Court
Halle / Westfalen   1994

Himmelstor, Kirchentag
Heaven's Gate, Kirchentag
Berlin   2003
D:4 Part G Planung und Beratung

Messestand Viessmann
Fair Stand Viessmann
          1999
BGP Design
Hauser Design GmbH

**Stierkampfarena
Vista Alegre**
Bullring Vista Alegre
Madrid, España   2000
Arturo Beltrán, Jaime Perez

Galets Arteplage Expo.02
Galets Arteplage Expo.02
Neuchâtel, Suisse   2002
3deluxe

weit breit Pneus Air-inflated Roofs

floating roofs

Pneus

Die pneumatisch gestützten textilen Membranen gehören zu den leichtesten Baukonstruktionen: Traglufthallen oder Luftkissen haben ein Flächengewicht von rund einem Kilogramm pro Quadratmeter. Allerdings bedeutet ‚leicht' nicht automatisch ‚schön': Während sie nachts bei Innenbeleuchtung von außen transparent wirken, ist ihr Erscheinungsbild tagsüber opak und strukturlos. Zudem laufen Luftkissen Gefahr, aufgrund des Durchhangs der unteren Membrane innen erdrückend zu wirken, was durch den Einsatz seilnetzverstärkter hochtransluzenter Membranen oder transparenter Folien vermieden werden kann.

Die Auslegung eines Luftkissens und insbesondere die Wahl des geeigneten Innendrucks verlangen einige Erfahrung, weil das System instabil wird, sobald die Vorspannung aufgezehrt ist und sich Falten bilden. Der Innendruck wiederum ist abhängig von Umgebungsbedingungen, wie Temperatur und Luftdruck; Letzterer schwankt hierzulande um ± 20 Millibar, also um ein Mehrfaches des typischen Innendrucks eines Luftkissens von etwa 5 Millibar.

Bei den durch Unterdruck stabilisierten Metallmembran-Hohlspiegeln für die Dish/Stirling-Systeme zur dezentralen solaren Stromerzeugung hatte der innere Luftdruck noch eine weitere Aufgabe: als formgebender Lastfall zur plastischen Verformung dieser Edelstahlbleche.

Fliegender Teppich

Das schöne römische Amphitheater an der Piazza Brà in Verona ist mit 138 Meter und 109 Meter Außenabmessungen und 32 Meter Höhe nach dem Kolosseum das zweitgrößte Italiens. Damit die berühmten Opernaufführungen bei jeder Wetterlage hier stattfinden können – bei gutem unbedingt im Freien –, suchte die Stadt Verona nach einem kurzfristig installierbaren Dach. Die Lösung von Schlaich und Bergermann sah ein heliumgefülltes Luftkissen vor, das außerhalb der Stadt parkt, um dann, falls erforderlich, wie ein fliegender Teppich einzuschweben und knapp über der Arena, ähnlich einem Fesselballon, mit Seilen verankert zu werden. Diese Idee wurde zwar nicht weiter verfolgt, inspirierte aber die Entwicklung des Dachs in Nîmes.

Air-inflated Roofs

Pneumatically supported textile membranes are among the lightest building structures: air-inflated halls and air cushions have a dead load of around one kilogram per square meter. That said, "light" does not automatically mean "beautiful", although seen from the outside by night with interior lighting they seem transparent, while during the day they look opaque and lacking in structure. Due to sagging in the lower membrane, air cushions run the risk of seeming oppressive on the inside—something that can be avoided by using cable-net-strengthened, highly translucent membranes or even transparent foils.

The design of an air cushion, and in particular the choice of suitable inner pressure, require substantial experience, as the system becomes unstable as soon as the pre-stressing is exhausted and folds form. Moreover, the inner pressure depends on ambient conditions, such as temperature and air pressure. In Germany, the latter ranges between ± 20 millibars, which is several times the typical pressure of an air cushion, approximately 5 millibars.

In the case of concave metal membrane concentrators for the Dish/Stirling systems for decentralized solar energy production, which are stabilized by low pressure, the interior air pressure had an additional function: as a loading case it determined the shape by spatial deformation of these stainless-steel sheets.

Flying Carpets

The beautiful Roman Amphitheater on the Piazza Brà in Verona, sized 138 x 109 meters on the outside and 32 meters in height, is, after the Colosseum, the second largest in Italy. To enable the famous opera productions to be staged there regardless of the weather—alfresco when the weather is good—the City of Verona wanted a roof that could be installed at short notice. The Schlaich and Bergermann solution called for an air cushion filled with helium that is parked outside the city and, when required, could be floated into town like a flying carpet and anchored with cables, like a barrage balloon, just above the arena. Nothing actually came of the idea, but it did inspire the development work for the roof in Nîmes.

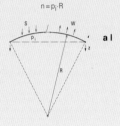

$n = p_i \cdot R$

a |

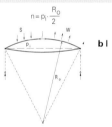

$n = p_i \cdot \dfrac{R_O}{2}$

b |

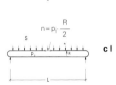

$n = p_i \cdot \dfrac{R}{2}$

c |

Pneumatische Konstruktionen:
a | Traglufthallen (Zylinder)
b | Luftkissen (Kugel)
c | Träger (Rohr)
Air-inflated structures
a | Air-inflated halls (cylinder)
b | Air cushions (sphere)
c | Air-inflated girder (tube)

Überdachung des römischen Amphitheaters, Nîmes, Frankreich (1988)

Air-Inflated Roof over the Roman Amphitheater, Nîmes, France (1988)

Die grandiose Kulisse in zentraler Lage macht das Amphitheater mit seinen 24.000 Plätzen zum kulturellen Mittelpunkt der Stadt und ihrer Umgebung. Um die Arena nach den Vorstellungen der Stadtverwaltung auch im Winter nutzen zu können, wurde die Idee von Verona aufgegriffen und weiterentwickelt. Im Winter überspannt ein vorgespanntes Membrankissen stützenfrei eine elliptische Fläche von ungefähr 60 x 90 Metern. Das Luftkissen wird durch einen dünnen Druckring, der auf Stützen in fast 10 Meter Höhe aufliegt, stabilisiert. Es ist in die Arena ,versenkt', sodass es von außen nicht sichtbar ist. Das Dach ist sehr leicht und so einfach zerlegbar, dass es zu Beginn der Sommerzeit innerhalb weniger Tage abgebaut werden kann und die Arena ihr gewohntes Bild bietet, um dann im Herbst innerhalb von drei Wochen erneut installiert zu werden.

Membrankissen

Die obere Membran hat einen Stich von 8,20 Metern und besteht aus gut faltbarem, aus Bahnen verschweißtem, PVC-beschichtetem Polyestergewebe mit einer Stärke von 1 Millimeter. Für die Unterseite konnte lediglich ein Stich von 4,20 Metern zugelassen werden, daher wird die untere Membrane durch ein Seilnetz gestützt. Die deshalb geringere Zugbeanspruchung erlaubt eine Membran geringerer Festigkeit, aber besserer Transluzenz. Das stützende Seilnetz ist über Radialseile an die Stützen angeschlossen und kann in der Mitte einen Rost für Lautsprecher und Beleuchtung tragen.

The magnificent central setting made the Roman Amphitheater in Nîmes with 24,000 seats the cultural center of both the town and its environs. In order to be able to use the arena in winter as well, as the City envisaged, the Verona idea was taken up and advanced further. In winter, a prestressed membrane cushion stretches over an elliptical area measuring approximately 60 x 90 meters. The air cushion is stabilized by a thin compression ring that rests on columns at a height of almost 10 meters. It is "sunk" into the arena in such a way that from the outside it is invisible. The roof is very light and can be dismantled so easily that at the beginning of summer it can be taken down within a few days—allowing the arena to revert to its usual appearance—before being re-erected in the fall within three weeks.

Membrane Cushions

The upper membrane rises 8.2 meters and consists of strips of easily foldable PVC-coated polyester 1 mm thick. The lower side was permitted a sag of only 4.2 meters, which is why the lower membrane is supported by a cable net. The tension stress, which is thus less, allows a membrane that is not as strong, but more translucent. The supporting cable net is connected to the columns by radial cables and can withstand a grid in the middle for loudspeakers and lighting.

Ort | Location:
France, Nîmes, Place des Arènes

Bauherr | Client:
Ville de Nîmes

Fertigstellung | Completed: 1988

Charakteristik | Characteristics:
Membrankissen mit Stahldruckring, jährliche Montage und Demontage, Dachfläche: 4.200 qm | Membrane cushion with steel compression ring, annual assembly and dismantling, roof surface 4,200 sq. m

Zusammenarbeit | Cooperation:
Labfac, Finn Geipel, Nicolas Michelin, Architectes, Paris

Ausführung | Contractor:
Stromeyer Ingenieurbau, Konstanz

Leistungen | Scope of work:
Entwurf, Ausführungsplanung, Bauüberwachung |
Conceptual design, detailed design, site supervision

a–d | Jährliche Montage des Pneu
a–d | Annual erection of air cushion

e | Perspektive
e | 3D View

f | Polygonaler Druckring
f | Polygonal compression ring

g | Anschluss der Membran an den Druckring
g | Connection of the membrane to compression ring

a |

b |

c |

d |

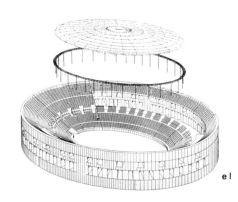

e |

f |

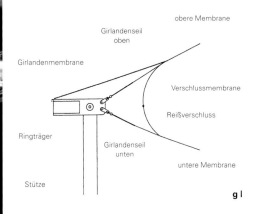

obere Membrane

Girlandenseil oben

Girlandenmembrane

Verschlussmembrane

Reißverschluss

Ringträger

Girlandenseil unten

untere Membrane

Stütze

g |

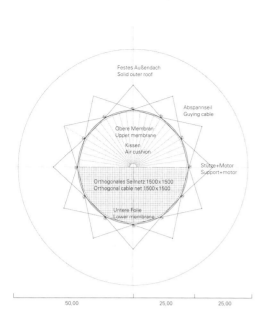

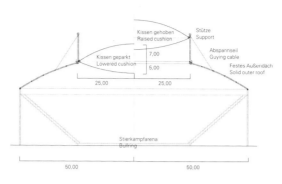

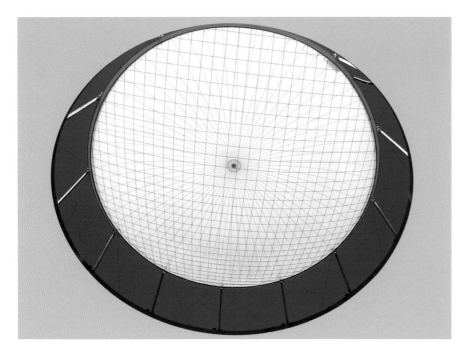

Druckring

Das Membrankissen ist gegen einen stählernen Druckring mit einem Querschnitt von 30 x 50 Zentimetern vorgespannt und stabilisiert diesen gleichzeitig durch seinen Innendruck. Die in sich geschlossene ,selbstverankerte' Struktur ruht auf 30 Stahlrohrstützen mit gelenkigen Fußpunkten und einem Durchmesser von nur 30 Zentimetern. Die Membranen des Kissens sind mit je dreißig Girlandenseilen eingefasst, die an der Stelle am Ring angeschlossen sind, an der sich auch die Stützen befinden. Daher verläuft der Ring zwischen den Stützen polygonal. Um eine einfache und schnelle Montage und Demontage zu ermöglichen, wurden alle Montageanschlüsse im Bereich des Stützenkopfs gebündelt.

Schwebendes Luftkissen

Das leichte, transluzente Innendach der neu erbauten Stierkampfarena Centro Integrado de Vista Alegre im spanischen Madrid (Arturo Beltrán, Jaime Perez, 2000) kann auf einen Wetterwechsel schnell reagieren. Binnen 5 Minuten kann es um insgesamt 10 Meter angehoben oder abgesenkt werden. Dann öffnet oder schließt ein luftig leichtes und doch schützendes Kissen das kreisrunde ,opeion' mit 50 Meter Durchmesser, in der Mitte einer Arena mit 100 Meter Durchmesser. Die obere Membran aus üblichem PVC-beschichtetem Polyestergewebe ist transluzent, die untere aus einer dünnen ET-Folie transparent. Weil Letztere dem Innendruck allein nicht standhalten konnte, wurde sie mit einem feinen Seilnetz verstärkt.

Compression Ring

The membrane cushion is prestressed against a steel compression ring with a cross-section of 30 x 50 centimeters, while at the same time stabilizing it through its inner pressure. The self-enclosed, "self-anchored" structure rests on 30 tubular steel columns only 30 centimeters in diameter and with hinged footprints. The cushion's membranes are each enclosed in 30 garland cables, which are connected to that part of the ring where the supports are also positioned. That is why the ring runs polygonal through the columns. In order to enable swift assembly and disassembly, all assembly connections are positioned in the top of the columns.

Floating Air Cushion

The light, translucent inner roof for the newly-built bullring Centro Integrado de Vista Alegre in Madrid, Spain (Arturo Beltrán, Jaime Perez 2000), can respond swiftly to changes in the weather. It can be raised or lowered by a total of 10 meters in only 5 minutes. To this end, an airy, light and yet protective cushion opens or closes the circular "opeion", 50 meters in diameter, in the middle of the arena, which is 100 meters in diameter. The upper membrane of standard PVC-coated polyester fabric is translucent, and the lower one, made of thin ET foil is transparent. Since the latter cannot withstand the inner pressure on its own, it is strengthened by a fine cable net.

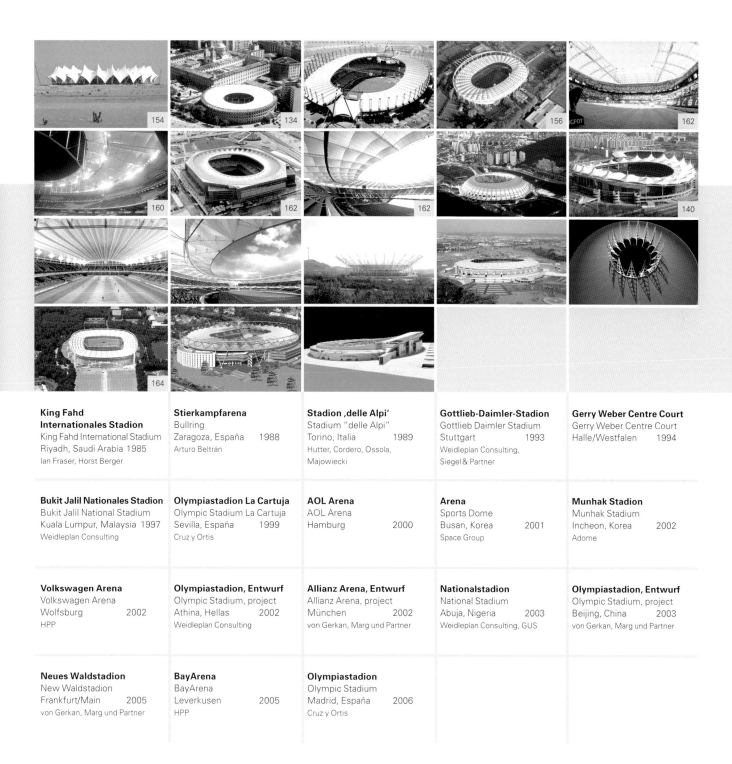

King Fahd Internationales Stadion King Fahd International Stadium Riyadh, Saudi Arabia 1985 Ian Fraser, Horst Berger	**Stierkampfarena** Bullring Zaragoza, España 1988 Arturo Beltrán	**Stadion ‚delle Alpi'** Stadium "delle Alpi" Torino, Italia 1989 Hutter, Cordero, Ossola, Majowiecki	**Gottlieb-Daimler-Stadion** Gottlieb Daimler Stadium Stuttgart 1993 Weidleplan Consulting, Siegel & Partner	**Gerry Weber Centre Court** Gerry Weber Centre Court Halle/Westfalen 1994
Bukit Jalil Nationales Stadion Bukit Jalil National Stadium Kuala Lumpur, Malaysia 1997 Weidleplan Consulting	**Olympiastadion La Cartuja** Olympic Stadium La Cartuja Sevilla, España 1999 Cruz y Ortis	**AOL Arena** AOL Arena Hamburg 2000	**Arena** Sports Dome Busan, Korea 2001 Space Group	**Munhak Stadion** Munhak Stadium Incheon, Korea 2002 Adome
Volkswagen Arena Volkswagen Arena Wolfsburg 2002 HPP	**Olympiastadion, Entwurf** Olympic Stadium, project Athina, Hellas 2002 Weidleplan Consulting	**Allianz Arena, Entwurf** Allianz Arena, project München 2002 von Gerkan, Marg und Partner	**Nationalstadion** National Stadium Abuja, Nigeria 2003 Weidleplan Consulting, GUS	**Olympiastadion, Entwurf** Olympic Stadium, project Beijing, China 2003 von Gerkan, Marg und Partner
Neues Waldstadion New Waldstadion Frankfurt/Main 2005 von Gerkan, Marg und Partner	**BayArena** BayArena Leverkusen 2005 HPP	**Olympiastadion** Olympic Stadium Madrid, España 2006 Cruz y Ortis		

Ringseildächer

Vorgespannte Seilkonstruktionen können große Spannweiten mit einem Minimum an Materialaufwand überbrücken, werden aber teuer, wenn sie rückverankert und engmaschig sind. Die Rückverankerung ist Voraussetzung für ihre Formenvielfalt, erfordert aber riesige Abspannfundamente, die Engmaschigkeit viele aufwändige Seilklemmen und Verankerungen sowie eine Eindeckung. Vorgespannte Membranen sind ideal zum Überspannen von Flächen mittlerer Größe, darüber hinaus stoßen sie wegen ihrer begrenzten Zug- und Weiterreißfestigkeit an ihre Grenzen.

Ringseildächer kombinieren optimal die Eigenschaften der Seil- und Membrankonstruktion: Sie bestehen aus einer weitmaschigen Primärkonstruktion aus mit Seilen verspannten geschlossenen, also ‚selbstverankerten‘, Druck- und Zugringen und einer verspannten Membrankonstruktion dazwischen – natürlich um den Preis einer durch die Ringform vorgegebenen Einschränkung der Formenvielfalt.

So sind Ringseildächer prädestiniert für Stadionüberdachungen: kreisrund für Stierkampfarenen, oval für Leichtathletikstadien, möglichst rechteckig für Fußballstadien. Ihre Leichtigkeit macht sie jeder Fachwerkkonstruktion überlegen, vor allem bei den üblichen Abmessungen der Stadien von bis zu 300 Meter Länge, bis zu 250 Meter Breite und mit Auskragungen von den Rändern in die Stadionmitte von bis zu 70 Metern.

Disziplinierte (Formen)Vielfalt?

Die Anwendung des Prinzips der Selbstverankerung ist ein Trick aus dem Brückenbau, um aufwändige Abspannfundamente oder Widerlager einzusparen, schränkt allerdings die Formenvielfalt ein: Wie Schrägseilbrücken und selbstverankerte Hängebrücken einen exakt geraden Fahrbahnträger benötigen, um die großen Druckkräfte aus der Selbstverankerung aufnehmen zu können, so sind auch mit Ringseildächern ‚nur‘ geometrisch strenge Formen möglich. Die freie Wegeführung der Fußgängerbrücke am Max-Eyth-See in Stuttgart war nur dank ihrer Rückverankerung möglich, ebenso wie die freie Form des Olympiadachs in München Rückverankerungen erforderlich machte.

Blick ins Gottlieb-Daimler-Stadion, Stuttgart, 1993
View into Gottlieb Daimler Stadium, Stuttgart, 1993

Looped Cable Roofs

Prestressed cable structures span wide with a minimum of materials, but are expensive if they are back-anchored and finely meshed. Back anchoring is a prerequisite for the variety of possible forms, but it requires gigantic foundations and the fine meshing involves numerous costly cable clamps and anchorages as well as covering. Prestressed membranes are ideal for spanning medium-sized areas, yet their use is restricted because of their limited tensile strength and resistance to continued tearing.

Looped cable roofs combine the favorable characteristics of cable and membrane structures: they consist of a wide-meshed primary structure made of sealed, that is, "self-anchored", compression and tension rings braced with cables and a prestressed membrane structure in-between— at the expense, naturally, of a restricted number of possible forms.

As such, looped cable roofs are the obvious choice for covering stadiums: circular for bullrings, oval for athletics stadiums, and as rectangular as possible for soccer stadiums. Their lightness renders them superior to any truss structure, especially in the case of standard-sized stadiums up to 300 meters in length, 250 meters in width and with projections from the perimeter towards the middle of the stadium of up to 70 meters.

Disciplined Variety (of Forms)?

Using the principle of self-anchoring in order to save on costly foundations and abutments is a trick borrowed from bridge construction. It does, however, restrict the variety of forms available: Just as cable-stayed and self-anchored suspension bridges require a perfectly straight deck to sustain the high compression forces from self-anchoring, so ring cable roofs can have "only" stringent geometrical forms. The freeform layout of the pedestrian bridge at Lake Max Eyth, in Stuttgart, was only possible thanks to its back-anchoring, just as the free form of the roof over the Olympic Stadium in Munich required back-anchoring.

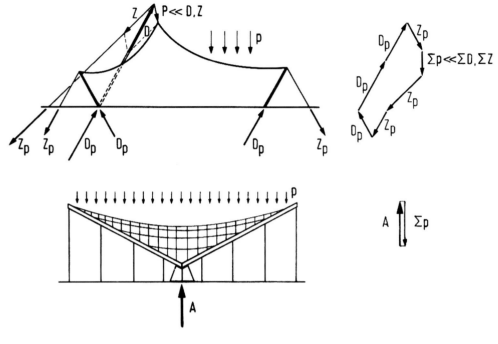

Bei selbstverankerten Tragwerken sind die Auflager-
kräfte gleich groß wie die
äußeren Lasten, bei rück-
verankerten bilden sie ein
Vielfaches davon
In self-anchored structures the
support forces are equal to the
loads, in back-ancored structures
the support forces exceed the
loads by far

Geschlossener Ring

Zwingende Voraussetzung für Ringseildächer ist, dass der
Tribünenring wirklich ganz geschlossen ist. Stadiondächer,
die keinen geschlossenen Ring erlauben, wie beim Berliner
Olympiastadion, sind nur durch eine Kragkonstruktion,
meist Fachwerk, umsetzbar. Ist aber der Ringschluss
möglich, dann müssen diese Dächer neben ihrem geringen Eigengewicht nur Schnee- und Windlasten abtragen
können. Dazu sind entweder außen zwei Druckringe mit
druckbeanspruchten Kopplungsstäben und innen ein vor-
gespannter Zugring erforderlich oder umgekehrt außen
nur ein Druckring und dafür innen zwei vorgespannte Zugringe mit Spreizstützen. Diese Zug- und Druckringe sind
mittels radialer 'Speichen' oder Seilbinder gekoppelt und
bringen die Umlenkkräfte der Ringe ins Gleichgewicht.
Weil diese Seilbinder auch vorgespannt sind, können ihre
Ober- und Untergurte Seile sein, ebenso ihre vertikalen
Kopplungsseile. Der Abstand dieser Seilbinder sollte nicht
zu groß sein, damit er mit einer reinen Membrankonstruktion, wie in Saragossa und Sevilla, oder einer bogengestützten Membrankonstruktion, wie in Stuttgart, Kuala
Lumpur, Halle/Westfalen oder Hamburg, leicht überspannt
werden kann. Die Vorspannung dient nur der Begrenzung
der Verformungen und Schwingungen des Dachs sowie
der Biegung der Druckringe unter Teilflächenbelastung
des Dachs, denn die Druckringe werden wie die Felgen
eines Speichenrads durch die Seilbinder nicht nur belastet,
sondern auch in ihrer Ebene gegen Knicken stabilisiert.
Selbst wenn unter maximaler Schneelast oder unter Windsog die 'Spannseile' der Binder schlaff werden, ist das
System standsicher.

Sealed Rings

The compelling prerequisite for looped cable roofs
is that the rings are, indeed, wholly sealed. Stadium
roofs that do not allow for any sealed rings, such
as the Berlin Olympic Stadium, can only be built
using cantilevered structures, mostly trusses. If it
is possible to seal the rings, however, then these
light roofs must be able to support, in addition to
their own minimal dead load, the loads of snow
and wind. To this end, either two compression rings
with coupling struts, together with one inner prestressed tension ring are necessary or, conversely,
only one compression ring on the outside and two
prestressed tension rings on the inside, kept apart
by struts. These tension and compression rings are
joined together by means of radial "spokes" or
cable girders and balance the rings' deviative forces.
Since these cable girders are also pre-stressed,
their upper and lower chords can be cables, as can
their vertical suspenders. The space between these
cable girders should not be too big, so that it can
easily be covered with a pure membrane structure
(Zaragoza, Seville) or an arch-supported membrane structure (Stuttgart, Kuala Lumpur, Halle/West-
phalia, Hamburg). The prestressing serves to limit
deformation and oscillation of the roof, as well as
any bending of the compression rings caused by
non-uniform load, because just like the rims of a
spoked wheel the cable girders not only transfer
loads to the compression rings, they also stabilize
them against buckling. Even if the "hogging cable"
slackens under an extreme snow load or wind
suction, the system will remain rigid.

King Fahd Internationales Stadion, Riad, Saudi-Arabien (1985)

King Fahd International Stadium, Riyadh, Saudi Arabia (1985)

Ort | Location:
Saudi Arabia, Riyadh

Bauherr | Client:
Ministry of Youth and Welfare, Riyadh

Fertigstellung | Completed: 1985

Charakteristik | Characteristics:
Glasfasermembrandach zwischen
Primärkonstruktion aus Seilen und
Masten, Dachfläche: 30.000 qm |
Membrane roof prestressed between
a primary structure of cables and
masts, roof surface 30,000 sq. m

Zusammenarbeit | Cooperation:
Ian Fraser Associates, Architects,
London/UK; Geiger-Berger Assoc.,
New York, NY/USA

Ausführung | Construction:
Philipp Holzmann AG, Frankfurt/Main;
Birdair, Inc., Amherst, New York,
NY/USA

Leistungen | Scope of work:
Ausführungsplanung, Bauleitung |
Detailed design, site supervision

Die im Kreis zu einer riesigen Blüte angeordneten weißen Zelte der Überdachung des King Fahd Internationales Stadion in Riad erzählen von der Weite der Wüste, von der Kraft und Schönheit physikalischer Ordnungen und erinnern an Zelte der Beduinen. Sie schützen die 64.000 Besucher vor Sonne und Hitze und erzeugen in dem riesigen Leichtathletik- und Fußballstadion eine angenehme und geborgene Atmosphäre.

Die insgesamt über 30.000 Quadratmeter große Dachfläche erscheint von außen als reine Membrankonstruktion, hat aber eine klare autarke Primärkonstruktion aus Masten und Seilen und eine in sie eingeknüpfte separate Sekundärkonstruktion aus PTFE-beschichteten Glasfasergewebemembranen mit Randseilen. Das Dach gliedert sich in insgesamt 24 identische Elemente mit jeweils einem 58 Meter hohen Mast, gleichmäßig verteilt über den Umfang eines Kreises von 246 Meter Durchmesser und mit einem inneren Ringseil mit einem Durchmesser von 134 Metern in einer Höhe von ungefähr 33 Metern über dem Spielfeld zusammengefasst. Dessen Umlenkkräfte sind über obere und untere, allerdings nicht gekoppelte Radialseile nach außen geleitet, die sich dort aber nicht über einen Druckring wieder kurzschließen, sondern über vertikale und schräge Masten und Seile abgespannt werden, ein Umstand, der aufwändige Fundamente erfordert. Folglich ist dieses Dach kein echtes Ringseildach, weil nur das innere Ringseil in sich geschlossen ist.

The white tents arranged in a circle to form a giant flower that make up the roof over the King Fahd International Stadium in Riyadh tell of the vastness of the desert, of the power and beauty of physical laws, and are reminiscent of Bedouin tents. They protect the 64,000 spectators from the sun and heat and create a pleasant and cozy atmosphere in the giant athletics and soccer stadium.

From outside, the roof surface, measuring over 30,000 square meters, appears to be a pure membrane structure, but, in fact, it has a clear self-sufficient primary structure made of masts and cables as well as a separately-attached secondary structure made of PTFE-coated fiberglass membrane with edge cables. The roof is divided into a total of 24 identical elements each with a 58-meter-high mast, equally distributed over a circle 246 meters in diameter and secured with an inner 134-meters ring cable at a height of approximately 33 meters above the playing field. Its deviative forces are transferred outwards via upper and lower radial cables that are not connected. Instead of being linked via a compression ring, they are anchored via vertical and slanting masts and cables, which naturally require elaborate foundations. As a result, this roof is not a real looped cable roof, since only the inner ring cable is wholly sealed.

Elemente von außen mit rückwärtiger Abspannung
Elements from outside with back-anchoring

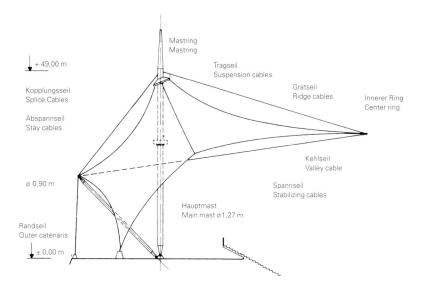

+ 49,00 m

Mastring
Mastring

Tragseil
Suspension cables

Kopplungsseil
Splice Cables

Gratseil
Ridge cables

Innerer Ring
Center ring

Abspannseil
Stay cables

ø 0,90 m

Kehlseil
Valley cable

Spannseil
Stabilizing cables

Hauptmast
Main mast ø 1,27 m

Randseil
Outer catenaris

± 0,00 m

Bauzustände
Construction stages

Schnitt durch eine Dacheinheit
Cross-section through single roof unit

Gottlieb-Daimler-Stadion, Stuttgart (1993)

Gottlieb Daimler Stadium, Stuttgart (1993)

Ort | Location:
Stuttgart-Bad Cannstatt,
Mercedesstrasse 87

Bauherr | Client:
Landeshauptstadt Stuttgart

Fertigstellung | Completed: 1993

Charakteristik | Characteristics:
Membrandach zwischen Primärkonstruktion aus Seilen und Ringen,
Dachfläche: 34.000 qm | Membrane
roof on prestressed cable structure,
roof area 34,000 sq. m

Zusammenarbeit | Cooperation:
Weidleplan Consulting GmbH,
Architekten, Stuttgart;
Siegel & Partner, Architekten, Stuttgart

Ausführung | Construction:
Koch Hightex GmbH, Rimsting;
Pfeifer Seil- und Hebetechnik GmbH,
Memmingen; Haslinger Stahlbau
GmbH, München

Leistungen | Scope of work:
Entwurf, Ausführungsplanung,
Bauüberwachung | Conceptual Design,
detailed design, site supervision

Zur IAAF Leichtathletik-Weltmeisterschaft 1993 wurde das inzwischen in Gottlieb-Daimler-Stadion umbenannte Neckar-Stadion, 1933 von Paul Bonatz im Stadtteil Bad Cannstatt errichtet und Heimat des Bundesliga-Fußball-vereins VFB Stuttgart, umgebaut. Dabei wurden die Tribünen für 55.000 Zuschauer rund um das Sportfeld vollständig überdacht. Entstanden ist eine luftig leichte, eigenwillig geschwungene, schwebende Struktur; ein Blickfang von den vielen Aussichtspunkten der Stadt. Von dort aus offenbart sich die mit 34.000 Quadratmetern immense Größe des Dachs, von innen dagegen scheint über den Zuschauern nicht mehr als ein Stück Stoff ange-nehm zu schweben. Die lichtdurchlässige Membran aus PVC-beschichtetem Polyestergewebe filtert das Sonnen-licht, sodass trotz der großen Dachtiefe von 58 Metern ein lichter heller Innenraum entsteht.

Die Überdachung des Gottlieb-Daimler-Stadions wurde zum Prototyp für die Überdachung großer Stadien nach dem Prinzip der Ringseildächer und erfuhr bisher etliche Weiterentwicklungen und Nachahmungen. In Stuttgart ergab sich das Ringseildach mit einem mittleren Konstruk-tionsgewicht von nur 13 Kilogramm pro Quadratmeter nahezu zwingend aus den Randbedingungen: Die beste-hende Tribünenkonstruktion konnte keine zusätzlichen Lasten aufnehmen. Das außerhalb des Stadions zur Verfü-gung stehende Gelände war eng begrenzt, teilweise nur wenige Meter breit. Und die Möglichkeit, auf eine auf-wändige Gründung zu verzichten, wirkte sich nicht nur hin-sichtlich der Kosten, sondern auch hinsichtlich der Bauzeit

Gottlieb Daimler Stadium, Stuttgart (1993)

The Neckar Stadium, built in 1933 by Paul Bonatz in the Bad Cannstatt district of Stuttgart, and later renamed the Gottlieb Daimler Stadium, is also the home ground of the German Bundesliga (first division) soccer team VFB Stuttgart. The stadium was renovated for the 1993 IAAF World Champion-ships in Athletics. This included roofing over the stands all the way round the stadium for 55,000 spectators. What emerged was an airy, light, uniquely curved, floating structure—an eye-catcher from any of the city's many vantage points. From there, the roof's immense size (34,000 square meters) is revealed, whereas from the inside the spectators see what appears to be no more than a piece of fabric hovering pleasantly above their heads. The light-permeable membrane of PVC-coated polyester fiber filters the sunlight, creating a light and bright interior despite the depth of the roof being as much as 58 meters.

The Daimler Stadium roof became a prototype for large stadiums roofs that used the looped cable principle and has since been copied and advanced on several occasions. In Stuttgart, the looped cable roof, with a mean weight of only 13 kilograms per square meter, was essentially a necessary result of the given conditions. The existing stands were unable to handle any additional loads. Available ground outside the stadium was very limited, in places just a few meters wide, and the possibility

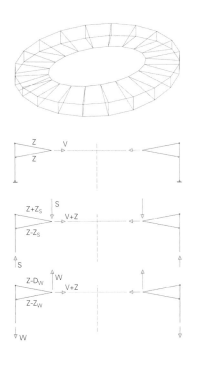

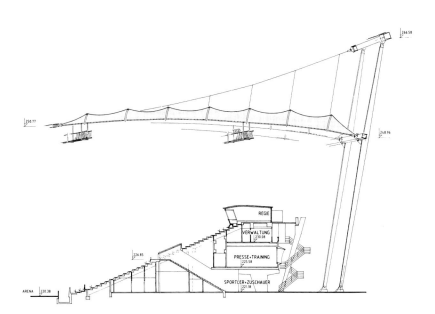

positiv aus, da lediglich 18 Monate für Planung und Ausführung zur Verfügung standen.

Zwei Druckringe, ein Zugring

Die zwei äußeren, der Form des existierenden Stadions folgenden, ovalen Druckringe mit Hauptachsen von 280 beziehungsweise 200 Metern liegen auf 40 Stützen in gleichmäßigem Abstand auf. Zwischen dem inneren Zugring aus 8 Seilen mit jeweils 79 Millimeter Durchmesser und den beiden Druckringen spannen 40 radiale Seilbinder, deren untere Seile die Dachhaut tragen. Die Membran wird in jedem Feld von 7 tangential verlaufenden Bögen mit Zugbändern gestützt. Diese Bögen geben ihre Last jeweils an der Stelle auf das untere Seil ab, wo dieses mit dem oberen Seil gekoppelt ist. Weil sie die Membran nicht nur tragen, sondern von ihr auch gegen Knicken stabilisiert werden, kommen sie trotz 20 Meter Spannweite mit 200 Millimeter Durchmesser aus. Alle Membranfelder wurden komplett vorgefertigt.

Nach dem Prinzip der Selbstverankerung müssen den Kräften der Druckringe ($D = u \cdot R_d$) konstant und gleich den Zugringkräften ($Z = u \cdot R_z$) sein. Durch die veränderlichen Radien der Druckringe – im Grundriss variieren sie von 104 Metern in den Kurven bis zu 248 Metern in den Geraden – sind die Umlenkkräfte unterschiedlich groß. Entsprechend ist die Vorspannung der Seilbinder in den Kurven größer als in den Geraden. Aufgrund seiner großen Schlankheit und seiner geringen Krümmung über den Geraden, und weil bei ungleichmäßig verteilten Schneelasten mit völligem Abbau der Vorspannung zu rechnen ist, muss der obere Druckring dort in der Ebene der

of being able to do without expensive deep foundations had a positive effect not only with regard to the costs but also to scheduling, as only 18 months were available for design and construction work.

Two Compression Rings, One Tension Ring

The two outer, oval compression rings, with main axes of 280 meters and 200 meters respectively, and which follow the shape of the existing stadium, rest on 40 equidistant columns. The inner tension ring of 8 cables, each with a diameter of 79 millimeters, and the two compression rings are connected by 40 radial prestressed cable girders, the lower cables of which bear the sheeting of the roof. In each of the sections the membrane is supported by 7 parallel tied arches running in circumferential direction. These arches transfer their load to the lower cable at the point where the latter is connected to the upper cable. Since they not only support the membrane but are also stabilized against buckling by it, a diameter of 200 millimeters is sufficient, despite their having a 20-meter span. All membrane sections were all pre-fabricated.

In accordance with the principles of self-anchoring, the forces of the compression rings ($D = u \cdot R_d$) must be constant and equal to those of the tension rings ($Z = u \cdot R_z$). Through the varying radii of the compression rings (in the plan they vary from 104 meters in the curved sections to 248 meters in the straight sections) the deviative forces vary as well. Accordingly, the prestressing of the cable girders in the curved sections is greater than

oberen Seile der Seilbinder zweigeteilt und fachwerkartig ausgekreuzt werden, um seine Biegesteifigkeit zu erhöhen.

Ondulierender Druckring

Beim Entwurf des Dachs war der spätere, inzwischen ausgeführte Einbau eines zweiten Rangs über der Haupttribüne und eine Erweiterung der Gegentribüne, welche derzeit in Planung ist, zu berücksichtigen. Deshalb variiert die Höhenlage der Druckringe und entsprechend abgeschwächt auch die des Zugrings. Über der Haupttribüne mit 47 Metern über dem Spielfeld und ihrer Gegengeraden mit 39 Metern über dem Spielfeld erreicht der obere Druckring seine höchsten Punkte, die Tiefpunkte über den beiden Kurvenscheiteln liegen in einer Höhe von 28 Metern. Die Abstände der Druckringe und damit die Bauhöhe der Seilbinder variiert zwischen 12 Metern in den Kurvenbereichen und 18 Metern in den Geraden. So hat die schön ondulierende Oberkante einen wünschenswerten Nebeneffekt: Das gesamte Dach wird durch seine gegensinnige Krümmung stabilisiert, und eine größere Bauhöhe der Seilbinder bei gleichen Lasten bedeutet geringere Seilkräfte. Gerade dort, wo aufgrund der geringeren Krümmung auch geringere Lasten aufgenommen werden können, also in den Geraden, werden durch die größere Bauhöhe die Seilkräfte reduziert. Nebenbei hat diese Dachform den Vorteil, dass das Regenwasser der Rinne entlang dem Zugseil von selbst abfließt.

Membraneindeckung oder Blecheindeckung?

Beinahe wäre es anders gekommen. Aus finanziellen Gründen wollte der Stuttgarter Gemeinderat ursprünglich ein Blechdach, das 1 bis 2 Millionen Euro weniger

in the straight sections. Owing to its slenderness and slight curvature above the straight sections of the stand and because the prestressing can be expected to disperse completely in the case of unequally distributed loads of snow, the upper compression ring had to be subdivided into two rings with diagonals in-between to form a truss and provide sufficient bending strength.

Undulating Compression Ring

When designing the roof, the subsequent, now completed addition of a second tier of seats above the main stand and an extension of the opposite stand (now on the drawing boards), were both taken into account. For this reason, the height at which the compression rings are located varies, and, correspondingly reduced, that of the tension ring, too. The upper compression ring reaches its highest points 47 meters above the playing field over the main stand and 39 meters above the playing field over the back straight. The lowest points are at a height of 28 meters above the two peaks of the curves. The distance between the compression rings, and thus the structural height of the cable girders, varies between 12 meters in the curved sections and 18 meters in the straight sections. In this way, the attractively undulating upper edge has a beneficial side effect. The entire roof is stabilized by anticlastic curvature, and cable girders of greater height mean less cable stress with equal loads. Cable stress is reduced by greater structural height particularly in places where low curvature enables lesser loads to be accommodated,

**Fröhliche Atmosphäre
während der IAAF
Leichtathletik-WM 1993**
Cheerful atmosphere during
IAAF World Championship
in Athletics 1993

gekostet hätte, anstelle der Membraneindeckung in Auf-
trag geben. In einer denkwürdigen Sitzung begründete
Schlaich die Mehrkosten mit Einsparungen beim Polizei-
schutz, „weil ein leichtes, helles Ambiente geeignet ist,
Aggressionen zu mildern und Randale zu vermeiden".
Überzeugt stimmte der Gemeinderat zu.

Bauen ohne Gerüst

Die gesamte Herstellung musste nicht nur in sehr kurzer
Zeit, sondern auch unter Aufrechterhaltung des Bundes-
liga-Spielbetriebs erfolgen. Was man sich für das große
Ringseil über dem Olympiastadion in München nicht
getraut hatte umzusetzen, wurde hier methodisch eingesetzt: Das innere Ringseil wurde im Stadion ausgelegt
und mit den Seilbindern verknüpft. Diese waren über
Montageseile von den Druckringen abgehängt und lagen
zunächst auf den Tribünen auf. Über 40 Pressen an den
späteren Verankerungspunkten der Seilbinder wurde die
gesamte Konstruktion gleichmäßig angehoben und war so
nach drei Wochen in der exakten Position fixiert.

in other words, in the straights. At the same time,
this shape of roof has the advantage that rainwater
flows into the drain along the inner cable of its own
accord.

Membrane Cladding or Sheet-Metal Cladding?

Things almost turned out very differently. For
financial reasons, the Stuttgart municipal authorities
originally planned to commission a corrugated
sheet-metal roof, which would have been 1 to
2 million Euros cheaper, instead of the membrane
cover. At a memorable meeting, Schlaich justified
the additional costs of the membrane with savings
in police protection: "… because light, bright surroundings are ideal for reducing aggression and
avoiding disturbances". Convinced, the authorities
agreed to the membrane roof.

Building without Scaffolding

The entire structure not only had to be completed
in a very short space of time, but also without any
interruption to games played in the German soccer
league. What no one had dared to do with the large
ring cable over the Olympic Stadium in Munich was
now methodically put into practice: the inner ring
cable was laid out on the athletics track in the stadium and linked to the cable girders. These had been
suspended from the compression rings using erection cables and at first lay on the stands. Using 40
hydraulic jacks at the subsequent cable girder anchoring points the entire structure was hoisted evenly
and fixed firmly in position after just three weeks.

**Bukit Jalil Nationales
Stadion, Kuala Lumpur,
Malaysia, 1997**
Bukit Jalil National Stadium,
Kuala Lumpur, Malaysia,
1997

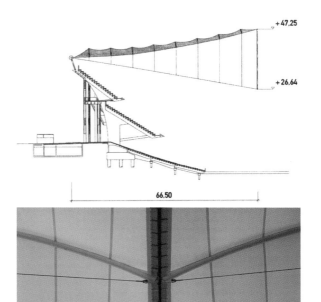

+47.25

+26.64

66.50

Schnitt
Cross-section

Wasserabfluss
Water drain

Innenansicht
Interior view

Rückblick

Das erste Beispiel eines reinen Ringseildachs mit kreisförmigem Grundriss war das äußere feste Dach der Stierkampfarena in Saragossa. Allerdings sind hier die Radialseile zwischen Druckring und Zugring nicht gekoppelt und die unteren Seile sind direkt mit Membranen verspannt (s. S. 134). Das Prinzip des geschlossenen Druckrings wurde auch bei der Überdachung der Arena in Nîmes angewendet, genauso bei den kreisrunden Druckringen der Sonnenspiegel für die Dish/Stirling-Solarkraftwerke.

Ein Druckring, zwei Zugringe

Ebenfalls ein ovales, fast 40.000 Quadratmeter großes Dach schützt die 100.000 Zuschauer des Bukit Jalil Nationales Stadion in Kuala Lumpur, Malaysia (1997), vor Sonneneinstrahlung und tropischen Regenfällen. Das Dach mit einer konstanten Tiefe von 66,50 Metern ist nach außen geneigt und besteht, wie beim Stuttgarter Stadion, aus von Bögen gestützten Membranfeldern. Diese liegen auf den oberen Seilen der 36 radialen Seilbinder, die hier zwischen einem äußeren Druckring, einem Stahlrohr, und zwei inneren Zugringen spannen. Diese werden mit 36 Spreizstäben auf 20 Meter Abstand gehalten. Aufgrund der ovalen Form sind hier die radialen Vorspannkräfte der Seilbinder in den Kurvenbereichen 1,7 Mal so groß wie in den Geraden. Der äußere Druckring liegt zwängungsfrei auf dem oberen Rand der Tribüne, sodass er die horizontalen Windlasten in sie ableiten kann.

Looking Back

The first example of a pure looped cable roof with circular ground plan was the outer fixed roof of the Zaragoza bullring. However, there the radial cables between the compression ring and the tension ring are not connected by cables; only the lower cables are directly fastened by membranes (see p. 134). The principle of the sealed compression ring was also used in the roof covering for the arena in Nîmes, just as they are with the circular compression rings of the concentrators for the Dish/Stirling solar-power plants.

One Compression Ring, Two Tension Rings

Likewise, an oval roof measuring almost 40,000 square meters protects the 100,000 spectators in the Bukit Jalil National Stadium, Kuala Lumpur, Malaysia (1997) against the glare of the sun and tropical rainfall. The roof is 66.5 meters deep throughout, leans outwards and, like the stadium in Stuttgart, consists of membrane panels supported by arches. These rest on the upper cables of the 36 radial cable girders, which in this case are spanned between one outer compression ring, a steel tube and two inner tension cable rings. These are kept at a distance of 20 meters by 36 struts. Because of the oval shape in the curved sections, the radial prestressing forces of the cable girders are 1.7 times larger than in the straight sections. The outer compression ring rests comfortably on the upper edge of the stand, meaning that it can transfer horizontal wind load onto it.

**Olympiastadion La Cartuja,
Sevilla, Spanien, 1999,
im Bau**
Olympic Stadium La Cartuja,
Seville, Spain, 1999,
during construction

**Vergleich mit
Seilbinderkonstruktion,
Gottlieb-Daimler-Stadion**
Comparison with
cable girder construction,
Gottlieb Daimler Stadium

Innenansicht
Interior view

Gottlieb-Daimler-Stadion Stuttgart

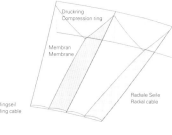

Olympiastadion Sevilla

Membranfaltwerk

Die faltwerkartige Eindeckung des Olympiastadions
La Cartuja in Sevilla, Spanien (Cruz y Ortis, 1999), greift
die direkte Verspannung der oberen und unteren Radialseile mit Membranen anstelle der sonst häufigen Kopplungsseile auf, wie sie schon für das Dach in Saragossa
verwendet wurde, allerdings für wesentlich größere
Dimensionen: Die gesamte Dachfläche in Sevilla ist mit
27.000 Quadratmetern 6 Mal so groß wie die des Dachs in
Saragossa. Das ovale, 40 Meter tiefe Dach mit Achsmaßen
von 275 und 229 Metern umfasst eine achteckige Tribüne
für 57.000 Zuschauer. Ein 8 Meter breiter äußerer Druckring ist auf 8 Stützen gelagert. Als Raumfachwerk ausgebildet ist er mit 10 Metern so hoch, dass an seinem oberen
und unteren Rand die Radialseile angeschlossen werden
können und innen nur ein Zugring erforderlich ist. Die im
Grundriss zueinander versetzten Radialseile werden durch
die Membran faltwerkartig gekoppelt und ausgefacht. Die
Membran wird so zu einem Teil der Primärkonstruktion.

Ein Druckring, ein Zugring

Die derzeitige Tendenz geht zu reinen Fußballstadien als
‚Hexenkessel': Die Tribünen rücken dicht an das Spielfeld
heran und die Öffnung darüber soll entsprechend dem
Spielfeld möglichst rechteckig sein. Bei der AOL Arena in
Hamburg (2000) wurden für die nur leicht ausgerundete
109 x 69 Meter große Öffnung, wie zuvor erstmalig für
den Gerry Weber Centre Court in Halle/Westfalen (1994),
die Radialbinder in den vier Innenecken konzentriert.
Allerdings spannen hier die Radialbinder zwischen einem
Zugring in der Mitte und nur einem Druckring außen: Die
unteren Seile der 40 radialen Seilbinder tragen die bewährte

Folded Plate Membrane

The roofing of the La Cartuja Olympic Stadium
in Seville, Spain (Cruz y Ortis, 1999), is similar to
a folded plate structure. It utilizes the direct inter-
connection of the upper and lower radial cables
with prestressed membranes instead of the commonly used suspender cables, a feature likewise
of the roof in Zaragoza. However, the dimensions
are considerably larger, measuring 27,000 square
meters in total, the roof in Seville is 6 times larger
than the one in Zaragoza. The oval roof, 40 meters
deep with axes of 275 meters and 229 meters
respectively, encloses an octagonal stand that
can hold 57,000 spectators. An 8-meter-wide outer
compression ring is positioned on 8 supports.
Designed as a space-frame truss, its height of
10 meters means that the radial cables can be ad-
joined on its upper and lower edges and that just
one tension ring is necessary inside. The membranes link the radial cables like a folded plate structure, which in the ground plan are set at a staggered
pitch. In this way, the membrane becomes part
of the primary structure.

One Compression Ring, One Tension Ring

The current trend is for thoroughbred soccer stadiums in which emotions get really heated: stands
are moving closer and closer to the playing field
and the opening above is meant to be as rectangular as the field. At the AOL Arena in Hamburg
(2000), the radial girders for the 109 x 69 meter
(only slightly rounded) opening were concentrated

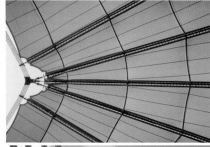

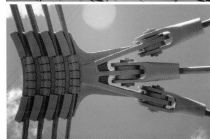

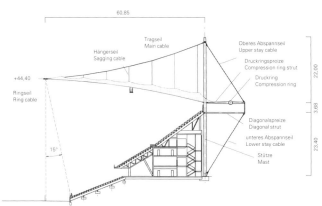

AOL-Arena, Hamburg, 2000
AOL Arena, Hamburg, 2000

Ausbildung der Ecke
Corner as built

Randseil an der Ecke
Edge cable at corner

Schnitt
Section

Prototyp für reine Fußballstadien durch Anpassung der Innenöffnung an das rechteckige Spielfeld: Gerry Weber Centre Court, Halle/ Westfalen, 1994
Prototype for pure soccer stadiums by adapting the innner opening to the rectangular field: Gerry Weber Centre Court, Halle/ Westphalia, 1994

Tragseil
Main cable

Hängerseil
Sagging cable

Oberes Abspannseil
Upper stay cable

Druckringsproize
Compression ring strut

Druckring
Compression ring

Diagonalspreize
Diagonal strut

unteres Abspannseil
Lower stay cable

Stütze
Mast

Ringseil
Ring cable

60,85

+44,40

15°

22,00

3,68

23,40

bogengestützte Membrankonstruktion und sind direkt mit diesem Druckring gekoppelt. Die oberen Radialseile dagegen werden an den Spitzen von 49 Meter hohen Masten verankert und nach unten umgelenkt. Noch zweimal wird das Seil umgelenkt: in Höhe des Druckrings und 3,80 Meter tiefer in Höhe der Oberkante der Tribünen. Letztendlich ist es an den Fußpunkten der Masten verankert. So können die Horizontalkräfte dieser Seile teilweise über den Druckring und teilweise über die Tribünen abgetragen werden. Der Druckring selbst folgt nicht der kaum ausgerundeten Tribünenoberkante, sondern löst sich von ihr ab und beschreibt ein gleichmäßiges Oval, annähernd affin zum inneren Zugring.

in the four inner corners—as had first been the case for the Gerry Weber Centre Court in Halle/Westphalia. However, the radial girders in Hamburg stretch between a tension ring in the middle and just one compression ring on the outside. The lower cables of the 40 radial girders bear the traditional arch-supported membrane structure and are connected directly to the compression ring. The upper radial cables, by contrast, are anchored at the top of 40 masts, each 49 meters high, and routed downwards. The cable is deviated at two additional points: in-plane with the compression ring and 3.8 meters lower, flush with the upper edge of the stands. Finally, it is anchored at the feet of the masts. In this way, the horizontal forces of these cables can be transferred in part via the compression ring and partly over the stands. The compression ring itself does not follow the slightly rounded upper edge of the stand, but rather parts company with it and describes a regular oval, approaching the shape of the inner tension ring.

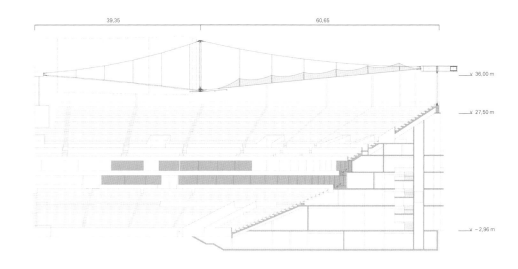

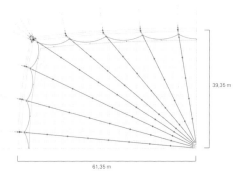

„Größtes Cabrio der Welt"

Das für die Fußballweltmeisterschaft 2006 geplante
Neue Waldstadion in Frankfurt am Main, welches das
Waldstadion von 1925 ersetzt, soll planmäßig im Juni
2005 fertig gestellt sein, Architekten: von Gerkan, Marg
und Partner. Für die annähernd rechteckige Innenöffnung
von 73 x 116 Metern fließen die Erfahrungen von Halle
und Hamburg ein. Im Gegensatz zu diesen Beispielen
‚schweben' hier zwei gespreizte Zugringe über dem Spielfeld. Ähnlich dem Innendach von Saragossa dienen diese
beiden Zugringe zusammen mit einem zentralen Knoten
als Primärkonstruktion für ein wandelbares Innendach
(genannt „größtes Cabrio der Welt"), das innerhalb
des Videowürfels, der an diesem Zentralknoten hängt,
geparkt wird.

Der äußere Druckring, gelagert auf 44 Stützen, ist
annähernd affin zum Zugring, jedoch stärker ausgerundet,
indem dort die Radialseilbinder auch in den Ecken verteilt
sind. Die oberen Seile der Radialseilbinder tragen die
transluzente Membraneindeckung aus PTFE-beschichtetem
Glasfasergewebe, die im vorderen Bereich zur besseren
Belichtung des Rasens in eine transparente Polycarbonat-
Dachhaut übergeht.

The "World's Largest Convertible"

The New Waldstadion planned in Frankfurt for the
2006 Soccer World Cup in Germany—and which
will replace the Waldstadion, built in 1925—
is scheduled for completion in June 2005, architects:
von Gerkan, Marg und Partner. Experiences gained
in Halle and Hamburg are evident in the almost
rectangular 73 x 116-meter opening. By contrast,
however, two spread tension rings "float" above
the playing field. Similar to the inner roof in Zaragoza,
these two tension rings, together with a central
node, serve as the primary structure for a retractable inner roof (known as the world's largest
convertible), which is parked inside the video cube
suspended from this central node.

The outer compression ring, positioned on
44 columns, is almost identical in shape to the tension ring, though more rounded, in that its radial
cable girders are also redistributed in the corners.
The upper cables of the 44 radial cable girders support the translucent membrane covering of PTFE-
coated fiberglass fabric, which becomes a transparent polycarbonate roof sheath in the forward section
in order to provide better lighting for the pitch.

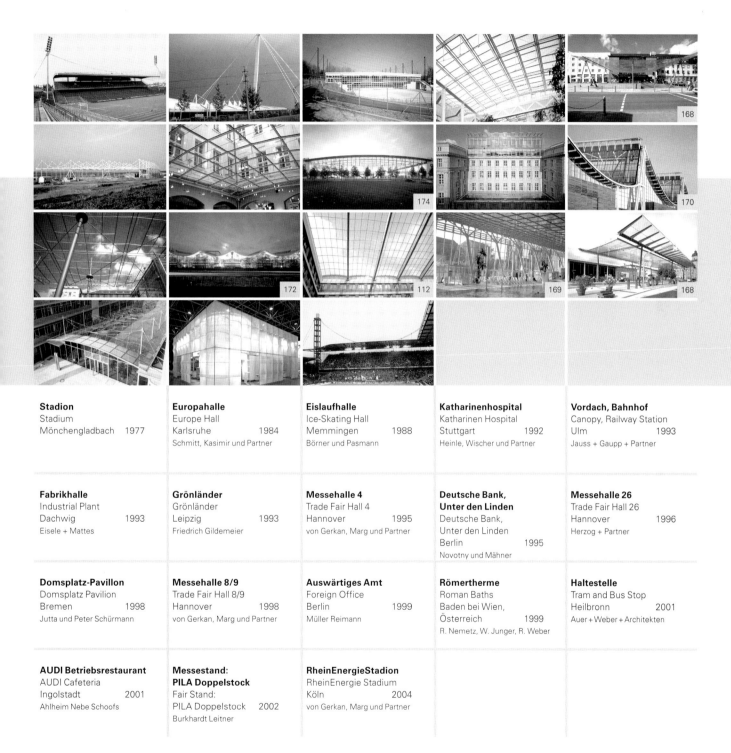

Stadion	**Europahalle**	**Eislaufhalle**	**Katharinenhospital**	**Vordach, Bahnhof**
Stadium	Europe Hall	Ice-Skating Hall	Katharinen Hospital	Canopy, Railway Station
Mönchengladbach 1977	Karlsruhe 1984	Memmingen 1988	Stuttgart 1992	Ulm 1993
	Schmitt, Kasimir und Partner	Börner und Pasmann	Heinle, Wischer und Partner	Jauss + Gaupp + Partner
Fabrikhalle	**Grönländer**	**Messehalle 4**	**Deutsche Bank,**	**Messehalle 26**
Industrial Plant	Grönländer	Trade Fair Hall 4	**Unter den Linden**	Trade Fair Hall 26
Dachwig 1993	Leipzig 1993	Hannover 1995	Deutsche Bank,	Hannover 1996
Eisele + Mattes	Friedrich Gildemeier	von Gerkan, Marg und Partner	Unter den Linden	Herzog + Partner
			Berlin 1995	
			Novotny und Mähner	
Domsplatz-Pavillon	**Messehalle 8/9**	**Auswärtiges Amt**	**Römertherme**	**Haltestelle**
Domsplatz Pavilion	Trade Fair Hall 8/9	Foreign Office	Roman Baths	Tram and Bus Stop
Bremen 1998	Hannover 1998	Berlin 1999	Baden bei Wien,	Heilbronn 2001
Jutta und Peter Schürmann	von Gerkan, Marg und Partner	Müller Reimann	Österreich 1999	Auer + Weber + Architekten
			R. Nemetz, W. Junger, R. Weber	
AUDI Betriebsrestaurant	**Messestand:**	**RheinEnergieStadion**		
AUDI Cafeteria	**PILA Doppelstock**	RheinEnergie Stadium		
Ingolstadt 2001	Fair Stand:	Köln 2004		
Ahlheim Nebe Schoofs	PILA Doppelstock 2002	von Gerkan, Marg und Partner		
	Burkhardt Leitner			

Hänge- und seilverspannte Dächer

Für vielerlei Großbauten sind regelmäßige rechteckige Flächen zu überdachen, beispielsweise für Messe-, Sport- und Schwimmhallen. Für solche Dächer werden einfache Fachwerk- oder Trägerrostkonstruktionen bevorzugt. Um diesen ‚Kisten' mit erkennbar logischem Tragwerk einen Charakter und einen auf den Menschen bezogenen Maßstab zu verleihen, lohnt es sich, Erfahrungen aus dem Brückenbau mit denen aus dem Bau von Schalen, Seilnetzen und Membranen zu kombinieren. Durch Reihung typischer linearer Brückenträger (s. S. 304) entsteht ein Primärtragwerk mit einer Sekundärkonstruktion für die Eindeckung. Ist das Primärtragwerk relativ dicht und regelmäßig, kann die sekundäre Eindeckung aus einfachen quergespannten Trägern und Platten bestehen. Sie sind im Prinzip gewichtsstabilisierend, also schwerer als doppelt gekrümmte vorgespannte Flächentragwerke, aber wesentlich leichter als rein biegebeanspruchte Tragwerke. Man könnte sie also als halbschwere (Hänge-) Dächer bezeichnen. Natürlich eignen sich für die Eindeckung, besonders bei weitmaschigen Primärtragwerken, auch leichte (verglaste) Zylinderschalen, vorgespannte Membranen oder Pneus.

Abgehängte Dächer

Wenn die Nutzung einer Halle ein ebenes rechteckiges und stützenfreies Dach erfordert, bieten sich an Hänge- oder Schrägseilen aufgehängte Träger an, also die vom Seilbrückenbau her bekannten Konstruktionen direkt zu übernehmen. Da Schnee- und vor allem Windlasten nicht gleichmäßig verteilt sind, bedarf es biegesteifer Träger, das heißt, die Träger müssen wie im Brückenbau als ‚Versteifungsträger' fungieren, damit sich das Dach nur geringfügig verformt.

Hängedächer

Steht dagegen der Nutzung einer Halle die beschwingte Form des durchhängenden Seils nicht entgegen oder kann sie gar zur Lenkung der Belüftung genutzt werden, dann bietet es sich an, eine durchhängende Seilschar direkt zu beplanken, wie bei einigen Fußgängerspannbandbrücken. Da einem engen Abstand der parallel laufenden Hängeseile beziehungsweise Hängebänder aus Flachstahl in der Regel nichts entgegensteht, genügen zur Eindeckung in Querrichtung Träger, Platten oder sogar Glasscheiben. Allerdings muss diese Eindeckung genügend Gewicht haben, um die Verformungen durch Schnee und Wind in vernünftigen Grenzen zu halten.

Cable-Suspended and Cable-Braced Roofs

There is a need for roofs over regular rectangular sites for a whole host of large structures, for example, trade fair halls, sports halls and swimming pools. Simple trusses or girder grids are an obvious choice for this type of roof. To imbue such "boxes" with a recognizably logical structure, some form of character, and human scale, it is worth pooling experience gained from bridge construction with that gained from the design of shells, cable nets and membranes. By placing typical linear bridge girders in a row (see p. 304), a primary structure emerges with a secondary structure for the roofing. If the primary structure is relatively dense and regular, the secondary structure can be made of simple cross girders and slabs. In principle, they are stabilized by weight, that is, they are heavier than prestressed double-curved structures but considerably lighter than structures that are purely subject to bending stress. As such, one could refer to them as semi-heavy (suspended) roofs. Naturally enough, prestressed membranes and inflated structures are suitable for their covering, especially in the case of wide-meshed primary structures, as well as light (glazed) cylindrical shells.

Cable-Suspended Roofs

If the purposes for which a hall is to be used require a flat, rectangular and column-free roof, then cable-suspended or cable-stayed girders are an obvious choice, in other words, simply adopting the familiar structures used in building cable-suspended bridges. Since snow and wind loads are not distributed equally, it is necessary to have rigid girders, which means that, as in bridge-building, the girders must act as "stiffening girders" in order to minimize deformation of the roof.

Stressed Ribbon Roofs

If, on the other hand, the function of a hall does not rule out the sprightly shape of an unstiffened suspension cable, or can even use it to regulate the airflow, then an obvious choice is to plank a layer of suspended cables, as in some pedestrian stressed ribbon bridges. Since, as a rule, there is nothing against allowing only a small space between parallel stressed ribbon cables or stressed ribbon strips made of steel sheets, simple girders, slabs, or even glass panes are sufficient for roofing in the transverse direction. This roofing must, however, be sufficiently heavy so as to keep the effects of deformation from snow and wind to a reasonable level.

Seilbinderbrücke am Rosensteinpark II, Stuttgart, 1977
Cable Girder Bridge at Rosenstein Park II, Stuttgart, 1977

Neue Drahtbrücke, Kassel, 1997
New Iron Bridge, Kassel, 1997

Nordbrücke, Rostock, 2003
North Bridge, Rostock, 2003

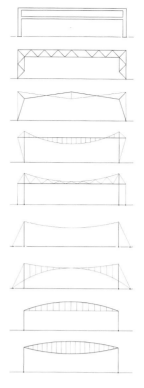

Seilbinder und Fischbauchträger

Als Fischbauch- oder Linsenträger ist der Seilbinder vom Brückenbau her bekannt. Sofort kommen einem die linsenförmigen Träger von Friedrich August von Pauli der ursprünglichen Großhesseloher Brücke (1857) oder – weniger bekannt, aber sehr elegant – Gustav Lindenthals Smithfield Bridge in Pittsburgh, Pennsylvania (1883), in den Sinn.

Ein nach oben gekrümmter Ober- und ein um das entsprechende Maß durchhängender Untergurt werden von vertikalen Druckstäben auf Distanz gehalten. Unter Gleichlast wird der Obergurt gedrückt und deshalb als Rohr ausgebildet, der Untergurt gezogen und deshalb aus Flachstählen oder aus Seilen hergestellt, wobei die Horizontalkomponenten beider Gurtkräfte konstant und gleich groß sind. Die Diagonalen zwischen Gurten und Druckstäben werden nur zur Verformungsbegrenzung unter einseitigen Lasten benötigt, sodass sie sehr dünn sein können.

Bei einem rein zugbeanspruchten und deshalb ganz aus Seilen herstellbaren Seilbinder hängt der Obergurt durch und wird von einem gegensinnig gekrümmten ‚stehenden' Seil stabilisiert, indem beide über kurze Seile gekoppelt sind. Diese Konstruktion funktioniert unter nichtaffinen Lasten nur, wenn sie vorgespannt ist, und sie wird steifer, wenn die Koppelseile dreiecksförmig angeordnet sind.

Cable Girders and Fish-Belly Girders.

Known as a fish-belly girder, this type of cable girder is commonly encountered in bridge construction. We are immediately reminded of Friedrich August von Pauli's fish-belly girders on the original Grosshesseloher Bridge (1857), or the less well-known, but very elegant, Smithfield Bridge in Pittsburgh, PA (1883), designed by Gustav Lindenthal.

An upper chord curving upwards and a lower chord that sags down to the same extent are kept at distance by vertical struts. With an evenly distributed load, the upper chord is compressed and thus formed into a tube, the lower chord stretched and thus made of steel sheets or cables, whereby the horizontal components of both chord forces are constant and of an equal size. The diagonals between the chords and the struts are only required to limit deformation under conditions of unilateral load, meaning that they can be very thin.

With a cable girder that is subject to tension alone and can therefore be made just of cables, the upper chord sags and is stabilized by a convex curved "hogging" cable, both coupled by short cables. This structure functions with non-affine loads only if it is prestressed and it naturally becomes more rigid if the coupling cables are arranged in a triangular shape.

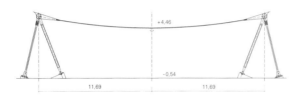

Vordach des Bahnhofs in Ulm (1993)

Canopy of Railway Station, Ulm (1993)

Ort | Location:
Ulm, Bahnhofsvorplatz

Bauherr | Client:
Stadt Ulm

Fertigstellung | Completed: 1993

Charakteristik | Characteristics:
Glashängedach, Spannweite: 24 m |
Glazed stressed ribbon roof, span 24 m

Zusammenarbeit | Cooperation:
Jauss + Gaupp, Architekten,
Friedrichshafen

Ausführung | Construction:
Stahlbau Müller, Offenburg

Leistungen | Scope of work:
Entwurf, Ausführungsplanung,
Bauüberwachung | Conceptual design,
detailed design, site supervision

Einem schimmernden See gleich spiegeln sich Sonne
und Wolken in der Glaseindeckung des Bahnhofsvordachs.
Gespannte Flachstahlbänder mit einem Querschnitt von
40 x 60 Millimetern strukturieren die Dachfläche in Streifen
von 1 Meter Breite, auf denen die Glasplatten direkt auf-
liegen. Trotz der visuellen Leichtigkeit des Dachs sind die
Glasplatten schwer genug, um das Dach gegen Windsog
und halbseitige Lasten zu stabilisieren. Beidseitig, im
Abstand von knapp 24 Metern, sammeln verkleidete,
flügelartige Randträger die Zugkräfte aus den Stahlbändern
ein und führen sie über je zwei Dreiecksböcke in den Baugrund. Statisch betrachtet handelt es sich um eine rückverankerte Dachkonstruktion.

Matte aus Glas

Mangels Platz für seitliche Abspannungen ist das Glasdach für die Stadtbahn- und Bushaltestelle vor dem
Heilbronner Bahnhof (Auer + Weber + Architekten, 2001)
selbstverankert, die Horizontalkräfte aus dem Hängedach
werden über 3 horizontale Rohre in der Glasebene kurz
geschlossen. Damit die Vorstellungen einer schwebenden, leicht geschwungenen Matte verwirklicht werden,
sind die Glasebene und die tragende Stahlbandebene
voneinander getrennt. So sind die großformatigen Gläser
mit ungefähr 2 Meter Seitenlänge mit gelenkigen Edel-
stahlhaltern von Edelstahlseilen abgehängt. In bis zu
10 Meter Höhe bilden sie eine leicht geneigte Fläche
von 19 x 40 Metern, sodass das Wasser zu Seite abließen
kann. Durch die punktförmige Abhängung an speziell

Like a shimmering lake, the sun and the clouds are
mirrored in the glass roof of the canopy at the front
of the railway station. Steel sheet strips with a
cross-section of 40 x 60 millimeters subdivide the
surface area of the roof into 1-meter-wide bands,
on which the glass panes rest directly. Despite
the visual lightness of the roof, the glass panes are
heavy enough to stabilize the roof against wind
suction and unevenly distributed loads. On both
sides, at a distance of almost 24 meters, covered
wing-like edge beams collect the tensile force
of the steel strips and transfer them via two
A-shaped struts and tie supports to the ground.
Structurally speaking, it is a back-anchored roof.

Glass Mat

Owing to the lack of space for back stays, the glass
roof for the Tram and Bus Stop in front of Heilbronn's
Railway Station (Auer + Weber + Architekten, 2001)
is self-anchored, and the horizontal forces from
the suspended roof are brought together via 3
horizontal tubes in-plane with the glass. To realize
the idea of a floating, slightly curved mat, the glass
level and the level of the load-bearing steel strips
are kept separate. The large-format panes of glass,
almost 2 meters in length, with the hinged stainless-steel holders are thus suspended from stainless-steel cables. At a height of almost 10 meters
they form a slightly tilted surface of 19 x 40 meters,

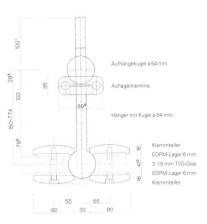

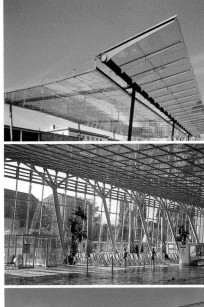

Trichter für Regenwasser
funnel for rainwater

Beide Randträger liegen jeweils auf zwei Dreiecksböcken
Both edge girders lie on two A-shaped strut and tie supports

Haltestelle, Bahnhof, Heilbronn, 2001
Tram and Bus Stop, Railway Station, Heilbronn, 2001

Römertherme, Baden bei Wien, Österreich, 1999
Roman Baths, Baden near Vienna, Austria, 1999

Baumstütze
Tree columns

Klemmteller
Clamp plate

entwickelten Tellern und somit durch die Vermeidung vergleichsweise breiter Stahlbänder wird eine größtmögliche Transparenz erreicht. Daher wurden auch die zwei flügelartigen Randträger aufgelöst.

Gespannte Stahlbänder

Bei der Römertherme im österreichischen Baden bei Wien (Nemetz, Junger, Weber, 1999) werden die über 30 Meter spannenden Stahlbänder im Abstand von 1,50 Metern an beiden Enden des Dachs über schräg stehende Stützen zum Boden hin umgelenkt. Auf der freien Seite werden sie, wie auf dem Dach, direkt verglast und entwickeln sich zur Fassade. Die Stützen gabeln sich nach oben, sodass jedes Stahlband direkt von einem ‚Ast' gestützt wird, also keine Randträger nötig sind. Auf diese Weise wurde eine großzügige, transparente Schwimmhalle als Kernstück eines modernen Kurbades geschaffen.

from which rainwater can flow off to the side. The highest possible level of transparency is achieved through point suspension using specially developed plates and thus avoiding comparatively wide steel strips. Thus, the two wing-like edge girders were dissolved, too.

Stressed Ribbon Steel Sheets

For the Roman Baths in Baden, near Vienna, Austria (Nemetz, Junger, Weber, 1999), the steel strips spanning over 30 meters at intervals of 1.5 meters are deviated to the ground at both ends of the roof via inclined supports. On the open side they are glazed directly, as on the roof, and develop into a façade. The supports fork upwards in such a way that each steel strip is supported directly by a "branch", so that no edge beams are required. In this way, a spacious, transparent swimming hall was created that forms the core of a modern spa facility.

Messehalle 26, Hannover (1996)

Trade Fair Hall 26, Hanover (1996)

Ort | Location:
Hannover, Messegelände, West Mitte

Bauherr | Client:
Deutsche Messe AG, Hannover

Fertigstellung | Completed: 1996

Charakteristik | Characteristics:
Dreischiffige Hängedachkonstruktion,
Breite: 115 m, Länge: 220 m | Three-
bay suspended roof structure, width
115 m, length 220 m

Zusammenarbeit | Cooperation:
Herzog + Partner Architekten,
München; Renk Horstmann Renk
Planungsgesellschaft mbH, Ingenieure,
Hannover

Ausführung | Construction:
Rüterbau, Hannover; Kauffmann,
Dornbirn/Österreich; E. Heitkamp,
Hannover; Glasbau Seele, Gersthofen;
Sassenscheidt, Iserlohn

Leistungen | Scope of work:
Entwurf, Ausführungsplanung,
Bauüberwachung | Conceptual Design,
detailed design, site supervision

Bei der Halle 26 gewinnt man zwei gegensätzlichen Raumeindrücke: In die eine Richtung streckt sich das Dach dem Himmel entgegen, in die andere Richtung erscheint es harmonisch gewellt, nahezu geschlossen. Das dreischiffige, jeweils asymmetrische Hängedach entwickelte sich aus dem Konzept der Architekten, um über die Topografie des Hallendachs mit Hoch- und Tiefpunkten eine natürliche Be- und Entlüftung sowie eine nahezu natürliche Belichtung zu erreichen. Mit einem ‚vernünftigen' Durchhang spannen sich die Bänder in Scharen zwischen vier unterschiedlich hohen ‚Widerlagern' in Form von breitbeinigen Böcken und gliedern so die Halle in drei Ausstellungsflächen mit 55 Meter Spannweite und vier Erschließungszonen. Die Bänder aus Flachstahl, 300 x 40 Millimeter im Abstand von 5,50 Meter angebracht, entsprechen denen der Fußgängerbrücke in Pforzheim. Die Stahlbänder sind mit kiesgefüllten Holzsandwichplatten belegt und zur Sicherheit gegen Schwingungen aus Windlasten nahe ihrem oberen Rand mit dünnen Seilen mit Dämpfungselementen abgespannt. Dennoch bestand eine Unverträglichkeit zwischen den Verformungen des Hängedachs und einer frei stehenden Fassade. Daher wurden zwischen den Längsseiten des Dachs und den Streifenfundamenten direkt verglaste vertikale Stahlhohlprofile im Abstand von 2,50 Metern so verspannt, dass sie die Verformungen des Dachs unter Schnee vorwegnehmen konnten – eine ganz einfache Lösung, zum ersten Mal in einem viel kleineren Maßstab beim Eislaufzelt in München gelöst.

Hall 26 conjures up two opposing impressions of the space: in one direction, the roof stretches up to the sky, and in the other, it appears as a harmoniously corrugated, almost closed roof. The suspended roof, divided into three asymmetrical bays, was developed from the architects' concept to achieve natural ventilation and almost natural lighting via the topography of the hall roof with its high and low points. With a "reasonable" sag, the strips stretch in groups between four "abutments" of different heights shaped like wide-legged trestles, thus dividing the hall into three exhibition areas with a span of 55 meters and four access zones. The steel-sheet strips, 300 x 40 millimeters at intervals of 5.5 meters, correspond to those used for the pedestrian bridge in Pforzheim. They are covered with gravel-filled wooden sandwich panels and, as a precaution against oscillation from wind loads, are stayed close to their upper edge by thin cables with damping elements. There was, nonetheless, an incompatibility between deformation in the suspended roof and a free-standing façade. For this reason, between the longitudinal sides of the roof and the foundations, directly glazed hollow steel profiles at intervals of 2.5 meters were prestressed in such a way that they could anticipate deformation of the roof under snow loads— a perfectly simple solution to a difficult problem, and one that was first used, on a much smaller scale, for the Ice-Skating Tent in Munich.

Ansicht
View

Montage der Holzelemente
Assembly of wooden panels

Längsschnitt
Longitudinal section

Messehalle 8/9, Hannover (1998)

Trade Fair Hall 8/9, Hanover (1998)

Ort | Location:
Hannover, Messegelände Ost

Bauherr | Client:
Deutsche Messe AG, Hannover

Fertigstellung | Completed: 1998

Charakteristik | Characteristics:
Vierschiffige Hängedächer zwischen
seilverspannten Querträgern, Länge:
235 m, Breite: 137,50 m | Four-bay
suspended roofs between cable-
braced cross girders, lengt: 235 m,
width 137.5 m

Zusammenarbeit | Cooperation:
von Gerkan, Marg und Partner,
Architekten, Hamburg; Renk
Horstmann Renk Planungsgesellschaft
mbH, Ingenieure, Hannover

Ausführung | Construction:
Koch Hightex GmbH, Rimsting;
Pfeifer Seil- und Hebetechnik GmbH,
Memmingen; Haslinger Stahlbau
GmbH, München

Leistungen | Scope of work:
Entwurf, Ausführungsplanung,
Bauüberwachung | Conceptual Design,
detailed design, site supervision

Schwungvoll und vollständig stützenfrei überspannt eine
räumliche Seilbinderkonstruktion 33.000 Quadratmeter
Ausstellungsfläche – derzeit das weltweit größte Dach
einer Messehalle. Diese anspruchsvolle Konstruktion geht
an die Grenzen des heute Möglichen und, so Schlaich,
auch des technisch Sinnvollen. Trotzdem hinterlässt der
konstruktive Kraftakt im Zusammenspiel mit den ruhigen
Dachflächen einen beschwingten Gesamteindruck.

Fünf von Ost nach West verlaufende, 26 Meter hohe
Firstlinien im Abstand von 45 Metern gliedern die Halle
in ihrer gesamten Nord-Süd-Länge von 238 Metern, da-
zwischen hat das Dach einen Stich von ungefähr 10 Metern.
Unter diesen Firstlinien ist jeweils ein insgesamt 138 Meter
langer Hauptbinder als selbstverankerte Hängebrücke mit
Tragseilen, Hängern, Masten und Druckriegeln platziert.
Die Tragseile werden über 105 Meter entfernt stehende
A-förmige Mastpaare geführt, die über einen horizontalen
Druckriegel kurzgeschlossen und vertikal in die Gründung
abgespannt sind. Auf dem Tragseil sind Spreizen aufge-
setzt, über die hinweg in Hallenlängsrichtung wiederum
Blechhängebänder mit 300 x 40 Millimetern im Abstand
von 15 Metern verlaufen. Um die Eigenlasten bei diesen
Spannweiten klein zu halten, wird die Hängeform des
Dachs nicht durch Gewicht, sondern durch Seilunterspan-
nungen stabilisiert. Die an den Hallenenden verankerbaren
horizontalen Zugkräfte werden von großen, liegenden
Fachwerkträgern gesammelt und über das jeweils erste
Mastpaar, das durch eine Abspannung ertüchtigt wird,
in den Baugrund ‚rückverankert'. Für die Dacheindeckung

A zestful spatial cable girder structure with no supports whatsoever covers 33,000 square meters
of exhibition space—to date the world's largest
roof of a trade fair hall. This demanding structure
represents the cutting edge of what is possible
today and, according to Schlaich, of what makes
sense technically. Together with the subdued roof
surfaces, the structural tour de force cannot detract
from the overall vibrant impression.

Five ridges that run from east to west at a
height of 26 meters and at 45-meter intervals divide
the hall along the entire length of 238 meters. In
between, the roof rises by approximately 10 meters.
Beneath these ridge lines there is in each case
a 138-meter-long main girder that serves as a self-
anchored suspension bridge, with suspension
cables, hangers, masts and struts. The suspension
cables are led to A-shaped pairs of masts, which
are positioned 105 meters away, then linked via
a horizontal strut and guyed vertically to the foundations. Struts are placed on the suspension cable, on
which metal sheet hangers measuring 300 x 40 millimeters run in a longitudinal direction at 15-meter
intervals. In order to keep dead loads small inspite
of such spans, the suspended roof is stabilized not
by weight but by anticlastic prestressed cables.
The horizontal tensile forces which need to
be anchored at the ends of the hall are collected
by large truss girders lying on their side, and

**Endverankerung
der Hauptträger**
End anchoring of main girders

Detailschnitt
Detail section

Bauzustand
Construction state

**Struktur aus Seilbindern
(längs) und selbstver-
ankerten Hängesystemen
(quer) im Modell**
Structure of cable girders
(longitudinal) and self-anchored
hanging systems (transverse)
in model

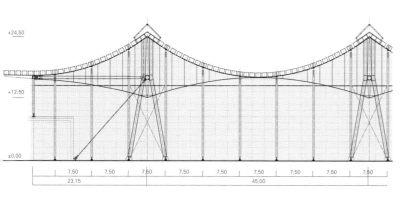

+24,50

+12,50

±0,00

| 7,50 | 7,50 | 7,50 | 7,50 | 7,50 | 7,50 | 7,50 | 7,50 | 7,50 |

23,15 · · · 45,00

Messehalle 4, Hannover, 1995
Trade Fair Hall 4, Hanover, 1995

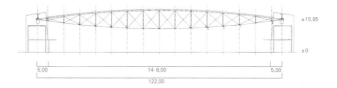

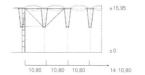

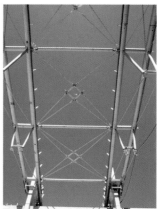

zwischen den Hängebändern wurden leichte, 15 Meter weit
spannende Holzkästen gewählt. Die Holzkästen sind so
ausgebildet und untereinander verbunden, dass sie neben
der Elektroinstallation die gesamte Zuluft der Halle führen.

Schwimmend gelagert

Fischbauchförmige Seilbinder spannen sich 122 Meter
zwischen zwei Riegelbauten und gliedern die stützenfreie
Messehalle 4 in Hannover (von Gerkan, Marg und Partner,
1995) mit einer Grundfläche von 132 x 184 Metern rhyth-
misch. Ursprünglich sollten die 18 Binder zwischen 16
Meter hohen Stahlbetonwandscheiben längs so vorgespannt werden, dass die Obergurte der 9 Meter hohen
Binder niemals Druckkräfte erfahren und deshalb wie die
Untergurte aus Seilen hergestellt werden können. Dann
aber hätten die Einspannmomente der Wandscheiben
eine so aufwändige Gründung zur Folge gehabt, dass dieser schöne Gedanke aufgegeben werden musste. Nun
sind die Seilbinder an den Scheiben mit Hängependeln
schwimmend gelagert. Die erforderlichen zwei Obergurt-
rohre mit einem Durchmesser von 50 Zentimetern haben
in der Aufsicht an den Auflagern einen Abstand von
1,50 Metern, der sich zur Mitte hin auf 3 Meter vergrößert.
Dieser Zwischenraum ist verglast, die Flächen zwischen
den Bindern sind mit gebogenem Trapezblech gedeckt.
Die Untergurte bilden je zwei verschlossene 75 Millimeter
starke Seile.

"re-anchored" to the foundation via the respective
first pair of guyed masts. Light, 15-meter-wide
wooden box girders were used for the roofing between the suspension strips. These are designed
and connected with each other in such a manner
that they bear electrical installation and the entire
air supply for the hall.

Floating Supports

Fish-belly-shaped cable girders span the 122-meter
space between the two wing buildings and
rhythmically divide up the support-free Trade Fair
Hall 4 in Hanover (von Gerkan, Marg und Partner,
1995) with its floor area of 132 x 184 meters. The
original plan was to prestress the 18 girders lengthwise between 16-meter-high reinforced concrete
shear walls in such a way that the upper chords of
the 9-meter-high trusses never came under compression and could therefore, like the lower chords,
be made of cable. However, the clamping moments
of the shear walls would then have required such
laborious foundations that this attractive idea had
to be abandoned. The cable girders now have a floating support on the shear walls with suspended
pendulums. The two upper chord tubes with a diameter of 50 centimeters that are now necessary
rest on the supports at intervals of 1.5 meters, which
increases to 3 meters toward the middle. This inter-
stice is glazed, whereas the surfaces between the
girders are covered with bent trapezoidal sheet
metal. The lower chords are made of two locked
coil 75-millimeter-thick cables.

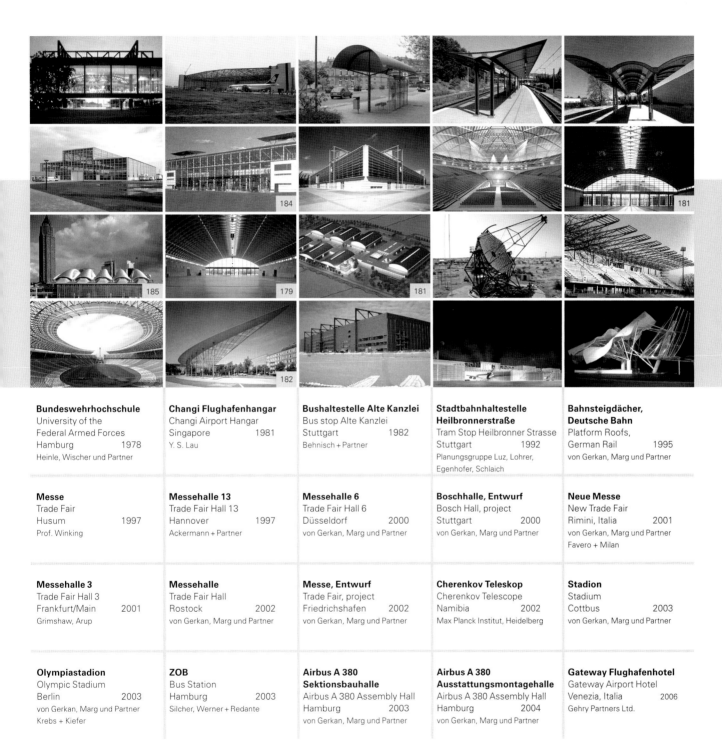

Bundeswehrhochschule
University of the
Federal Armed Forces
Hamburg   1978
Heinle, Wischer und Partner

Changi Flughafenhangar
Changi Airport Hangar
Singapore   1981
Y. S. Lau

Bushaltestelle Alte Kanzlei
Bus stop Alte Kanzlei
Stuttgart   1982
Behnisch + Partner

**Stadtbahnhaltestelle
Heilbronnerstraße**
Tram Stop Heilbronner Strasse
Stuttgart   1992
Planungsgruppe Luz, Lohrer,
Egenhofer, Schlaich

**Bahnsteigdächer,
Deutsche Bahn**
Platform Roofs,
German Rail   1995
von Gerkan, Marg und Partner

Messe
Trade Fair
Husum   1997
Prof. Winking

Messehalle 13
Trade Fair Hall 13
Hannover   1997
Ackermann + Partner

Messehalle 6
Trade Fair Hall 6
Düsseldorf   2000
von Gerkan, Marg und Partner

Boschhalle, Entwurf
Bosch Hall, project
Stuttgart   2000
von Gerkan, Marg und Partner

Neue Messe
New Trade Fair
Rimini, Italia   2001
von Gerkan, Marg und Partner
Favero + Milan

Messehalle 3
Trade Fair Hall 3
Frankfurt/Main   2001
Grimshaw, Arup

Messehalle
Trade Fair Hall
Rostock   2002
von Gerkan, Marg und Partner

Messe, Entwurf
Trade Fair, project
Friedrichshafen   2002
von Gerkan, Marg und Partner

Cherenkov Teleskop
Cherenkov Telescope
Namibia   2002
Max Planck Institut, Heidelberg

Stadion
Stadium
Cottbus   2003
von Gerkan, Marg und Partner

Olympiastadion
Olympic Stadium
Berlin   2003
von Gerkan, Marg und Partner
Krebs + Kiefer

ZOB
Bus Station
Hamburg   2003
Silcher, Werner + Redante

**Airbus A 380
Sektionsbauhalle**
Airbus A 380 Assembly Hall
Hamburg   2003
von Gerkan, Marg und Partner

**Airbus A 380
Ausstattungsmontagehalle**
Airbus A 380 Assembly Hall
Hamburg   2004
von Gerkan, Marg und Partner

Gateway Flughafenhotel
Gateway Airport Hotel
Venezia, Italia   2006
Gehry Partners Ltd.

Bogen- und Fachwerkkonstruktionen

Bögen stehen neben den archaischen Steinplatten und Holzbalken für den ersten Versuch des Menschen, größere Spannweiten zu überbrücken. Als Stützlinie geformt und in geeigneter Weise – früher durch Auflast, heute durch Biegesteifigkeit oder Verspannungen gegen einseitige Lasten versteift – sind sie offenbar unverwüstlich und mit ihrem torartigen Schwung in ästhetischer Hinsicht ansprechend.

Eine andere Möglichkeit, größere Spannweiten zu erreichen, bieten die in Stäbe aufgelösten Fachwerke. Neben der Vermeidung von Biegebeanspruchung der einzelnen Stäbe und damit der effizienten Materialausnützung sind sie aufgrund ihrer Segmentierung und der dadurch möglichen Vorfertigung kostengünstig, also sehr wirtschaftlich. Dank ihren Dreiecksmaschen sind sie (im Gegensatz zu den bei Architekten derzeit viel beliebteren, aber im Grunde ‚grobschlächtigen' Vierendeelträgern) recht steif und eignen sich deshalb besonders für Industriehallen mit Kranbahnen.

Wenn die Querschnitte der Stäbe eines Fachwerkträgers der Beanspruchung angepasst und die Druckgurte gegen Knicken gesichert werden können, stellen sie für Spannweiten bis 100 oder sogar 200 Meter hocheffiziente Konstruktionen dar. Ihre früher sorgfältig detaillierten Knotenverbindungen und ihre mögliche Formenvielfalt sind heute leider weitgehend der Rationalisierung zum Opfer gefallen. Mit ihnen verbinden sich bedeutende Namen wie William Howe (1803–1852), Thomas Pratt (1812–1875), Johann Wilhelm Schwedler (1823–1894) und Daniel Coleman Bailey (1901–1984).

In addition to archaic stone slabs and wooden beams, arches represent mankind's first attempts to bridge spans of greater length. Shaped as a thrust line and suitably stiffened (formerly by superimposed loads, nowadays through rigidity or cable bracing against non-uniform loads), they are clearly long-lasting, and with their gate-like élan appeal to the observer at the aesthetic level, too.

Larger spans can also be achieved through dissolved trusses. Apart from avoiding bending forces in the individual truss members and thus using material more efficiently, their segmentation and the possibility of having them prefabricated makes them economically very efficient. Thanks to their triangular meshes they are quite rigid—unlike Vierendeel beams, which, although basically coarse, are currently much more popular with architects—and thus most suitable for industrial hangars with crane tracks.

If the cross-sections of the truss members are adapted to their load and the compression chords are fixed to avoid buckling, they represent highly efficient structures for 100-meter or even 200-meter spans. Formerly, the joints were carefully detailed and they afforded a great variety of possible shapes, but today these have, for the most part, fallen victim to rationalization. Yet we still associate them with such illustrious names as William Howe (1803–1852), Thomas Pratt (1812–1875), Johann Wilhelm Schwedler (1823–1894), and Daniel Coleman Bailey (1901–1984).

**Liegender Bogen,
ZOB, Hamburg, 2003**
Lying arch,
ZOB, Hamburg, 2003

Messehalle, Rostock (2002)

Trade Fair Hall, Rostock (2002)

Mit dem schönen Rautenmuster ihres tonnenförmigen Dachs und den verglasten Querfassaden gehört diese Messehalle neben der Tagungsrotunde und dem Tensegrity-Turm zu den Hauptbauwerken der HanseMesse Rostock, welche in das Gelände der Internationalen Gartenbauausstellung (IGA) 2003 integriert ist. Die Tonne mit 9,50 Meter Stich und 65 Meter Spannweite ist seitlich über die gesamte Länge von 165 Metern auf Stahlbetonriegeln gelagert. Die rautenförmige Anordnung der Brettschichtholzträger mit einer Breite von 20 Zentimetern und einer Höhe von 75 Zentimetern lässt unmissverständlich die nach dem Merseburger Stadtbaurat Fritz Zollinger (1880–1945) benannte Bauweise erkennen.

Zollingerrauten

Im Allgemeinen ist für die Herstellung von bogen- und tonnenförmigen Hallenkonstruktionen ein großer Fertigungsaufwand mit Hubgeräten erforderlich, weshalb sie sich im Vergleich zu den fertigungstechnisch leichter rationalisierbaren Balken- und Fachwerkkonstruktionen schwer tun. Diese Probleme sind nicht neu, das zeigt die Erfindung Zollingers in den zwanziger Jahren: Diese Bauweise für kreisförmige Tonnen basiert auf gleich langen Holzbrettern, die jeweils von einem Menschen getragen werden und auf einfache Weise zu einer rautenförmigen Konstruktion verschraubt werden können. An jedem der Kreuzungspunkte enden zwei Rippen, während eine Rippe durchläuft. Die durchlaufende Rippe wird jeweils im nächsten Kreuzungspunkt gestoßen, sodass jedes

In addition to the Congress Rotunda and the Tensegrity Tower, this Trade Fair Hall, with the attractive rhombic pattern of its barrel roof and the glazed transverse façades, is one of the main buildings at the Hanseatic Trade Fair in Rostock, integrated into the grounds of the International Garden Exhibition IGA 2003. The barrel roof peaks at 9.5 meters and has a span of 65 meters: it rests at the sides on reinforced concrete walls over the total distance of 165 meters. The rhombic pattern of the 20-centimeter-wide and 75-centimeter-high laminated timber slats alludes unmistakably to the form of construction named after the head of the Merseburg municipal building control office Fritz Zollinger (1880–1945).

Zollinger Rhomboids

In general, building arches and barrel-shaped halls requires a good deal of production, including hoisting equipment, which is why they are heavy going compared with beams and truss structures, which are easier to rationalize for production. Zollinger's invention, which dates back to the 1920s, proves that these problems are not new. This method of construction for circular barrel roofs is based on wooden planks of equal length which can be carried by a single person and screwed without difficulty into a rhombic pattern. At each of the points of intersection, two ribs end and one continues.

Ort | Location:
Rostock-Schmarl, Messegelände, Warnowallee

Bauherr | Client:
KOE-Eigenbetrieb (Kommunale Objektbewirtschaftung und Entwicklung der Hansestadt Rostock)

Fertigstellung | Completed: 2002

Charakteristik | Characteristics:
Tonnendach aus Holz in Zollingerbauweise, Spannweite: 65 m, Stich: 9,50 m, Länge: 165 m | Wooden barrel roof built in Zollinger method, span 65 m, peak height 9.5 m, length 165 m

Zusammenarbeit | Cooperation:
von Gerkan, Marg und Partner, Architekten, Hamburg; INROS Planungsgesellschaft mbH, Rostock

Ausführung | Construction:
Holzbau Stephan; Gaildorf; Mecklenburger Hochbau, Rostock

Leistungen | Scope of work:
Entwurf, Ausführungsplanung, Bauüberwachung | Conceptual Design, detailed design, site supervision

Luftbild
Arial view

**Konstruktionsprinzip der
klassischen Zollingerbauweise**
Structural principle
of Zollinger rhomboids

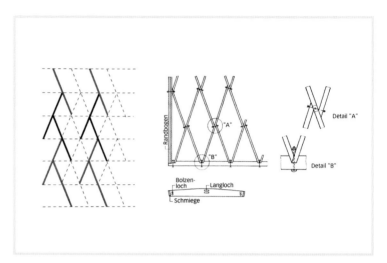

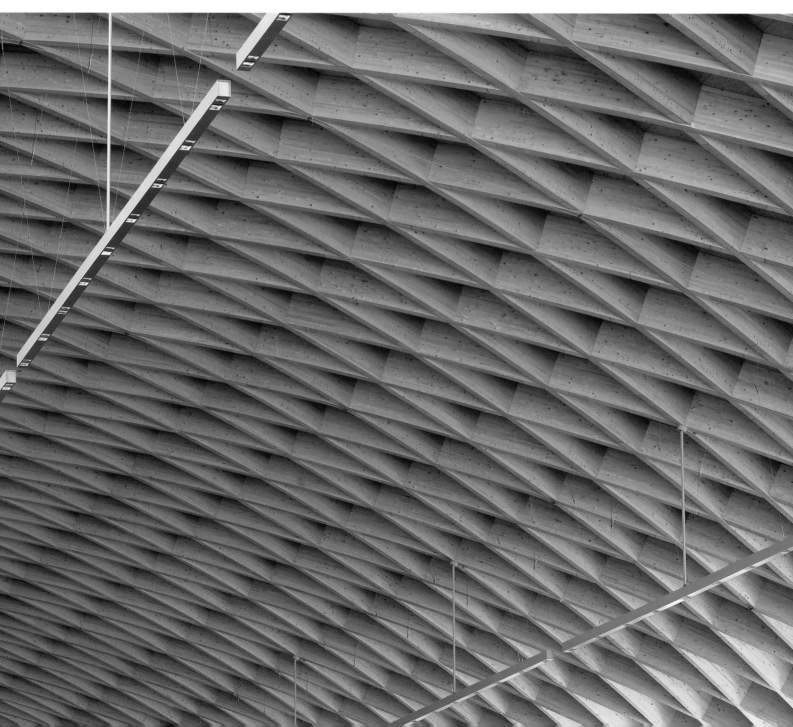

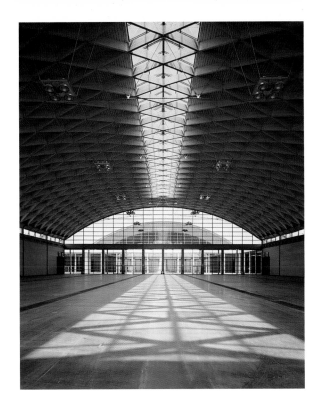

Rippenelement nur über zwei Rautenfelder durchläuft. Aufgrund des Schlupfes der Knoten und des Schwindens der Vollholzbretter waren die Spannweiten recht begrenzt. Heute können stattdessen schlupffreie biegesteife Knoten aus Brettschichtholz hergestellt werden.

Entwurfsvarianten

Die Rostocker Halle steht in einer Reihe jüngster Entwicklungen von Hallen in Zollingerbauweise: Für die Messehallen in Rimini, Italien (2001), und in Friedrichshafen (2002) haben Schlaich Bergermann und Partner in der Konzeptphase die Architekten von Gerkan, Marg und Partner beraten. So ist nicht nur eine neue Generation von Zollingerdächern entstanden. Die jeweiligen Hallen unterscheiden sich in ihren Abmessungen und konstruktiven Details: im Verhältnis von Stich zu Spannweite, in der Größe der Rauten, in der Knotenausbildung sowie in der Aufnahme des Horizontalschubs. Sie sind kontinuierlich entlang ihren Rändern gelagert und tragen daher überwiegend wie Bögen. Nur wenn die Belastung in Längsrichtung variiert oder wenn die örtlich angreifenden Kräfte einer inneren Seilverspannung zu verteilen sind, liegt ein echtes Schalentragverhalten vor.

The latter then butts onto the next point of intersection, meaning that each rib element extends over two rhombic fields only. Slippage of the joints and shrinkage of the solid wood planks meant that the spans were highly restricted. Nowadays, however, it is possible to produce slip-free, rigid joints from laminated timber.

Variations of Design

The Trade Fair Hall in Rostock is the latest development in a series of halls built in the Zollinger fashion. Schlaich Bergermann und Partner acted as consultants to the architects von Gerkan, Marg und Partner, in the concept phase for the Trade Fair Halls in Rimini, Italy (2001), and in Friedrichshafen (2002). In this way, a new generation of Zollinger roofs emerged. The individual halls differ in their dimensions and in structural details: the relationship between height and span; the size of rhombic shapes; the formation of joints; and the absorption of horizontal thrust. All the halls are supported consistently along the entire length of their edges, meaning that their structural characteristics are essentially those of arches. Only if the load varies in the longitudinal direction and if the locally applied forces of an inner cable-bracing must be distributed do they bear loads like shells.

ZOB, Hamburg (2003)

Central Bus Station, Hamburg (2003)

Ort | Location:
Hamburg, Hauptbahnhof

Bauherr | Client:
ZOB Hamburg GmbH, Sprinkenhof AG

Fertigstellung | Completed: 2003

Charakteristik | Characteristics:
Sichelförmiges Kragdach, Dachfläche
4.000 qm, maximale Spannweite 200 m |
Sickle-shaped cantilevering roof, surface area 4,000 sq.m, maximum span
200 m

Zusammenarbeit | Cooperation:
Silcher, Werner+Redante,
Architekten, Hamburg

Ausführung | Construction:
Thyssen Stahlbau, Berlin

Leistungen | Scope of work:
Entwurf, Ausführungsplanung,
Bauüberwachung | Conceptual design,
detailed design, site supervision

Kraftvoll markant überdacht ein sichelförmiger, transparenter Flügel mit einseitiger Randeinfassung den neuen Zentralen Omnibus-Bahnhof (ZOB) in Hamburg. Unter dem 4.000 Quadratmeter großen Glasdach sind die Bussteige mit den Serviceeinrichtungen über kurze Wege verbunden; Garantie für einen funktional hervorragenden Betriebsablauf dieses zentralen Verkehrsknotenpunkts. Das weithin sichtbare Zeichen steht wegen des unterirdisch verlaufenden U-Bahn-Tunnels einseitig auf einer Kolonnade schlanker eingespannter Stützen, die dem in 12 Meter Höhe liegenden, sichelförmigen Stahl-Stabrippenträger folgen. Von ihm kragen Träger unterschiedlicher Länge aus, unter denen die großflächige Glaseindeckung punktförmig an Pfetten abgehängt ist.

The sickle-shaped transparent wing, framed only on one side, covers the new Central Bus Station (ZOB) in Hamburg. Beneath the glass roof, which is a full 4,000 square meters in size, short paths link the platforms for the buses to the service facilities, ensuring the smooth functional operation of this central transportation node. Owing to the course of the subway tunnel underground, the landmark roof rests only on one side on a line of fixed columns that follow the arch of the 12-meter-high sickle-shaped steel ribbed girders. Beams of different lengths cantilever from this girder, from which the large-sized glass roof is point suspended from purlins.

Liegender Bogen

Lying arch

Die skulpturale Großform entsteht durch das konstruktiv sinnfällige Prinzip des Kreisringträgers (vgl. S. 244). Einseitig aufgehängt oder gestützt können Kraglasten ohne Torsionsbeanspruchung abgetragen werden, indem das Kräftepaar des Kragmoments im Sichelträger über Ringkräfte abgetragen wird. So stimmen auftrumpfende Geste und Konstruktion überein.

The large sculptural form is the product of the convincing structural principle of the circular ring girder (see p. 244). Suspended or supported on one side, the canti-lever loads can be transferred without any torsion stress, for the pair of forces of the cantilever moment in the sickle-shaped beam is borne by ring forces. In this way, the eye-catching gesture and the structure blend perfectly.

Kragarm t = 40mm   Schott t = 40mm

3,90

12,10

1,50 1,50

27,50   9,00

10,90

ø 368·40

0,50   ±0,00

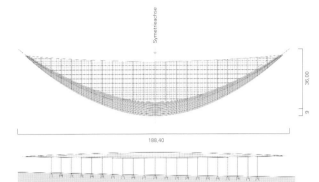

Symetrieachse

36,00

9

188,40

Schnitt
Cross-section

Draufsicht und Ansicht
Plan view and elevation

Untersicht
View from below

Städtebaulicher Kontext
Urban context

Messehalle 13, Hannover (1997)

Trade Fair Hall 13, Hanover (1997)

Ort | Location:
Hannover, Messegelände West

Bauherr | Client:
Deutsche Messe AG, Hannover

Fertigstellung | Completed: 1997

Charakteristik | Characteristics:
Freitragender Trägerrost,
225 x 120 m | wide-span girder grid,
225 m x 120 m

Zusammenarbeit | Cooperation:
Ackermann + Partner, Architekten,
München; Dr. Bernhard Behringer,
Ingenieure, München

Ausführung | Construction:
E. Heitkamp, Hannover; Stahlbau
Plauen, Plauen; Krupp Stahlbau
Hannover GmbH, Hannover

Leistungen | Scope of work:
Ausführungsplanung,
Bauüberwachung | Detailed design,
site supervision

Der vollständig gläserne Baukörper mit 225 Meter Länge, 120 Meter Breite und 17,50 Meter Höhe bildet eine markante Akzentuierung im Westen des Weltausstellungsgeländes der Expo 2000 in Hannover. Der Innenraum der Halle wird ruhig, geordnet und stützenfrei von einen sehr steifen Raumfachwerk in 12,50 Meter Höhe überspannt. Die fertigungstechnischen Tücken dieser Konstruktion lagen in der großen Steifigkeit und der hochgradig statischen Unbestimmtheit des Systems.

Die gesamte Hallenfläche wird von einem orthogonalen Trägerrost überdeckt, der aus sich im Abstand von 7,50 Metern kreuzenden Fachwerkträgern besteht. Er ist vollständig aus Rohren hergestellt, welche untereinander biegesteif verbunden sind, woraus sich das ausgesteifte Rahmensystem ergibt. Die tragende Stahlkonstruktion wiegt ungefähr 90 Kilogramm pro Quadratmeter und ist an ihren Rändern durch die Fassaden und auf kurzen Pendelstützen an den Innenecken von sechs untergestellten Betonkernen von 15 x 15 Metern und 10,90 Meter Höhe gestützt. Zur Dacheindeckung überspannen Holzkastenelemente im Wechsel mit verglasten Oberlichtern die Maschenweite des Rosts von 7,50 Metern.

The completely transparent volume of the building is 225 meters long, 120 meters broad and 17.5 meters high, and forms a striking highlight in the west of the grounds of the Expo 2000 World Exhibition in Hanover. The interior of the hall is covered by a highly rigid space-frame at a height of 12.5 meters—calmly, well ordered, and support-free. The great rigidity of the system and the redundancy of the structural system were the main difficulties facing the engineers.

The entire hall is covered by an orthogonal girder grid, with trusses crossing at intervals of 7.5 meters. It is produced entirely of tubes rigidly interconnected, thus producing the stiffened frame system. The load-bearing steel structure weighs approximately 90 kilograms per square meter and is supported at the edges by the façades and by short struts at the interior corners of six concrete cores beneath, each one measuring 15 x 15 meters and 10.9 meters high. For the roofing, wooden box elements alternate with glazed skylights to cover the 7.5-meter mesh of the grid.

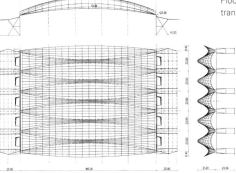

Gussknoten

Die konstruktive Herausforderung bestand darin, einen typischen Knotenpunkt als Baukastensystem für die sich kreuzenden Trägerscharen zu entwickeln. Gewählt wurden Gussknoten, die bis zu neun unterschiedliche Stäbe miteinander verbinden.

Räumliches Bogenfachwerk

Die große Messehalle 3 (Grimshaw, 2001) liegt im Süden des Geländes der Frankfurter Messe und begrenzt das Forum, eine Freifläche inmitten des Messegeländes. Eine skulptural geformte, körperhafte Dachlandschaft entstand, deren Präsenz sich weit in die benachbarten Viertel erstreckt. Die Grundfläche der beiden Ebenen beträgt jeweils 20.000 Quadratmeter, die stützenfrei überspannt werden. Nach nur 17 Monaten Planungs- und Bauzeit konnte die Halle pünktlich eingeweiht werden. Die Dachkonstruktion überspannt 165 Meter in Längsrichtung mit fünf nebeneinander liegenden doppelt gekrümmten Stabbogengruppen aus Stahlrohren, jeweils mit einem Stabnetz aus Zugstäben verbunden, und wird von 6 A-Böcken je Seite getragen. Die Dachhaut aus Profilstahl und Trapezblech sowie Dämmung und Dichtung ist mit Kalzip eingedeckt.

Cast Joints

The challenge behind this construction was to develop a typical modular joint for the groups of girders that intersect. Cast nodes capable of connecting up to nine different tubes were selected.

Spatial Arched Truss

The large Trade Fair Hall 3 (Grimshaw, 2001) is located in the south of the Frankfurt trade fair grounds, and is situated alongside the Forum, an open space in the middle of the trade fair complex. A sculptured, substantial roof landscape arose that makes its presence felt deep into the adjoining neighborhoods. Each of the two levels has a floor area of 20,000 square meters—covered without the use of supports. After a mere 17 months' planning and construction time the hall was inaugurated on schedule. The roof structure spans 165 meters lengthwise, with five adjacent groups of double-curved arched trusses made of steel tubes, each connected to a net made of ties, and is supported by 6 A-shaped trestles per side. The skin of the roof, made of profiled steel and trapezoidal sheet metal, as well as insulation and sealing, is encased in Kalzip roofing metal.

weit schmal

manifold bridges

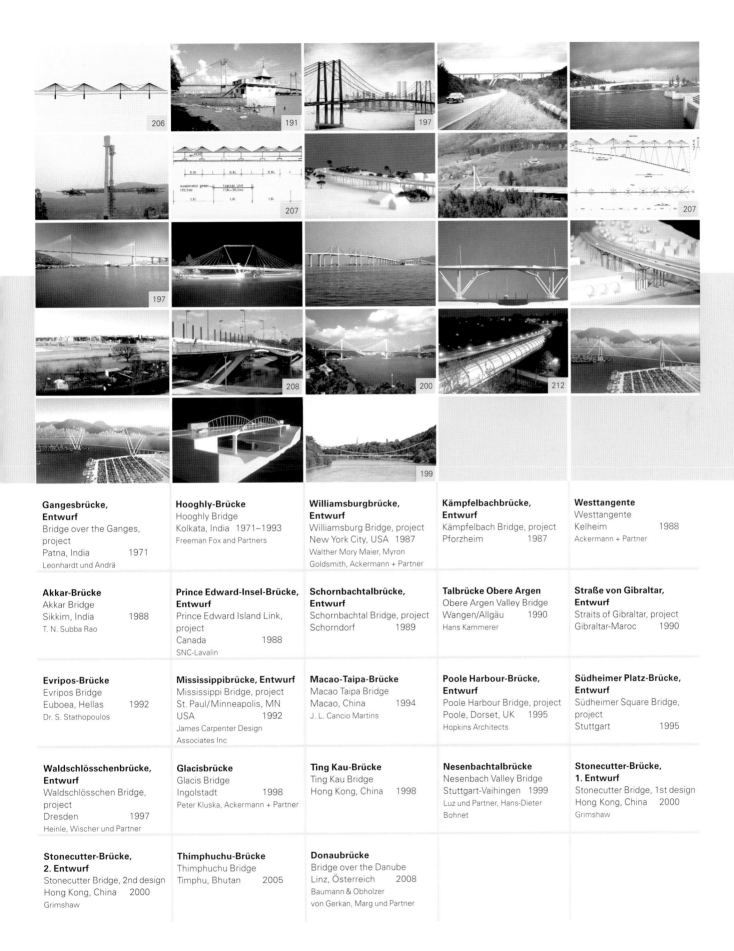

Gangesbrücke, Entwurf Bridge over the Ganges, project Patna, India 1971 Leonhardt und Andrä	**Hooghly-Brücke** Hooghly Bridge Kolkata, India 1971–1993 Freeman Fox and Partners	**Williamsburgbrücke, Entwurf** Williamsburg Bridge, project New York City, USA 1987 Walther Mory Maier, Myron Goldsmith, Ackermann + Partner	**Kämpfelbachbrücke, Entwurf** Kämpfelbach Bridge, project Pforzheim 1987	**Westtangente** Westtangente Kelheim 1988 Ackermann + Partner
Akkar-Brücke Akkar Bridge Sikkim, India 1988 T. N. Subba Rao	**Prince Edward-Insel-Brücke, Entwurf** Prince Edward Island Link, project Canada 1988 SNC-Lavalin	**Schornbachtalbrücke, Entwurf** Schornbachtal Bridge, project Schorndorf 1989	**Talbrücke Obere Argen** Obere Argen Valley Bridge Wangen/Allgäu 1990 Hans Kammerer	**Straße von Gibraltar, Entwurf** Straits of Gibraltar, project Gibraltar-Maroc 1990
Evripos-Brücke Evripos Bridge Euboea, Hellas 1992 Dr. S. Stathopoulos	**Mississippibrücke, Entwurf** Mississippi Bridge, project St. Paul/Minneapolis, MN USA 1992 James Carpenter Design Associates Inc	**Macao-Taipa-Brücke** Macao Taipa Bridge Macao, China 1994 J. L. Cancio Martins	**Poole Harbour-Brücke, Entwurf** Poole Harbour Bridge, project Poole, Dorset, UK 1995 Hopkins Architects	**Südheimer Platz-Brücke, Entwurf** Südheimer Square Bridge, project Stuttgart 1995
Waldschlösschenbrücke, Entwurf Waldschlösschen Bridge, project Dresden 1997 Heinle, Wischer und Partner	**Glacisbrücke** Glacis Bridge Ingolstadt 1998 Peter Kluska, Ackermann + Partner	**Ting Kau-Brücke** Ting Kau Bridge Hong Kong, China 1998	**Nesenbachtalbrücke** Nesenbach Valley Bridge Stuttgart-Vaihingen 1999 Luz und Partner, Hans-Dieter Bohnet	**Stonecutter-Brücke, 1. Entwurf** Stonecutter Bridge, 1st design Hong Kong, China 2000 Grimshaw
Stonecutter-Brücke, 2. Entwurf Stonecutter Bridge, 2nd design Hong Kong, China 2000 Grimshaw	**Thimphuchu-Brücke** Thimphuchu Bridge Timphu, Bhutan 2005	**Donaubrücke** Bridge over the Danube Linz, Österreich 2008 Baumann & Obholzer von Gerkan, Marg und Partner		

Brückenbau – Baukultur

Die Brücke hat – nur vergleichbar mit der Kuppel – Fantasie und Mut der Ingenieure über Jahrtausende herausgefordert. Das Verbindende der Brücken berührt jeden und hat im Laufe der Geschichte vielfältige symbolische und transzendente Be- und Ausdeutungen erfahren. Kühne und schöne Brücken haben stets allgemeine Bewunderung erfahren, fatale Brückeneinstürze, bedingt durch Baufehler und Witterungseinflüsse wie Hochwasser, Eis und Wind, immer breite Anteilnahme gefunden. Keine andere Bauwerksart genießt zudem einen vergleichbaren Widerhall in Dichtung und Malerei; zu Recht, sind Brücken doch ein ganz wesentlicher Bestandteil der Infrastruktur, welche die materielle Grundlage für ein menschenwürdiges Leben auf dieser Erde darstellt. Eine Infrastruktur, sei sie noch so perfekt, wird aber erst durch Kultur zur Zivilisation. Daher müssen Brücken für sich in Anspruch nehmen, was anderen öffentlichen Bauten mit größter Selbstverständlichkeit zugebilligt wird: dass sie integraler Teil der Baukultur sind und deshalb ihr Anspruch auf gestalterische Qualität gleichberechtigt neben ihrer Funktion steht: „Die Baukunst ist unteilbar!"

Jörg Schlaich betont unermüdlich, dass sich die Gesellschaft im Brückenbau Qualität leisten soll: „Gute Brücken sparen Ressourcen, sind also ökologisch, schaffen Arbeit, sind also sozial und am Ende auf natürliche Weise schön. Ökologisch, sozial, kulturell, was könnte zeitgemäßer sein?"

Bridges—Building Culture

Down through the centuries, second only to domes, bridges have fired the imagination of engineers and challenged them to find courageous solutions. Bridges link – a fact that affects everyone and that has in the course of history spawned a variety of symbolic and transcendent meanings and interpretations. Daring and beautiful bridges have always been generally admired; fatal collapses by bridges owing to construction errors or inclement weather—be it flooding, ice or wind— have repeatedly been met with broad sympathy. No other type of building has found such an echo in literature and painting. And rightly so, since bridges are quite an essential component of any infrastructure, providing the substantial base for easier everyday life. Yet only culture can transform an infrastructure, however perfect it may be, into civilization. For this reason, bridges must lay claim to a status that other public buildings are accorded as a matter of course: that they are an integral part of building culture and that their claim to a design quality must therefore be granted equal status alongside their function.

"The art of building is indivisible!"

Jörg Schlaich never fails to emphasize that society should insist on quality when it comes to bridge building: "Good bridges spare resources, and are therefore ecological; create jobs, therefore social; and at the end of the day they are quite naturally beautiful. Ecological, social, cultural: what could be more up to date?"

Es gab einmal eine Zeit, als sich Künstler von Brücken inspirieren ließen, als Brücken und Stadt eine Einheit waren, ebenso wie Brücke und Natur, als man Brücken baute, die noch heute jeder auf Anhieb kennt.

There was a time when artists were inspired by bridges, when bridges and towns were in unison, just like bridges and nature, when bridges were built that everyone immediately recognizes even today.

Ortsbezug

Eine Brücke ist im Vergleich zu anderen Bauten groß und langlebig, ihre Besonderheit ist ihr Ort, sie muss ihn reflektieren, sich auf ihn einlassen. Im Ganzen kann sie sich bescheiden einfügen oder bewusst abheben, also den schönen Ort, das liebliche Tal, die grandiose Umgebung möglichst unberührt lassen oder eine fade Gegend bereichern und ein chaotisches, urbanes Umfeld ordnen, mit einer ruhigen Großform oder einem auftrumpfenden Signal. Im Detail kann die Brücke Maßstab und Textur ihrer natürlichen Umgebung aufnehmen oder über das Baumaterial einen sinnfälligen Bezug zu ihr herstellen. Sie kann aber auch mit modernen Werkstoffen und filigranen Bauelementen im Kontrast zu ihrer Umgebung stehen.

Entwerfen

Beim Entwerfen von Ingenieurbauten und ganz besonders von Brücken mischen sich naturwissenschaftliche und intuitive Einflüsse unauflösbar. Trotz der scheinbaren Monofunktionalität der Brücken – sie verbinden schlicht zwei Punkte beiderseits eines Hindernisses mit einer Linie, sei es Straße, Gleis oder Weg – sind für ein und denselben Ort viele Alternativen möglich, weil sie von zahlreichen, subjektiv zu gewichtenden Faktoren beeinflusst sind. Folglich gibt es auf die Frage, wie man zu einem guten Entwurf kommt, keine allgemein gültige Antwort – zum Glück, sonst wäre Entwerfen ja reproduzierbar! Entwerfen heißt erfinden, immer wieder neu!

Local Context

Compared with other buildings, bridges are large and last forever. Moreover, unique to them is their location: they must reflect it and take it fully into account. They can either modestly blend in with the overall setting or deliberately stand out from it; in other words, either leave the beautiful place, the soft valley, the magnificent setting as unspoiled as possible, or enrich a pallid region and structure a chaotic, urban environment by means of a tranquil appearance as a whole or a swaggering signal. As regards the details, a bridge can take up the scale and texture of its natural environment or forge a manifest link to it via the material used. Likewise, by means of modern materials and filigree elements it can contrast with its environment.

Conceptual Design

The design of structures, and of bridges in particular, entails an indissoluble mixture of scientific and intuitive influences. Despite the seemingly mono-functional character of bridges—they simply connect two points on either side of an obstacle by a line, be it a road, a railway track or a path— numerous alternatives are conceivable for one and the same place, as the design is influenced by innumerable factors open to subjective appraisal. As a consequence, there is no generally binding answer to the question of how you arrive at a good design. And thankfully so, otherwise designing bridges would simply be a matter of copying. Instead, they are always a matter of new invention.

Straßenbrücken

In Zeiten hoher Löhne, niedriger Materialkosten und
‚knapper Kassen' ist die Versuchung groß, Standardbrücken
zu bauen, es sei denn, ein besonders breiter Fluss oder
ein besonders tiefes Tal ‚erzwingt' eine Sonderlösung.
So sollte jede Chance zu mehr Vielfalt und einem individuellen Beitrag zur Baukultur genutzt werden, insbesondere bei Straßenbrücken, die hinsichtlich Zahl und Größe
dominieren.

Die Chancen für eine entwerferische Idee, für eine
neuartige Lösung liegen in den so genannten Schwierig-
keiten wie schlechten Baugrundverhältnissen, besonderen
Schallschutzanforderungen, starken Seitenwinden, anspruchsvoller Einbindung von Geh- und Radwegen in die
Hauptbrücke oder in der Infrastruktur: schlechten Zufahrts-
straßen zur Baustelle oder, typisch für Auslandsbaustellen,
eingeschränkter Verfügbarkeit von Werkstoffen und der
Auflage, lokale Arbeitskräfte zu beschäftigen. So wird
aus großen Herausforderungen die reinste Freude beim
Entwerfen!

Aufgrund des unauflöslichen Zusammenhangs
zwischen Form und Konstruktion beruht die visuelle
Spannung und Faszination von Brücken im Wesentlichen
auf dem Verhältnis ihrer Dimensionen zur Spannweite.
Aus dem Tragverhalten entwickelt, spiegeln schlanke,
effiziente Konstruktionen den Kraftfluss und werden
Form. Ist dagegen der Kraftfluss nicht ablesbar oder wird
sogar ein falscher vorgegaukelt, wirken diese Brücken
spannungslos. Die Ablesbarkeit des Kraftflusses gelingt
am besten mit ‚aufgelösten' Strukturen, die ihre Lasten
nachvollziehbar über Druck oder Zug abtragen, mit den
Bogen- und den Hängebrücken als Prototypen (s. S. 304).

**Pylon der Talbrücke Obere Argen,
Wangen/Allgäu, 1990**
Pylon of the Obere Argen Valley
Bridge, Wangen/Allgau, 1990

Highway Bridges

In times characterized by high wages, low costs
of materials and "tight budgets", the temptation to
build standard bridges is great, unless an extremely
wide river or a particularly deep valley "compels"
the client to choose a special solution. However,
every opportunity should be seized to increase
variety and make an individual contribution to the
culture of building. This is especially so in the case
of highway bridges, which predominate in terms
of their numbers and their sheer scale.

The chances of finding a creative design or
innovative solution are hidden in what we first consider to be just difficulties, such as poor subsoil
conditions, special noise protection requirements,
strong sidewinds, the complicated inclusion of
pedestrian paths and cycle tracks into the main
bridge structure, or in the infrastructure: poor
access roads to the site or, typically for overseas
sites, limited availability of materials and the
requirement that local labor be used. In this way,
major challenges lead to the pure joy of creative
designing!

Given the indissoluble link between form
and structure, the visual fascination of bridges is
essentially a product of the relationship between
their dimensions and their span. Developed from
their structural behavior, slender efficient structures reflect the flow of forces and themselves
become form. By contrast, if the flow of forces is
not clearly visible, or if we are led to see a false
flow of forces, then these bridges seem unexciting.
The legibility of the flow of forces succeeds best
with "dissolved" structures, which understandably
transmit their load through compression and tension, with arch bridges and suspension bridges as
the prototypes (see p. 304).

Hooghly-Brücke, Kalkutta, Indien (1993)

Hooghly Bridge, Calcutta, India (1993)

Kalkutta, die überquellende indische Metropole im Flussdelta des Ganges, droht permanent im Verkehr zu ersticken. Eine wesentliche Verbesserung der Verbindung zum ‚Vorort' Howrah bringt die 1993 fertig gestellte zweite Brücke über den Hooghly, einen der Mündungsarme des Ganges.

Die Hooghly-Brücke ist das Ergebnis eines unendlich mühsamen, aber lohnenden Planungs- und Bauprozesses von über 20 Jahren. Die damals mit 457 Meter Spann-weite größte Schrägseilbrücke Asiens wurde so entwor-fen und konstruiert, dass sie durch örtliche Baufirmen ‚indigenous', also mit Hilfe von ausschließlich einheimi-schen Arbeitskräften und lokalen Werkstoffen, gebaut werden konnte. Von diesem Projekt stammt die Erfah-rung, dass Entwicklungshilfe in Form von Arbeitsplätzen dank eines technologischen Wissenstransfers, Teil eines verantwortungsvollen ingenieurmäßigen Handelns sein kann und dass ‚angepasste' Technologie nicht diskrimi-nierend oder ‚primitiv' ist! Denn die für die örtlichen Be-dingungen entwickelte Konstruktion gab entscheidende Impulse auch für die Weiterentwicklung der Schrägseil-brücken weltweit.

Entwicklungsgeschichte

Zunächst übernahm Jörg Schlaich 1971 die Tätigkeit eines Prüfers für eine große Schrägseilbrücke in Kalkutta, welche vom englischen Ingenieurbüro Freeman Fox and Partners geplant war. Als er, mit Fritz Leonhardt im Rücken, einige wesentliche Verbesserungsvorschläge

Calcutta, the overflowing Indian metropolis in the Ganges river delta, threatens to be permanently suffocated in traffic. A key improvement in connect-ing it to the "suburb" Howrah was the second bridge over the Hooghly (a side-arm of the delta), completed in 1993.

This Hooghly Bridge is the result of an incredibly arduous, but rewarding, planning and construction process that continued for over 20 years. Back then, with a span of 457 meters, it was the largest cable-stayed bridge in Asia, designed and constructed in such a way that indigenous construction companies were able to build it relying exclusively on local labor and materials. This project showed that de-velopment aid in the form of jobs could, thanks to technical knowledge transfer, be part of a respon-sible engineer's activities, and that "appropriate" technology is neither discriminating nor "primitive"! For as it turned out, the structure that was de-veloped to meet local conditions also provided crucial impulses for advances in cable-stayed bridges worldwide.

History

Initially, back in 1971, Jörg Schlaich took on the task of a proof engineer for a large cable-stayed bridge in Calcutta being planned by the British consulting engineers Freeman, Fox and Partners. When, with the support of Fritz Leonhardt,

Ort | Location:
India, Kolkata, Hooghly River

Bauherr | Client:
State of West Bengal

Bauzeit | Construction: 1978–1993

Charakteristik | Characteristics:
Schrägseilbrücke mit Verbundfahr-bahnträger, Spannweiten: 182 m–457 m–182 m, Breite: 35 m, Pylon-höhe: 122 m | Cable-stayed bridge with composite deck, spans 182 m–457 m–182 m, width 35 m, pylon height 122 m

Zusammenarbeit | Cooperation:
Freeman, Fox and Partners, London, UK; Leonhardt, Andrä und Partner, Stuttgart

Ausführung | Construction:
BBCC, Bahagirathi Bridge Construction Company

Leistungen | Scope of work:
Entwurf, Ausführungsplanung, Fertigungs- und Montageüber-wachung | Conceptual Design, detailed design, assembly and site supervision

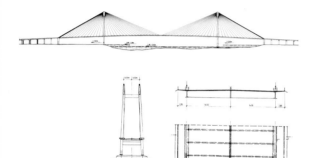

machte – insbesondere schlug er für den Hauptträger statt Hohlkästen (durch die es damals zu Brückeneinstürzen kam) einfachere offene Querschnitte in vollem Verbund mit einer robusten Betonplatte vor –, vertauschte der Bauherr die Rollen von Planer und Prüfer. Schlaich, inzwischen Partner bei Leonhardt und Andrä, und ‚sein' Rudolf Bergermann ließen sich auf die besonderen örtlichen Rahmenbedingungen ein. Als sie 1980 ihr eigenes Büro eröffneten, übergaben Leonhardt und Andrä ihnen diesen ‚schwierigen' Auftrag gerne. Gemeinsam mit ihren zahlreichen Mitarbeitern, die jahrelang vor Ort die Arbeit überwachten, sind sie heute noch stolz und glücklich, das Projekt bewältigt zu haben.

Fahrbahnträger

In Indien stand weder schweißbarer Stahl zur Verfügung, noch sollten Schweißautomaten importiert werden. Deshalb kam die nach dem damaligen Stand der Technik übliche orthotrope Platte nicht in Frage. Ein Spannbetonüberbau, 1978 erstmalig von dem Büro Leonhardt Andrä und Partner bei der kürzeren Pasco-Kennewick-Brücke in den USA ausgeführt, schied aus Kostengründen ebenfalls aus.

Um eine abschnittsweise Montage des Gitterrosts im Freivorbau mit einfachen genieteten Baustellenstößen zu ermöglichen, wurde ein einfacher schlichter Stahlgitterrost mit einer Stahlbetonplatte im Verbund entwickelt. Der Rost besteht aus einfachen offenen I-Trägern, zwei direkt an Seilen hängenden Randlängsträgern und einem lastverteilenden Mittellängsträger sowie Querträgern im Abstand von 4,10 Metern. Der Rost dient als ‚bleibende Rüstung' und Versteifung für die nachfolgend hergestellte, seitlich auskragende und insgesamt 35 Meter breite

he proposed a few key improvements (suggesting in particular that the deck include not box girders, which at the time caused bridges to collapse, but a simple open steel grid with a composite concrete slab instead), the client switched round the roles of proof engineer and designer. Schlaich, by then a partner at Leonhardt und Andrä, and "his" Rudolf Bergermann got to grips with the special local conditions. When they opened their own office in 1980, Leonhardt und Andrä were glad to let them take this "burdensome" project with them. Together with their numerous staff members, who supervised the project on site for many years, they are proud and happy even today of having managed that project so well.

Deck Girders

In India, neither was weldable steel available, nor did the client want modern welding machines to be imported, which is why the customary orthotropic plate, state-of-the-art at that time, was out of the question. A prestressed concrete deck, first used in 1978 by Leonhardt Andrä und Partner for the shorter Pasco Kennewick Bridge in the United States, was also not possible for budget reasons.

In order to enable the section-by-section assembly of the grid during cantilever erection using simple riveted joints, a simple plain steel grid with a composite concrete slab was developed. The grid consists of simple open I-beams, two longitudinal beams at the edges suspended directly from cables and a load-distributing central longitudinal beam, as well as cross-girders at intervals

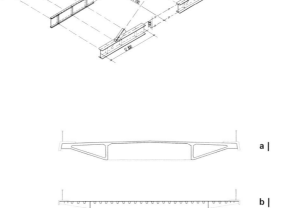

**Die fertige Brücke,
Blick vom Pylon**
The finished bridge,
view from pylon

**Aufbau des
Verbundüberbaus**
Assembly of composite deck

**Vorbereitung der Schalung
der Betonplatte**
Preparation of formwork
for concrete slab

**Überbauquerschnitte:
a | Betonüberbau
b | Orthotrope Platte
c | Verbundüberbau**
Deck sections:
a | Concrete deck
b | Orthotropic plate
c | Composite deck

a |

b |

c |

Ortbetonplatte. Durch die Horizontalkomponenten der Seil-kräfte wird die Betonplatte ‚vorgespannt', ein Umstand, der die Rissbildung verzögert und ihre Dauerhaftigkeit ver-bessert. So entsteht insgesamt eine robuste Konstruktion ohne Ermüdungsprobleme.

Dieser für die speziellen örtlichen Anforderungen entwickelte Verbundüberbau wurde kurz danach für die Annacis-Brücke (1986) in Vancouver, Kanada, von dem Büro Buckland & Taylor Ltd. ‚übernommen' und dort lange vor der Hooghly-Brücke fertig gestellt. Seither gelten Verbundquerschnitte als ‚state of the art' für Schrägseil-brücken bis ungefähr 600 Meter Länge.

Paralleldrahtbündel

Der Überbau hängt im Abstand von 12,30 Metern an Schrägseilen. Diese bestehen aus Paralleldrahtbündeln aus hochfestem indischem Draht. Ihr Korrosionsschutz mit injizierten PE-Rohren und insbesondere ihre von Leonhardt zusammen mit der Schweizer Firma BBR ent-wickelte HiAm-Kugel-Kunststoffverguss-Verankerungen, konnten vor Ort hergestellt werden.

Die Krafteinleitung der Seile in den Überbau erfolgt ohne ‚Umwege' direkt in die Stege der zwei äußeren Längs-träger des Rosts, wodurch die teils heute noch üblichen komplizierten Aufhängequerträger vermieden wurden. So entstanden diese Verankerungen im Überbau sehr einfach und nietgerecht, allerdings mit dem Nachteil, dass dort kein Spannen der Seile möglich ist. Andererseits wurde daraus ein Vorteil, da die Spannenden der Seile in den Pylon-köpfen gebündelt wurden, sodass sie dort in vier großen

of 4.1 meters. The grid serves as the "permanent falsework" and stiffening for the subsequently manufactured 35-meter-wide in-situ concrete slab that cantilevers at both sides. Thanks to the hori-zontal components of the cable forces, the concrete slab is "prestressed" to delay cracking and im-prove durability. In this way, a robust structure was realized that was not subject to fatigue.

This composite deck, developed specially to meet local conditions, was "adopted" a short while later for the Annacis Bridge (1986) in Vancouver, Canada, by the office of Buckland & Taylor Ltd. and completed well before the Hooghly Bridge. Since that time, composite cross-sections have been considered state-of-the-art for cable-stayed bridges up to spans of approximately 600 meters.

Parallel Wire Bundles

The deck is suspended from cable-stays at 12.3 meters intervals. These stays consist of parallel wire bundles made from high-tensile Indian wires. Corrosion protection in the form of injected PE tubes and in particular the HiAM cable anchorages, developed specially by Leonhardt together with the Swiss BBR company, were both manufactured locally.

The transfer of the cable forces into the deck occurs directly via the webs of the two outer lon-gitudinal I-beams of the grid, which meant that it was possible to avoid complicated "deviations" or intermediate elements to the main girder webs still encountered today. In this manner, the anchor-ings in the deck were very simple and easy to

**Freivorbau des Fahrbahn-
trägers, Ansicht vom Pylon**
Cantilevering erection of deck,
view from pylon

„Gut genietet ist besser
als schlecht geschweißt"
"Well riveted is better than badly
welded"

Helden der Baustelle
Heroes of construction

Arbeiten am Trägerrost
Working on girder grid

Spannkammern, den charakteristischen ‚Blumentöpfen',
ohne lange Umsetzwege für die Presse gespannt werden
können.

Stahlpylone für die Stahlstadt

Örtliche Politiker bestanden darauf, dass Stahlpylone besser als die konstruktiv sinnfälligeren aus Stahlbeton zur
Stahlstadt Kalkutta passen. So wurden diese riesigen
Querschnitte, vom Fuß mit 4,00 x 4,00 Metern zur Spitze
mit 3,00 x 4,00 Metern zulaufend, einschließlich der kom-
plizierten Pylonköpfe, mit Millionen Nieten aus starken
Blechen zusammengesetzt. Jede Niete wurde in Stuttgart
aufgezeichnet. Die einzelnen Mastschüsse wurden mit
riesigen altertümlichen Fräsen planiert, sodass sie ihre
Druckkräfte im Wesentlichen über Kontakt ableiten.
Für die Montage dieser 122 Meter hohen Pylone wurden
Kletterkrane entwickelt.

rivet—albeit with the disadvantage that the cables
could not be prestressed there. Yet that turned
out to be an advantage since the tensioning ends
of the cables could be bundled at the pylon heads,
where they could be stressed in four large prestressing chambers (the characteristic "flower
pots"), eliminating any long detours for the jacks.

Steel Pylons for Steel City

Calcutta being a steel city, local politicians insisted
on using steel pylons instead of the structurally
more obvious reinforced concrete. Therefore, these
huge cross-sections, starting at 4.0 x 4.0 meters
at the base and tapering to 3.0 x 4.0 meters at
the top, including the complicated pylon heads,
were made by connecting strong sheet metal using
millions of rivets. Each rivet was drawn in Stuttgart.
The individual sections of the pylons were smoothed
using huge antiquated milling machines so that
they could transfer the compression forces mainly
via contact. Special derricks were developed to
erect these 122-meter-high pylons.

Pylonkopf im Bau
Pylon head during construction

Schnitt durch Pylonkopf
Cross-section through pylon
head

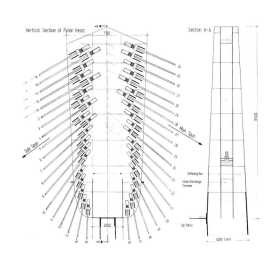

**Montage der Pylone
mit speziell entwickeltem
Derrick**
Assembly of pylons with
specially developed derrick

**Eine der vier Pylongrün-
dungen – Fertigung und
Fluten eines Stahlcaissons**
One of four pylon
foundations—manufacture
and flooding of steel caisson

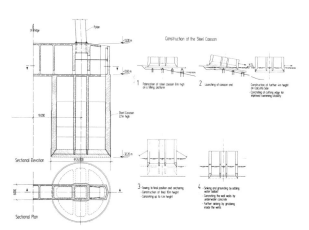

**Einfache Seilverankerung
am Fahrbahnträger**
Simple cable anchorage on deck

**Einfache Seilverankerung
am Deck und Rückveranke-
rung an den Brückenenden**
Simple cable anchorage on
deck and anchorage of back
stay cables at bridge end

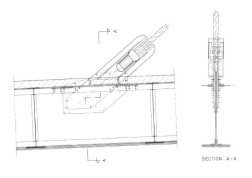

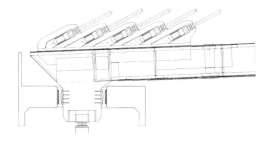

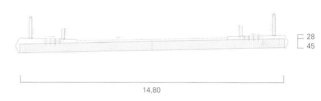

28
45

14,80

Evripos-Brücke, Euböa,
Griechenland, 1992
Evripos Bridge, Euboea,
Greece, 1992

Während des Freivorbaus
During free cantilevering
construction

**Monolithischer Anschluss
der Platte an den Pylon**
Monolithical pylon-to-deck
connection

**Dünner Querschnitt
des Fahrbahnträgers**
Thin cross-section
of deck girder

Dünne Betonplatte

Erfahrungen mit dem Bau der Hooghly-Brücke in Zusammenhang mit örtlich angepasster Technologie wurden für eine erdbebensichere Schrägseilbrücke angewandt, die das griechische Festland mit der Insel Euböa über die Straße von Evripos (1992) hinweg verbindet. Die monolithische fugenlose Brücke mit Spannweiten von 90 Metern in den beiden Seitenfeldern und 215 Metern im Hauptfeld ist zart und dünn ausgefallen, ihre massive Betonplatte ist nur 45 Zentimeter stark. Kaum vorstellbar, dass eine solche Brücke von einem Unternehmer errichtet werden konnte, der nie zuvor eine Brücke gebaut hat! Als Vorbild diente die Brücke in Diepoldsau, Schweiz (1985), von René Walther.

Seilnetz aus vertikalen Hängern und Schrägseilen

Durch zusätzliche Schrägseile an einer rückverankerten Hängebrücke entstand für die Williamsburgbrücke über den East River in New York ein konstruktiv sinnfälliger und eleganter Entwurf eines leichten Seilnetzes. Diese Konstruktion wurde zuvor nur einmal bei der benachbarten Brooklyn Bridge gebaut. Die hybride Hänge-/Schrägseilkonstruktion ist nicht nur eine Referenz an diese wunderbare Brücke, sondern erhöht die Steifigkeit der reinen Hängebrücke mit Bahnnutzung. Der erste Preis für den Wettbewerbsentwurf von 1987 (Walther Mory Maier, Myron Goldsmith, Ackermann + Partner) wurde nicht umgesetzt. Die Rekonstruktion der bestehenden Brücke wurde im Juni 2002 bei Kosten von 1 Milliarde US $ abgeschlossen.

Thin Concrete Slab

The experience gained while building the Hooghly Bridge with regard to a technology adjusted to suit local conditions were brought to bear when it came to designing an earthquake-resistant cable-stayed bridge to connect mainland Greece with the island of Euboea across the Straits of Evripos (1992). The monolithic bridge, without joints and bearing and with 90-meter spans in the two side sections and a span of 215 meters in the main section, is elegant and slender, and its massive concrete slab is only 45 centimeters thick. It is hard to imagine that such a bridge could have been erected by a company that had never previously built a bridge! The bridge was modeled on the one designed by René Walther in Diepoldsau, Switzerland (1985).

Cable Net Made of Vertical Hangers and Cable Stays

By adding inclined stay cables to the vertical hangers of a back-anchored suspension bridge, a structurally logical and elegant light cable net was found for the Williamsburg Bridge across the East River in New York. A structure like this had been built only once before, for the neighboring Brooklyn Bridge. The hybrid suspension/cable-stayed structure not only pays reverence to that wonderful bridge, but also enhances the rigidity of a pure suspension bridge with rail use. The first prize in the 1987 competition (Walther Mory Maier, Myron Goldsmith, Ackermann + Partner) was never built; reconstruction of the existing bridge was completed in June 2002 at the cost of 1 billion US $.

Williamsburgbrücke über den East River, New York City, USA, 1987
Williamsburg Bridge across the East River, New York City, USA, 1987

Bau der neuen Brücke mit minimaler Unterbrechung des Verkehrs: Nach dem Bau der neuen Pylone neben der alten Brücke werden neue Hauptseile eingezogen

Construction of new bridge with minimum traffic interruption: the new main cables are hung after the new pylons are constructed alongside the old bridge

Die neuen Brückenträgerabschnitte werden eingeschwommen und, in Brückenmitte beginnend, eingehängt

The new bridge girder sections are floated in position and assembled, starting at mid-span

Überbaumontage in den Seitenfeldern mit Einbau der Schrägkabel

Construction of the deck for side spans including the installation of the inclined stay cables

Draufsicht der beiden neuen Brückenhälften beidseits der alten Brücke. Die Hautseile sind in den alten Widerlagern verankert

Plan of the two halves of the new bridge at either side of the old bridge. The main cables are anchored in old abutments

Nach Demontage der alten Brücke und Querverschub der neuen wären die Hauptkabel im Grundriss gerade

After dismantling the old bridge and transversal sliding of new bridge the main cables would have been straight in plan

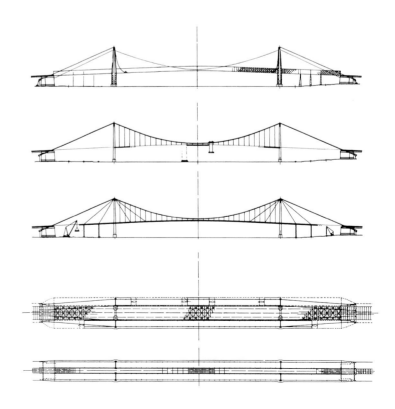

Ansicht
Elevation

Brücke in natürlicher Umgebung
Bridge in natural context

Detail, Aufgelöstes Tragseil
Detail, dissolved main cable

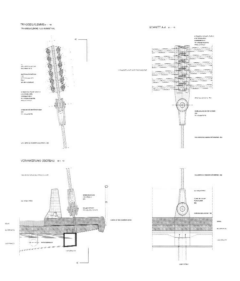

Aufgelöstes Tragseil

Um die Transparenz der Williamsburgbrücke zu unterstreichen, wurde das sonst kreisrunde und dicke Tragseil aus übereinander angeordneten, vollverschlossenen Seilen zusammengesetzt, mit dem funktionalen Vorteil, die Seile bei Reparaturbedarf einzeln auswechseln zu können. Aufgegriffen wurden diese Gedanken für den Entwurf einer Hängebrücke über die Donau in Linz, Österreich, der in einem im Sommer 2003 entschiedenen Wettbewerb (Baumann & Obholzer; von Gerkan, Marg und Partner) den ersten Preis erhielt. Zart schweben die beiden Tragseile, jeweils aus 12 Einzelseilen bestehend, über die Donau, natürlich in die Felsen beidseits der Ufer verankert. Die Transparenz der ‚aufgelösten' Tragseile wird durch das ‚Fehlen' von Pylonen verstärkt. Hier unterstreicht die selbstverständliche Einbindung der Brücke die Natürlichkeit des Orts.

Dissolved Main Cable

In order to emphasize the transparency of the Williamsburg Bridge, the main cable which is normally circular and thick is made of several locked coil cables hanging one on top of the other; this has the functional advantage that when repairs are needed the individual cable can be replaced. This idea was taken up for the design of a suspension bridge across the Danube at Linz, Austria – it won first prize in the competition judged in summer 2003 (Baumann & Obholzer; von Gerkan, Marg und Partner). The two main cables float gently over the Danube – each composed of 12 individual cables – naturally anchored in the cliffs on both sides of the river. The transparency of the "dissolved" main cables is further pointed up by the "lack" of the customary pylons. Here, the convincingly straightforward embedding of the bridge underscores the natural state of the location.

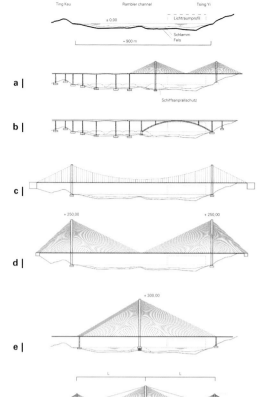

Querschnitt
Cross-section

**Entwurfsvarianten (a–e)
und gewählte Lösung (f)**
Design variants (a–e) and
chosen solution (f)

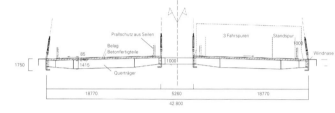

Ting Kau-Brücke, Hong Kong, China (1998)

Ting Kau Bridge, Hong Kong, China (1998)

Ort | Location:
China, Hong Kong, Ting Kau

Bauherr | Client:
Highways Department, Hong Kong,
Ting Kau Contractors Joint Venture

Fertigstellung | Completion: 1998

Charakteristik | Characteristics:
Vierfeldrige Schrägseilbrücke, zwei
Verbundüberbauten, Spannweiten:
127–448–475–127 m | Four-span
cable-stayed bridge, two composite
decks, spans 127–448–475–127 m

Zusammenarbeit | Cooperation:
The Alan G. Davenport Wind
Engineering Group, Ontario, Canada;
Binnie, Hong Kong; Flint & Neill
Partnership, London, UK

Ausführung | Construction:
Cubiertas y Mzov S. A. Madrid/España;
Downer y Co., Hong Kong;
Entercanals y Tavora S. A., Madrid;
Paul Y Construction Co., Hong Kong;
Ed. Zueblin AG, Stuttgart; Freyssinet,
Vélizy/France

Leistungen | Scope of work:
Entwurf, Ausführungsplanung,
Bauleitung | Conceptual design,
detailed design, site supervision

Als mehrfeldrige Schrägseilbrücke stellt die Ting Kau-
Brücke eine Besonderheit dar. Sie gehört mit ihrer
1.177 Meter langen Verbundfahrbahn zu den längsten
und mit ihrer Bauhöhe von 1,75 Metern sicher zu den
schlanksten Schrägseilbrücken überhaupt.

Nach nur 44 Monaten Planungs- und Bauzeit wurde
sie 1998 dem Verkehr übergeben und dient seitdem der
Erschließung des neuen Hong Kong International Airport.
Hierfür überquert sie den 900 Meter breiten Rambler
Channel und verbindet das Ting Kau-Festland mit der
Tsing Yi-Insel.

Ungewöhnlich sind ihre zwei Hauptfelder mit Längs-
stabilisierungsseilen, welche die Spitze des Mittelmasts
mit der Fahrbahn an den seitlichen Masten verbinden
und so den mittleren etwa 200 Meter hohen Mast stabilisieren. Alle drei Maste sollten wegen der extrem hohen
Windgeschwindigkeiten im Taifungebiet Hongkong so
schlank wie möglich sein und sind deshalb in Querrichtung wie Segelbootmaste mit Seilen stabilisiert.

Die zwei äußeren, kleineren Maste gründen am Ufer
und spannen die kleineren Seitenfelder mit je 127 Metern
auf. Ein Unterwasserhügel etwa in der Mitte des Kanals,
in nur rund 20 Metern Tiefe, legte nahe, gerade dort
die Gründung des mittleren Masts vorzusehen. So kann
die Größe der erforderlichen Insel am Mastfuß gegen
einen Schiffsanprall auf ein Minimum reduziert werden.
Daher benötigte man erheblich weniger Aufschüttung
und kürzere Pfähle, um den Preis leicht unterschiedlicher

In terms of multi-span cable-stayed bridges, the
Ting Kau Bridge is quite unique. With its composite
deck, a full 1,177 meters, it is one of the longest
cable-stayed bridges and with its structural height
of only 1.75 meters certainly one of the most slender worldwide.

Planning and construction lasted only
44 months, and the bridge went into use in 1998.
Since then it has served to access the new Hong
Kong International Airport. To this end, it crosses
the 900-meter-wide Rambler Channel and links
mainland Ting Kau with Tsing Yi Island.

Its two main sections with longitudinal stabilizing cables are quite unusual; they connect the
tip of the central mast with the deck at the side
masts, thus serving to stabilize the middle mast,
which is some 200 meters high. All three masts
had to be kept as slender as possible owing to the
extremely high wind speeds in Hong Kong, which
is in a typhoon area. For this reason, like sailing
masts they have stabilizing cables running trans-
versely to the deck.

The foundations of the two outer smaller
masts are on shore. They span each of the smaller
side sections of 127 meters. An underwater hill
roughly in the middle of the channel, at a depth of
only about 20 meters, made it seem obvious that
the central mast should be positioned there. In this
way, the size of the island needed at the footprint
of the mast toll can be kept to a minimum and thus

Kurz vor Brückenschluss
Shortly before connecting
both halves of bridge

**Windnasen zur Reduktion
der Flattergefahr
bei jeweiligen Flatter-
geschwindigkeiten**
Fairings for reduction
of buffeting risks with
corresponding buffeting
speeds

$v = 80$ m/s

80

92

87

Seilverankerungen am Mastkopf: Stabwerkmodell und Bewehrung
Anchorage of cable at mast head: STM, reinforcement

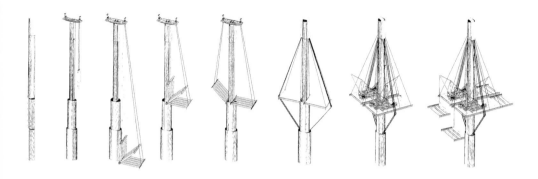

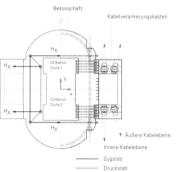

Hauptspannweiten von 475 und 448 Metern, aber im für Schrägseilbrücken vernünftigen Bereich der Spannweiten von über 400 Metern.

Entwurfsvarianten

Die Idee einer Schrägseilbrücke mit einem großen Mast in Kanalmitte und kleineren Seitenmasten (f) drängte sich daher auf. Ihre Vorteile werden durch eine Gegenüberstellung mehrerer Entwurfsvarianten noch deutlicher. Eine konventionelle Schrägseilbrücke (a) wäre aufgrund der vielen Stützen für die Vorlandbrücke im Wasser zu teuer geworden. Die Bogenlösung (b) kam nicht in Frage, weil der Bogen in das Lichtraumprofil einschneidet und der Bogenschub am linken Bogenfuß nicht aufgenommen werden kann. Eine Hängebrücke (c) hätte zwar den Vorteil der stützenfreien Überquerung gehabt, wäre aber zu teuer geworden, weil Hängebrücken bei 900 Metern in wirtschaftlicher Hinsicht noch nicht vorteilhaft sind. Eine konventionelle Schrägseilbrücke mit 900 Meter Spannweite (d) wäre zwar ein Weltrekord, aber unwirtschaftlich gewesen. Eine einseitige Schrägseilbrücke (e) hätte bei minimaler Seilneigung von 25° einen ungefähr 300 Meter hohen Mast benötigt, der nicht nur unmaßstäblich hoch, sondern in der Nähe des Flughafens nicht zulässig gewesen wäre (Abb. S. 200).

reduce the risk of a ship impact. As a result, considerably less fill and shorter piles were required —at the price of slightly different main spans of 475 meters and 448 meters respectively, whereby the range of the spans was just over 400 meters and thus sensible for a cable-stayed bridge.

Design Variants

The idea of a cable-stayed bridge with a large mast in the center of the channel and smaller side masts (f) therefore suggested itself. The advantages become more apparent if one compares several different variants of the design. A conventional cable-stayed bridge (a), would have been too expensive given the many supports required for the approach spans in the water. The arched solution (b) was out of the question as the arch cuts into the navigational clearance and the arch thrust could not have been absorbed at the left arch support. A suspension bridge (c) would have offered the advantage of support-free spanning of the channel, but would have been too expensive as suspension bridges of 900 meters are not economically beneficial. A conventional cable-stayed bridge with a span of 900 meters (d) would have been a world record, but would likewise not have been cost-effective. A one sided cable-stayed bridge (e) would, assuming a minimal cable slope of 25°, have required an approximately 300-meter-high mast, which would not only have been disproportionate to the scale of the bridge, but would not have been permissible anyway, given the proximity of the airport (ill. p.200).

**Vorgefertigte Stahlrost-
elemente werden einge-
schwommen und mit
Kränen in Position gehoben**
Prefabricated steel grid elements
are floated in and hoisted in
position by derricks

Montage
Assembly

**Einzellitzen werden ins
Hüllrohr eingefädelt und
hochgezogen**
Single strands being threaded
into cable tube and pulled
upwards

Lastfall Taifun

Hongkong ist berüchtigt für seine Taifune mit Windgeschwindigkeiten bis 95 Meter pro Sekunde, was dem
vierfachen Staudruck üblicher Stürme entspricht. Deshalb
mussten die Windangriffsflächen minimiert werden, wofür statt üblicher Pylone schlanke abgespannte und ausgerundete Maste gewählt wurden. Zusätzlich wurde der
40 Meter breite Überbau zweigeteilt und an insgesamt
vier Seilebenen aufgehängt, sodass seine Längsträger mit
der sehr geringen Bauhöhe von 1,75 Meter auskommen.
Die weit verbreitete Meinung, dass ein solcher Spalt zwischen den Fahrbahnhälften das aerodynamische Verhalten
verbessere, konnte in ausführlichen Windkanalversuchen
nicht belegt werden. Ebenfalls wurde an einem Aus-
schnittsmodell festgestellt, dass ohne Windnasen die ge-
forderten kritischen Flattergeschwindigkeiten in laminarer
Strömung nicht eingehalten werden konnten, eine ganz
einfache Windnase aber am effektivsten war (Abb. S. 201).

Überbau

Für den Überbau wurde seit der Hooghly-Brücke in Kalkutta
für Schrägseilbrücken mittlerer Spannweite der weit verbreitete Verbundquerschnitt verwendet. Die 24 Zentimeter
starke Fahrbahnplatte ist aus Stahlbetonfertigteilen hergestellt und wird über den Längs- und Querträgern mit über-
greifender Bewehrung gestoßen und dort mit Kopfbolzen-
dübeln auch mit dem Trägerrost verbunden. Die Seile
beziehungsweise Parallellitzenbündel zur Aufhängung der
Fahrbahn und zur Querstabilisierung der Maste sind an

Typhoons—The Critical Load Case

Hong Kong is notorious for its typhoons, with wind
speeds of up to 95 meters per second, which corresponds to pressure four times that of customary
storms. For this reason, the areas exposed to wind
had to be minimized. As a consequence, instead
of the usual pylons, the design boasts slender
cable-stiffened and rounded masts. In addition, the
40-meter-wide deck had been divided in two and
suspended from a total of four cable planes, meaning
that its longitudinal girders have a very minor height
of only 1.75 meters. Tests in wind tunnels did not
confirm the widespread opinion that a gap between the deck halves improves the aerodynamic
behavior. Likewise, a sectional model demonstrated
that without fairings the structure would not be
able to endure the necessary critical buffeting from
laminar currents, but that a simple fairing was most
effective (ill. p. 201).

Deck

Since the erection of the Hooghly Bridge in Calcutta,
widespread composite cross-sections have been
used for the decks of cable-stayed bridges with
medium spans. Here the 24-centimeter-thick deck
slab is made of prefabricated reinforced concrete
elements that are joined with lapped reinforcement
bars at the longitudinal and cross girders and fixed
with headed studs to the grid as well. The cables

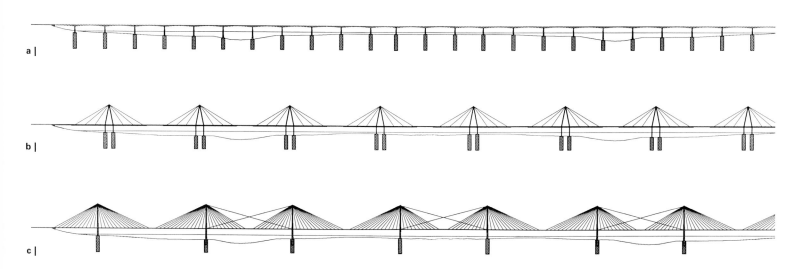

a |

b |

c |

den Mastspitzen in zwei seitlich angebrachten vorgefer-
tigten bis zu 30 Zentimeter hohen Stahlkästen verankert.

Erste Idee zur Längsstabilisierung mit Seilen

Zu den ersten Tätigkeiten Schlaichs in Indien gehörte der
Entwurf der Gangesbrücke bei Patna (1971). Das flache,
aber breite Flussbett erforderte eine vielfeldrige Konstruktion und die Kolktiefe sehr teure Brunnengründungen,
deren Tragfähigkeit mit üblichen Spannweiten ungenutzt
blieben. Die Spannweiten einer mehrfeldrigen Schrägseilbrücke wurden so ermittelt, dass die Brunnentraglast voll
ausgeschöpft ist. Auch die Anzahl der Gründungen wurde
entsprechend reduziert. Bei der 1971 entwickelten Konstruktion kamen bereits die Längsstabilisierungsseile der
Ting Kau-Brücke zum Einsatz. Diese haben den Vorteil,
dass zur Rückverankerung der Pylone ein sehr großer
Hebelarm, der Abstand von 0,8 x Spannweite L zwischen
den Pylonen jedes zweiten Feldes, genutzt werden kann.

or parallel strand bundles from which the deck is
suspended and which are used for stabilization of
the masts in transverse direction are anchored at
the mast tops in two prefabricated steel boxes up
to 30 centimeters high positioned at the sides.

Initial Concept for Longitudinal Stabilizing
with Cables

One of Schlaich's first jobs in India included the
design for the bridge over the Ganges at Patna
(1971). The flat but wide river bed called for a
multi-span structure and the depth of scour required very expensive caisson foundations, whose
load-bearing capacity would have gone unused
with the usual span widths. The spans of the multi-
span cable-stayed bridge were computed in such
a way that the full load-bearing abilities of the cais-
sons were exploited. The number of foundations
was accordingly reduced. The design was developed
in 1971 and already made use of the longitudinal
stabilization cables that were later utilized for the
Ting Kau Bridge. The advantage: for the back-
anchoring of the pylons, a large lever arm can be
used (the distance of 0.8 x span L between the
pylons of every second section).

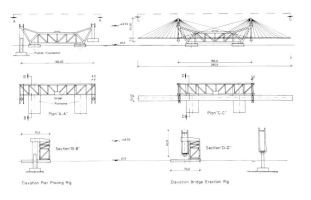

**Vorschlag zur Herstellung
durch Einschwimmen
ganzer, vorgefertigter
Schrägseilbrücken**
Proposal for realization by
floating in whole prefabricated
cable-stayed bridges

**Entwurf einer Brücke
zur Prince Edward-Insel,
Kanada, 1988**
Design of a bridge to Prince
Edward Island, Canada, 1988

**Entwurf einer Ponton-Brücke,
Straße von Gibraltar, 1990**
Design of a pontoon bridge,
Straits of Gibraltar, 1990

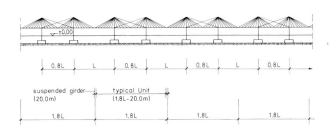

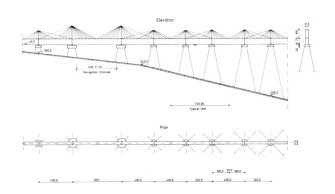

Einschwimmen vorgefertigter Brückenelemente

Die Idee der Gangesbrücke bei Patna wurde auch für den
Wettbewerb für eine 12,9 Kilometer lange Verbindung
vom Festland zur Prince Edward-Insel in Kanada (1988)
über die Northumberland Straits aufgegriffen. Diese Konstruktion bot die Möglichkeit einzelne jeweils 380 Meter
lange Schrägseilbrücken an Land komplett vorzufertigen
und in den dort nur kurzen eisfreien Perioden einzu-
schwimmen. Die Idee des Einschwimmens wurde für den
Bau der Brücke tatsächlich übernommen, ebenso wie für
den Westteil der Storebaeltbrücke 1994 über den Großen
Belt in Dänemark.

Ponton-Fundamente

Die Weiterentwicklung dieses Gedankens findet sich
1990 in einem Vorschlag für die Querung der Straße von
Gibraltar. Hier sollten die Schrägseilbrückenfertigteile eine
Länge von 700 Metern betragen und innovativ auf schwim-
menden, jedoch abgespannten Ponton-Fundamenten
gegründet werden.

Floating Prefabricated Bridge Elements
into Position

The idea for the Ganges Bridge at Patna was also
taken up for the competition for the 12.9-kilometer-
long bridge connecting Prince Edward Island to the
Canadian mainland (1988) crossing the Northumberland Straits. This structure offered an opportunity
to completely prefabricate the individual 380-meter-
long sections of the cable-stayed bridge onshore
and then float them into position during the very
brief ice-free period of the year. The idea of floating
the sections was, indeed, used during the construction of the Bridge, just as it was for the western
section of the Storebaelt Bridge (1994) over the
Great Belt in Denmark.

Pontoon Foundations

This idea was developed further in a 1990 proposal
for a crossing for the Straits of Gibraltar. The concept: prefabricated cable-stayed bridge sections
of 700 meters each, resting on innovative floating
but guyed pontoon foundations.

**Gerade Querung für Auto-
verkehr, Berg- und Talfahrt
für Fußgänger und Radfahrer**
Straight crossing for cars,
up-and-down track for
pedestrians and cyclists

Ansicht
Elevation

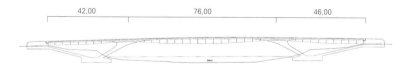

42,00   76,00   46,00

a | Querschnitt
b | Schnitt durch Stütze
a | Cross-section
b | Cross-section through column

Querungssteg
Transverse crossing

Unterspannung
Cable-support

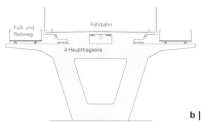

Glacisbrücke, Ingolstadt (1998)

Glacis Bridge, Ingolstadt (1998)

Konsequent aus den Besonderheiten des Ortes entwickelt sich diese zurückhaltende, transparente Brücke: Ohne oben liegende Bögen oder Pylone, auch ohne Stützen in der Donau und mit dünnsten Abmessungen fügt sich die Brücke in die Umgebung mit geschlossener Uferbepflanzung, wertvollem Baumbestand am Glacis und Luitpoldpark ein. Die Fahrbahnplatte aus Stahlbeton wird durch ein Sprengwerk und eine Unterspannung getragen, seitlich schwingen sich Geh- und Radwege über die Donau.

Hybrides Tragwerk

Ein dünner Betonplattenbalken für die Straße, der sich mit schrägen Stützen gegen die Ufer stemmt und jenseits dieser Stützen zügig die Widerlager erreicht, spannt über drei Felder, seitlich jeweils über 42 Meter, beziehungsweise 46 Meter und in der Mitte über 76 Meter. Aufgrund seiner Schlankheit ist er an sich nicht tragfähig, sodass er von einer Seilunterspannung mit jeweils vier vollverschlossenen, 118 Millimeter starken Seilen gestützt werden muss. Diese Unterspannung startet mit möglichst großer Nutzhöhe am Fuß der Widerlager, schwingt sich über die sattelförmig ausgerundeten Köpfe der schrägen Stützen und holt sich in der Mitte des Hauptfeldes durchhängend wiederum möglichst viel Nutzhöhe. Der Plattenbalken lagert mittels kurzer Stahlstützen auf den Unterspannungsseilen. Konstruktiv entstand hier eine anschauliche und

This modest transparent bridge developed while taking the unique features of the site fully into account. By dispensing with any arches above deck level or pylons, as well as supports in the Danube, and by emphasizing the most slender dimensions, this bridge blends in with its surroundings, leaving the shoreline vegetation and valuable trees along the Glacis embankment and in the Luitpold Park untouched. The road deck, made of reinforced concrete, is borne by a raked frame and is cable supported, and at each side a pedestrian and cycle track swings across the Danube.

Hybrid Structure

With its inclined struts pressing into the embankment and swiftly reaching the abutment, the thin concrete double T-beam for the road spans three sections: 42 meters and 46 meters at the sides and 76 meters in the middle. Owing to its thinness, the double T-beam is not in itself a load-bearing structure, and thus has to be supported by cables which consist of four locked coil 118-millimeter-thick cables in each instance. This cable-support commences at the greatest possible efficient height at the base of the abutment, swings over the saddle-shaped rounded heads of the inclined struts and, sagging in the middle of the main section, again gains as great an efficient height as possible. By means of short steel struts, the double T-beam

Ort | Location:
Ingolstadt, über die Donau

Bauherr | Client:
Stadt Ingolstadt

Wettbewerb | Competition: 1993

Bauzeit | Construction: 1996–1998

Charakteristik | Characteristics:
Dreifeldriges Stahlbetonsprengwerk mit Seilunterspannung, Spannweite: 76 m | three-span reinforced concrete raked frame with cable support, span 76 m

Zusammenarbeit | Cooperation:
Peter Kluska, Landschaftsarchitekt, München; Ackermann + Partner, Architekten, München

Ausführung | Construction:
ERA Bau AG, NL Salzburg/Österreich; PREUSSAG Spezialtiefbau GmbH, NL Augsburg; Pfeifer Seil- und Hebetechnik GmbH, Memmingen

Leistungen | Scope of work:
Entwurf, Ausführungsplanung, Bauüberwachung | Conceptual design, detailed design, site supervision

**Umgelenkte und geklemmte
Seile auf Betonstützen**
Deviated and clamped cables
on concrete strut

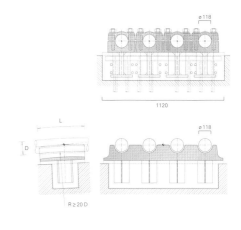

1120

R ≥ 20 D

ø 118

Verankerung am Widerlager
Anchorage at abutment

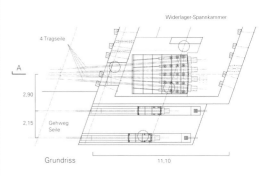

Widerlager-Spannkammer

4 Tragseile

A

2,90

2,15

Gehweg
Seile

Grundriss

11,10

**Schalung und Rüstung
der Betonstützen**
Formwork and scaffolding
of concrete struts

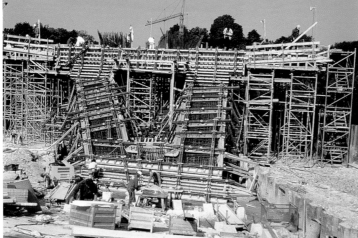

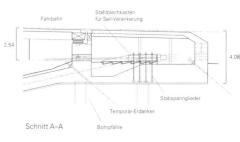

Fahrbahn

Stahlblechkasten
für Seil-Verankerung

2,54

4,0∅

Stabspannglieder

Temporär-Erdanker

Schnitt A–A

Bohrpfähle

**Rückverspannte Stütze
im Bauzustand**
Back-anchored strut
during construction

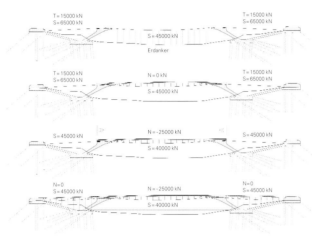

T= 15000 kN
S= 65000 kN
T= 15000 kN
S= 65000 kN
S = 45000 kN
Erdanker

T= 15000 kN
S= 65000 kN
N= 0 kN
T= 15000 kN
S= 65000 kN
S= 45000 kN

S = 45000 kN
N = -25000 kN
S = 45000 kN
S= 40000 kN

N= 0
S= 45000 kN
N= -25000 kN
N= 0
S= 45000 kN
S= 40000 kN

S= Seilkraft
N= Temporärseilkraft
N= Normalkraft Beton

transparente Alternative zur heutigen ‚externen Vor-spannung'.

Wegeführung

Es gelang, die Linienführung von Fahrweg und Geh- und Radweg mit einer Tragstruktur zu verschmelzen, indem die Linienführung der Unterspannung für die Geh- und Radwege aufgegriffen wurde. Dafür laufen seitlich neben der Unterspannung Spannbänder, jeweils aus zwei voll verschlossenen, 106 Millimeter starken Seilen. Radfahrer genießen diese Berg- und Talbahn des Durchhangs, Fuß-gänger schätzen, dass sie unter der Brücke hindurch die Stadt sehen und in Brückenmitte die Gehwege wechseln können.

Bauzustände

Um planmäßiges Tragverhalten zu erreichen, kam dem Bauablauf eine große Bedeutung zu: Zunächst waren für die schrägen Stützen höchst komplexe Schal-, Rüstungs- und Bewehrungsarbeiten erforderlich. Die Seile der Unter-spannung wurden eingezogen und über den Stützen-sätteln festgeklemmt. Damit es beim Betonieren der Fahrbahnplatte nicht zu großen Verformungen kommt, müssen die Seile vorgedehnt werden. Dazu wurden sie in die Donau hinein mit Erdankern niedergespannt – ein ein-maliger Bauzustand. Um diese Geometrie der Seile ein-zufrieren, wurden die Erdanker gleichlaufend mit dem Aufbringen des Betongewichts des Überbaus entspannt.

rests on the supporting cables. In structural terms a transparent alternative to today's "exterior pre-stressing" has been built here.

Layout of Levels

The solution enabled the lines of the road deck, pedestrian and cycle track to blend with the struc-ture, for the lines of the supporting cables were used for the pedestrian and cycle path. To this end, stressed ribbons run along the sides next to the cable support, each consisting of two locked coil 106-millimeter-thick cables. Cyclists thus enjoy the ups and downs of the sag, and pedestrians have the pleasure of viewing the city through the bridge from below and being able to change walkways in the middle.

Construction Stages

The construction sequence was highly significant in order to achieve the necessary load-bearing be-havior. First of all, complex formwork, scaffolding and reinforcement work was necessary for the inclined struts. The cables were drawn into place and clamped tight via the deviative saddles. In order to avoid any major deformation while placing the concrete of the road deck, the cables had to be pre-stretched. To this end, they were tensioned right down into the Danube by means of soil an-chorages—a unique construction stage. To freeze this cable geometry, the tension was released from the anchorings synchronous to the introduction of the weight of the concrete of the deck.

Nesenbachtalbrücke, Stuttgart-Vaihingen (1999)

Nesenbach Valley Bridge, Vaihingen, Stuttgart (1999)

Ort | Location:
Stuttgart-Vaihingen

Bauherr | Client:
Stadt Stuttgart

Wettbewerb | Competition: 1994

Bauzeit | Construction: 1997–1999

Charakteristik | Characteristics:
Stahlfachwerk mit Betonfahrbahnplatte auf baumartigen Stahlstützen,
Geh- und Radweg mit Schallschutz
über der Fahrbahn | Steel truss with
concrete deck on tree-like steel
columns, pedestrian and cycle track
with noise protection above deck

Zusammenarbeit | Cooperation:
Hans-Dieter Bohnet, Stuttgart; Luz
und Partner, Landschaftsarchitekten,
Stuttgart; Gertis + Fuchs, Ingenieur-
büro für Bauphysik, Stuttgart;
Prof. H. W. Reinhardt, betontechno-
logische Beratung; Messungen
FMPA Baden-Württemberg, Stuttgart

Ausführung | Construction:
Wolff & Müller, Stuttgart; Stahlbau
Illingen

Leistungen | Scope of work:
Entwurf, Ausführungsplanung, Bau-
überwachung | Conceptual design,
detailed design, site supervision

Das reizvolle, von ‚Obstgütle' geprägte Nesenbachtal sorgt für die Luftzufuhr des Stuttgarter Talkessels. Diese wird so wenig wie möglich von der transparenten Brücke beeinträchtigt, welche das Nesenbachtal auf halber Höhe überquert und als Kernstück der Ostumfahrung Stuttgart-Vaihingen die beiden unmittelbar an die Brücken-enden anschließenden Tunnelbauwerke verbindet.

Die Auseinandersetzung mit den Besonderheiten des Ortes führt zu einer neuartigen konstruktiven Lösung: Die beidseitigen Tunnelröhren fixieren die monolithisch angeschlossene, 151 Meter lange Brücke. Die dünne Betonfahrbahnplatte wird von einem darunter liegenden Raumfachwerk auf baumartig gespreizten Stützen aus Stahlrohrprofilen über das Tal getragen. In Querrichtung überspannen Stahlrohrbögen als Träger von Lärmschutz-lamellen die Fahrbahn, welche in ihrem Scheitel den Geh- und Radweg tragen. Diese Bögen gehen fließend in die Tunnelportale über, diese wiederum in die Talflanken. So wird der Tunnelquerschnitt visuell über die Brücke weitergeführt. Die Grundrisskrümmung der Brücke – eine Herausforderung für Planung und Ausführung – verleiht der Konstruktion ein organisches Aussehen.

Wegeführung

Aus der Lage der Brücke auf halber Höhe des ansteigen-den Tals und den beidseitigen Wegeverbindungen bot es sich an, den Geh- und Radweg auf die Bögen über die Fahrbahn zu legen. Frei von Lärm, Abgasen und Spritz-wasser genießen Fußgänger wie Radfahrer die Aussicht

The attractive Nesenbach Valley, with its orchards, ensures fresh airflows into the Stuttgart basin. And these flows are only minimally restricted by the transparent bridge that crosses the Nesenbach Valley halfway up its flanks and forms the heart of the eastern Vaihingen Stuttgart-bypass, linking the tunnels at either bridge end.

The focus on the local conditions led to an innovative structural solution: the two tunnel shafts at both ends hold the 151-meter-long bridge in place by monolithic connection. The thin concrete road slab is borne across the valley by a space frame below, and is itself supported by tree-like columns made of tubular steel profile. Crosswise, tubular steel arches bearing noise protection blinds span the road, and at their apex they bear the pedes-trian and cycle track. These arches blend fluently with the tunnel entrances, which in turn merge smoothly with the flanks of the valley. In this way, the cross-section of the tunnel continues visually across the bridge. The curvature in the layout of the bridge (a challenge to the designers and the contractors alike) gives the structure an organic appearance overall.

Layout of Levels

Given the bridge's position halfway up the rising valley and the continuation of the paths on both sides, it seemed a good idea to place the pedestrian

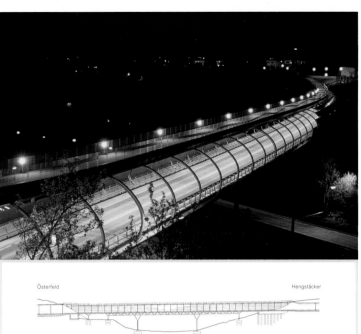

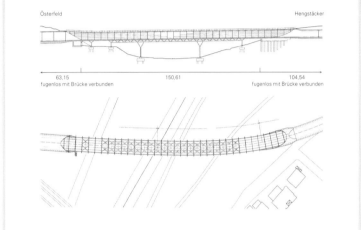

Österfeld   Hengstäcker

63,15   150,61   104,54
fugenlos mit Brücke verbunden   fugenlos mit Brücke verbunden

und rechnen es den Planern hoch an, diesen exponierten Weg über die Brücke nutzen zu können, bei dem sie nicht tiefer als nötig ins Tal hinab gehen müssen.

Lärmschutz

Die innerstädtische Lage der Brücke führte zu erhöhten Lärmschutzanforderungen. Die gestalterisch ansprechende Lösung: ein 6,50 Meter breiter, durchgehender Deckel unterhalb des Geh- und Radwegs und zwischen die Bögen gespannte, einstellbare und absorbierende Lamellen aus Edelstahl, die entsprechend der Bebauung angeordnet sind. Die mit Abstand lästigste Lärmquelle, die Fahrbahnübergänge, ist mit einer fugen- und lagerlosen, monolithischen Konstruktion vollständig vermieden worden.

Fugenlose Verbundkonstruktion

Diese neuartige Bauart kommt ganz ohne Lager und Fahrbahnübergänge aus, weil die Stahlbetonfahrbahnplatte monolithisch mit dem Stahlfachwerk und fast unverschieblich mit den Widerlagern beziehungsweise anschließenden Tunnelröhren verbunden ist. Die Tunnelröhren wirken hinsichtlich des Zwangs aus Schwinden und Temperaturwechseln in der Platte wie große Dübel in einem Berg. Übergeordnetes Ziel bei der Festlegung der Bewehrung, der Rezeptur des Betons und der Herstellung der Platte war, die Breite der Trennrisse so zu beschränken, dass die Dauerhaftigkeit und Dichtigkeit sichergestellt ist. Bisher wurden gemäß dem vorgegebenen Ziel keine Risse mit Breiten größer als 0,3 Millimeter beobachtet. Dies ist ein nachahmungswerter Beitrag zur Robustheit und Dauerhaftigkeit bei gleichzeitig geringeren Unterhaltungskosten im Brückenbau.

and cycle track on top of the arches over the road itself. Free of noise, exhaust fumes and splash water, pedestrian and cyclists alike enjoy the view and are delighted that the designers have enabled them to use this exposed path over the bridge without having to go down further into the valley.

Noise Protection

The bridge's urban location means it is subject to tough noise protection requirements. The discerning design solution: a 6.5-meter-wide end-to-end cover beneath the pedestrian and cycle track, and adjustable absorbent stainless-steel lamella blinds spanned between the arches, set in line with the surrounding housing. The most irritating source of noise, namely, expansion joints in the road surface, has been eliminated by using a monolithic structure without joints and bearings.

Composite Structure without Joints and Bearings

This innovative construction method requires no bearings or joints as the entire reinforced concrete road slab is monolithically linked to the steel tubular truss and connected almost rigidly with the abutments respectively the tunnel shafts. As regards the constraints of shrinkage and temperature changes on the slab, the tunnel shafts function like huge dowels into the hillsides. The governing objective when defining the reinforcement, the composition of the concrete and the manufacture of the slab was to limit the crack width in such a way that the slab remained durable and tight. To date, in line with

**Fahrt durch die
‚perforierte' Röhre**
Drive through the
"perforated" tube

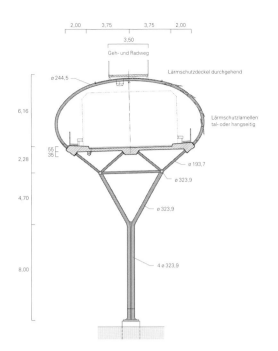

Hauptstütze
Main column

Längsschnitt
Longitudinal section

Bögen mit Fuß-
und Radweg
Arches carrying pedestrian
and cycle track

Die 151 Meter lange, über sechs Felder mit Spannweiten zwischen 8,25 und 49,50 Metern durchlaufende fugenlose Fahrbahnplatte ist der Obergurt eines mit ihr monolithisch verbundenen Rohrfachwerks auf Rohrstützen. Die beiden Hauptstützen im Tal verringern durch ihre Spreizung die wirksamen Spannweiten.

Rohrknoten aus Stahlguss

Zurückgreifend auf die langjährige praktische Erfahrung bei Fußgängerbrücken, wurden hier erstmals bei einer Straßenbrücke Rohrknoten aus Stahlguss eingesetzt, um die komplizierte Grundrissgeometrie des Raumfachwerks mit unterschiedlichsten Durchmessern der anschließenden Rohre von 194 und 324 Millimetern und der beiden baumartigen Hauptstützen gut bewältigen zu können. Bei diesen Hauptstützen gabelt sich das verschweißte Vierlingsrohr nach oben. Dieser Knoten ist hoch beansprucht und für die Standsicherheit der Brücke entscheidend. Er wurde deshalb einer FE-Berechnung mit ungefähr 120.000 Elementen unterzogen. Es zeigte sich, dass bei einer kraftflussorientierten, dem Gießvorgang entgegenkommenden Formgebung die Spannungen vom Rohranschluss in das Gussteil hinein rasch abklingen. Maßgebend für die Bemessung sind daher die Anschweißenden. Für die Zukunft sind aufgrund dieser Erfahrungen langwierige FE-Berechnungen überflüssig geworden.

the defined objectives, no cracks with a breadth of more than 0.3 millimeters have been detected. As a contribution to robustness, durability and low maintenance costs in bridge building this is certainly worth emulating.

The 151-meter-long slab without joints and bearings stretches across six spans between 8.25 meters and 49.5 meters, while functioning as the top chord for a tubular truss monolithically connected to tubular columns. Given their spread, the two main columns reduce the effective spans.

Cast-steel Tube Joints

Relying on long-standing practical experience in building footbridges, tubular joints made of cast steel were used here for the first time for a highway bridge in order to master the complicated geometry of the space frame—with great differences in the diameters of the tubes connected to the joints (194 millimeters and 324 millimeters respectively) and the two tree-like main columns. In the case of the two main columns, four bundled tubes branch out upwards. This joint is under heavy strain and plays a decisive role in the stability of the bridge. It was therefore subject to an FE calculation including some 120,000 elements. It emerged that if the design took its cue from the flow of forces, following the casting process, then the stresses swiftly decrease from the tube connection into the cast element. A crucial factor for the dimensioning of the joints are therefore, the welding seams. Given the insights gained here, arduous FE calculations will in future be unnecessary.

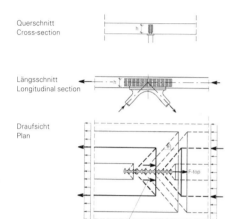

Querschnitt
Cross-section

Längsschnitt
Longitudinal section

Draufsicht
Plan

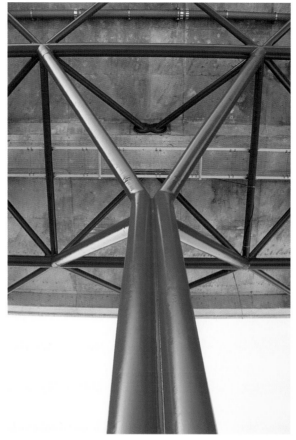

Zahnleisten

Die Kräfte aus dem Stahlfachwerk werden hier nicht,
wie bisher üblich, über einen durchgehenden stählernen
Obergurt, sondern konzentriert am Anschluss der Fach-
werkdiagonalen in die Betonplatte eingeleitet. Dadurch
übernimmt die Betonplatte eindeutig die Rolle des Ober-
gurts und es erübrigen sich Fragen nach der Schwind-
behinderung durch den Stahlobergurt und seiner Verträglichkeit mit der Betonplatte hinsichtlich des Verlaufs der
Krafteinleitung beziehungsweise der Bemessung der
hierfür erforderlichen Kopfbolzendübel. Für diese konzentrierte Einleitung der Horizontalkomponenten wurden die
früher schon bei Fußgängerbrücken verwendeten Zahnleisten weiterentwickelt (s. S. 236). Diese Zahnleisten aus
Stahlguss ragen über die an der Unterseite der Betonplatte sichtbaren Knoten in den Beton hinein. Sie sind bis
zu 2 Meter lang, 50 Millimeter stark und an beiden Seiten
mit 80 Millimeter breiten Zähnen versehen. Sie sind ebenfalls aus Stahlguss hergestellt und mit den Rohrdiagona-
len verschweißt. Eine solche Zahnleistenverbindung ist
einem Kopfbolzenanschluss in der Regel weit überlegen.

Tooth Connectors

The forces from the steel truss are not, as is customary, introduced by means of an end-to-end
steel top chord, but are instead introduced by
being concentrated into the concrete slab at the
connection points of the truss diagonals. In this
way, the concrete slab itself assumes the function
of top chord, and all issues otherwise relating to
shrink restrain by a steel top chord, and its compatibility with the concrete slab (as regards the load
transfer or computing the required headed studs),
become irrelevant. For this concentrated introduction of the horizontal components, the tooth-con-
nectors already used for footbridges were taken
further (see p. 236). The cast-steel tooth-connec-
tors protrude over the joints visible on the under-
side of the concrete slab and into the concrete.
They are up to 2 meters long, 50 millimeters thick
and have 80-millimeter-wide teeth on both sides.
They are likewise made of cast-steel and are
welded to the tubular diagonals. Such a tooth-
connector linkage tends to be far superior to that
using headed studs.

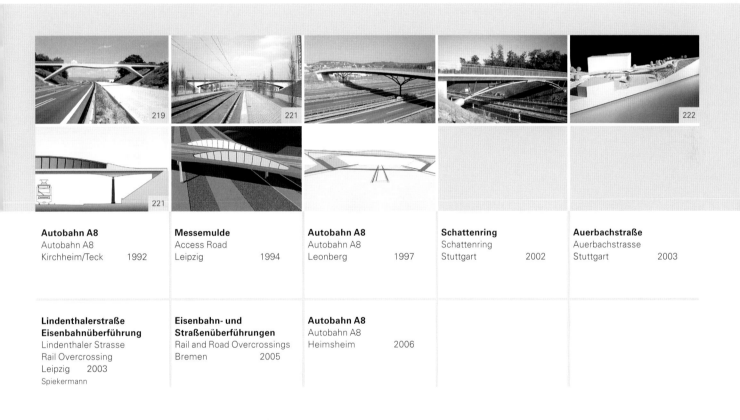

Autobahn A8	**Messemulde**	**Autobahn A8**	**Schattenring**	**Auerbachstraße**
Autobahn A8	Access Road	Autobahn A8	Schattenring	Auerbachstrasse
Kirchheim/Teck 1992	Leipzig 1994	Leonberg 1997	Stuttgart 2002	Stuttgart 2003

Lindenthalerstraße Eisenbahnüberführung	**Eisenbahn- und Straßenüberführungen**	**Autobahn A8**		
Lindenthaler Strasse Rail Overcrossing	Rail and Road Overcrossings	Autobahn A8		
Leipzig 2003	Bremen 2005	Heimsheim 2006		
Spiekermann				

Überführungen

Überführungen von Straßen und Eisenbahnen gelten bei Brückenbauern offenbar wenig. Ihre Vielzahl und ihre vergleichsweise kurzen Spannweiten lassen sie wenig spektakulär erscheinen. Für ihren Entwurf greifen Brückenbauer gerne in die Schublade oder lassen die Typenentwürfe von Architekten dekorieren. Autobahnüberführungen werden täglich von Millionen Autofahrern gesehen – eine gute Chance, qualitativen und vielfältigen Brückenbau vorzuführen. Sensibel entworfene Brücken können der Autobahn das Stigma einer in die Landschaft geschlagenen Schneise nehmen. Durch die Verbreiterung der Autobahnen von vier auf sechs Spuren gehen viele der schönen Brücken aus der Zeit des Reichsautobahnbaus verloren oder werden beim Umbau verstümmelt. Manch einer mag sich beispielsweise an Fritz Leonhardts elegante Feldwegüberführung bei Jungingen nahe Ulm über die Autobahn erinnern, eine Versuchsbrücke mit der ersten stählernen Leichtfahrbahn aus dem Jahr 1934, die 1987 abgerissen wurde.

Overcrossings

Overcrossings for roads or railway tracks evidently do not count for much among bridge-builders. Their large number and comparatively short spans make them somewhat unspectacular. When looking for a design, bridge-builders tend to open a drawer for a spare design or let architects put a few frills on a standard type. Highway overcrossings are viewed by millions of drivers each day—a prime opportunity to present high-quality and varied bridge designs. Bridges created with sensitivity can do something to remove the stigma attached to highways, namely, that they have simply been hacked through the countryside. With the current expansion of German autobahns from dual carriageways into three lanes each way, many of the beautiful bridges dating back to the pre-1945 period are being knocked down or disfigured through remodeling. Some may, for example, remember Fritz Leonhardt's elegant 1934 flyover for a path that crosses the autobahn at Jungingen near Ulm: it was an experimental bridge with the first lightweight orthotropic steel deck—sadly torn down in 1987.

Namenlose Überführungen
Anonymous overcrossings

Autobahnüberführung, Kirchheim/Teck (1993)

Mit einem eleganten Schwung, schlank und kraftvoll zugleich, kreuzt die Überführung die Autobahn A 8 Stuttgart – München. In ihr spiegelt sich die innere Spannung, die Verschmelzung von Form und Kraftfluss ist werkstoffgerecht mit Beton umgesetzt. Voraussetzung hierfür war das hohe handwerkliche Geschick der Zimmerleute für die Schalung! Die 70 Meter lange und 6,50 Meter breite Platte wird durch zwei schräge Stiele sprengwerkartig gestützt und ist in der Mitte durch einbetonierte Spannglieder unterspannt, oder anders ausgedrückt: Die Platte ist nach der Momentenlinie ausgeformt, am dünnsten in den Momentennullpunkten, am dicksten in der Feldmitte. Um diese ‚Unterspannung' – eigentlich nur für den Autofahrer im Stau – sichtbar zu machen, ist die Untersicht des ‚Hängebauchs' in Rippen aufgelöst.

Kraftfluss in Form gegossen

Der Grundsatz, dass die Form den (Momenten-) Beanspruchungszustand spiegeln soll, leitet auch den Entwurf der beiden Überführungen über die Messemulde in Leipzig (1994). Hier sollte für den Zugang zur Messe eine Torsituation mit einer weiten Öffnung in der Mitte geschaffen werden. Das konstruktive Prinzip hierfür ist ein Rahmentragwerk. Mit kurzen, kräftigen eingespannten Stielen verlagern sich die Biegemomente von der Mitte in die Ecken, um so den Kraftfluss ausgerundet mit Beton nachzeichnen zu können.

Autobahn Overcrossing, Kirchheim/Teck (1993)

With elegant élan, the slender, yet powerful bridge overcrosses the A8 Stuttgart–Munich autobahn. It reflects the internal stresses, the melting of form and flow of forces—duly transposed into concrete. The precondition: great craftsmanship among the carpenters making the formwork. The 70-meter-long and 6.5-meter-wide slab is supported by two inclined struts that amount to a raked frame, and in the middle it is supported by tendons encased in concreted. In other words, the slab is shaped to reflect the diagram of the moments and is thinnest at the points of counterflexure and thickest in midspan. In order to make this "cable support" visible (actually, only for car drivers stuck in a traffic jam), the bottom view of the "sagging belly" of the bridge is dissolved into a set of ribs.

Casting the Flow of Forces

The principle that the form should reflect the moment distribution was the key idea underlying the two access road overcrossings leading to the Leipzig Fair (1994). There, a gate situation with a broad opening in the middle was intended to grant access to the trade fair grounds. The structural principle selected: a frame. Given the short and strong fixed ends, the moments shift from the middle to the supports, meaning that, rounded out, the flow of forces can be shown in concrete.

Ort | Location:
Kirchheim/Teck, Autobahn A 8

Bauherr | Client:
Landesamt für Straßenwesen
Baden-Württemberg

Fertigstellung | Completed: 1993

Charakteristik | Characteristics:
Sprengwerk | Raked frame

Ausführung | Construction:
Richard Besemer, Merklingen

Leistungen | Scope of work:
Entwurf, Ausführungsplanung,
Bauüberwachung |
Conceptual Design, detailed design,
site supervision

Untersicht für Autofahrer
View from below for drivers

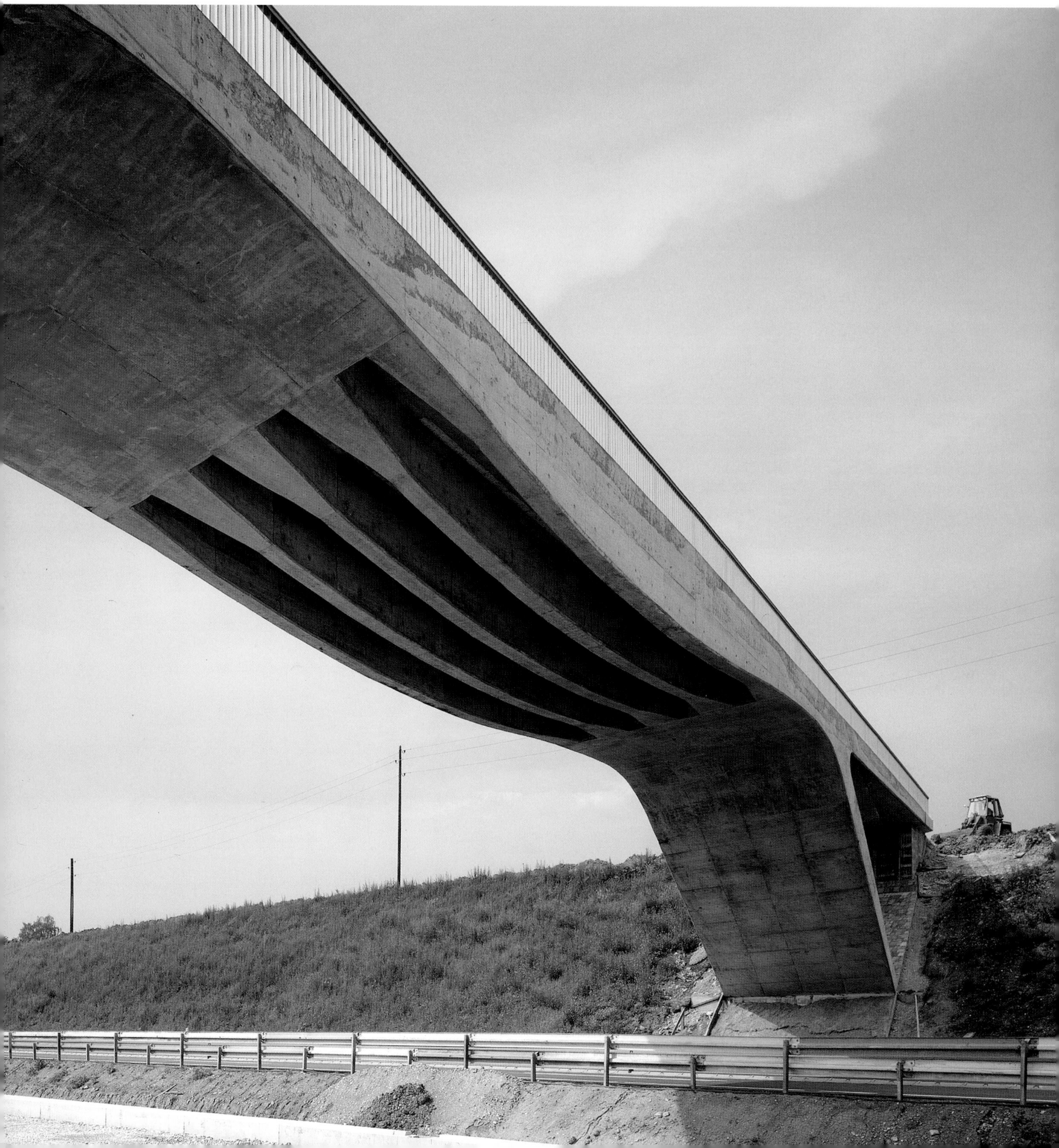

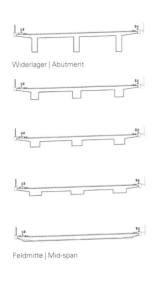

Widerlager | Abutment

Feldmitte | Mid-span

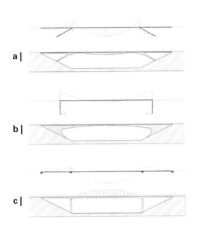

a |

b |

c |

Messemulde Überführung, Leipzig, 1994, Querschnitts-entwicklung von Feldmitte bis Widerlager
Access Road Overcrossing, Leipzig Fair, 1994, Development of cross-section from midspan to abutment

Ausgeformte Rahmenecke
Shaped corner of frame,

Zusammenhang zwischen Form und Kraftfluss bei:
a | Kirchheim/Teck
b | Messemulde, Leipzig
c | Lindenthalerstraße, Leipzig
Interrelation between form and force flow at:
| Kirchheim/Teck
| Leipzig Fair
| Lindenthalerstrasse, Leipzig

Eisenbahnüberführung, Lindenthalerstraße, Leipzig, 2003
Railway Overcrossing, Lindenthalerstrasse, Leipzig, 2003

Tragender Schallschutz

Die schlichten Einfeldträger mit leichter Randeinspannung der eingleisigen Eisenbahnüberführung über die Lindenthaler Straße in Leipzig (2003) sind in Feldmitte am stärksten beansprucht. Um das Lichtraumprofil der Lindenthaler Straße frei zu halten, ist die Querschnittsverstärkung in Form zweier bogenförmiger Stege nach oben ausgeformt, die zugleich dem Schallschutz dient. Indem diese Stege aus Stahlblech sind, bleiben sie recht niedrig, sodass die Maßstäblichkeit gegenüber der städtischen Bebauung gewahrt bleibt.

Load-Bearing Noise Protection Walls

The simple single-span beams with light end moments of the single-track railway crossing of Lindenthaler Strasse in Leipzig (2003) come under the maximum stress midspan. In order to keep the clearance of Lindenthaler Strasse uncluttered, the strengthening consists of two arch-shaped webs rising upwards, which also serve as noise protection. The webs are welded from steel sheets and thus remain very low, upholding the sense of scale vis-à-vis the urban context.

Stabbogen in der S-Kurve

Den plastischen Charakter des Werkstoffs Beton nutzend, wird in Stuttgart die Brücke der Auerbachstraße über die Heilbronner Straße (Fertigstellung Dezember 2003) ohne Fugen und Lager ausgeführt. Mit ihrer unaufdringlichen und zugleich einprägsamen Bogenform wird sie der Eingangssituation in die Stadt gerecht und greift zugleich die leichte Anmutung und Bogenwirkung der schon bestehenden, in Sichtweite liegenden Fußgängerbrücken an der oberen Pragstraße und der oberen Heilbronner Straße auf. Nicht zuletzt ist sie Zitat und Hommage an Robert Maillarts Schwandbach-Brücke (1933) in der Schweiz.

Deck-stiffened Arches in S-Curve

Exploiting the sculptural nature of concrete as a building material, the overcrossing for the Auerbachstrasse across Heilbronner Strasse in Stuttgart (scheduled completion: December 2003) requires no joints and bearings. With its unobtrusive and yet striking arch shape, it does justice to the setting (the entrance to the city) and also cites the graceful lightness and arching form of the existing pedestrian bridges at the upper stretches of Pragstrasse and Heilbronner Strasse, both of which are just in sight. Not least, it pays homage to Robert Maillart's Schwandbach Bridge (1933) in Switzerland.

**Überführung Auerbachstraße,
Stuttgart, 2003, Modell**
Overcrossing Auerbachstrasse,
Stuttgart, 2003, model

Detailuntersicht
Detailed view from below

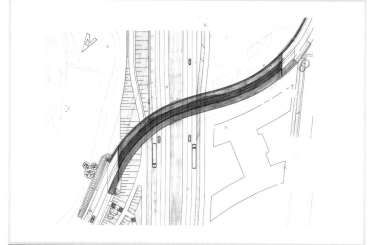

Grundriss
Plan

**Schwandbachbrücke,
Schweiz, 1933,
Robert Maillart**
Schwandbach Bridge,
Switzerland, 1933,
Robert Maillart

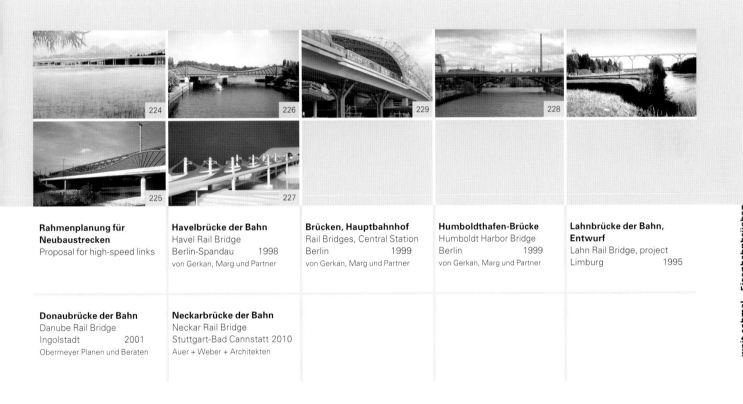

**Rahmenplanung für
Neubaustrecken**
Proposal for high-speed links

Havelbrücke der Bahn
Havel Rail Bridge
Berlin-Spandau   1998
von Gerkan, Marg und Partner

Brücken, Hauptbahnhof
Rail Bridges, Central Station
Berlin   1999
von Gerkan, Marg und Partner

Humboldthafen-Brücke
Humboldt Harbor Bridge
Berlin   1999
von Gerkan, Marg und Partner

**Lahnbrücke der Bahn,
Entwurf**
Lahn Rail Bridge, project
Limburg   1995

Donaubrücke der Bahn
Danube Rail Bridge
Ingolstadt   2001
Obermeyer Planen und Beraten

Neckarbrücke der Bahn
Neckar Rail Bridge
Stuttgart-Bad Cannstatt 2010
Auer + Weber + Architekten

Eisenbahnbrücken

Durch die Neubaustrecken der Deutschen Bahn erfuhr der Eisenbahnbrückenbau in den letzten 20 Jahren eine unerwartete Renaissance. Leider setzte sich dabei zunächst eine ‚Rahmenplanung' in Form einheitlicher Einfeldhohlkastenträger aus Spannbeton mit rund 44 Meter Spannweite und 4,40 Meter Konstruktionshöhe auf je vier Lagern auf Betonpfeilern durch – ergänzt durch Sonderlösungen, insbesondere bei Flussbrücken, insgesamt ein krasser Gegensatz zu den eleganten ICE-Zügen, die über diese Brücken fahren. Der Vorteil dieser Einfeldträgerkette ist, dass die Schienen diese Brücken fugenlos durchlaufen können, auch mit heutigen festen Fahrbahnen. Andererseits werden als Folge der Einfeldträgerkonstruktion viele Lager erforderlich, das heißt viele Verschleißteile, die gewartet werden müssen. Die zahlreichen sichtbaren Fugen dieser Brücken berauben den Beton seines monolithischen Charakters, konstruktiv wie gestalterisch.

Ein möglicher, aber wesentlicher Ansatz für den Entwurf einer sensiblen Brücke ist Bezug nehmend auf den Maßstabseffekt (s.S.300) und die Reduzierung der Spannweiten und Querschnittshöhen. So kann aus einem Hohlkastenquerschnitt ein Plattenbalken werden, der von relativ dünnen, mit dem Überbau verbundenen Stützen getragen wird. Vorzugsweise bei flachen langen Tälern können so einzelne Abschnitte von ungefähr 110 Meter, Länge jeweils mit einem anschaulichen ‚Bremsbock' ausgesteift und aneinander gereiht werden, ebenfalls mit fugenlos durchlaufenden Schienen wie bei der Rahmenplanung der Deutschen Bahn. Dieser Entwurf fand eine erste Anwendung bei der Ost-West-Hochbahn am neuen Hauptbahnhof Berlin. Bei tiefen Tälern erlauben die flexiblen Rohrstützen auch längere fugenlose Brücken, die dann allerdings Schienenauszüge brauchen.

Railway Bridges

Given the new high-speed tracks that German Rail has been putting in place, the last 20 years have seen an unexpected renaissance in railway bridge-building. Unfortunately, a standard design was initially implemented in the guise of uniform single-span box girders made of prestressed concrete with spans of approximately 44 meters and 4.4 meters in height on sets of four bearings on concrete piers—occasionally complemented by some special solutions, in particular for bridges across rivers. In general, these bridges contrast sharply with the graceful ICE trains that speed across them. The advantage of a chain of single-span girders is that the tracks can run across these bridges without any joints—even with today's fixed tracks without ballast. Yet as a consequence of the single-span structures, many bearings are needed, which means many parts are subject to wear-and-tear and require maintenance. The numerous visible joints in these bridges also rob the concrete of its monolithic nature in both structural and visual terms.

A possible, substantial approach to designing a sensitive bridge is to reduce spans and sectional heights with reference to the scale effect (see p. 301). A box girder cross-section can thus be transformed into a double T-beam supported by relatively thin columns bonded with the deck. In this way, individual sections about 110 meters long can be made, preferably for long flat valleys, with each section stiffened by an attractive steel trestle for the braking forces and positioned end-to-end—likewise permitting seamless tracks such as those foreseen in the German Rail's standard design. The new design was first used for the east-west elevated rail track for the new Berlin Central Station. In the case of deep valleys, the flexible tubular supports also enable longer bridges to be built without joints and bearings, whereby they then need expansion joints.

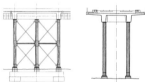

Standardbalkenbrücke für Neubaustrecken der Bahn mit Hohlkastenquerschnitt und Fugen
Standard single-span beam bridge for new high-speed tracks of German Rail with hollow box girder cross-section and joints

Leichtere Alternative mit kurzen Spannweiten: Plattenbalkenquerschnitt auf Stahlrohrstützen (Entwurf mit Otl Aicher)
Light-weight alternative with short spans: double T-beam cross-section on steel tube columns (design with Otl Aicher)

Typische Details
Typical details

Vergleich von Standardbogenbrücke (mit Fugen und Lagern) mit monolithischer Variante
Comparison of standard arch bridge (with joints and bearings) with monolithic version

Monolithische Variante für verschiedene Spannweiten
Monolithic version for different spans

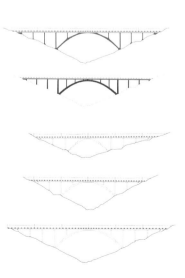

Donaubrücke der Bahn, Ingolstadt (2001)

Danube Rail Bridge, Ingolstadt (2001)

Mit drei schwungvollen Wellen überbrückt die neue
eingleisige Eisenbahnbrücke in Ingolstadt die Donau.
Sie wurde im Zuge des Ausbaus der ICE-Verbindung
München – Nürnberg erforderlich und liegt unmittelbar
neben der bestehenden zweigleisigen Eisenbahnbrücke.

Die neue Brücke reagiert mit einer schlichten neuartigen Konstruktion sensibel auf die schöne Fachwerkbrücke
von 1869, auch indem sie deren Spannweiten aufgreift.
Schlank erstrecken sich ihre stählernen Segel über die
Donau. Diese bilden die Stege der mehrfeldrigen Trog-
brücke mit zwei Hauptfeldern von 55 Meter Spannweite
und sind entsprechend der Beanspruchung nach der
Biegemomentenfläche eines Durchlaufträgers geformt.
Die Steifen zur Verstärkung der Segel orientieren sich
am Fluss der Querkräfte zu den Stützen hin. Diese hauptsächlich zugbeanspruchten Stege erinnern an eine Hängebrücke mit ausgerundeten Sätteln und bestehen werkstoffgerecht aus Stahl. Der Untergurt, ein umgekehrter
Plattenbalken, wird wie die Fahrbahn einer selbst verankerten Hängebrücke gedrückt und ist ebenfalls werkstoffgerecht aus Beton. Jenseits der Donau laufen die Stege
über Straßen und Uferwege hinweg und, mit anschaulichen Pendeln gestützt, schlicht aus.

The new single-track railway bridge in Ingolstadt
spans the Danube in three sweeping waves.
It became necessary in the course of expansion
of the ICE high-speed link between Munich and
Nuremberg and runs immediately next to the
existing twin-track railway bridge.

With its simple but novel structure, the new
bridge responds sensitively to the beautiful truss-
girder bridge dating from 1869, also by citing its
spans. Its undulating steel webs stretch slenderly
across the Danube. They form the webs of the
multi-span trough bridge with its two main spans
of 55 meters and which are shaped, as required,
to reflect the bending moment diagram of a continuous girder. The stiffeners to strengthen the
undulating webs take their cue from the flow of
shear forces toward the supports. These webs,
subject mainly to tension and made appropriately
of steel, are reminiscent of a suspension bridge
with rounded saddles. The lower chord, an inverted double T-beam, is compressed like the deck
of a self-anchored suspension bridge and is likewise made of the appropriate material: concrete.
Beyond the Danube, the webs span streets and
shoreline paths and, supported by pendulums,
gradually fade away.

Ort | Location:
Ingolstadt, ICE-Strecke
München–Nürnberg

Bauherr | Client:
Deutsche Bahn AG

Fertigstellung | Completed: 2001

Charakteristik | Characteristics:
Stahlbetontrog mit Stahlsegel |
Reinforced concrete trough with
undulating steel webs

Zusammenarbeit | Cooperation:
Obermeyer Planen und Beraten,
München

Ausführung | Construction:
Dyckerhoff & Widmann AG,
München

Leistungen | Scope of work:
Entwurf, Ausschreibung |
Conceptual design, tender

Querschnitt
Cross-section

**Steifen orientieren sich
am Verlauf der Querkräfte**
Stiffeners take their cue
from flow of shear forces

Ansicht mit Fachwerkbrücke
Elevation with truss girder

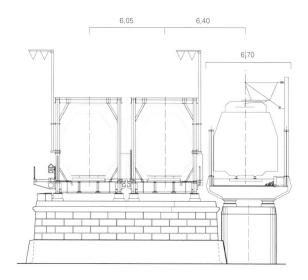

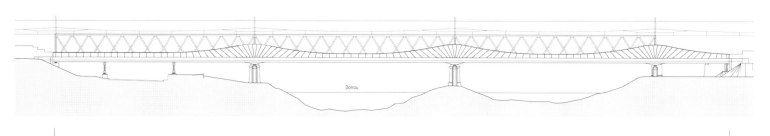

184,09

Anpassung an der Ort

Zentrale Frage beim Entwurf der Donau-Brücke war, wie auf die bestehende Fachwerkbrücke zu reagieren ist, im Wissen, dass sie eines Tages ersetzt werden muss. Ist das Ziel eine Anpassung mit einer geometrisch gleichen, aber nicht mehr genieteten, sondern verschweißten Fachwerkkonstruktion oder eine respektvolle Antwort mit den Möglichkeiten heutiger Werkstoffe, Verbindungen und Berechnungsmöglichkeiten? Der zweite Ansatz wurde weiterverfolgt.

Heutzutage wäre das mittlere Auflager in der Donau entbehrlich, dieses aber sollte bestehen bleiben, um die darauf eingependelten Strömungsverhältnisse zu belassen, aber auch weil die alte Brücke noch lange auf diese Insel angewiesen sein wird. Dank der kurzen Spannweiten wirkt diese neue Brücke für eine Bahnbrücke schlank, schlicht, elegant und bildet einen interessanten Gegensatz zur alten Brücke.

Parallele Wellen

Der Vorläufer dieser Brücke steht in Berlin-Spandau (1998), wo trotz gleich erscheinenden Entwurfskonzepts eine andere Aufgabe zu erfüllen war. Im direkten Anschluss an den Bahnhof Berlin-Spandau waren sieben Gleise mit 76° schiefwinklig über die Havel zu führen. Mit den im Verhältnis dazu kurzen Spannweiten des Hauptfelds von 72 Metern und der beiden Seitenfeldern von je 25 Metern ist die Brücke beinahe ebenso breit wie lang – räumlich eine recht anspruchsvolle Situation. Die ursprünglich geplante Standardstabbogenbrücke befriedigte hier nicht, weil sie mehrfach schräg hintereinander versetzt die Sicht versperrt hätte. Diese Wellenbrücke entwickelt aber

Conforming to Site-specific Conditions

The key issue when designing the Danube bridge was how to respond to the existing truss-girder bridge while bearing in mind that one day it would have to be replaced. Should the focus be on adapting to it by using a geometrically identical structure (albeit welded not riveted) or by offering a respectful response using the wealth of materials, connections and computational methods available today? The second approach was taken.

Today, the middle support in the Danube would not be necessary, but the intention was to retain it in order to let the water current carry on flowing as before and also because the old bridge will rely on the island for many years to come. Thanks to the short spans, the new bridge seems slender for a rail bridge, and straightforwardly elegant, while providing an interesting contrast to the old bridge.

Parallel Waves

The precursor of the bridge stands in Spandau, Berlin (1998), where a different task was involved—despite the apparently similar design concept. Seven tracks had to be carried over the Havel at an oblique 76° angle and leading directly out of the Spandau station. Given the comparatively short 72-meter span of the main section and of the two 25-meter-long side sections, the bridge is almost as wide as it is long—spatially speaking, a very complex task. The standard tied arch bridge that was originally planned proved not to be a satisfactory

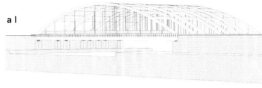

a |

b |

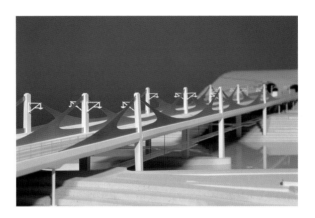

Havelbrücke der Bahn, Berlin-Spandau, 1998
Havel Rail Bridge, Spandau, Berlin, 1998

In Schrägansicht wirken mehrere Bogenbrücken wirr, ursprünglicher Entwurf a | Ausgeführter Entwurf
Arch bridges seen one behind the other would have obscured any view, original design a | Executed design

Luftbild
Aerial view

Neckarbrücke der Bahn, Stuttgart-Bad Cannstatt, 2010
Neckar Rail Bridge, Stuttgart-Bad Cannstatt, 2010

gerade in der Schrägsicht, Welle hinter Welle, beachtliche räumliche Qualitäten und erlaubt zudem den freien Blick über die Havel. Die Spandauer Brücke ist traditionell aus Stahl, auch der Untergurt, obwohl ihm nicht nur aufgrund seiner Druckkräfte, sondern auch aufgrund der Lärmemission Beton besser getan hätte.

Aufgelöstes Segel

Dagegen werden bei der Neckarbrücke von Stuttgart nach Bad Cannstatt (Auer + Weber + Architekten, Stuttgart, geplante Fertigstellung 2010) konsequent die zugbeanspruchten Bauteile aus Stahl, die druckbeanspruchten aus Beton konstruiert. Segelartige Aufhängungen aus Stahlblech an kurzen Masten aus Stahlbeton tragen, nebeneinander liegend, einen dreistegigen Betonplattenbalken mit den Gleisbetten. So überspannt die Brücke den Fluss mit zwei Feldern von 72 und 78 Meter Spannweite und klingt dann beidseitig mit kurzen Spannweiten ab. Ihr Tragverhalten leuchtet sofort ein, wenn man die Brücke auf den Kopf stellt, um sie als Umkehrung eines Sprengwerks zu entlarven.

solution because its multiple angled sections one behind the other would have obscured any view. Precisely when seen from an angle with one wave behind the next, this waved bridge generates notable spatial qualities and also leaves a clear view of the Havel. The Spandau bridge is built traditionally of steel, including the lower chord, although it would have done better in concrete, both for reasons to do with tension and noise emission.

Dissolved Sails

By contrast, the Neckar Rail Bridge from Stuttgart to Bad Cannstatt (Auer + Weber + Architekten, Stuttgart, completion scheduled for 2010) will be built using steel elements consistently for the parts subject to tension, while those subject to compression will be made of concrete. Sail-like suspensions from short reinforced concrete masts support, side by side, a concrete T-beam with three webs and the track bedding. In this way, there are two main spans over the river of 72 meters and 78 meters, and the bridge finishes at both ends with short side spans. Its load-bearing behavior is immediately obvious if you turn it upside down and see that it is an inverted raked frame.

Humboldthafen-Brücke,
Berlin, Hauptbahnhof (1999)

Humboldt Harbor Bridge,
Central Station, Berlin (1999)

Ort I Location:
Berlin, Hauptbahnhof,
Humboldthafen

Bauherr I Client:
Deutsche Bahn AG

Bauzeit I Construction: 1997–1999

Charakteristik I Characteristics:
Platten-, bzw. Plattenbalkenbrücke
mit Stahlrohrbogen, Spannweiten
bis 60 m I slab resp. double T-beam
bridge with tubular steel arches,
spans up to 60 m

Zusammenarbeit I Cooperation:
von Gerkan, Marg und Partner,
Architekten, Hamburg

Ausführung I Construction:
ARGE Brücke Humboldthafen: Porr
Technobau, DSD Dillinger Stahlbau

Leistungen I Scope of work:
Entwurf, Ausschreibung I
Conceptual design, tender

Im Herzens Berlin entsteht der neue Berliner Hauptbahn-hof, an Stelle des Lehrter Bahnhofs. Die oberirdische Ost-West-Trasse verbindet Berlin mit Paris und Moskau und führt in unmittelbarer Sichtweite des Bundeskanzleramts und Reichstags über den Humboldthafen. Vier Brücken-bauwerke, durch Spalte getrennt, tragen sechs im Grund-riss gekrümmten Gleise, die sich in den Hauptbahnhof hinein bis auf Bahnsteigbreite stetig aufweiten. Die Brücke bildet eine gestalterisch-konstruktive Einheit mit den anschließenden 'Hochbrücken'. Derselbe 1,70 Meter starke Plattenbalkenüberbau wird dort direkt, im Brücken-bereich, von über 60 Metern spannenden Bögen mit Sei-tenfeldern indirekt von Rohrstützen in engem Abstand getragen. Die Bögen aus Rohren mit 660 Millimeter Durch-messer und 100 Millimeter Wandstärke sollen anders als die ursprünglich geplanten schweren Spannbeton-hohlkästen leicht und durchsichtig wirken. Mangels aus-reichender Bauhöhe verschmelzen sie in den Scheiteln formschön mit dem Überbau, ebenfalls eine Rahmen-bedingung, die zu einer andersartigen Lösung geführt hat.

The new Central Station is being built in the heart of Berlin where once the Lehrter Bahnhof stood. The elevated east-west track connects Berlin to Paris and Moscow and runs just a stone's throw from the Bundeskanzleramt (Federal Chancellery) and the Reichstag (Parliament) across the Humboldt Harbor. Four individual bridge structures bear six curving tracks that gradually widen as they progress into the Central Station until they have the same width as the platforms. The bridge blends in structurally and design-wise with the subsequent "elevated bridges". The same 1.7-meter-thick double T-beam deck is borne by tubular supports at close intervals, in the latter case directly, and in the bridge part indirectly by arches of over 60 meters with side spans. The arches, made of tubes that are 660 millimeters in diameter, and with walls 100 millimeter thick are intended to appear light and transparent compared with the heavy pre-stressed concrete box girders originally planned. Given the low maximum height of the bridge, they blend with the deck smoothly at the apex—again a specific condition that called for a novel solution.

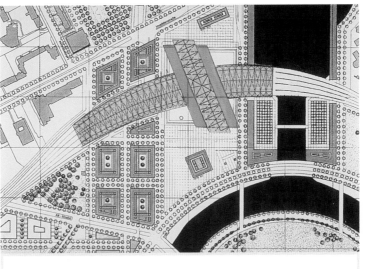

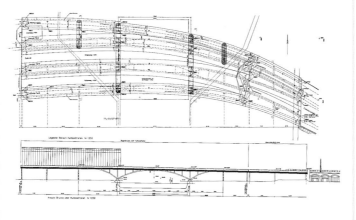

Lageplan mit Hauptbahnhof
Site plan with Central Station

Grundriss und Ansicht
Plan and view

Vormontage am Boden
Pre-assembly on ground

Blick vom Bundeskanzleramt
View from Federal Chancellery

**Stahlfachwerkknoten
im Vergleich:
a | geschraubt
b | verschweißt,
mit einfacher Geometrie
c | gegossen, erster Rohr-
gussknoten im modernen
Brückenbau: Fußgänger-
brücke, Sindelfingen, 1986.
Eine feine Nut markiert
den Übergang vom Gussteil
zum Rohr**
Steel truss joints compared:
a | screwed
b | welded, with simple geometry
c | Cast, first tube cast joint in
modern bridge construction:
footbridge, Sindelfingen, 1986.
A fine groove marks transition
from cast section to tube

**d | e | f | g | Stahlgussteile
für Humboldthafen-Brücken**
d | e | f | g | Cast steel sections
for Humboldt Harbor bridge

**h | i | FE-Berechnung:
Statisches Modell mit
Elementnetz und Vergleichs-
spannungen am Gussknoten
der Nesenbachtalbrücke**
h | i | FE-analysis: analysis model
with net of elements and
effective stress at cast steel joint
of Nesenbach Valley Bridge

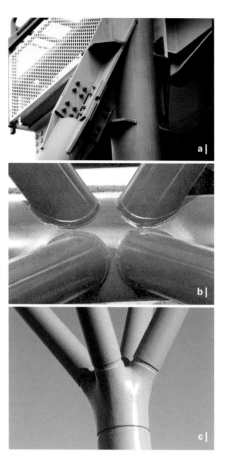

Die Entwicklung von Rohrknoten aus Stahlguss für Eisenbahnbrücken

Ein besonderes Merkmal dieser Brücke sind ihre schönen, vorteilhaft mit den Rohren zu verschweißenden und pflegeleichten Stahlgussknoten, welche an den ‚Brems-böcken' der Hochbahn, an den Gabelstützen im Bahnhof und vor allem an der Humboldthafen-Brücke realisiert wurden. Stahlguss erlaubt die Herstellung komplizierter individueller Rohrknoten und, mindestens ebenso wichtig für räumliche Knoten, eine richtungsunabhängige Ausnutzung der Werkstückeigenschaften. Die fließenden Formen ohne scharfe Kanten vermeiden schädliche Spannungskonzentrationen und Kerbwirkungen, beides Schwachpunkte bei direkt verschweißten Rohrknoten. Fehler im Stahlguss sind hinsichtlich Ermüdung weit weni-ger kritisch als Einschlüsse bei direkter Rohrverschweißung.

Zur Renaissance des Stahlgusses kam es bereits bei der Planung des Olympiadachs in München ab 1968. Nach den guten Erfahrungen dort und beim Eislaufzelt in München wurde das Wissen um die Vorteile des Stahl-gusses bei Fachwerkknoten von Brückenstützen oder Raumfachwerken von Hallen, in denen sich zahlreiche Rohre aus beliebigen Richtungen präzise in einem System-punkt treffen müssen, eingesetzt. Vorteilhaft können die Schweißnähte zwischen Knoten und Rohren entfernt vom Knotenkern in die weniger beanspruchten Bereiche gelegt und dort rechtwinklig zur Achse so angeordnet werden, dass die Schweißnaht einfach herzustellen und später gut zugänglich ist.

Developing Cast-steel Tube Nodes for Railway Bridges

A special feature of these bridges are their beautiful low-maintenance cast-steel joints that are easy to weld with the tubes. They have been used for elevated bridges, for the steel trestle for braking forces, for the forked supports in the station pro-per, and above all, for the Humboldt Harbor Bridge. Cast-steel enables complex individual tube joints to be produced and, just as important for spatial joints, their strength can be exploited regardless of the direction of the stresses. The flowing form without sharp edges avoids any damaging con-centration of stress and notch effects, both weak points in the case of directly-welded tube joints. Errors in cast-steel are far less critical as regards material fatigue than occlusions in the case of welded tubes.

The design of the Olympic Roof in Munich had already triggered a renaissance in cast steel from 1968 on. After the prime experiences with such cast-steel joints made there and with the Ice-skating Tent in Munich, the knowledge gained with regards to the advantages of cast-steel was brought to bear in the case of truss joints for bridge supports or in space frames for halls—where numerous tubes from random angles have to arrive precisely at one central point. Another bene-fit: the welding seam between joint and tube can be positioned at a distance from the joint core in an area less subject to stress. These seams can be placed at right angles to the axis in such a way that they are easy to produce and remain easily

**Autobahnüberführung,
A8 Leonberg, 1998, Stahl-
rohrbrücke mit Gussknoten**
Highway Overcrossing,
A8 Leonberg, 1998, Steel tube
bridge with cast-steel joints

Stahlgussknoten sehen zudem ästhetisch ansprechend und Vertrauen erweckend aus, weil sie natürlich geformt sind. Im Gegensatz zu direkt verschweißten Rohren lassen sich mittels Stahlguss Knotenform und Wandstärken optimal dem Kraftfluss aus den Rohren anpassen. Sorgfältig ausgerundete Knoten bedürfen keiner eigenen Bemessung, wenn die Rohre selbst und die Stöße von Rohre und Knoten sicher bemessen sind.

Im Vergleich zu Fußgänger- und Straßenbrücken sind Eisenbahnbrücken hohen Wechselbeanspruchungen ausgesetzt. Um diese zu erforschen, gab die Deutsche Bahn an der Universität Karlsruhe ein umfassendes Versuchsprogramm in Auftrag. Es wurden sowohl Versuche an Kleinproben aus verschweißten Stahl- und Stahlguss-platten als auch Bauteilversuche mit kompletten, an die Gussknoten angeschweißten Rohren mit Rohrdurchmessern von 508 Millimetern und Wandstärken von 50 Millimetern durchgeführt. Die Stahlgussknoten haben dabei alle Erwartungen (über)erfüllt, sodass ihre verbesserte Qualität die geringen Mehrkosten von (derzeit) ungefähr 6 Prozent rechtfertigen. Die Form der Gussknoten kann inzwischen dank Computer mit realistischem Zeitaufwand auch nummerisch optimiert werden.

accessible later. Cast-steel joints also have an aesthetically pleasing appearance and, thanks to their natural shape, exude trustworthiness. Unlike directly welded tubes, cast-steel enables the shape and wall thickness of joints to be adjusted optimally to the flow of forces from the tubes. Carefully-rounded nodes need no analytical proof if the tubes themselves and the seams between tubes and joints are securely analyzed.

Compared with pedestrian and road bridges, railway bridges are subject to severe alternating stress. German Rail therefore commissioned the University of Karlsruhe to run a wide-ranging set of tests. The tests involved both small samples of welded steel plates and cast-steel plates, as well as tests on components featuring complete tubes welded to cast joints with tube diameters of 508 millimeters and tube-wall thicknesses of 50 millimeters. The cast-steel joints exceeded all expectations, meaning that the enhanced quality they delivered offset the (current) minor surplus costs of about six percent. Using computers, the form of cast joints can now be numerically optimized in a realistic amount of time.

Heinrich-Baumann-Steg	**Grüne Brücke**	**Rosensteinpark I**	**Rosensteinpark II**	**Fußgängerbrücke**
Heinrich Baumann Footbridge	Green Bridge	Rosenstein Park I	Rosenstein Park II	Footbridge
Stuttgart 1977	Stuttgart 1977	Stuttgart 1977	Stuttgart 1977	Stetten i. R. 1978
Planungsgruppe Luz, Bächer, Winkler	Planungsgruppe Luz, Bächer, Winkler	Planungsgruppe Luz, Bächer, Winkler	Planungsgruppe Luz, Bächer, Winkler	
Rohrleitungsbrücken	**Adenauerstraße**	**Rhein-Main-Donau-Kanal**	**Im Kurpark**	**Wullesteg**
Pipe Bridges	Adenauerstrasse	Rhine Main Danube Canal	In the Spa Gardens	Wulle Footbridge
Neckarsulm 1985	Sindelfingen 1986	Kelheim 1987	Bad Windsheim 1988	Stuttgart 1989
		Ackermann + Partner	Eberhard Schunck	Kammerer Belz Kucher und Partner
Max-Eyth-See Brücke	**Kochenhof**	**Behelfsbrücke über den Main**	**Carl-Benz-Platz**	**In den Enzauen I**
Lake Max Eyth Bridge	Kochenhof	Temporary Bridge Across the Main	Carl Benz Square	In Enzauen I
Stuttgart 1989	Stuttgart 1989	Nantenbach 1990	Stuttgart-Untertürkheim 1991	Pforzheim 1991
Brigitte Schlaich-Peterhans	Luz und Partner		Peter und Lochner	Knoll, Reich, Lutz
In den Enzauen II	**In den Enzauen III**	**Pragsattel I**	**Pragsattel II**	**Seilnetzbrücke am Löwentor**
In Enzauen II	In Enzauen III	Pragsattel I	Pragsattel II	Cable Net Bridge at Löwentor
Pforzheim 1991	Pforzheim 1991	Stuttgart 1992	Stuttgart 1992	Stuttgart 1992
Knoll, Reich, Lutz	Knoll, Reich, Lutz	Planungsgruppe Luz, Lohrer, Egenhofer, Schlaich	Planungsgruppe Luz, Lohrer, Egenhofer, Schlaich	Planungsgruppe Luz, Lohrer, Egenhofer, Schlaich
Nordbahnhof	**Heilbronner Straße**	**Fußgängerbrücke**	**Hofmeister-Steg**	**Glacisbrücke**
North Station	Heilbronner Strasse	Footbridge	Hofmeister Footbridge	Glacis Bridge
Stuttgart 1992	Stuttgart 1992	Herrenberg 1992	Bietigheim 1994	Minden 1994
Planungsgruppe Luz, Lohrer, Egenhofer, Schlaich	Planungsgruppe Luz, Lohrer, Egenhofer, Schlaich	Hans-Georg Reinhardt	Noller	
Fußgängerbrücke	**Fußgängerbrücke**	**Drei Fußgängerbrücken**	**Rhein-Herne-Kanal**	**Über die Enz**
Footbridge	Footbridge	Three Footbridges	Rhine Herne Canal	Across Enz
Lübzs 1995	Bayreuth 1996	Mosbach 1997	Oberhausen 1997	Mosbach 1997
Klaus Brendle	Horstmann Architekten	Knoll, Reich, Lutz		Knoll, Reich, Lutz

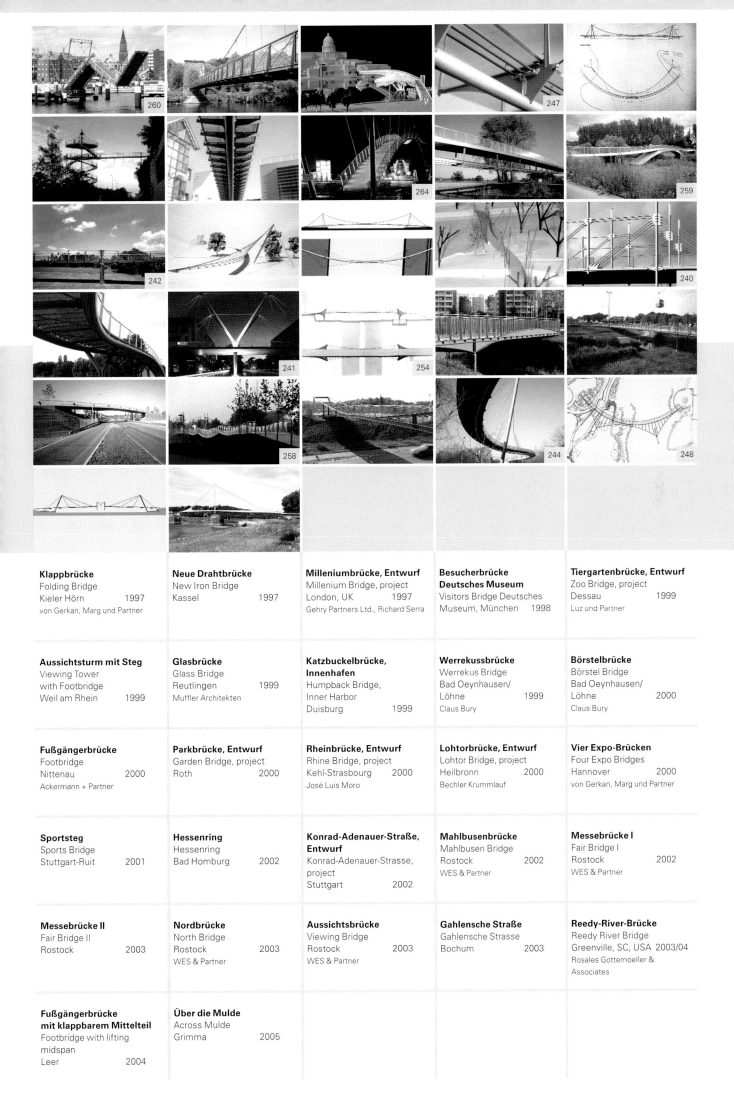

Klappbrücke Folding Bridge Kieler Hörn 1997 von Gerkan, Marg und Partner	**Neue Drahtbrücke** New Iron Bridge Kassel 1997	**Milleniumbrücke, Entwurf** Millenium Bridge, project London, UK 1997 Gehry Partners Ltd., Richard Serra	**Besucherbrücke Deutsches Museum** Visitors Bridge Deutsches Museum, München 1998	**Tiergartenbrücke, Entwurf** Zoo Bridge, project Dessau 1999 Luz und Partner
Aussichtsturm mit Steg Viewing Tower with Footbridge Weil am Rhein 1999	**Glasbrücke** Glass Bridge Reutlingen 1999 Muffler Architekten	**Katzbuckelbrücke, Innenhafen** Humpback Bridge, Inner Harbor Duisburg 1999	**Werrekussbrücke** Werrekus Bridge Bad Oeynhausen/ Löhne 1999 Claus Bury	**Börstelbrücke** Börstel Bridge Bad Oeynhausen/ Löhne 2000 Claus Bury
Fußgängerbrücke Footbridge Nittenau 2000 Ackermann + Partner	**Parkbrücke, Entwurf** Garden Bridge, project Roth 2000	**Rheinbrücke, Entwurf** Rhine Bridge, project Kehl-Strasbourg 2000 José Luis Moro	**Lohtorbrücke, Entwurf** Lohtor Bridge, project Heilbronn 2000 Bechler Krummlauf	**Vier Expo-Brücken** Four Expo Bridges Hannover 2000 von Gerkan, Marg und Partner
Sportsteg Sports Bridge Stuttgart-Ruit 2001	**Hessenring** Hessenring Bad Homburg 2002	**Konrad-Adenauer-Straße, Entwurf** Konrad-Adenauer-Strasse, project Stuttgart 2002	**Mahlbusenbrücke** Mahlbusen Bridge Rostock 2002 WES & Partner	**Messebrücke I** Fair Bridge I Rostock 2002 WES & Partner
Messebrücke II Fair Bridge II Rostock 2003	**Nordbrücke** North Bridge Rostock 2003 WES & Partner	**Aussichtsbrücke** Viewing Bridge Rostock 2003 WES & Partner	**Gahlensche Straße** Gahlensche Strasse Bochum 2003	**Reedy-River-Brücke** Reedy River Bridge Greenville, SC, USA 2003/04 Rosales Gottemoeller & Associates
Fußgängerbrücke mit klappbarem Mittelteil Footbridge with lifting midspan Leer 2004	**Über die Mulde** Across Mulde Grimma 2005			

Fußgängerbrücken

Im Gegensatz zu Großbrücken, die man nur indirekt ‚erfährt', begegnet man Fußgängerbrücken unmittelbar, indem man sie mit eigenen Füßen betritt und sie so ‚begreifen' kann. Fußgängerbrücken müssen sich sowohl im Ganzen wie im Detail am menschlichen Maßstab messen, sollen feingliedrig, filigran sein und zugleich ebenso dauerhaft und pflegeleicht wie Großbrücken. Die Regeln des Straßen- und Eisenbahnbrückenbaus helfen beim Entwerfen nicht weiter, sehen sie doch für die für Fußgängerbrücken relevanten Spannweiten bis zu 100 Metern vollwandige Plattenbalken- oder Hohlkastensysteme aus Spannbeton oder Stahl mit Konstruktionshöhen von 4 bis 6 Metern vor.

Funktionell genügt für den Geh- oder Fahrweg eine etwa 15 bis 20 Zentimeter starke Platte. Alles Weitere ist Mittel zum Zweck, also Tragwerk für die Platte, weil diese geringe Konstruktionshöhe für nicht viel mehr als 4 Meter Spannweite reicht. Also wird das Tragwerk in Stäbe, Stangen, Seile, Maste aufgelöst, sodass die Stärke der Gehwegplatte den Maßstab bestimmt.

Schwingen und Dämpfen

Es lohnt sich im Hinblick auf ein optisch leichtes Erscheinungsbild, ein Brückentragwerk immer dann aufzulösen, wenn seine Eigenlasten mit zunehmender Spannweite immer größer werden und so in ein ungünstiges Verhältnis zu den Nutzlasten geraten. Aber wann beginnt es ungünstig zu werden? Die Nutzlasten einer Fußgängerbrücke sind etwa gleich hoch anzusetzen wie die einer Straßenbrücke; das schafft noch keine ausreichende Begründung im Hinblick auf ein Auflösen in dünnere Bauteile. Nur die mit den Lasten einhergehenden Verformungen sind für Fußgänger weniger kritisch als für den Autoverkehr oder gar für eine Hochgeschwindigkeitsbahn. Allerdings reagieren auch Fußgänger empfindlich auf Schwingungen in gewissen Frequenzbereichen und die aerodynamische Stabilität einer schlanken, schmalen und leichten Fußgängerbrücke im Wind muss sorgfältig untersucht werden. Die geringere Steifigkeit aufgelöster Fußgängerbrücken im Vergleich zu Straßenbrücken kann zu vertikalen Schwingungen führen, die durch den Schrittrhythmus angeregt werden. Dämpfung verhindert Aufschaukeln besonders wirksam und ist vor allem die Folge innerer Reibung der Werkstoffe und Bauteile, weshalb verschweißter Stahl weniger geeignet ist als verschraubter Stahl, Holz oder Stahlbeton. Mit einer starken Dämpfung können sogar Brücken im kritischen vertikalen Frequenzbereich von 1,5 Hertz bis 2,5 Hertz riskiert werden. Brücken mit einer horizontalen Frequenz von etwa 1 Hertz können, wenn sich viele Menschen auf ihr befinden, unangenehm quer schwingen, weil sie Fußgänger dazu verleiten, synchronisiert in einen ‚Seemannsgang' zu verfallen.

Grüne Brücke, Stuttgart, 1977
Green Bridge, Stuttgart, 1977

**Seilbinder-Brücke,
Rosensteinpark II, Stuttgart, 1977**
Cable Girder Bridge, Rosenstein Park II,
Stuttgart, 1977

**Fußgängerbrücke,
In den Enzauen II, Pforzheim, 1991**
Footbridge, In Enzauen II,
Pforzheim, 1991

Footbridges

Unlike large bridges, which can only be experienced indirectly, footbridges are encountered directly by setting foot on them and thus become tangible. Footbridges must gauge themselves against the human scale—both in their entirety and their detailing. They are expected to have a slender, filigree look while being as durable and low-maintenance as large bridges. The rules of building road and railway bridges are of no further help here, as they would provide for solid T-beam or hollow-girder systems made of prestressed concrete or steel with structural heights of 4 to 6 meters for footbridges with spans of up to 100 meters.

Functionally speaking, a 15- to 20-centimeter-thick slab suffices for pedestrian or cycle paths. Anything else is a means to an end, that is, structure for the slab, as this low structural height does not suffice for much more than a 4-meter span. Consequently, the structure is sub-divided into struts, ties, cables and masts to allow the thickness of the path slab to define the overall scale.

Vibration and Damping

When it comes to creating a light-weight visual structure, it is always worth dissolving a bridge structure if its dead load increases along with its span and thus assumes an unfavorable ratio to the live load. But when does the ratio begin to be unfavorable? The live load of a footbridge can be assumed to be roughly that of a road bridge, so this does not, however, adequately justify dissolving it into thinner components. Only the deformations produced by loads are less critical for pedestrians than for cars or most certainly for high-speed trains. However, pedestrians also respond sensitively to vibration in certain frequencies and the aerodynamic stability of a slender, narrow and light pedestrian bridge when exposed to wind must be carefully investigated. The lesser rigidity of dissolved footbridges compared to road bridges can lead to vertical oscillation, brought on by the rhythm of walking feet. Damping is a very effective antidote to vibration and sway and is primarily the consequence of inner friction between materials and structural components, for which reason welded steel is less suitable then screwed steel, wood or reinforced concrete. With stronger damping, engineers can even risk building bridges in the critical vertical frequency band of 1.5 to 2.5 hertz. Bridges with a horizontal frequency of about 1 hertz can sway sideways to an uncomfortable degree if many people are walking across them because they tend to encourage pedestrians to adopt the synchronized walk of sailors.

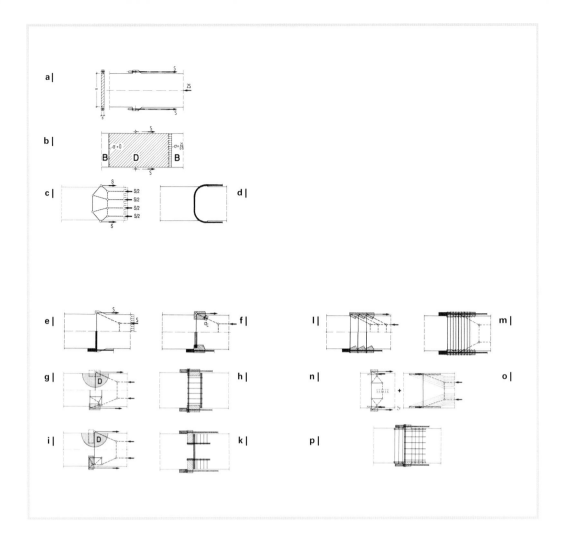

Konstruieren mit Stabwerkmodellen: Einleitung einer konzentrierten Horizontalkraft in Brückenplatte
a–d | Seilanschluss, Störbereich, Stabwerkmodell
e–k | Konzentrierte Krafteinleitung mit Stahlplatten
l–p | Verteilte Krafteinleitung mit Zahnleisten
Detailing with STM: inducement of a concentrated horizontal force into bridge deck
a–d | Cable anchorage, zone of discontinuity, STM
e–k | Concentrated load inducement with steel plates
l–p | Distributed load inducement with tooth connectors

Freude am Konstruieren

Die Kosten einer Fußgängerbrücke sind grundsätzlich gering in Relation zu Straßen- oder Bahnbrücken oder den sie umgebenden Bauwerken; ihre Wirkung ist dennoch sehr prägend. Deshalb ist jede Fußgängerbrücke mehr als eine reine Dienstleistung und jeder lieblose ‚Prügel' eine vertane Chance. Das soll kein Aufruf zur Konstruktionsakrobatik sein, wie sie in letzter Zeit in Mode gekommen ist. Nicht jede Brücke muss eine ‚Landmarke' werden. Aber warum sollen nicht gerade Fußgängerbrücken etwas von der Freude am Konstruieren vermitteln?

Konstruieren mit Stabwerkmodellen

Die Qualität eines Bauwerks hängt ganz wesentlich von der konstruktiven Durchbildung seiner Details ab. Der Kraftfluss an Querschnittssprüngen oder Krafteinleitungen muss sorgfältig verfolgt und so materialisiert werden, dass Spannungsspitzen und abrupte Kraftumlenkungen vermieden werden. Ein bei Fußgängerbrücken häufig vorkommendes Detail ist die Einleitung großer Seilkräfte S in die dünne Betonplatte selbst verankerter Hängebrücken (a). In dem durch die Krafteinleitung ‚gestörten' Bereich D muss der Kraftfluss aufgespürt werden, wofür sich Stabwerkmodelle gut eignen. In einiger Entfernung von der Konsole, in den Bereichen B, ist die Störung abgeklungen. Hier sind die Spannungen bekannt und linear über die Breite verteilt (b). Damit leuchtet das Stabwerkmodell (c) sofort ein und die zugehörige Konstruktion (d) wäre ein durchgehendes Seil, für das die Betonplatte wie ein großer Umlenksattel wirkt.

The Joys of Engineering

The costs of a footbridge are essentially small compared with a road or railway bridge or the buildings surrounding it, yet they have a striking impact. For this reason, every footbridge is more than a mere service, and every uncaring design is a missed opportunity. This should not be taken as a call for engineering acrobatics as has become all the fashion of late. Not every bridge must be a "landmark". But why should footbridges in particular not convey some of the joy of engineering?

Detailing with Strut-and-Tie Models (STM)

The quality of a building depends substantially on the structural quality of its details. The flow of forces at interstices between sections or point supports needs to be carefully monitored and materialized to avoid peak stress and sudden deviation of forces. A common detail in footbridges is the flow of large cable forces S into a thin concrete slab of a self-anchored suspension bridge (a). In zone D, "disturbed" by singular forces, the flow of forces has to be identified—for which STMs are well suited. Some distance from the console, in zone B, the disturbance has run its distance. Here, we know the stress and how it is spread linearly across the width of the bridge (b). The STM (c) is thus immediately self-explanatory and the corresponding structure (d) would be a loop for which the concrete slab functions like a large deviative saddle.

Die dargestellte Lösung (e) funktioniert nur bei kleinen Seil-kräften, weil für die Querbewehrung in den kurzen Kon-solen kaum eine Verankerungslänge vorhanden ist. Setzt man Stahlplatten ein, um die Querbewehrung anschwei-ßen zu können, ist es zweckmäßig, ihre Stirnseiten in Richtung der Druckstäbe anzuschrägen (f). Ohne Abschrä-gung ist ein kompliziertes Stabwerkmodell (g) mit ent-sprechender Bewehrung (h) nötig, um das Kragmoment aufzunehmen.

Wenn dort die Betondruckspannungen zu groß wer-den, können die Stahlplatten in Querrichtung verbreitert werden. Sie wirken wie Dübel mit einem komplizierten Stabwerkmodell (i) und einer schwierigen Bewehrung (k).

Viel besser ist es, die Betondruckspannungen durch eine Längsentwicklung der Stahlplatte mit Sägezähnen zu reduzieren. Mit zunehmender Zahl der Zähne harmoni-siert sich der Kraftfluss (l, m).

Verkleinert man aus gestalterischen Gründen das Stahl-element (n), entsteht wieder die unerwünschte Exzent-rizität e und das Einleitungsmoment, dessen Stabwerk-modell (i) bekannt ist. Das Tragverhalten lässt sich aus der Überlagerung der Modelle (n, o) verstehen. Das Ergebnis (p) ist schöner, aber auch komplizierter als die dargestellte Lösung (m) – jedoch besser als die anderen Lösungen (h und k).

The solution as shown now (e) functions only in the event of small cable forces, as there is hardly any anchoring length for the transverse reinforce-ment in the short consoles. If steel plates are used so as to be able to weld in the transverse reinforce-ment, then it is advisable to slope their front ends in the direction of the struts (f). In the absence of such slopes, a complicated STM (g) with corres-ponding reinforcements (h) is required in order to absorb the cantilever moment.

If the compression stress of the concrete becomes excessive there, the steel plates can be broadened in the transverse direction. They function like dowels with a complex STM (i) and a difficult reinforcement (k).

It is much better to reduce the compression stress of the concrete by lengthening the steel plates with saw teeth. The greater the number of teeth, the more harmonious is the flow of forces (l, m).

If for design reasons the steel element (n) is made smaller, then the undesirable eccentricity e again arises and with it the moment, the STM of which (i) is well known. Load-bearing behavior here can be grasped by superimposing the models (n, o). The result (p) is more beautiful, but also more complex than the solution described (m)— yet better than other solutions (h and k).

Fußgängerbrücke Pragsattel II, Stuttgart (1992)

Den flachen Einschnitt der mehrspurigen Bundesstraße B10 vom Pragsattel hinunter zum Neckar überspannt eine dünne, von verzweigten Stahlrohren getragene Betonplatte. Sie dient der Erschließung des ‚Grünen U', welches sich vom Schlossgarten über den Rosensteinpark bis zum Killesberg zieht und anlässlich der Internationalen Gartenschau IGA 1993 vervollständigt wurde. Die Verstrebungen der Stützen geben der Brücke einen aufstrebenden, torartigen Charakter und lassen sie trotz der eher geringen Höhe über der Fahrbahn und der steil abfallenden Straße leicht und schwebend erscheinen. Die Durchmesser der Stützen orientieren sich an denen der Bäume ringsum, das künstliche Artefakt ergänzt die natürliche Vegetation. Der Abstand der vier Stützen beträgt jeweils 20 Meter und jeweils 12 beziehungsweise 13 Meter zum Widerlager. Die Knotenpunkte sowie die Anschlusspunkte an die Betonplatte und die Fundamente sind Gussteile, eine kleine Nut markiert sorgfältig den Übergang vom glatten Rohr zum raueren Knoten.

Assoziation Baumstützen

Eine reine Stahlbetonplatte eignet sich sehr gut als Gehwegplatte für Fußgängerbrücken. Sie ist schlicht, robust, preiswert und erlaubt im Grundriss eine freie Wegeführung. Je häufiger die Platte gestützt wird, umso kleiner sind die Biegemomente ebenso wie die Auflagerkräfte, die wegen der Gefahr des Durchstanzens die Dicke der Platte bestimmen. Eine häufige Stützung einer Gehwegplatte mit demzufolge dünnen Stahlrohren in engen

Footbridge Pragsattel II, Stuttgart (1992)

The flat cut of the multi-lane B10 main road from Pragsattel down to the Neckar is spanned by a thin concrete slab borne by branched steel tubes. It serves as access to the U-shaped greenbelt that runs from Schlossgarten via Rosenstein Park to the Killesberg and which was completed for the International Garden Festival (IGA) in 1993. The bracings of the columns give the bridge an ascending, gate-like form and make it seem light and floating, despite its rather low height over the carriageway and the sharply descending road. The diameters of the columns take its cue from the surrounding trees, whereby the artifact supplements the natural vegetation. The distance between each of the four columns is 20 meters, with 12 meters or 13 meters to the respective abutment. The joints and the connecting points to the concrete slab and the foundations are made of cast elements, whereby a small groove carefully marks the transition from smooth tube to rougher joint.

Association: Tree Columns

A pure reinforced concrete slab is ideal for the walkway of footbridges. It is simple, robust, cost-effective and allows a free layout of paths. The more frequent the supports for the slab, the smaller the bending moments and the reaction forces, which, given the danger of punching, define the thickness of the slab. Frequent support

Ort | Location:
Stuttgart, Pragstraße

Bauherr | Client:
Stadt Stuttgart

Fertigstellung | Completed: 1992

Charakteristik | Characteristics:
Betonplattenstreifen auf Baumstützen | Concrete slab strip on tree columns

Zusammenarbeit | Cooperation:
Planungsgruppe Luz, Lohrer, Egenhofer, Schlaich

Ausführung | Construction:
Wayss & Freytag, Stuttgart;
C. Baresel AG, Stuttgart;
Müller-Altvatter, Stuttgart;
Stahlbau Illingen

Leistungen | Scope of work:
Entwurf, Ausführungsplanung, Bauüberwachung |
Conceptual design, detailed design, site supervision

Ansicht und Grundriss
Elevation and plan

Ansicht und Grundriss
Elevation and plan

83,90

**Knoten- und Anschluss-
details der ‚Baumstütze'**
Details of node and connection
of "tree column"

Schnitt

Draufsicht

Schnitt

Schnitt 2–2   Schnitt 1–1

Grundriss

Vormontage in der Werkstatt
Pre-assembly at workshop

‚Baumstütze'
"Tree column"

Abständen hat zudem den Vorteil, dass diese Stützen den Temperaturbewegungen nachgeben und so lagerlos monolithisch mit der Platte verbunden werden können. Wenn die mit einer 30 Zentimeter dicken Platte erreichbaren Spannweiten von ungefähr 10 Metern nicht mehr genügen, werden diese Rohrstützen am oberen Ende gegabelt. So werden die wirksamen Spannweiten nochmals deutlich auf ‚natürliche' Weise vergrößert. Trotz vieler Stützen und dank der dünnen Platte wird der Durchblick kaum beeinträchtigt.

Da die Gabelungen der Rohrstützen an Äste von Bäumen erinnern, werden sie auch als ‚Baumstützen' bezeichnet. Allerdings beruht die Gemeinsamkeit mit dem Baum auf der rein visuellen und geometrischen Assoziation, die funktionalen Anforderungen an Baum und Baumstütze könnten dagegen kaum unterschiedlicher sein: Die Baumstütze ist statisch, der Baum wächst. Die Baumstütze sammelt die vertikalen Lasten eines horizontalen Trägers und trägt sie primär über Normalkraftbeanspruchung zum Fußpunkt. Dagegen dient die Verästelung eines Baums der Nahrungsversorgung, indem möglichst viele Blätter direktes Sonnenlicht erhalten. Statisch muss der Baum neben seinem Eigengewicht horizontalen Windlasten standhalten, die unterschiedlichsten Wurzelausbildungen spiegeln die großen Biegemomente.

for a walkway with subsequent thin steel tubes at close intervals also has the advantage that the temperature expansions are offset by the flexibility of these tubes so that they can be linked monolithically to the slab without bearings. If spans of about 10 meters with their 30-centimeter-thick slab no longer suffice, then such tubular supports are forked at the top. In this way, the effective spans can again be clearly extended in a "natural" way. In spite of all the supports and thanks to a thin slab, the view through the bridge is scarcely impaired.

Since the forking in the tubular columns is reminiscent of tree branches, they are also called "tree columns". However, any similarities with trees is purely a matter of visual and geometric association, whereas the functional requirements of trees could hardly differ more from tree columns: tree columns are static, whereas trees grow. The tree column collects the vertical loads of a horizontal girder and transfers them primarily via axial forces to the base. By contrast, the branches of a tree serve to gather nutrition by making certain that as many leaves as possible get direct sunlight. In terms of structure, the tree must not only withstand its dead load but also horizontal wind loads, and the most different root formations mirror big bending moments.

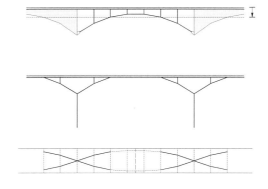

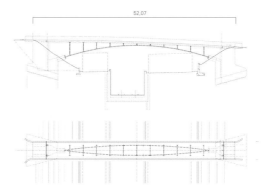

**Fußgängerbrücke,
Progsattel I,
Stuttgart, 1992**
Footbridge, Heilbronner Strasse,
Stuttgart, 1992

Untersicht
View fom below

**Formale Entwicklung der
Baumstützenbrücke aus
Stabbogenbrücke durch
Absenken der Fahrbahnplatte**
Formal development of tree
column from deck-stiffened arch
bridge by lowering the deck

Ansicht und Grundriss
Elevation and plan

Vom Stabbogen zur Baumstütze

Nur durch ein kleines Plateau getrennt führt der Fußweg
von der Pragstraße weiter über die Heilbronner Straße.
Wie können zwei so nahe beieinander liegende Brücken
einander zugehörig gestaltet werden, wenn die erste
einen 38 Meter breiten und tiefen und die zweite einen
85 Meter breiten, aber flachen Einschnitt quert? Dazu
kann eine Baumstützenkonstruktion in einen Bogen über-
führt werden: Je größer die Spannweiten werden, desto
mehr müssen sich die Stützen verästeln, bis sie sich zu
einem Bogen schließen. Oder es wird eine schlanke,
leichte Stabbogenbrücke entworfen, bei der die Stützen
in engem Abstand auf einem dünnen Stahlbogen zwischen-
gestützt sind. Man könnte deren Platte absenken auf die
für eine flache Mulde richtige Tiefe. Was übrig bleibt, kann
in Längsrichtung addiert werden und ergibt die Baumstützen der Pragstraße! Auf diese Weise kann auch die
formale Übersetzung in eine reine Betonbrücke gelingen,
wie sie in unmittelbarer Nähe für die Überführung der
Auerbachstraße derzeit gebaut wird (vgl. Seite 221).

From Deck-stiffened Arches to Tree Columns

Separated only by a small plateau, the pedestrian
path leads on from Pragstrasse across Heilbronner
Strasse. How can one best design two bridges
that are so close together, and should look as
though they belong to each other, when the first
one crosses a 38-meter-wide deep cutting and the
second an 85-meter-wide flat cutting? To this end,
a tree-column structure can give way to an arch:
the larger the spans, the more the columns have
to branch until they close to form an arch. Or a
slender, light deck-stiffened arch bridge is designed,
on which the columns, at close intervals, receive
intermediate support from thin steel arches.
The slab could be lowered to the right depth for
a flat trough. What remains can then be additively
assembled lengthwise and this constitutes the
tree columns in Pragstrasse! In this way, a formal
translation into a pure concrete bridge can also
be achieved—as is currently being built nearby,
for the crossing of Auerbachstrasse (see p. 221).

Fußgängerbrücken auf der Expo, Hannover (2000)

Footbridges at Expo, Hanover (2000)

Ort | Location:
Hannover, Messegelände

Bauherr | Client:
Expo 2000 Hannover GmbH

Fertigstellung | Completed: 2000

Charakteristik | Characteristics:
Gekappte Schrägseilbrücken,
längste 18 x 7,5 = 135 m,
breiteste 6 x 7,5 = 45 m,
größte Spannweite 6 x 7,5 = 45 m |
Capped cable-stayed bridges,
longest section 18 x 7.5 = 135 m,
widest section 6 x 7.5 = 45 m,
largest span 6 x 7.5 = 45 m

Zusammenarbeit | Cooperation:
von Gerkan, Marg und Partner, Architekten, Hamburg; Renk Horstmann
Renk, Ingenieure, Hannover-Laatzen

Ausführung | Construction:
Noell Stahl- und Maschinenbau,
Würzburg; Thyssen Guss, Mülheim;
Macalloy, Dortmund

Leistungen | Scope of work:
Entwurf, Ausführungsplanung,
Bauüberwachung |
Conceptual design, detailed design,
site supervision

Ein einladendes und einheitliches Erscheindungsbild bieten die vier Zugangsbrücken zum Gelände der Expo 2000,
obwohl sie verschiedenen Situationen gerecht werden
müssen: Unterschiedlich breit und lang, bieten sie Raum
zum Verweilen und erlauben ein zügiges Überqueren
der Messeschnellstraßen. Modular aufgebaut, sind sie
teilweise oder vollständig recycelbar. Die Vorstellung
der Architekten, die Brücken mit Begrüßungsspalieren zu
inszenieren, wurde in ein konsequentes Konstruktionsprinzip übersetzt, eine Variante der Schrägseilaufhängung,
die genau diese vertikalen Stangen in engen Abständen
als Druckstäbe benötigt. Schrägseilbrücken sind nichts
anderes als auskragende Fachwerkträger. Die Spitzen der
etwa 8 bis 14 Meter hohen Stelen sind als Glaszylinder-
leuchten ausgebildet; in der Dämmerung verwandeln sich
die Stangenspaliere in Lichtspaliere aus Leuchtstelen.

The four access bridges to the Expo 2000 exhibition grounds afford an inviting and uniform appearance—although they have to deal with differing
situations. They differ in terms of width and length,
providing a space where visitors can rest and
enabling them to cross the fair's express roads
swiftly. Modular in structure, they are partly
or completely recyclable. The architects' idea of
staging the bridges with welcoming espaliers was
transformed into a consistent structural principle,
a version of cable-stayed suspension that requires
exactly these vertical espaliers at close intervals
by way of struts. Cable-stayed bridges are nothing
more than cantilevering truss girders. The tips
of the roughly 8- to 14-meter-high stele are shaped
like cylindrical glass luminaires. At dusk the
espaliers turn into a line of luminescent steles.

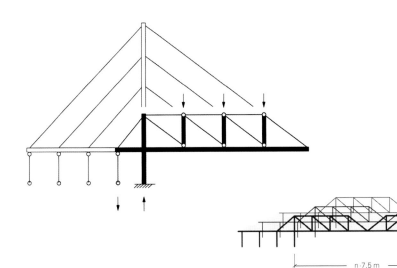

**Entwicklung des aus-
kragenden, seilverspannten
Fachwerkträgers aus
Schrägseilbrücke**
Development of cantilevering
cable-braced truss girder from
cable-stayed bridge

**Addition der Module zu
beliebigen Längen und
Breiten**
Addition of modules to variable
lengths and widths

**4 Expo-Brücken
im Modell**
4 Expo Bridges in model

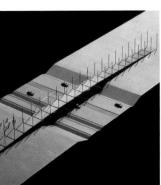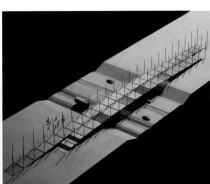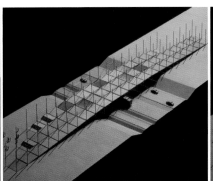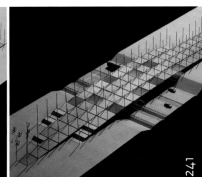

n·7,5 m

7,5 m

7,5 m

Modulare Konstruktion

Die Primärkonstruktion besteht aus vertikalen (Druck-)
Rohren und diagonalen sowie horizontalen (Zug-)Stangen.
Sie bilden quadratische Module von 7,50 Meter Seitenlänge, welche beliebig in Längs- und Querrichtung addier-
bar sind und in die Gehwegplatten eingelegt werden
können. Es wurden Platten aus Beton für die permanenten und solche aus Holz für die temporären Bereiche der
Brücken verwendet. Die längste Brücke ist mit 18 Elementen in Längsrichtung 135 Meter lang, die breiteste
mit 6 Elementen in Querrichtung 45 Meter breit. Für die
größten Spannweiten von 45 Metern werden 6 Elemente
in Längsrichtung addiert. Bei diesem über der Gehwegplatte liegenden Tragwerk ist der Verlauf der Kräfte
buchstäblich an der Zahl der Zugstäbe abzähl- und bis
ins kleinste Detail ablesbar.

Naturstein statt Beton

Klar als Schrägseilbrücke zu erkennen ist die 2002 fertig
gestellte Fußgängerbrücke über den Hessenring in Bad
Homburg. Über der Gehwegplatte gabelt sich der Mast
in vier Streben, an deren Spitzen mit 16 Zugstäben die
46 Meter weit gespannte dünne Gehwegplatte aus Beton
hängt. Der primär druckbeanspruchte Mast selbst ist aus
Naturstein. Ein zentraler Steinblock bildet die Verzwei-
gung. Mast und Streben sind mit einem zentrischen Stab
zusammengespannt.

Modular Structure

The primary structure consists of vertical tubular
struts and diagonal as well as horizontal ties.
They form square modules with side lengths of
7.5 meters that can be added lengthways or crosswise at will, and the pathway slabs can then be
inserted. Concrete slabs were used for the permanent sections and wooden slabs for the temporary
sections. The longest bridge has 18 lengthwise
elements for a total of 135 meters; the broadest
has 6 elements crosswise for a width of 45 meters.
For the largest spans of 45 meters, 6 elements are
joined up lengthways. In the case of such a structure above the walkway, the flow of forces is quite
literally visible and can be counted down to the
very last detail in the number of ties.

Natural Stone instead of Concrete

Completed in 2002, the footbridge across Hessenring in Bad Homburg is clearly a cable-stayed
bridge. Above the walkway, the mast spreads into
four struts, from the tops of which hangs the thin
concrete walkway, with a 46-meter-wide span,
via 16 ties. The mast primarily in compression
is made of natural stone. A central block of stone
forms the fork. Mast and struts are prestressed
by means of a centric tie.

Größe der Kraft ist an Anzahl der Zugstangen abzählbar
Amount of force can be counted by the number of ties

Gehwegplatten aus Beton und Holz
Pathway slabs of concrete and wood

Anschluss der Zugstäbe am Untergurt und Befestigung der Platten an Untergurt und Stele
Connection between ties and lower chord as well as between slabs and lower chord and stele

Unteres Anschlussdetail der Zugstäbe
Detail of lower connection of ties

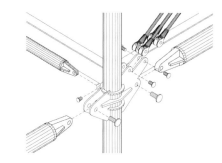

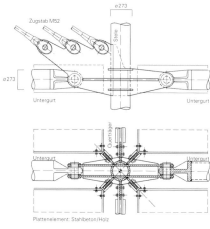

Augenstäbe statt Seile: Der Vorläufer dieses Brückentyps steht in Mosbach (1997). Dank kleiner Spannweiten fallen Geländerhöhe und Tragwerkshöhe zusammen.
Eye bars instead of cables. The precursor of this structural principle stands in Mosbach (1997). Thanks to small spans the height of the railing and of the structure is the same.

Zum ersten Mal mit Seilen: in Nittenau über die Regen (2000)
For the first time with cables: in Nittenau across the Regen river (2000)

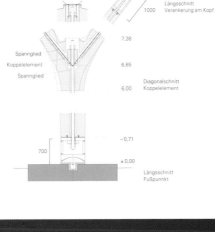

**Hessenring Fußgängerbrücke,
Bad Homburg, 2002**
Hessenring Footbridge,
Bad Homburg, 2002

Detail des Knotens
Detail of joint

Längsschnitt
Verankerung am Kopf

1000

7,38

Spannglied
Koppelelement
Spannglied

6,65

6,00

Diagonalschnitt
Koppelelement

− 0,71

700

± 0,00

Längsschnitt
Fußpunnkt

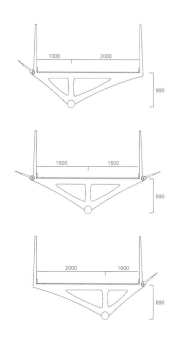

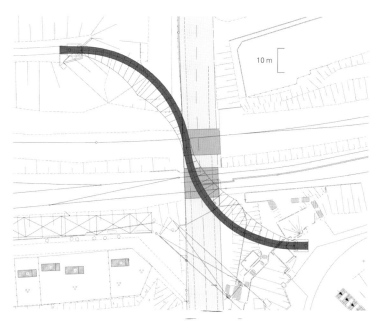

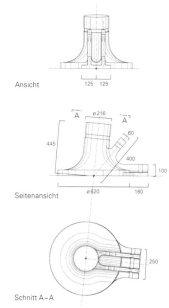

10 m

Ansicht   125 125

A ø 216   A   60

445   400

ø 620   160   100

Seitenansicht

250

Schnitt A–A

Fußgängerbrücke über die Gahlensche Straße, Bochum (2003)

Footbridge over Gahlensche Strasse, Bochum (2003)

Ort | Location:
Bochum, Westpark

Bauherr | Client:
Kommunalverband Ruhrgebiet

Fertigstellung | Completed: 2003

Charakteristik | Characteristics:
Hängebrücke mit S-förmigem Träger,
zwei Kreisbogensegmente mit je
66 m Länge | Suspension bridge
with S-shaped girder, 2 segments
of a circle, each 66 m long

Ausführung | Construction:
Maschinen- und Stahlbau Dresden

Leistungen | Scope of work:
Entwurf, Ausführungsplanung,
Bauüberwachung |
Conceptual design, detailed design,
site supervision

Schwungvoll in einer S-Kurve überqueren Fußgänger und Radfahrer Straße und Bahn in Bochum, um zum renaturiertem Westpark zu gelangen. Hier wird die Chance genutzt, den Weg über die Brücke zu einem Erlebnis zu machen, und effektvoll ausgespielt, dass eine im Grundriss kreisförmig gekrümmte Brücke nur einseitig gelagert beziehungsweise aufgehängt werden muss. Die gekurvte Wegeführung bot sich von den natürlichen und vorhandenen Zuwegen her an und besteht aus zwei ineinander übergehenden Kreissegmenten mit je etwa 66 Meter Länge und einem Radius von 46 Metern. Zwei geneigte, in den Kreissegmenten stehende Maste tragen die Brücke jeweils einseitig am inneren Rand. Dem Wechsel der Seilaufhängung entsprechend, verändert sich auch der Querschnitt des Kreisringträgers über die Brückenlänge.

Prinzip des Kreisringträgers

Ein Kreisringträger braucht nur entlang einer Linie gelenkig gelagert zu werden, ohne dass er herunterklappen kann, im Gegensatz zu seinem geraden Pendant, dem Plattenstreifen, der entweder zwei Linienlager oder eine Einspannung benötigt. Bei einer Lagerung des Kreisringträgers am Innenrand bewirkt eine Linienlast p einen Ringzug an der Oberseite und einen Ringdruck an der Unterseite der Platte, beziehungsweise umgekehrt bei einer Linienlagerung am äußeren Rand. Als Stahlbetonplatte hergestellt, genügt es also, an der Oberseite eine Ringzugbewehrung einzulegen. Diese bewirkt eine Umlenkkraft u nach innen,

Pedestrians and cyclists can cross the road and rail track in Bochum with some verve by way of an S-bend in order to get to the re-naturalized West Park. The opportunity to make the path over the bridge a real experience was seized here, and the fact that a bridge that is circular in the plan needs bearings or suspension on one side only was played up to great effect. The curved path seemed the obvious choice given the natural and existing routes and consists of two segments of a circle that merge, each some 66 meters long and with a radius of 46 meters. Two inclined masts inside the circle segments unilaterally bear the bridge only on the inner side. In line with the switch-over of the cable suspension, the cross-section of the circular ring girder changes along the length of the bridge.

Principle of the Circular Ring Girders

A circular ring girder needs only a hinged support along a single line, without flipping downward—as opposed to straight girders or slab strips, which require either two line supports or a single clamped support. If the circular ring girder rests on the inner edge, a line load p causes ring tension on the upper side and ring compression on the lower side of the slab—or the other way round for a line support on the outer edge. Made as a reinforced concrete

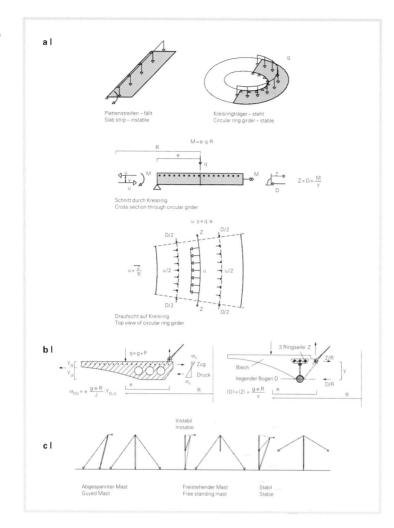

a |

Plattenstreifen – fällt
Slab strip – instable

Kreisringträger – steht
Circular ring girder – stable

$M = e \cdot q \cdot R$

Schnitt durch Kreisring
Cross section through circular girder

$Z = D = \dfrac{M}{y}$

$u \cdot y = q \cdot e$

$u = \dfrac{Z}{R}$

Draufsicht auf Kreisring
Top view of circular ring girder

b |

$q = g + P$

Zug
Druck

$\sigma_{ou} = \pm \dfrac{g \cdot R}{J} Y_{o,u}$

3 Ringseile: Z
Blech
liegender Bogen D
$|D| = |Z| = \dfrac{g \cdot R}{y}$

c |

Instabil
Instable

Abgespannter Mast
Guyed Mast

Freistehender Mast
Free standing mast

Stabil
Stable

zum Kreismittelpunkt hin. Der untere Ringdruck bewirkt dieselbe Umlenkkraft u nach außen und das Kräftepaar u hält dem Krag- oder Krempelmoment das Gleichgewicht.

Vom vollen zum aufgelösten Querschnitt

Bei der ersten sich das Tragverhalten des Kreisringträgers zunutze machenden Brücke in Kelheim über den Rhein-Main-Donau-Kanal (Ackermann + Partner, 1987) wurde der Kreisringträger kompakt aus Spannbeton ausgebildet, sodass er über ‚Biegespannungen' in Ringrichtung trägt. Da so nur die Randfasern voll nutzbar sind und viel Ballast mitgeschleppt wird, wurden spätere Kreisringträger konsequent in zug- und druckbeanspruchte Seile und Rohre aufgelöst. So übernimmt in Bochum ein Obergurtblech die Ringzugkräfte, ein unter der Gehwegplatte verlaufender runder Vollstab die Ringdruckkräfte.

Maste ohne Stabilisierungsseile

Die beiden Maste der Bochumer Brücke sind nicht abgespannt, sondern werden von den Hauptseilen, die sie tragen, stabilisiert. Dies gelingt so einfach, weil die Fußpunkte der Maste tiefer liegen als die beiderseitigen Verankerungen der Seile. Dabei ist es egal, ob die Maste vertikal oder ob sie geneigt stehen. Wären aber die Seile tiefer als der Mastfuß oder auf der gleichen Höhe verankert, dann wäre eine räumliche Abspannung in drei Richtungen erforderlich. Zwischen der Position der Mastspitze und den Befestigungspunkten am Gehweg bildet sich die Geometrie des Hauptseils und der Hänger als interessante räumliche Gleichgewichtsfigur aus. Allerdings stellt sich diese Gleichgewichtssituation für jede Art von Belastung

slab, it therefore suffices to insert ring tensile reinforcement on the upper side. This deviates the flow of forces inwards towards the center of the circle. The lower ring in compression has the same deviative force u outwards, and the pair of forces u maintains the balance with the cantilever moment.

From Full to Dissolved Section

With the first bridge to exploit the load-bearing behavior of the circular ring girder, in Kelheim across the Rhine Main Danube Canal (Ackermann + Partner, 1987), the circular ring girder was made of compact prestressed concrete so that it bears loads via "bending stress" in the ring direction. Since in this instance only the top fibers can be fully used and a lot of ballast has to be carried, later circular ring girders were consistently dissolved into cables and struts subject to either tension or compression. In Bochum, for example, an upper chord sheet handles the tensile ring forces, and a circular compact steel strut beneath the walkway slab absorbs the compression ring forces.

Masts without Stabilizing Cables

The two masts of the bridge in Bochum are not guyed, but are stabilized instead by the main cables that they bear. This is achieved so simply because the footprint of the masts is placed lower than the anchorages of the main cables on both sides. It is irrelevant here whether the masts are vertical or inclined. Were the cables to be anchored

neu ein, das heißt, die Mastspitze sucht sich unter jeder Lastkonfiguration eine neue Gleichgewichtsposition. Sie bewegt sich deshalb deutlich, und umso mehr, je mehr Fußgänger und Radfahrer gleichzeitig die Brücke nutzen. Hier ist also Stabilität an Verformung gekoppelt, was eine gelenkige Lagerung des Mastfußes erfordert, um eine Biegebeanspruchung im Mast auszuschließen.

Der ‚Seiltrick'

Die erste mit diesem ‚Seiltrick' stabilisierte Brücke können Besucher im Deutschen Museum in München (1998) sehen. Hier werden Grenzen des technisch Möglichen vorgeführt und wissenschaftlich dokumentiert: Die Schwingungen der Brücke unter der Last der Besucher werden mit Laserstrahl und die Kräfte des Masts mit Kraftmessdosen aufgezeichnet und visualisiert. Die Brücke ist mit Glasscheiben belegt, sodass am Verlauf der Ringseile und des unter den Glasscheiben liegenden Bogens das Tragverhalten der Konstruktion direkt ablesbar ist.

lower than the mast's footprint or at the same height, then spatial bracing would be necessary in three directions. Between the position of the mast tip and the anchorages along the walkway, the geometry of the main cable and of the hangers attractively visualizes the spatial balance. However, this balance arises anew for each type of load, meaning that the mast tip seeks a new point of balance for each load configuration. This is why it moves noticeably—and all the more so—the more pedestrians and cyclists use the bridge at the same time. Here, stability is coupled to deformation, which means that a hinged support for the mast footprint is necessary to exclude bending stress to the mast.

The "Cable Trick"

The first bridge to be stabilized using this "cable trick" can be seen by visitors at the Deutsches Museum in Munich (1998). There, the limits of the technologically possible are presented to the public, with scientific documentation: the bridge's vibrations caused by the load of visitors is recorded by laser and the forces of the mast are registered by load cells and then visualized. The bridge is covered with glass panes so that the load-bearing behavior of the structure is visible from the course of the ring cables and the arch underneath the glass panes.

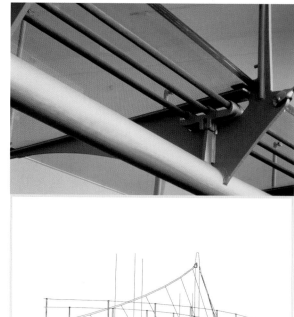

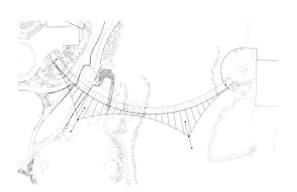

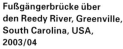

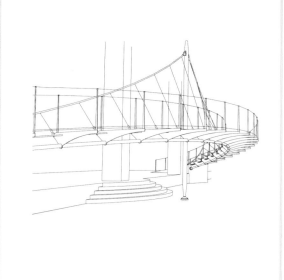

Aufhängung an der Außenkante

Wird der Kreisringträger nicht am inneren, sondern am
äußeren Rand aufgehängt, dann wird die Oberseite auf
Ringdruck und die Unterseite auf Ringzug beansprucht.
Für die Brücke über den Reedy River in Greenville,
South Carolina/USA (Rosales Gottemoeller & Associates,
2003/04), ergab sich diese Lösung aus der örtlichen
Situation: Behutsam fügt sie sich mit ihrem einfachen
Kreisausschnitt im Grundriss in die sehr schöne innerstädtische Parklandschaft ein und ermöglicht durch die
nach außen geneigte Aufhängung das ungestörte Erleben
des nach indianischer Mythologie heiligen Wasserfalls
unmittelbar unter der Brücke.

Prinzip der Umkehrung

Mit einem ganz anderen Prinzip stand die Kelheimer
Fußgängerbrücke bei der Bogenbrücke über den Rhein-
Herne-Kanal am Haus Ripshorst in Oberhausen (1997)
Pate: Hierfür wurde nämlich eine im Grundriss gekrümmte Hängebrücke mit einem Tragseil und entlang der Geh-
wegmitte befestigten Hängern umgekehrt, um einen
effizienten Bogen mit interessanter Raumkurve zu realisieren. Auf diese Weise gelang die Zusammenführung der
im Grundriss gekrümmten Wegeführung mit dem in der
Ansicht über den Kanal hinweg gekrümmten Bogen. Der
Stahlbogen mit einer Spannweite von 77 Metern trägt
Einzelstützen, welche wiederum den Gehweg in der Mitte
stützen, und teilweise trägt er V-Stützen im Abstand von
3 Metern.

Suspension at the Outer Edge

If the circular ring girder is suspended not at the
inner edge but at the outer edge, then the upper
side is subject to ring compression and the lower
side to ring tension. For the bridge over the Reedy
River in Greenville, SC, USA (Rosales Gottemoeller
& Associates, 2003–2004), this solution was a
product of local conditions: with its simple circular
section it fits gently into the very beautiful downtown parkscape and, thanks to the suspension,
which tilts outwards, allows an uninterrupted view
below the bridge of the waterfall, which according
to Indian mythology is sacred.

The Principle of Inversion

Making use of a quite different principle, the
Kelheim footbridge was the force behind the arch
bridge over the Rhine-Herne canal at Haus Ripshorst in Oberhausen (1997). Here, a suspension
bridge that is circular in the plan and with a suspension cable and hangers along the center of the
walkway was inverted in order to realize an efficient arch with an attractive spatial curve. In this
way, it proved possible to harmonize the curved
layout of the walkway with—if seen in view—
the curved arch spanning the canal. The steel arch
spans 77 meters and supports individual struts
that likewise support the walkway in the middle,
or in part bears V-supports at 3-meter intervals.

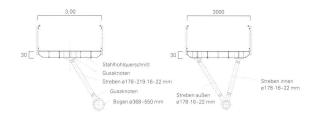

Stahlhohlquerschnitt
Gussknoten
Streben ø178-219·16-22 mm
Gussknoten
Bogen ø368-550 mm

Streben innen
ø178·16-22 mm

Streben außen
ø178·16-22 mm

3,00   3000

30   30

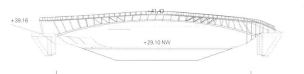

+41,43
+39,16
+29,10 NW
76,97

**Fußgängerbrücke über
den Rhein-Herne-Kanal,
Oberhausen, 1997**
Footbridge across Rhine Herne
Canal, Oberhausen, 1997

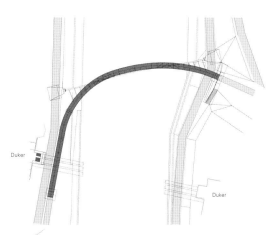

Duker

Duker

Haus Ripshorst

**Prinzip der Umkehrung
in der Spiegelung im Fluss**
Principle of inversion reflected
in the river

Montage
Assembly

**Querschnitt, Ansicht
und Grundriss**
Cross-section, elevation and plan

Fußgängerbrücke am Max-Eyth-See, Stuttgart (1989)

Footbridge at Lake Max Eyth, Stuttgart (1989)

Ort | Location:
Stuttgart, Max-Eyth-See

Bauherr | Client:
Stadt Stuttgart

Fertigstellung | Completed: 1989

Charakteristik | Characteristics:
Rückverankerte Hängebrücke,
maximale Spannweite: 114 m, Höhe
der Maste: 24 m | Back-anchored
suspension bridge, max. span 114
m, height of masts 24 m

Zusammenarbeit | Cooperation:
Brigitte Schlaich-Peterhans,
Chicago, IL, USA

Ausführung | Construction:
Wayss & Freytag; Stuttgart;
Pfeifer Seil und Hebetechnik GmbH,
Memmingen

Leistungen | Scope of work:
Entwurf, Ausführungsplanung,
Bauüberwachung |
Conceptual design, detailed design,
site supervision

In der unverdorbenen und vielfältigen Kulturlandschaft im Norden Stuttgarts antwortet eine Hängebrücke, kaum sichtbar und filigran den Neckar in einer Biegung überspannend, angemessen auf die Weinberge am Prallhang und die schöne Parklandschaft gegenüber. Sie verbindet das Wohngebiet Freiberg mit dem beliebten Erholungs- und Freizeitgebiet um den Max-Eyth-See in den sich anschließenden Neckarauen.

Auf die topografisch asymmetrische Situation reagiert die rückverankerte Hängebrücke mit diagonalen Hängern in Symmetrie, nicht zuletzt aufgrund des Einflusses der Architektin Brigitte Schlaich-Peterhans, der Schwester Jörg Schlaichs. Die Rampen in den Uferbereichen dagegen nehmen die Asymmetrie der Topografie auf. An der Bergseite weicht die geschwungene Gehwegplatte dem Mast aus und schwenkt in eine kleine Schlucht ein. Auf der Seite der Neckarauen gabelt sie sich und erschließt den Park: zwischen den Bäumen hindurch in Richtung See und mit einer Schleife zurück zum Flussufer. Die Brücke besticht in ihrer formalen Gestaltung, Einbindung und Durcharbeitung im Detail und ist von der Bevölkerung nach ihrer Einweihung bei einem dreitägigen Volksfest einhellig angenommen worden.

An almost invisible suspension bridge spans the Neckar river in a curve in the untouched and varied countryside in the north of Stuttgart: the filigree structure responds appropriately to the vineyards on the side of the steep slope and to the beautiful parklands opposite. It links the Freiberg residential area with the popular leisure-time zone around Lake Max Eyth and the adjacent meadow-banks of the Neckar.

The back-anchored suspension bridge with diagonal hangers responds symmetrically to the topographically asymmetrical setting, not least thanks to the influence of architect Brigitte Schlaich-Peterhans, Jörg Schlaich's sister. By contrast, the ramps in the riverbank areas reflect the asymmetrical topography. On the steep hillside the curved walkway sidesteps the mast and enters a small gorge. On the Neckar meadowbank side it forks and accesses the park area, running between the trees toward the lake and with a loop back to the riverbank. The bridge stands out for its formal design, its embedding in the setting and consistent detailing, and was unanimously well received by the local population after its inauguration during a three-day festival.

Ansicht und Grundriss
Plan and Elevation

Untersicht
View from below

**Durch den Park auf
die Brücke zu**
Approaching the bridge
through the park

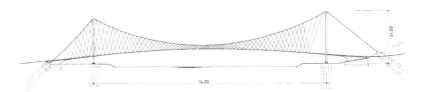

Gevoutete Durchlaufträge

Der Wunsch einer leichten, filigranen Lösung degradierte
einen im Entwurfsstadium diskutierten gevouteten Durch-
laufträger: Selbst bei nur 80 Meter Spannweite wirkt er
plump im Vergleich zum nur 30 Zentimeter dünnen Plattenstreifen einer Hänge- oder Schrägseillösung mit 115 Meter
Spannweite.

Rückverankerung im Vergleich

Diese besondere Situation am Max-Eyth-See erklärt die
im Vergleich zur Schrägseilbrücke teurere rückverankerte
Hängebrücke zwingend aus den Rahmenbedingungen.
Denn nur sie erlauben einen verschwenkten Gehweg, der
individuell auf die beiden unterschiedlichen Ufer reagiert.
Da ein Gerüst im schiffbaren Neckar unvorstellbar war,
schied auch deshalb die hinsichtlich der Kosten mit der
Schrägseilbrücke vergleichbare selbst verankerte Hängebrücke aus.

Wider die Asymmetrie

Die asymmetrische Lösung ist nicht nur eine Frage der
angemessenen formalen Reaktion auf einen bestimmten
Ort, sondern wirkt sich über das Tragverhalten und die
erforderlichen Dimension auf das Gesamtbild der Brücke
aus. Eine einseitig aufgehängte Brücke benötigt einen
doppelt so hohen Pylon bei gleichzeitig doppelten Seil-
kräften wie eine symmetrische Lösung. Damit kann der
Wunsch nach Filigranität und Leichtigkeit nicht in gleichem Maße erfüllt werden.

Haunched Continuous Girder

The desire to find a light, filigree solution spoke
against the haunched continuous girder discussed
in the design stage of the project. Even with a span
of only 80 meters, it seems clumsy compared
with the 30-centimeter-thin slab of a suspension
or cable-stayed bridge of 115 meters span.

Back Anchoring in Comparison

The special setting at Lake Max Eyth was the
reason for choosing a back-anchored suspension
bridge—more expensive than a cable-stayed version would have been—for only this type allowed
for an undulated walkway that responds individually
to the two different riverbanks. Since scaffolding
was not possible, given that the Neckar is an inland
waterway, the idea of a self-anchoring suspension
bridge, comparable in terms of costs with a cable-
stayed bridge, was also abandoned.

Counter to Asymmetry

The asymmetrical solution is not only a question
of the appropriate formal response to a specific
location, but also affects the overall shape of the
bridge through its influence on its load-bearing
behavior and dimensioning. A one-sided suspension bridge would require a pylon twice as high
(with cable forces likewise doubled) as would a
symmetrical solution. In other words, it would not
meet the desire for lightness and a filigree structure
to the same extent.

Leichtigkeit und räumliche Wirkung

Die rückverankerte Hängebrücke wird von zwei Masten mit jeweils einem Durchmesser von 71 Zentimetern getragen, ihre von Widerlager zu Widerlager durchlaufenden beiden Tragseile aus verschlossenen 106 Millimeter starken Seilen begegnen sich auf den Mastköpfen, wo Umlenksättel aus Gussstahl sitzen. Sie weiten sich in Brückenmitte und zusammen mit den 16 Millimeter dünnen diagonalen Edelstahl-Hängern entsteht ein zartes, einhüllendes Netz, sodass die Brücke trotz ihrer Leichtigkeit schützend wirkt. Der Mast auf der flachen Uferseite steht mittig in der Gabelung der Brückenachse und trägt die eine Hälfte der Brücke sowie die beiden stützenfreien Rampen als Gegengewichte. Auf der Hangseite ist der Mast genau an der entsprechenden Stelle positioniert, aber direkt in den Berg abgespannt und trägt die andere Hälfte der Brückenlast.

Diagonale Hänger

Die Wegeführung am bergseitigen Mast vorbei bedingt eine diagonale Anordnung der Hänger wodurch dort eine dreieckige Zugangsöffnung entsteht. Dank der diagonalen Hänger muss die Gehwegplatte trotz einer Spannweite von 114 Metern und einer Breite von 3,60 Metern nur 30 Zentimeter dick sein, ohne zu schwingen. Die Hänger kreuzen sich berührungsfrei und werden auf dem Tragseil über die Hängerklemmen umgelenkt. Diese sind aus Gussstahl und die Form ihrer Auslauftrompeten wurde so gewählt, dass nur ein Typ erforderlich ist. Ein letztes Mal wurden Hänger mit Spannschlösser gefertigt, da man Ende der achtziger Jahre noch nicht so viel Vertrauen in einen genauen Zuschnitt der Seile hatte.

Lightness and Spatial Impact

The back-anchored suspension bridge is borne by two masts, each with a diameter of 71 centimeters; the two main cables running through from abutment to abutment and made of locked coil cables 106 millimeters thick meet at the mast heads, where there are cast-steel saddles. The main cables widen up in the middle of the bridge and together with the 16-millimeter-thin diagonal stainless-steel hangers create a tender enveloping cable-net, and for all its lightness, the bridge still looks protective. The mast on the flat riverbank stands in the middle of the fork in the bridge axis and bears one half of the bridge, as well as the two support-free ramps as counterweights. On the hillside, the mast is positioned exactly at the corresponding location, with the back stays held directly in the hillside, and bears the other half of the bridge's weight.

Hangers Arranged Criss-Cross

In order to have the walkway run past the mast on the hillside, the hangers had to be positioned diagonally, giving rise there to a triangular access opening. Thanks to the diagonal hangers, the walkway slab needed to be only 30 centimeters thick, without vibrating, despite having a span of 114 meters and a width of 3.6 meters. The hangers cross each other without touching and are looped on the main cable by means of hanger clamps. The latter were made of cast-steel and the shape of their funnels chosen in such a way

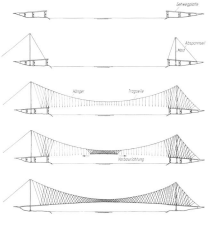

**,Falscher Durchhang',
nach Einlegen der ersten
Fertigteile**
"False sag", after insertion
of first prefabricated units

Montagephasen
Construction sequence

**Hochziehen der Fertigteil-
elemente des Überbaus**
Hoisting of prefabricated units

Typische ,Masche' des Büros

Durch die enge Anordnung der Hänger genügt für den
Handlauf ein mit ihnen verschraubtes gespanntes Seil,
Geländerposten können entfallen. Als Geländer dient ein
zwischen zwei Seilen gespannter einfacher Maschen-
draht. So bleibt das Geländer aus der Ferne unsichtbar.
Dieses schöne transparente Geländer hat sich inzwischen
nicht nur zu einer typischen ,Masche' des Büros entwickelt, sondern auch viele andere Planer inspiriert.

Eingehängte Fertigteile

Nachdem die Rampen in Ortbeton hergestellt, die Maste
gestellt, die Tragseile eingezogen und die Hänger befestigt waren, wurden für den Brückensteg nach und nach
12 an Land hergestellte Betonfertigteile mit jeweils
8 Meter Länge eingehängt. Hierfür wurden die Hänger-
befestigungen in die Fertigeile einbetoniert, um so eine
gerüstfreie Montage zu ermöglichen. Die Fertigteile
wurden über eine zug- und druckfeste Kopplungsstelle
verbunden, die Hängerseile mit ihren ,kompensierten'
Sollmaßen eingebaut. Von der Möglichkeit des Nach-
spannens musste kein Gebrauch gemacht werden.
Abschließend wurden die Fugen biegesteif ausbetoniert.

that only one type was required throughout.
For the last time, hangers were manufactured with
turnbuckles, because in the late 1980s engineers
still did not have sufficient trust in the precise cutting of cables.

A Hallmark

The brief intervals between hangers mean that
the handrail can be a tensioned cable screwed to
them, and that railing posts can be dispensed with.
A delicate wire mesh spanned between two
cables serves as railing. In this way, the railing
is invisible from a distance. This beautifully transparent railing has since become not only the hallmark of the office, but has also inspired many
other planners.

Suspended Prefabricated Units

After the ramps had been cast in in-situ concrete,
the masts erected, the suspension cables drawn
into position and the hangers fastened in place,
12 prefabricated concrete units each 8 meters
in length and made on shore were hung in position
one by one to form the bridge slab. To this end,
the hanger anchorages were cast into the concrete
of the prefabricated units to enable assembly
without scaffolding. The prefabricated units were
linked in tension and compression, and the hanger
cables were then set in place with their "compen-
sated" nominal lengths. There was no need for
subsequent adjustment. Finally, the joints were
filled with concrete and rendered rigid.

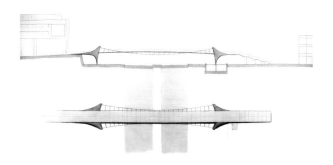

**Entwurf einer Fußgänger-
brücke, Konrad-Adenauer-
Straße, Stuttgart, 2002**
Design of a footbridge, Konrad-
Adenauer-Strasse, Stuttgart, 2002

Laurintreppe
Laurin stairs

Glacisbrücke, Minden, 1994
Glacis Bridge, Minden, 1994

**Hängebrücke, Rosenstein-
park I, Stuttgart, 1977**
Suspension bridge,
Rosenstein Park I, Stuttgart, 1977

Markanter Auftakt

Mit der Hängebrücke am Rosensteinpark in Stuttgart, entworfen für die Bundesgartenschau 1977, wurde gezeigt,
dass Seilbrücken keineswegs nur für ganz große Spannweiten sinnvoll sind, sondern insbesondere Fußgängerbrücken mit Spannweiten zwischen 50 und 150 Metern
einen menschlichen Maßstab verleihen können. Mit der
Umsetzung des Entwurfs gelang der praktische Beweis,
dass für Spannweiten solche kurzer Distanzen nicht nur
die damals erfolgreichen Schrägseilbrücken in Frage
kommen, sondern auch Hängebrücken ihre Berechtigung
haben, insbesondere wenn sie selbstverankert und deshalb auf einem Gerüst gebaut werden können. Mit diesem
markanten, leichten und sehr schönen ‚Auftakt' am
Rosensteinpark begann die Entwicklung der Details, bei
denen sich immer virtuoser Funktion und Form verknüpf-
ten. Hier wurden Haupt- und Hängeseile noch in die
Gehwegplatte einbetoniert, ein Umstand, der hinsichtlich
Inspektion und Wartung problematisch ist. Bereits bei der
nachfolgenden Brücke am Max-Eyth-See wurden die
Anschlussdetails aus dem Widerlager beziehungsweise
der Gehwegplatte visuell und konstruktiv herausgelöst.

Städtisch gesetzt

Zurückhaltend und zugleich skulptural, so reagiert der
Vorschlag für eine innerstädtische Fußgängerbrücke auf
die mit 110.000 Fahrzeugen sehr stark befahrene Konrad-
Adenauer-Straße in Stuttgart, welche die so genannte
Kulturmeile mit den Museen von der Innenstadt und den
Theatern trennt. Wenn sie je gebaut werden sollte, wird
sie den unansehnlichen Fußgängertunnel ersetzen, von
dem erhöhtem Niveau am Haus der Geschichte ausge-

Striking Upbeat

The suspension bridge at Rosenstein Park
in Stuttgart, designed for the National Garden
Festival (BUGA) in 1977, demonstrates that cable
bridges are by no means restricted for very large
spans, but can lend footbridges with spans
of 50 to 150 meters in particular a human scale.
Implementation of the design proved in practical
terms that not only cable-stayed bridges, so successful at the time, could be considered for spans
across such short distances but also suspension
bridges, especially if these were self-anchored
and could therefore be built on a scaffold. With
this eye-catching, light and very beautiful "upbeat"
at Rosenstein Park, there began the development
of the details—where ingenious function and form
merged. Here, main cables and suspension cables
were still cast into the concrete of the walkway,
a fact that is problematical for inspections and
maintenance. For the next of these bridges, the
one at Lake Max Eyth, the connecting details
were visually and structurally detached from the
abutment and walkway respectively.

Urban Suspense

The proposal for a downtown pedestrian bridge
is modest and yet highly sculptural, responding
to the high traffic volume (some 110,000 vehicles
a day) on Konrad-Adenauer-Strasse in Stuttgart,
a road that divides the cultural "mile" with its museums from the downtown area and the theaters.
If it were ever to be built, then it would replace the

hend über die Konrad-Adenauer-Straße ,schweben' und mit einer großzügigen Laurin-Freitreppe vor dem Landtag enden. Die gerade, selbst verankerte Hängebrücke reflektiert ihr urbanes Umfeld mit gedrungenen skulpturalen Seilwiderlagern und einer Gehwegplatte aus Naturstein, der dank seiner Druckfestigkeit die Selbstverankerungskräfte leicht bewältigt.

Filigran und leicht

Der bürointerne Spruch „Wenn Du eine Brücke siehst, die Du nicht siehst, dann ist sie von uns" trifft besonders auf die rückverankerte Hängebrücke in Minden (1994) zu. Um die Wege der anschließenden Parklandschaft aufzunehmen und auf die nicht parallelen Ufer zu reagieren, schwebt sie mit einer leichten Krümmung über die Weser hinweg, an zwei geneigten und abgespannten Masten hängend.

ugly pedestrian tunnel and would "float" from its raised starting point at Haus der Geschichte across Konrad-Adenauer-Strasse and end in front of the State Parliament in the form of a spacious Laurin stairs. The straight, self-anchored suspension bridge reflects its urban setting in the form of compact sculptural cable abutments and a natural stone walkway slab that, thanks to its compression resistance, easily absorbs the self-anchoring forces.

Filigree and Light

The unofficial office motto: "If you see a bridge that you can't see, then it's one of ours" refers perfectly to the back-anchored suspension bridge in Minden (1994). In order to reflect the paths in the adjacent park and to respond to the fact that the two riverbanks do not run parallel to each other, the bridge floats with a slight bend across the Weser river, suspended from two inclined and guyed masts.

Fußgängerbrücke in den Enzauen III, Pforzheim (1991)

Footbridge in Enzauen III, Pforzheim (1991)

Ort | Location:
Pforzheim, Enzauen

Bauherr | Client:
Landesgartenschau Pforzheim 1992 GmbH

Fertigstellung | Completed: 1991

Charakteristik | Characteristics:
Spannbandbrücke, Betonfertigteile auf Blechbändern | Stressed ribbon bridge, prefabricated concrete slaps on steel sheet strips

Zusammenarbeit | Cooperation:
Knoll, Reich, Lutz, Sindelfingen

Ausführung | Construction:
Wolff & Müller, Stuttgart; Stahlbau Gramlich, Markgröningen

Leistungen | Scope of work:
Entwurf, Ausführungsplanung, Bauüberwachung |
Conceptual design, detailed design, site supervision

Zum Vergnügen der Fußgänger schwebt ein dünnes, kaum sichtbares Band knapp über dem Wasser der nicht schiffbaren Enz, die unmittelbar unterhalb der Brücke gestaut wird, sodass ihr Pegel sich also kaum ändern kann. Für diese Spannbandbrücke sind einfache Stahlbleche mit einem Querschnitt von 480 x 40 Millimetern in den seitlichen Widerlagern verankert. Konstruktiv bedeutet dies, dass die Tragseile und ‚Versteifungsträger' der rückverankerten Hängebrücke verschmelzen. Die Fußgänger gehen direkt auf den tragenden Bändern, welche mit unverfugten Betonplatten belegt und damit gleichzeitig beschwert sind. Der geringe Durchhang von nur 80 Zentimetern bei einer Spannweite von 50 Metern ergibt sich zwingend aus der behindertengerechten maximal 6-prozentigen Steigung an den Widerlagern.

Much to the pleasure of pedestrians, a thin, almost imperceptible band floats just above the water crossing the Enz river, which is not a waterway and is dammed just below the bridge, meaning that the water level hardly changes. This stressed ribbon bridge uses simple steel sheet with a cross-section of 480 x 40 millimeters anchored into the abutments at both sides. In structural terms, this means that the main cables and "stiffening girders" of a back-anchored suspension bridge merge. Pedestrians walk directly on the stressed ribbons that have been covered and weighed down with open-jointed concrete planks. The minor sag of a mere 80 centimeters given a span of 50 meters arises inevitably from the maximum 6-percent slant at the abutments to enable access for the handicapped.

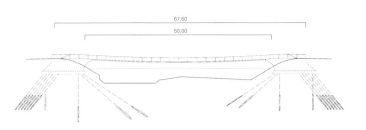

Geländer stabilisiert Brücke
durch Dämpfung
Railing stabilizes bridge
by damping

Grundriss
Plan

Ansicht
View

Im Bauzustand:
Blechbänder zwischen
Widerlagern
During construction:
steel ribbons between
abutments

Gespannte Blechbänder

Die visuelle Reduktion muss sich die Spannbandbrücke
durch kräftige Widerlager erkaufen, welche die hohen
Zugkräfte infolge des kleinen Durchhangs aufnehmen
müssen. Die Dauerhaftigkeit dieser Brücken hängt wesentlich von der Ausbildung der Befestigung der Blechbänder
an den Widerlagern ab. In Pforzheim wurden dafür ausgerundete Sättel gewählt, deren sorgfältig bemessener
Ausrundungsradius sicherstellt, dass die beim Abwälzen
der Bleche auf den Sätteln entstehenden Biegespannungen ein ganz bestimmtes Maß niemals überschreiten
und daher ein Ermüdungsbruch ausgeschlossen ist.

Schwingen und Dämpfen

Spannbandbrücken sind von Natur aus sehr schwingungs-
empfindlich. Dem Hüpfen der Fußgänger im Viertelspunkt
haben sie wenig Steifigkeit entgegenzusetzen. Die klassische Spannbandbrücke, wie sie zum ersten Mal 1970
von Ulrich Finsterwalder in Freiburg gebaut wurde, hat ein
massives Spannbetonband und wird durch ihre Eigenlast
und Biegesteifigkeit stabilisiert. In Pforzheim wurden die
Blechbänder nur mit relativ dünnen Gehwegplatten beschwert und vor allem auf die Dämpfung gesetzt. Hierfür
wurden Neoprenelemente für die Fugen der Gehwegplatten und das Maschendrahtgeländer mit seinen unendlich vielen Reibflächen herangezogen. Dadurch schaukelt
sich die Brücke nur minimal auf.

Stressed Steel Ribbons

Stressed ribbon bridges pay a price for their visual
reduction in the form of heavy abutments that
have to absorb the major tension caused by minimal sag. The durability of these bridges depends
essentially on how the steel sheet strips are attached to the abutments. In Pforzheim, a rounded
saddle was chosen for this purpose: its carefully
calculated radius ensures that the bending stress,
which arises when rolling the steel sheet on the
saddles, never exceeds a certain level and therefore excludes any limits of rupturing.

Vibration and Damping

Stressed ribbon bridges are by their very nature
highly susceptible to vibration. They offer little
rigidity to counter the impact of pedestrians hopping
around at the quarter-point. Classical stressed
ribbon bridges, such as were first built in 1970 by
Ulrich Finsterwalder in Freiburg, feature a compact
prestressed concrete band and are stabilized by
their dead load and flexural stiffness. In Pforzheim,
the steel sheet strips were weighed down only by
relatively thin walkway slabs, and were above all
placed on dampers. To this end, neoprene elements were positioned in the joints between the
walkway slabs and the wire mesh railing with its
infinite number of friction points included. In this
way, the bridge sways only gently.

Nordbrücke, Rostock, 2003
North Bridge, Rostock, 2003

Spannbetonbandbrücke, Mosbach, 1997
Stressed concrete ribbon bridge, Mosbach, 1997

Spannbetonband

Zur Dämpfung der zweifeldrigen Spannbandbrücke in Mosbach (1997) wurde auf die klassische Lösung eines massiven Spannbetonbandes zurückgegriffen, das den Verformungen Biegesteifigkeit entgegensetzt. Zur Verbesserung der Robustheit der Brücke wurden hier die Zwischenstütze und die Widerlager monolithisch fließend mit dem Spannband verbunden und so ausgeformt, dass sich ein weicher, federnder Übergang ohne kritische Biegung ergab. Mit dem Spannband gelang es auch, eine schwierige Topografie gestalterisch in den Griff zu bekommen: Schräg wurden die tiefer gelegene Bundesstraße B 27 und das hier höher verlaufende Flüsschen Enz mit Spannweiten von 34 und 27 Metern überspannt.

Blattfeder als Auflager

Eine dreifeldrige Spannbandbrücke – Seltenheit oder Unikat? – überquert auf dem Gelände der Internationalen Gartenbauausstellung IGA 2003 in Rostock einen Fluss mit Spannweiten von 27, 38 und 27 Metern. Hierfür schwingen Blechbänder zwischen den ausgerundeten Widerlagern über Zwischenauflager in Form von zwei Pendelstützen, die jeweils mit einer Blattfeder als elastischem Abrollsattel versehen sind. Auf die Spannbänder werden 12 Zentimeter starke Betonfertigteile als Fahrbahn geschraubt. Hier muss die ‚Durchlaufwirkung', also das Absacken eines belasteten Feldes durch das Straffen eines benachbarten, unbelasteten Feldes, berücksichtigt werden. Das gelang aufgrund des sehr flachen Durchhangs gut. Die Dämpfung dieser transparenten und leichten Brücke erfolgt ebenfalls über die Neoprenelemente zwischen den Platten und über das Maschendrahtgeländer.

Stressed Concrete Band

To dampen the two-span stressed ribbon bridge in Mosbach (1997), use was made of the classic device of a massive prestressed concrete band that delivers bending rigidity to counter deformations. To improve the bridge's robustness, the intermediate column and the abutments were connected fluidly and monolithically with the stressed ribbon and formed in such a way that a soft transition arose without any critical bending. The stressed ribbon also enabled a difficult topography to be mastered: the highway's lower main thoroughfare and the higher bed of the little Enz river were spanned here using spans of 34 meters and 27 meters respectively.

Coach Spring Supports

A three-span stressed ribbon bridge—a rarity, perhaps unique?—crosses a river on the grounds of the International Garden Festival (IGA 2003) in Rostock and has spans of 27 meters, 38 meters and 27 meters respectively. Here, steel sheet strips run between the rounded abutments on intermediate supports in the form of two pendulums, each of which has a coach spring as an elastic saddle. 12-centimeter-thick prefabricated concrete slabs have been screwed onto the stressed ribbons to form the walkway. What has to be considered here is the "continuing impact", that is, the sagging of a section under stress caused by the tautening of the adjacent section which is not subject to an additional load. This was achieved by selecting a

Eine im Handlauf integrierte Beleuchtung unterstreicht nachts effektvoll den wellenförmigen Verlauf der Brücke.

Betonbogen und Stahlband

Auf einem Sprengwerkbogen – eine Hommage an die Brücke im baden-württembergischen Schwieberdingen (1962) –, der den kleinen Fluss Börstel mit 20 Metern überspannt, liegt ein durchlaufendes beidseitig jeweils 25 beziehungsweise 35 Meter ausklingendes Spannband auf. Es ist wiederum nach dem einfachen und anschaulichen Pforzheimer Prinzip – Blechbänder mit aufgeklemmten Betonplatten – konstruiert. Die Herstellung solcher Spannbänder ohne Gerüst sowie mit Fertigteilen ist kostengünstig. Leicht und luftig schmiegt sich das Spannband dem ausgerundeten Bogen an und schwebt zu den Widerlagern. Gebaut wurde diese Spannbandbrücke für die Landesgartenschau 2000 in Bad Oeynhausen/Löhne.

very flat sag. Damping this transparent and light bridge was likewise achieved by positioning neoprene elements between slabs and by using a wire mesh railing. Lighting integrated into the handrail also showcases to great effect the undulating run of the bridge at night.

Concrete Arch and Steel Strip

An end-to-end stressed ribbon that runs out 25 meters and 35 meters respectively is placed on a raked framed arch—an homage to the bridge in Schwieberdingen (1962) in Baden-Württemberg— and with its 20-meter arch spans the small Börstel river. It is built using the simple and visually appealing Pforzheim principle of metal sheet strips with concrete slabs clamped in place on top. It is inexpensive to produce such stressed ribbons using prefabricated slabs and without any scaffolding. The stressed ribbon sits snugly but light and airily on the rounded arch and thus floats to the abutments. This stressed ribbon bridge was built for the State Garden Festival (LGA) in Bad Oeynhausen/ Löhne in 2000.

Klappbrücke Kieler Hörn (1997)

Kieler Hörn Folding Bridge (1997)

Ort | Location:
Kieler Hörn

Bauherr | Client:
Stadt Kiel

Fertigstellung | Completed: 1997

Charakteristik | Characteristics:
Faltbare Schrägseilbrücke, Länge:
120 m, zusammengeklappt 25 m |
Folding cable-stayed bridge, length
120 m, length when folded up 25 m

Zusammenarbeit | Cooperation:
von Gerkan, Marg und Partner,
Architekten, Hamburg

Ausführung | Construction:
Neptun Stahl Objektbau, Rostock

Leistungen | Scope of work:
Entwurf, Ausführungsplanung,
Bauüberwachung |
Conceptual design, detailed design,
site supervision

Ein einfacher, ungedeckter Seesteg verbindet den westlichen Teil der Kieler Hörn, die Südspitze der Kieler Förde, mit dem Norwegenkai im Osten. Spannend und lebhaft wird es in der Mitte des Stegs: Es dreht, zieht, kippt und klappt zwölfmal täglich, wenn die Dreifeld-Klappbrücke präzise wie eine Spieluhr ihr einzigartiges Wesen preis gibt. Der Verbindungssteg wird viel genutzt, die Klappbrücke ist ein markanter und beliebter Punkt im Hafengebiet geworden. Das wird nicht zuletzt durch ihre Farbigkeit, ein leuchtendes Rot, sowie ein Sonnengelb für alles was sich bewegt, unterstrichen. Der Seesteg mit kurzen Spannweiten besteht aus Trägerrosten aus Walzprofilen und ist mit breiten Eichenbohlen eingedeckt. Bedingt durch den bewussten Verzicht auf eine geheimnisvoll versteckte Hydrodynamik, wurde ein neuartiger Klappmechanismus entwickelt, der mit innovativen Lösungen besticht.

Klappmechanismus

Im Ruhezustand ist die Klappbrücke eine klassische, einseitige Schrägseilbrücke mit nur 26 Meter Spannweite. Das Deck hat in seinen Drittelspunkten Drehachsen und kann sich deshalb zusammenfalten. Das 5 Meter breite Deck wird beiderseits von zwei Seilen getragen, die über zwei Mastportale umgelenkt und in der Gründung des festen Stegs verankert sind. Ein Mastportal ist mit dem Brückendeck biegesteif verbunden, beide Portale sind am Fußpunkt gelenkig gelagert. Auf diese Weise wird nicht nur ein interessanter Bewegungsablauf vorgeführt, son-

A simple uncovered sea jetty connects the western section of the Kieler Hörn, the southern tip of Kieler Förde, and the Norwegenkai in the east. The middle of the jetty is exciting and lively: it swivels, pulls, flips and folds 12 times a day—when the three-span folding bridge shows what it can do with the precision of a toy clock. The connecting jetty is used frequently and the folding bridge has become a striking and much-loved focal point in the harbor. This is highlighted not least by its colors—a bright red and a canary yellow for everything that moves. The sea jetty with its short spans consists of girder grids made of rolled steel profiles and is covered with broad oak planks. By deliberately doing without any mysteriously hidden hydrodynamics, a new folding mechanism was developed that impresses with innovative solutions.

Folding Mechanism

In its inert state, the folding bridge is a classical one-sided cable-stayed bridge with a span of only 26 meters. At the points marking its thirds, the deck has hinges and can therefore fold itself up. The 5-meter-wide deck is borne on both sides by two cables that are deviated via two mast portals and are anchored in the foundation of the fixed jetty. One mast portal is connected rigidly with the bridge deck, and both portals have hinged joints

dern zugleich die Windangriffsfläche der Brücke im geöffneten Zustand reduziert. Im Sinne eines dauerhaften und robusten Betriebs ist die Kinematik bewusst für einen möglichst einfachen Antrieb ausgelegt. Die Winden laufen mit konstanter Drehzahl oder werden mit einem konstanten Drehmoment angetrieben, um so eine Synchronisation oder Steuerung der Drehgeschwindigkeiten der Winden untereinander zu vermeiden. Das Auf- beziehungsweise Zuklappen dauert jeweils etwa zwei Minuten.

Innovation und Lokalpolitik

Diese kleine Kieler Klappbrücke war von Anfang an umstritten und sogar Gegenstand einer lokalpolitischen Auseinandersetzung, die von negativem Medieninteresse begleitet wurde. In einem derart angespannten Umfeld ist vernünftiges Arbeiten der Ingenieure mit rational nachvollziehbaren Entscheidungen fast unmöglich. Vielleicht sind die mit dem innovativen Charakter des Projektes verbundenen Besonderheiten im Bauablauf nicht allen ausreichend bewusst gewesen. „Wenn man erlebt hat, wie in anderen Ländern – zum Beispiel bei der Millenniumsbrücke in London, trotz ungleich größerer Probleme – solche technischen Innovationen gefeiert werden, während man hier wegen Lappalien gerichtlich verfolgt wird, kann einem um Deutschland bange werden." So eines der Resümees Schlaichs.

at their bases. In this way, not only does an eye-catching movement unfold, but the surface area exposed to wind when the bridge is open is also reduced. With a view to the sustained and robust operation of the bridge, the kinematics are deliberately designed to enable the simplest possible drive system. The winches run at a constant speed or are driven with a constant torque, thus eliminating synchronization or the need to control the rotating speeds of the winches. Two minutes is all it takes to unfold or fold up again.

Innovation and Local Politics

The small folding bridge in Kiel was from the very outset controversial and even the subject of a local political battle, which attracted negative media coverage. It is almost impossible for engineers to work sensibly and offer rational arguments to decision makers in such a tense atmosphere. Perhaps not everyone was sufficiently aware of the special requirements involved in the innovative nature of this building project. Schlaich put it in a nutshell when he said: "If you have seen how technological innovations in other countries are celebrated despite far greater difficulties—such as with the Millennium Bridge in London—whereas here you get taken to court for absolute trifles, then you can really worry about the future of Germany."

Klappmechanismus
Folding mechanism

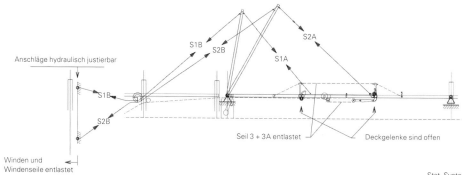

Anschläge hydraulisch justierbar

S1B

S1B   S2B   S1A

S2A

S2B

Seil 3 + 3A entlastet   Deckgelenke sind offen

Winden und
Windenseile entlastet

Stat. System Verkehrslaststellung

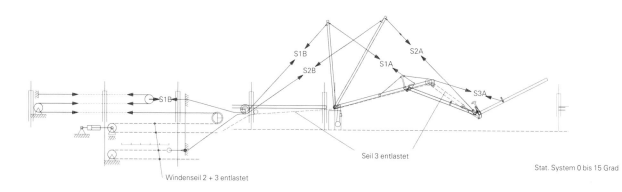

S1B   S1A   S2A

S2B

S3A

S1B

Seil 3 entlastet

Windenseil 2 + 3 entlastet

Stat. System 0 bis 15 Grad

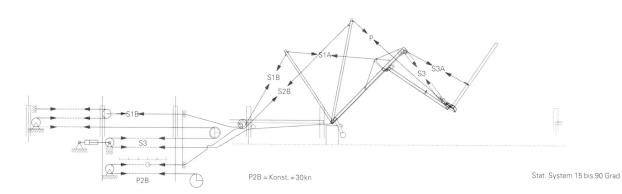

P

S1A

S1B   S3   S3A

S2B

S1B

S3

P2B

P2B = Konst. = 30kn

Stat. System 15 bis 90 Grad

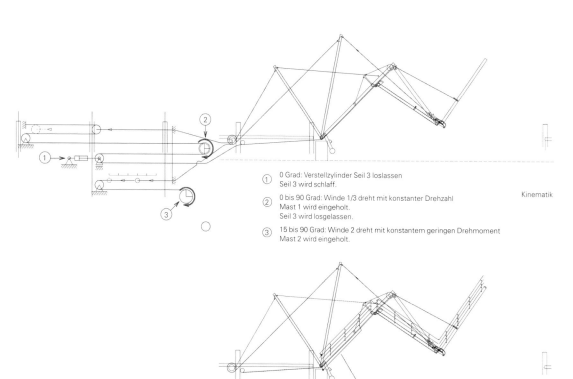

① ②

①
0 Grad: Verstellzylinder Seil 3 loslassen
Seil 3 wird schlaff.

②
0 bis 90 Grad: Winde 1/3 dreht mit konstanter Drehzahl
Mast 1 wird eingeholt.
Seil 3 wird losgelassen.

③
15 bis 90 Grad: Winde 2 dreht mit konstantem geringen Drehmoment
Mast 2 wird eingeholt.

Kinematik

Kinematik Geländer

Gegenzug Geländergetriebe

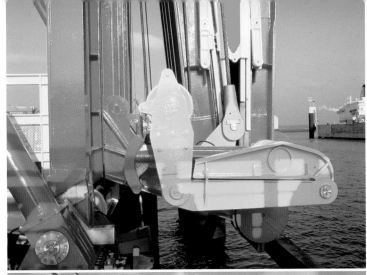

**Gelenkdetail geschlossen –
Brücke offen**
Detail of hinge closed—
bridge open

**Gelenkdetail offen –
Brücke geschlossen**
Detail of hinge open—
bridge closed

Statik und Kinematik

Bewegung ist das Gegenteil von Statik und in der Regel
im Bauwesen auszuschließen. In wenigen Situationen
allerdings wird die kontrollierte Bewegung Bestandteil
eines Bauwerks, entweder nur eines Teils, beispielsweise
als verschiebbares oder faltbares Dach, oder des gesamten Bauwerks, wie das bei beweglichen Brücken der Fall
ist. Diese gibt es noch selten und wenn sie heute noch
gebaut werden, dann handelt es sich meist um Brückensysteme mit großen Gegengewichten und schwerfälligen
Bewegungsmechanismen, die noch im 19. Jahrhundert
erfunden wurden. Erst in jüngster Zeit kommt Dynamik in
die Entwicklung eleganter, spielerischer Strukturen: In
Duisburg wölbt sich die Brücke, in Leer klappt sie, nicht
minder elegant wie in Kiel, und in Greifswald dreht sie sich.

Statics and Kinematics

Movement is the opposite of statics and is, as a
rule, to be avoided in building. In a few scenarios,
however, controlled movement can be integrated
into a built structure, either as a part of it (as with
a foldable or retractable roof) or as the structure in
its entirety (as with movable bridges). Few of these
exist today and where they are still being built, the
systems usually involve huge counterweights and
clumsy moving mechanisms that were invented
back in the 19th century. Only recently has development work gathered pace, with elegant, playful
structures emerging: in Duisburg, the bridge vaults;
in Leer, it folds no less elegantly than in Kiel; and
in Greifswald, it swings.

Katzbuckelbrücke im Innenhafen, Duisburg (1999)

Humpback Bridge across
the Inner Harbor, Duisburg (1999)

Ort | Location:
Duisburg, über den Innenhafen

Bauherr | Client:
Innenhafen Duisburg
Entwicklungsgesellschaft mbH

Fertigstellung | Completed: 1999

Charakteristik | Characteristics:
Rückverankerte Hänge-Hubbrücke |
Lifting suspension bridge

Ausführung | Construction:
Stahlbau Raulf, Duisburg;
Jaeschke und Preuss, Duisburg

Leistungen | Scope of work:
Entwurf, Ausführungsplanung,
Bauüberwachung |
Conceptual design, detailed design,
site supervision

Für gelegentlich passierende größere Schiffe wölbt sich die Brücke über dem zentral gelegenen Duisburger Innenhafen anmutig und weich wie ein Katzbuckel. Anschließend zieht sie sich dann wieder zurück zu einer unscheinbaren, rückverankerten Hängebrücke, deren Einmaligkeit sich kaum erahnen lässt. Die vier schlanken Maste, jeweils 20 Meter hoch mit einem Durchmesser von 42 Zentimetern, und die dünnen Gehwegplatten sind in der Normallage der Brücke kaum sichtbar. So spannt sie 73 Meter weit und verbindet mit einem angenehmen Schwung den Altstadtpark mit neu geplanten Grünflächen. Viel zu selten ertönt das Warnsignal, welche den Hubvorgang der Brücke ankündigt. Gesteuert von dem in Sichtweite sitzenden Brückenwärter am Schwanentor, beginnt sie sich nach oben zu wölben. Sie kann auf jede beliebige Zwischenhöhe gefahren werden, bis zur maximalen Buckelhöhe von 9,20 Metern dauert es etwa fünf Minuten. Drei Positionen sind als Fixstellungen definiert, in 90 Prozent aller Fälle erlaübt bereits die Mittellage die Schiffsdurchfahrt. In dieser Lage kann sie sogar noch begangen werden. Der Hubmechanismus, der diese für eine Brücke ungewöhnliche Bewegung ermöglicht, verbindet Freude am konstruktiven Spiel mit einer großen technischen Herausforderung und ist Ergebnis der für gute Ingenieure so typischen Kombination von Grundlagenwissen und Kreativität.

As graceful as a cat arching its back, the bridge curves up over the central basin of the Inner Harbor in Duisburg to allow the occasional larger ship to pass under it. It then contracts again to resume the shape of an unobtrusive back-anchored suspension bridge—unique, but not visibly so. The four slender masts, each 20 meters high and 42 centimeters in diameter, as well as the thin walkway slabs are hardly visible when the bridge is in its normal state. With its 73-meter span and pleasant sweep it links the old town park and newly planned greenbelt areas. Far too seldom does the warning signal sound indicating that the bridge is about to lift. It then starts to bulge upwards, controlled by the bridgemaster, who sits within sight at Schwanentor. It can be raised to any height up to its maximum arch height of 9.2 meters—and needs only five minutes to do so. Three positions are pre-set, and in 90 percent of all cases the middle position allows ships a clear passage. At that setting, people can still walk over the bridge. The lifting mechanism that makes this unusual upwards motion possible combines a joy in engineering and a great technical challenge—the typical result of basic insights and creativity being brought to bear to produce good engineering.

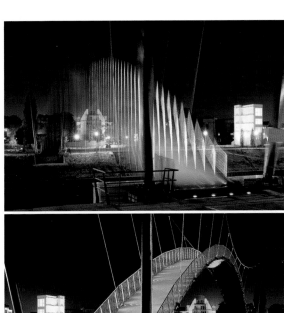

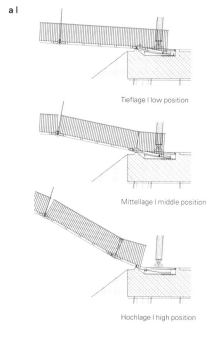

Tieflage l low position

Mittellage l middle position

Hochlage l high position

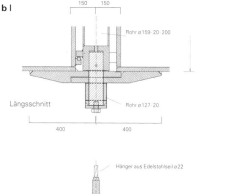

Längsschnitt

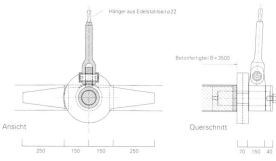

Ansicht

Querschnitt

c l

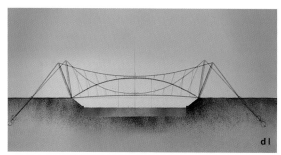

d l

Kleine Verschiebung – großer Hub

Die elegante Bewegung wird mit geringstem Aufwand erzielt: An jedem der vier Abspannseile befindet sich ein Hydraulikzylinder, der um maximal 3 Meter ein- und ausgefahren werden kann. Wird er eingefahren, verkürzen sich die Abspannseile und die Maste kippen nach außen. Diese Kreisbewegung der Mastköpfe bewirkt eine Lageänderung der Tragseile und Hänger und daraus folgt ein formaffines Anheben des Brückenüberbaus, was schon bei einer kleinen Auslenkung der Mastköpfe deutlich erkennbar ist. Der Hubmechanismus macht sich den meist unerwünschten Effekt flacher Seile zunutze, bei denen eine kleine Auflagerverschiebung eine große Stichänderung bewirkt. Eine Verkürzung der Abspannseile um 3 Meter bewirkt eine Auslenkung der Mastköpfe um etwa 1,70 Meter aber eine Änderung der Buckelhöhe von 8,10 Metern.

Überbau als Gelenkkette

Die Formänderung infolge des Hubvorgangs bewirkt eine starke Krümmung des Brückenüberbaus, der dafür als Gelenkkette ausgebildet ist. Die insgesamt 14 Betonfertigteilplatten, jeweils 3,50 Meter breit, sind in Stahlrahmen gefasst und an den Eckpunkten über Augenlaschen und Gelenkbolzen mit den benachbarten Elementen verbunden. Die erforderliche Verlängerung des Überbaus wird durch Zusatzelemente erzielt, die aus Fundamenttaschen beim Hubvorgang automatisch hervorgezogen werden und die beiderseitig jeweils etwa 1,80 Meter lang sind.

Minor Shift, Major Lift

The elegant movement is achieved with minimal input: each of the four stay cables has a hydraulic cylinder that can be extended or retracted a maximum 3 meters. When retracted, the stays shorten and the masts tilt outwards. This circular movement of the mast heads causes the position of the main cables and hangers to change, lifting the bridge deck in such a way that it assumes an affine shape, something clearly noticeable even with a minor alteration of the masthead positions. The lifting mechanism exploits the usually undesirable effect of flat cables, whereby a small horizontal shift of the anchorages leads to a large change in the sag. Shortening the stays by 3 meters causes a horizontal movement of the mastheads by about 1.7 meters, but a change in hump height of 8.1 meters.

Deck as Articulated Chain

The change in form caused by lifting leads to a strong arching of the bridge deck, which is designed as an articulated chain to enable this. The total of 14 prefabricated concrete slabs, each 3.5 meters wide, are placed in steel frames and joined at the corners via eye bars and hinged bolts to neighboring elements. The requisite extension of the deck is accomplished by additional elements that automatically slide out of the foundation pockets when lifting starts and which at both ends are about 1.8 meters long.

Konstruktive Details

Ständige wechselnde Positionen und Kräfteparallelogram-
me haben Auswirkungen bis ins kleinste Detail, da sonst
in bestimmten Positionen große lokale Beanspruchungen
auftreten können. Die Hänger an den Gelenkpunkten sind
deshalb vollkommen drehbar, die Anschlusspunkte der
Trag- und Abspannseile am Mastkopf asymmetrisch. So
ist gewährleistet, dass sich in allen Positionen die System-
linien der Seile und des Masts in einem Punkt schneiden –
ohne Verbiegung des Masts.

Structural Details

Constantly changing positions and force parallelo-
grams impact even on the smallest of details, as
major local stress could otherwise occur in certain
positions. The hangers at the hinge points can thus
rotate fully, and the connecting points for the main
and back stay cables at the masthead are asymmetrical. This guarantees that the system lines
of the cables and the mast cross at one point only,
in all positions and without bending of the mast.

heiß hoch

solar energy

Dish/Stirling, 50 kW, ø 17 m
Dish/Stirling, 50 kW, ø 17 m
Lampoldshausen   1983
BMBF / KACST, Land Baden-
Württemberg

Dish/Stirling, 50 kW, ø 17 m
Dish/Stirling, 50 kW, ø 17 m
Riyadh, Saudi Arabia 1985
BMBF / KACST

Dish/Stirling, 9 kW, ø 7,50 m
Dish/Stirling, 9 kW, ø 7.5 m
Stuttgart   1989
BMBF

Dish/Stirling, 9 kW, ø 7,50 m
Dish/Stirling, 9 kW, ø 7.5 m
Pforzheim   1991
Stadt Pforzheim (LGS 1992)

**DISTAL I, Dish/Stirling,
9 kW, ø 7,50 m**
DISTAL I, Dish/Stirling,
9 kW, ø 7,5 m
Almeria, España   1992
BMBF

**ZSW-Dish/Stirling
Teststand**
ZSW-Dish/Stirling Test Stand
Stuttgart   1993
ZSW, Stuttgart

**DISTAL II, Dish/Stirling,
10 kW, ø 8,50 m**
DISTAL II, Dish/Stirling,
10 kW, ø 8.5 m
Almeria, España   1996
Energiestiftung BW

**EuroDish, Dish/Stirling
10 kW, ø 8,50 m**
EuroDish, Dish/Stirling
10 kW, ø 8.5 m
Almeria, España   1999
EU

**EuroDish, Dish/Stirling,
10 kW, ø 8,50 m**
EuroDish, Dish/Stirling,
10 kW, ø 8.5 m
Vellore, India   2002
KEMS, Bangalore, India

**EuroDish, Dish/Stirling,
10 kW, ø 8,50 m**
EuroDish, Dish/Stirling,
10 kW, ø 8.5 m
Milano, Italia   2002
CESI, Italia

Motivation: Sonne nutzen!

Eine allen Menschen ausreichend verfügbare umwelt-freundliche und sichere Energiequelle wäre eine konkrete Antwort auf die größten Bedrohungen in der Mensch-heitsgeschichte: die Bevölkerungsexplosion, einher-gehend mit Armut und Hunger, die wachsende Gefahr von Verteilungskriegen und Völkerwanderungen und die Klima- und Umweltkatastrophen durch energiebedingte Emissionen und die Ausbeutung der Natur.

Die Zusammenhänge sind allgemein bekannt und werden diskutiert – doch trotz regelmäßiger Klimagipfel werden die technischen Möglichkeiten der Sonnenenergie-nutzung nicht in vollem Umfang abgefragt. Bereits auf dem heutigen Stand des Wissens, ohne große Entwick-lungszeiten und -kosten, können mit intensiver Sonnen-energienutzung drohende Katastrophen abgewendet, beziehungsweise ihre fortschreitende Entwicklung abge-bremst werden.

Sonne schafft Arbeit

Warum nicht solar erzeugten Strom für den stationären Verbrauch oder solar produzierten Wasserstoff für den mobilen Einsatz aus fernen Wüsten importieren, so wie es für Öl und Erdgas selbstverständlich ist? Die Gleich-stromübertragung mittels Hochspannung, mit der Elektri-zität bei sehr geringen Verlusten Tausende von Kilometern transportiert werden kann, ist bereits erprobt und Pump-speicherwerke zur Überbrückung sonnenschwacher Zeiten sind allgemein verfügbar. Die Sonne als preiswerte Energiequelle könnte den Energiebedarf weltweit und insbesondere den der Industriestaaten decken. Öl und Kohle können indirekt in Arbeit gewandelt werden: Indem zahlreiche neue Arbeitsplätze entstehen, werden verbesserte Lebensbedingungen geschaffen. Das ist insbesondere für Menschen in den Entwicklungsländern wichtig, deren einziges Kapital ihre Arbeitskraft ist. Auf diese Weise könnten sie davon abgehalten werden, sich eines Tages mit Gewalt das zu nehmen, das ihnen heute vorenthalten wird.

Soziale Verantwortung der Ingenieure

Mit einer gerechteren, globalen Arbeitsteilung könnte der Weltfriede langfristig gesichert, Mensch und Natur geholfen werden. Diese Vision motiviert Schlaich Bergermann und Partner und ihre Solargruppe unter Leitung des Partners Wolfgang Schiel zur Entwicklung von Technologien zur solaren Stromerzeugung. Zur Motivation, neue Energiequellen zu erforschen, trugen auch die Erfahrungen bei Planung und Bau der Hooghly-Brücke in Kalkutta und weitere Auslandsprojekte bei: die enge Verknüpfung der sozialen Verantwortung des Ingenieurs in Einklang mit seinem technischen Handeln, und die große Befriedigung, die er aus dem sozialen Aspekt seiner Arbeit schöpfen kann.

Zerstörende Kraft der Umweltverschmutzung
Destructive forces of pollution

Motivation: Utilizing the Sun!

An environmentally friendly and safe source of energy available to all would offer a realistic answer to major threats facing the world today: the population explosion, with related problems of poverty and starvation, the growing danger of wars over distribution, of mass migration, and of climate and ecological disasters owing to energy-related emissions and the exploitation of nature.

The linkages involved are well-known and are being discussed, but despite regular summits on the climate the technological potential for fully exploiting solar power are not on the agenda. With today's knowledge, and without major develop-ment lead-times and costs, pending catastrophes could be averted or their ongoing emergence slowed down through the intense use of solar power.

Sun Creates Jobs

Why not import solar-powered electricity for sta-tionary consumption, or solar-produced hydrogen for mobile use from remote deserts, as is quite normal for oil and natural gas? High voltage direct current transmission, which enables electricity to be transported thousands of kilometers with only minor energy losses, is already a tested procedure, and pump storage hydroelectric power plants to bridge low-sun periods are also generally available. The sun as a cheap source of energy could cover energy requirements worldwide and especially those of the industrialized countries. Oil and coal could be transformed indirectly into work, and the creation of countless new jobs would enhance living con-ditions. That would be especially impor-tant for people in the developing countries whose only capital is their labor. In this way, they could be deterred from one day taking by force what is today withheld from them.

Social Responsibility of Engineers

By means of a more equitable, global division of labor, world peace could be secured in the long term, and this would also benefit mankind and nature alike. This vision has prompted Schlaich, Bergermann und Partner and their special solar team headed by office partner Wolfgang Schiel to develop technologies for solar-power generation. The motivation to explore new energy sources is certainly also a product of the experiences gained while planning and constructing the Hooghly Bridge in Calcutta and other projects abroad: namely, the close association between the engineer's social responsibility and his technical work, and the great satisfaction that can be derived from the social side of his work.

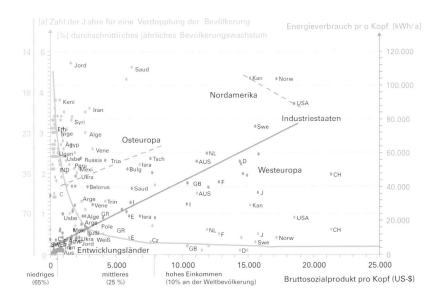

Energieverbrauch pro Kopf [kWh/a]

120.000

100.000

Nordamerika

80.000

Industriestaaten

60.000

Osteuropa

Westeuropa

40.000

20.000

Entwicklungsländer

0

0   5.000   10.000   15.000   20.000   25.000
niedriges   mittleres   hohes Einkommen
(65%)   (25 %)   (10% an der Weltbevölkerung)   Bruttosozialprodukt pro Kopf (US-$)

**Bevölkerungsexplosion:
Albanisches Flüchtlingsschiff**
Population explosion:
Albanian refugee vessel

**Landflucht und Slums
am Rand von Großstädten**
Migration to cities leading
to slums near metropolis

**Energieverbrauch und Bevölke-
rungswachstum in Abhängigkeit
vom Lebensstandard (Bruttosozialprodukt pro Kopf). Je höher
der Lebensstandard eines Landes,
desto höher sein Energieverbrauch
und desto geringer sein Bevölke-
rungszuwachs. Um Letzeren zu
bremsen, benötigt ein armes
Land also Energie.**
Energy comsumption and population
growth and its dependency on standard
of living (gross national product per
capita). The higher the standard of
living of a country, the higher its energy
consumption and the smaller its population growth. To contain the latter,
a poor country needs energy.

270 | 271

heiß hoch **Motivation: Sonne nutzen!**
solar energy Motivation: Utilizing the Sun!

Technologien zur solaren Stromerzeugung | Solar Energy Technologies

Großkraftwerke (= ‚Steckdose')
Central Solar-Power Plants (= "the plug")

Kleinkraftwerke (= weit weg von der ‚Steckdose')
Decentralized Solar-Power Plants
(= far from next "plug")

Wasserkraftwerke |
Hydroelectric Power Plants

Windkraftanlagen | Wind Energy Converters

Aufwindkraftwerke | Solar Chimneys

Dish-Stirling-Anlagen | Dish/Stirling Systems

Rinnenkraftwerke | Distributed Collector
Systems (DCSs) with
parabolic troughs

Photovoltaikanlagen | Photovolatic Systems

Wellenenergieanalgen | Wave Energy Converters

Turmkraftwerke | Central Receiver
Systems (CRSs) with Heliostats

Biomasse- und Abfallverwertung |
Biomass and Waste Furnaces

Geothermie | Geothermal Plants

Solare Kleinkraftwerke

Solare Kleinkraftwerke sichern die unabhängige Energie-
versorgung abgelegener Standorte, heben dort den
Lebensstandard und bekämpfen wirksam die Landflucht.
Neben den hier näher beschriebenen Dish/Stirling-
Systemen sollen die Windkaftanlagen erwähnt werden.
Obwohl gegenüber einer Stromgewinnung aus der Photo-
voltaik vergleichsweise gering gefördert, haben sie trotzdem in Deutschland mit einer installierten Leistung von
ungefähr 12.000 Megawatt eine große Verbreitung gefunden. Schlaich und Bergermann verwendeten ihre Erfahrungen mit abgespannten Stahlbetonmasten, um sich
an der Entwicklung des einst größten Windenergiekonver-
ters GROWIAN (GROße WIndkraft-ANlage) zu beteiligen.
Dann wandten sie sich ihre eigenen Entwicklung zu,
den Dish/Stirling-Systemen. Mit ihrem Prinzip der Addier-
barkeit und der Anpassungsfähigkeit an den lokalen Energiebedarf sind sie das Pendant zu Windkraftanlagen für
windarme Regionen mit hoher (direkter) Sonneneinstrahlung. Hybrid befeuert sind Dish/Stirling-Systeme immer
100-prozentig verfügbar gegenüber der nur 30-prozentigen
Verfügbarkeit der Windkraftanlagen.

Decentralized Solar-Power Plants

Decentralized systems secure independent energy
supplies for remote areas, raise the standard of
living there, and are an effective means of combat-
ing migration from rural areas into cities. Alongside
the Dish/Stirling systems described in detail below,
wind-power plants deserve mention. Although
state-financed subsidization is comparatively low
compared with electricity generation by photo-
voltaic methods, in Germany they are very widespread and some 12,000 megawatts have been
installed. Schlaich and Bergermann brought to bear
their experience with guyed reinforced concrete
masts when participating in developing what was
once the largest wind-power converter, GROWIAN.
They then turned their attention to their own development, the Dish/- Stirling small power plants. By
relying on the principle of accumulative modules
and adaptive capacities to local energy needs, they
are the equivalent of wind-power plants for low-
wind regions where there is high (direct) solar radiation. With hybrid Dish/Stirling systems are always
100 % available compared with the level of only
30 % achieved by wind-power plants.

**Die Große Windkraftanlage
GROWIAN, Marne, 1983–1986**
Wind Power Converter
GROWIAN, Marne, 1983–1986

Mit der Sonne kochen
Cooking with solar energy

Solares Dish/Stirling-Kleinkraftwerk

Solar Dish/Stirling Small Power Plant

Optimale Konzentration der Sonnenstrahlen durch eine präzise, konkav doppelt gekrümmte Fläche, Umwandlung der Wärme in elektrische Energie, Konzeption für abgelegene Standorte, das sind die wesentlichen Merkmale der Dish/Stirling-Systeme. Sie entwickelten sich aus der Arbeit mit Membranen, die aus verschweißten hauchdünnen Edelstahlblechen bestehen. Die Spiegel müssen, da sie für den Transport über große Entfernungen zu sperrig sind, vor Ort montierbar sein. Dadurch werden zusätzlich zum Strom Arbeitsplätze geschaffen. Die Herstellung von Spiegeln in Membranbauweise ist in technologischer Hinsicht so anspruchsvoll wie für ein Auto einfacher Bauart, geht aber nicht darüber hinaus. Das wäre beispielsweise für Indien interessant, das eine riesige Autoindustrie hat. So könnten viele Entwicklungsländer Spiegel mit ihrer eigenen Industrie fertigen.

Der parabolisch gekrümmte Spiegel oder ,Konzentrator' reflektiert und bündelt die parallel auf ihn einfallenden Sonnenstrahlen in einem Brennpunkt. Dort absorbiert ein ,Receiver' die konzentrierte Sonnenstrahlung und heizt ein Wärmeträgermedium, Helium oder Wasserstoff, auf. Die so gesammelte Wärme wird dem Stirlingmotor zugeführt und von ihm in Rotationsenergie und über einen direkt an die Kurbelwelle des Motors gekoppelten Generator in elektrischen Strom umgewandelt. Damit im Laufe des Tages die vom Spiegel reflektierte Sonnenstrahlung fortwährend auf den Receiver fokussiert bleibt, wird der Konzentrator mit Hilfe eines Nachführsystems auf die Sonne ausgerichtet. Die elektrische Leistung dieses Systems verhält sich in erster Linie proportional zur Intensität der

The key features of Dish/Stirling systems are optimal concentration of the sunrays through a precise, concave doubly-curved surface, transformation of heat into electrical energy, and a concept for remote locations. These systems developed out of work with membranes made of welded wafer-thin stainless-steel sheets. Too bulky for transportation across large distances, the concentrators must be assembled on site. In addition to creating energy, they also create jobs. The manufacture of the membrane concentrators is, technologically speaking, as complex as making a simple car, but not more so. This is interesting, for example, for India, which has a huge auto industry. In this way, many developing countries could manufacture the concentrators in their own factories.

The parabolically-curved concentrator reflects and concentrates in a focal point the parallel sunrays that fall onto it. There, a receiver absorbs the concentrated rays and heats a heat-transfer medium (helium or hydrogen). The heat collected in this manner is fed into a Stirling engine and transformed into rotational energy and, via a generator coupled directly to the crankshaft of the engine, then turned into electrical current. To ensure that the sunrays reflected by the concentrator remain focused on the receiver throughout the day, the concentrator has a tracking system to follow the sun. The system's electrical output is primarily proportional to the intensity of the solar radiation,

EuroDish, 10 KW, ø 8,50 m

Orte | Locations: Almería, España/ Bangalore, India/Milano, Italia

Bauherr | Client:
Schlaich Bergermann und Partner, MERO, Vellore Institute of Technology, Bangalore/India, CESI, Italia

Fertigstellung | Completed:
1999, 2002, 2002

Charakteristik | Characteristics:
Brennweite 4,50 m, azimutale Nachführung, Stirlingeinheit: einfach wirkende Arbeitsweise 90° V, Gastemperatur im Erhitzer 650° C, Arbeitsgas: Helium bei 20–150 bar | Focus 4.5 m, azimuthal tracking, Stirling unit: single acting method 90° V, gas temperature in the heater 650° C, functional gas: Helium at 20–150 bar

Zusammenarbeit | Cooperation:
EU; SOLO Kleinmotoren GmbH, Sindelfingen; MERO Systeme, Würzburg; Klein + Stekl, Stuttgart; DLR e.V., Köln; Inabensa S.A., Sevilla; CIEMAT

Leistungen | Scope of work:
Entwicklung, Entwurf, Ausführungsplanung, Leitung | Development, conceptual design, detailed design, management

a + b | Unter starkem Innendruck plastifizieren die dünnen Bleche, aus denen der Dodekaeder zusammengeschweißt ist, zur Kugelfläche

a + b | Strong internal pressure plasticizes the thin metal sheets ot the dodecaeder to a sphere

c | Höhenlinien des Kissens mit 5 m Durchmesser: Bei Innendruck von 0,2 kPa (Stich 100 mm) zeigen sich noch die Falten der ursprünglichen Membranfläche, bei 30 kPa (Stich 500 mm) sind die Höhenlinien exakte Kreise

c | Contour lines of the 5-meter-diameter cushion: with internal pressure of 0.2 kPa (rise 100 mm) the folds of original membrane surface are still reflected. With 30 kPa (rise 500 mm) the contour lines are perfectly circular

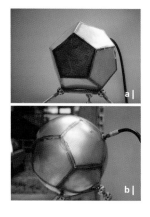

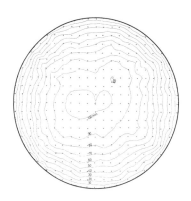

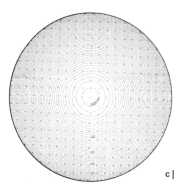

d | Die Membran wird aus einzelnen Edelstahlstreifen zusammengeschweißt

d | Membrane welded from single stainless steel strips

e | Zwei Membranbleche werden zwischen zwei Stahlringe geklemmt

e | Two membrane sheets are fixed between two steel rims

f | Infolge Innendrucks verformt sich die Membran plastisch

f | Due to internal pressure the membrane is deformed plastically

Sonnenstrahlung, zur Größe des Spiegels, zu dessen optischem Wirkungsgrad und zum Wirkungsgrad des Stirlingmotors mit Generator und liegt zwischen 10 und 50 Kilowatt pro Anlage.

Metallmembranen – Verschweißen und Plastifizieren

Die Lebensdauer textiler Membranen ließ in den sechziger und siebziger Jahren noch zu wünschen übrig und war Grund genug, um nach Alternativen zu suchen. So leitete Schlaich an seinem Institut für Massivbau ein Forschungsvorhaben für das Bauen mit hauchdünnen Edelstahlmembranen ein. Wesentlich war dabei, statt des bei textilen und faltbaren Membranen so einfachen Zuschnitts auch für die Herstellung doppelt gekrümmter Flächen aus nicht faltbaren 0,2 bis 0,4 Millimeter dünnen Blechbahnen eine praktikable Lösung zu finden (siehe S. 310).

Dafür wurden zunächst große, kreisrunde Edelstahlbleche aus Streifen mit eigens dafür entwickelten Geräten verschweißt. Die große Dehnbarkeit von Edelstahlblechen nutzend, entstand die gewünschte, doppelt gekrümmte Form durch eine formgebende Belastung, entweder mechanisch durch Zugkräfte von den Rändern her oder pneumatisch zwischen einem Druckring. Dieses Verfahren wurde an einem Luftkissen mit einem Durchmesser von 5 Metern demonstriert, das aus zwei Blechen mit 0,3 Millimeter Stärke und aus 75 Zentimeter breiten verschweißten Bahnen bestand. Durch den Innendruck gelang es, alle Falten und Unebenheiten selbst entlang der Schweißnähte glatt zu ziehen, sodass sich eine perfekte Kuppel mit optischer Präzision ergab – viel zu schade für eine zugbeanspruchte Baukonstruktion. Schnell entstand die Idee, auf diese Weise konkave Metallmembran-Solarkonzentratoren

the size of the concentrator, its optical efficiency and the efficiency of the Stirling engine and the generator, and can be between 10 and 50 kilowatts per unit.

Metal Membranes—Welding and Plasticizing

In the 1960s and 1970s, the service life of textile membranes left much to be desired and was good reason to look for alternatives. At his University Institute, Schlaich therefore headed a research project devoted to building with wafer-thin stainless-steel membranes. The key objective: to find a practical solution to reproducing the simple cutting patterns needed for textile and foldable membranes when manufacturing double-curvature surfaces made of non-foldable 0.2 to 0.4-millimeter-thin steel strips (see p. 310).

To this end, initially large circular sheets of stainless-steel were welded from strips with specially developed machines. Thanks to the great ultimate elastic strain of the stainless-steel sheets, the result was the desired double-curved form as a product of the formgiving load imposed (either mechanically via tension from the edges or pneumatically within a compression ring). This process was tested using an air cushion 5 meters in diameter and consisting of two 0.3-millimeter-thick sheets made of welded strips 75 centimeters wide. The internal pressure ensured that all folds and surface irregularities were pulled smooth along the welding seams—the upshot being a perfect dome with optical precision that was much too good for structures subject to tensile stress.

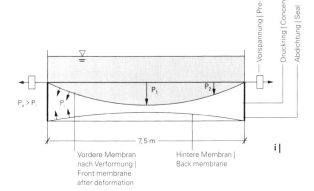

Vorspannung | Pre-tension

Druckring | Concentrator ring

Abdichtung | Seal

$P_a > P_1$

P_1

P_1

P_2

7,5 m

Vordere Membran
nach Verformung |
Front membrane
after deformation

Hintere Membran |
Back membrane

i |

Phasen der Herstellung einer
Dish/Stirling-Anlage mit
einem Konzentratordurch-
messer von 7,50 m und 9 kW
Leistung, Plataforma Solar,
Distal I Almeria, Spanien,
1992:

Stages of production of a small
Dish/Stirling power plant with a
concentrator diameter of 7.5 m
and 9 kW output, Plataforma
Solar, Distal I Almeria, Spain,
1992:

a | Auslegen der Membran
a | Layout of membrane

**b | Befestigung der Membran
am äußeren Ring**
b | Connection of membrane
at outer rim

**c | Spannvorrichtung
für Membranen**
c | Stressing device for
membranes

**d | Trommelgehäuse ist
montiert, untere Membran
gespannt, obere Membran
wird ausgezogen**
d | Drum body is assembled,
lower membrane tensioned,
upper membrane pulled taut

**e | Obere Membran noch
nicht gespannt**
e | Upper membrane not yet
tensioned

**f | Landschaft spiegelt sich
in gespannter Membran**
f | Tensioned membrane reflects
surrounding landscape

**g | Montage des
Wasserbeckens**
g | Assembly of water tank

h | Volle Wasserlast
h | Full water ballast

**i | Prinzip der plastischen
Verformung der Membran
durch Evakuierung und
Wasserauflast**
i | Principle of plastic deformation
of membrane by evacuation and
water ballast

**j + k | Fertige Metallmembran-
konzentratoren werden
montiert**
j + k | Finished metal membrane
concentrators being assembled

**l | Drei fertige Anlagen
mit polarer Nachführung,**
l | Three finished power plants
with polar tracking

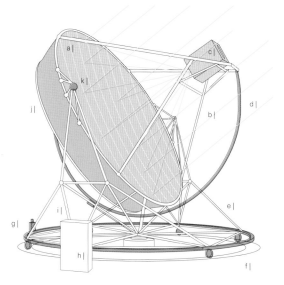

1 |

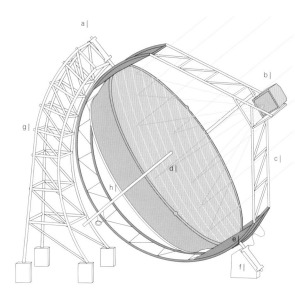

2 |

für die damals schon bekannten Stirlingsysteme zur solaren Stromerzeugung herzustellen.

Membrankonzentrator

Der hochpräzise Metallmembran-Konzentrator basiert auf der Idee der Plastifizierung des Materials unter einer mechanischen und pneumatischen Belastung. Er ist materialsparend und kostengünstig, insbesondere bei größeren Stückzahlen. Für die nach Jahren intensiver Forschung und Entwicklung anstehende serienreife Fertigung von Anlagen mit 10 Kilowatt Leistung werden 0,23 Millimeter dünne und 1,00 Meter breite Edelstahlbleche zu Membranen mit einem Durchmesser von 8,50 Metern verschweißt, straff gespannt und wie Trommelfelle mit der Vorder- und Rückseite eines zylindrischen Blechgehäuses verschweißt. Indem das Trommelgehäuse evakuiert wird, plastifizieren beide Membranen. Die vordere wird zusätzlich mit Wasser belastet und nimmt die gewünschte genaue parabolische Form an. Dünne, nur 0,9 Millimeter starke, 30 x 50 Zentimeter große Glasspiegel werden dann wie Teppichfliesen auf die vordere Blechmembran geklebt. So entsteht eine leichte, verwindungssteife Trommel, deren konkave Vorderseite zum äußerst effektiven Parabolspiegel wird.

Segmentierter Konzentrator

Für die Herstellung dieser Metallmembranspiegel sind einige Vorrichtungen vor Ort erforderlich, die sich nur dann lohnen, wenn eine größere Zahl von Anlagen gefertigt wird. Deshalb wurde für den Fall, dass nur einzelne Anlagen an weit abgelegenen Standorten benötigt werden, ein segmentierter Konzentrator aus einzelnen

The idea swiftly arose of using the method to produce concave metal membranes for solar concentrators for solar-power generation by Stirling systems, already in existence at that time.

Membrane Concentrator

The highly precise metal membrane concentrator is based on the idea of plasticizing material by means of mechanical and pneumatic pressure. It saves material and is economical, especially when produced in large numbers. Following years of intensive R&D, plants with 10-kilowatt output are now ready for mass production: membranes with a diameter of 8.5 meters are welded from stainless steel sheets 0.23 millimeters thin and 1.0 meter wide, pulled taut and then welded like a drum skin onto the front and rear of a cylindrical steel rim. Evacuation of the drum body plasticizes the membranes. The front membrane is additionally subject to water ballast and adopts the desired exact parabolic shape. Glass mirrors that are 0.9 millimeters thin and measure 30 x 50 centimeters are then glued like carpet tiles onto the front sheet metal membrane. In this way, a light and twist-proof drum is created, the concave front becoming an extremely effective parabolic mirror.

Segmented Concentrator

Some devices are required on site in order to manufacture these metal membrane concentrators, and this is worthwhile only if produced in large numbers. For this reason, a segmented concentrator

transportierbaren Sandwichelementen aus glasfaserver-
stärktem Epoxidharz entwickelt. Seine Einzelteile sind
klein genug, um zusammen mit allen anderen Komponenten, einschließlich Werkzeug, in Containern zum Standort
gebracht zu werden. Dort zu einer geschlossenen Schale
zusammengefügt, werden sie auf einem ringförmigen
Fachwerkträger gelagert. Auch dieser Spiegel hat eine
hohe Steifigkeit und Präzision. Auf die konkave Seite der
Schale werden wiederum Dünnglasspiegel aufgeklebt,
die eine dauerhaft hohe Reflektivität von etwa 94 Prozent
garantieren.

Nachführung und Steuerung

Da der Konzentrator im Betrieb stets auf die Sonne ausgerichtet sein muss, ist er zweiachsig beweglich gelagert.
Die ursprünglich verfolgte einfachere polare Nachführung
konnte dank des Fortschritts in der elektronischen Steue-
rungstechnik zugunsten der azimutalen aufgegeben werden. Als Drehstand für eine azimutale Nachführung dient
eine einfache Rohrkonstruktion mit einer horizontalen
Lagerachse und sechs Rädern auf einem Ringfundament
für die vertikale Drehung. Die horizontale und die vertikale
Achse werden mittels Servomotoren angetrieben, deren
Kräfte über eine Kette auf ein gebogenes Antriebsprofil
eingeleitet werden.

Zur hochpräzisen Nachführung wird von einem PC,
anhand der Uhrzeit eines GPS-Empfängers (Global Positioning System), die Sonnenposition berechnet und der
Konzentrator mittels Drehwinkelgebern positioniert. Über
ein Modem und das Internet kann die Anlage fernüber-
wacht werden.

made of single, transportable sandwich elements
consisting of fiberglass-reinforced epoxy resin
was designed in case only some units were required at very remote sites. The individual elements
are small enough to be placed together with all the
other components, including tools, into one container per unit and driven to the site. There, once
assembled to form a continuous shell, they are placed
on a ring-shaped truss. This concentrator is also
highly rigid and precise. On the concave side of the
shell, thin glass mirrors are again glued—guaranteeing lasting high reflexivity of some 94 percent.

Tracking and Controls

Since the concentrator must always be geared
to the sun during operation, it can move along a
double axis. The simpler polar tracking method
as initially pursue could be replaced by the more
sophisticated azimuthal thanks to progress in
electronics. The turntable for azimuthal tracking is
a simple tubular structure supported by a horizontal
axis and six wheels on a ring foundation for vertical
swivel. The horizontal and the vertical axes are
powered by servo-drives actuating via a chain onto
a curved drive profile.

To guarantee highly precise tracking, the position of the sun is computed by a PC relying on a
GPS receiver for the time of day, and the concentrator is then positioned by angular encoders. The
device can be monitored from a remote station via
a modem and the Internet.

**a | Der Receiver soll gleich-
mäßig ausgeleuchtet werden**
a | The receiver should
be evenly lit

**b | Receiver für 50 kW Anlagen,
Lampoldshausen, 1983 und
Riad, Saudi-Arabien, 1985**
b | Receiver for 50-kW power
plants, Lampoldshausen, 1983
and Riyadh, Saudi Arabia, 1985

**c | Receiver für 9 kW Anlagen,
Stuttgart, 1989, und Distal I
Almeria, Spanien, 1992**
c | Receiver for 9-kW power
plants, Stuttgart, 1989, and
Distal I Almeria, Spain, 1992

**d | Receiver: im Spiegel
gespiegelt, Riad,
Saudi-Arabien, 1985**
d | Receiver: mirrored in the
mirror, Riyadh, Saudi Arabia, 1985

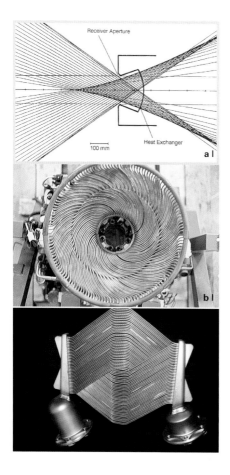

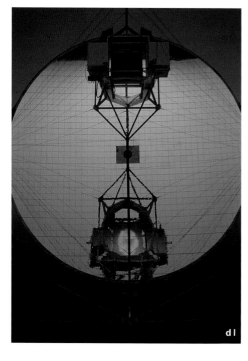

Aufgaben des Receivers

Der solare Wärmetauscher oder Receiver hat grundsätzlich zwei Aufgaben: Zunächst soll er so viel wie möglich
von der vom Konzentrator reflektierten Strahlung absor-
bieren. Dann soll diese Wärme bei geringen Verlusten an
den Stirlingmotor weitergeben werden. Der dafür entwickelte Rohrbündelreceiver wird vom Arbeitsmedium,
Helium oder Wasserstoff, des Stirlingmotors durchströmt.
Dünnwandige hochtemperaturfeste Röhrchen bilden eine
nahezu geschlossene Fläche, welche die konzentrierte
Sonnenstrahlung absorbiert und das Arbeitsgas des Stirlingmotors auf etwa 650 Grad Celsius erwärmt.

Funktion des Stirlingmotors

Der Stirlingmotor wandelt Wärme mittels eines hoch-
effizienten thermodynamischen Kreisprozesses in mechanische Energie um. Im Gegensatz zu Otto- und Diesel-
motoren, die durch innere Verbrennung angetrieben
werden, erfolgt die Wärmezufuhr bei einem Stirlingmotor
von außen. Daher eignet er sich besonders gut, um solar
erzeugte Wärme in Strom umzuwandeln, aber auch um
vorteilhaft hybrid mit verschiedenen Brennstoffen betrieben zu werden. Für einen von der Sonneneinstrahlung
unabhängigen Dauerbetrieb wurden deshalb hybride Receiver entwickelt. Bei Wolkendurchgängen oder während
der Nacht wird das Arbeitsgas des Stirlingmotors mittels
eines Gasbrenners durch Verbrennen von Erdgas oder
Biogas (Vergärung von Gülle) erhitzt. So kann ein abgelegener Bauernhof, der dank seiner Tiere über Biogas verfügt,
seine Stromversorgung rund um die Uhr sicherstellen.

Functions of the Receiver

The solar heat exchanger or receiver essentially
has two functions: first of all, it must absorb as
much of the radiation reflected by the concentrator
as possible; secondly, this heat then needs to
be transferred with minimized loss to the Stirling
engine. The Stirling engine's working medium,
either helium or hydrogen, then flows through the
bundled tubes receiver developed for this purpose.
Small, thin-walled, high-temperature resistant
tubes form an almost seamless surface that absorbs the concentrated solar radiation and heats
the working gas in the Stirling engine to about
650° Celsius.

Function of the Stirling Engine

The Stirling engine converts heat into mechanical
energy by means of a highly efficient thermodynamic cycle. Unlike diesel or spark ignition engines
powered by internal combustion, the heat is fed
into a Stirling engine from outside. For this reason,
it is highly suitable for transforming solar-gener-
ated heat into electrical current, but is also ideal for
hybrid firing with different fuels. Hybrid receivers
were therefore developed for permanent operation independent of the sunrays. During clouded
periods or during the night, the working gas for the
Stirling engine is heated by means of a gas burner
that is fueled by natural gas or biogas (fermenta-
tion of liquid manure). In this way, a remote farm
that has biogas thanks to its animals there can
secure its power supplies round-the-clock.

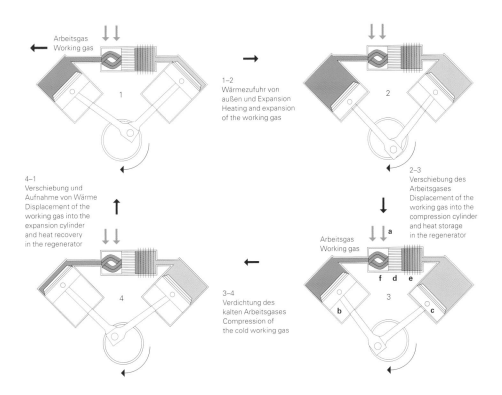

Jahreswirkungsgrad | Annual energy efficiency
(%)

Dish/Stirling | Dish/Stirling

CRS Turmkraftwerk | Solar tower

DCS Rinnenkraftwerk | Parabolic trough

Obere Prozesstemperatur (h) | Upper process temperature (h)

Effektivität von Dish/Stirling-Anlagen im Vergleich zu Rinnen- und Turmkraftwerken
Effectivity of Dish/Stirling small power plants compared to Distributed Collector Systems (DCSs) and to Central Receiver Systems (CRSs)

Funktionsweise Stirlingmotor
a | Sonnenstrahlung
b | Verdichtungszylinder
c | Arbeitszylinder
d | Regenerator
e | Kühler
f | Receiver
Principle of Stirling engine
a | Solar radiation
b | Compression cylinder
c | Work cylinder
d | Regenerator
e | Cooler
f | Receiver

SOLO-Stirlingmotor
SOLO Stirling engine

Arbeitsgas
Working gas

1

2

1–2
Wärmezufuhr von außen und Expansion
Heating and expansion of the working gas

2–3
Verschiebung des Arbeitsgases
Displacement of the working gas into the compression cylinder and heat storage in the regenerator

4–1
Verschiebung und Aufnahme von Wärme
Displacement of the working gas into the expansion cylinder and heat recovery in the regenerator

Arbeitsgas
Working gas

f   d   e

4

3

b   c

3–4
Verdichtung des kalten Arbeitsgases
Compression of the cold working gas

Polare Nachführung, Metallmembran- konzentratoren, Stuttgart, 1989
Polar tracking, metal membrane concentrators, Stuttgart, 1989

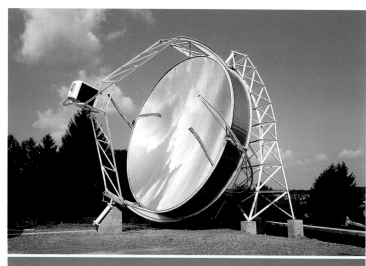

Azimutale Nachführung, Distal II Almeria, Spanien, 1996
Azimuthal tracking, Distal II Almeria, Spain, 1996

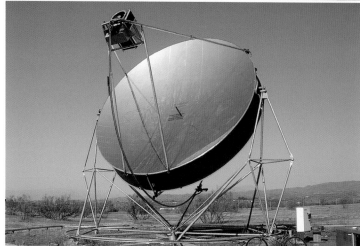

Azimutale Nachführung, Segemtierter Konzentrator, Euro Dish Almeria, Spanien, 1999
Azimuthal tracking, Segmented concentrator, Euro Dish Almeria, Spain, 1999

Serienreife Anlagen mit 7,50 / 8,50 m Durchmesser, 10 kW Leistung und polarer / azimutaler Nachführung, Distal I + II, Almeria, Spanien
Power plants ready for serial production with 7.5/8.5-m dia- meter, 10-kW output and polar/ azimuthal tracking, Distal I + II, Almeria, Spain

**Zwei Dish/Stirling-Anlagen
mit 17 m Durchmesser
und 50 kW Leistung, Riad,
Saudi-Arabien, 1985**
Two Dish/Stirling small power
plants with 17-m diameter
and 50-kW output, Riyadh,
Saudi Arabia, 1985

Arbeit statt Dieselöl

Die Kosten für den Strom aus einzeln angefertigten Dish/
Stirling-Anlagen liegen höher als die aus Dieselaggregaten.
Jedoch sinken sie rapide, sobald die Stückzahl zunimmt.
Weil die Investition sozusagen die Brennstoffkosten auf
Betriebszeit vorwegnimmt, sinken die Kosten der Dish/
Stirling-Anlage progressiv unter die der Dieselverstromung.
Aus volkswirtschaftlicher, sozialer und ökologischer
Sicht ist beachtenswert, dass auf diese Weise Dieselöl
in menschliche Arbeit umgewandelt wird.

Zu Beginn 50 Kilowatt

Zu Beginn der Entwicklung wurde, nach einigen kleinen
Prototypen, mutig der Bau sehr großer Anlagen in Angriff
genommen: Zunächst wurden Spiegel mit einem Durchmesser von 17 Metern, 50 Kilowatt Leistung und zwei-
achsiger azimutaler Nachführung entwickelt. So entstanden
1983 die Versuchsanlage auf dem Gelände der DLR
(Deutsches Zentrum für Luft- und Raumfahrt) in Lampoldshausen und 1985 zwei Anlagen im Solar Village bei Riad
in Saudi-Arabien, die dort zwar jahrelang erfolgreich liefen,
allerdings heute – da Öl noch immer billig ist – leider
verrotten.

Human Labor Instead of Diesel Oil

The costs for electricity from individually manufactured Dish/Stirling plants are higher than those
from diesel generators. However, the costs fall
swiftly as soon as a larger number of units is produced. Given that the investment, as it were, pays
in advance for the fuel costs during operating time,
the costs of the Dish/Stirling plant progressively
fall to below that of diesel-generated power. From
a macroeconomic, social and ecological point
of view it is worth pointing out that the conversion
is not into diesel oil but into human labor.

Initially 50 Kilowatts

In the wake of a few small prototypes, development then moved courageously on to building
quite large plants. First of all, a concentrator with a
diameter of 17 meters was developed, generating
50 kilowatts and with twin-axis azimuthal tracking.
In 1983 a test unit was erected on the grounds
of DLR, the German Center for Aerospace in Lampoldshausen, and in 1985, two plants were constructed at the Solar Village near Riyadh, in Saudi
Arabia. They ran there successfully for many years
but, because petroleum is still cheap there, have
since been left to decay .

Plataforma Solar, Almeria, Spanien, mit verschiedenen Versuchsanlagen
Plataforma Solar, Almeria, Spain with different experimental power plants

9 Kilowatt für entlegene Bauernhöfe

Die Spiegel mit einem Durchmesser von 17 Metern waren für den Transport zu abgelegenen Bauernhöfen zu sperrig. Die Firma SOLO in Maichingen verbesserte die Technologie eines robusten 9-Kilowatt-Stirlingmotors weiter, das führte zur Entwicklung von solaren Dish/Stirling-Kleinkraftwerken mit Metallmembran-Konzentratoren mit einem Durchmesser von 7,50 Metern und einer einfacher bedienbaren, aber aufwändigeren polaren Nachführung. Der erste dieser Spiegel wurde 1989 in Stuttgart in Betrieb genommen, 1992 folgten drei weitere (Distal I) auf der Plataforma Solar in Almeria, Spanien, dem europäischen Testzentrum für angewandte Solarenergie.

Azimutale Nachführung

Die Weiterentwicklung des Stirlingmotors und der verbesserte Röhrchenreceiver erlaubten eine Leistungssteigerung auf fast 10 Kilowatt mit einem Metallmembrankonzentrator, der einen Durchmesser von 8,50 Metern hat. Durch die inzwischen zuverlässigere Elektronik konnte hier wiederum die elegante azimutale Nachführung umgesetzt werden. Seit 1996 sind drei Anlagen (Distal II) in Almeria in Betrieb. Die für ,Einzelstücke' entwickelten Anlagen mit segmentiertem Konzentrator (EuroDish) leisten ebenfalls 10 Kilowatt bei einem Durchmesser von 8,50 Metern und einer azimutalen Nachführung. Zwei Anlagen wurden in Almeria, eine in Bangalore, Indien, und eine in Mailand, Italien, in Betrieb genommen. Alle Anlagen funktionieren seither problemlos, so dass jetzt einer Serienfertigung nichts im Wege stünde.

9 Kilowatts for Remote Farms

The concentrators, which are 17 meters in diameter, were too bulky for transportation to remote farms. The company SOLO in Maichingen improved the technology for a robust 9-kilowatt Stirling engine, which led to the development of small solar Dish/Stirling power plants with metal membrane concentrators and a diameter of 7.5 meters, as well as an easier-to-use but more elaborate polar tracking mechanism. The first of these concentrators went into operation in Stuttgart in 1989, and in 1992 three additional sets (Distal I) went turn-key at Plataforma Solar in Almeria, Spain—the European Test Center for Applied Solar Energy.

Azimuthal Tracking

The advances to the Stirling engine and improved bundled tubes receivers boosted output to some 10 kilowatts with a metal membrane concentrator 8.5 meters in diameter. Electronics has since become more reliable and so, once again, an elegant azimuthal tracking system has been installed. The three stations (Distal II) in Almeria have been in operation since 1996. The systems developed for "individual units" with segmented concentrators (EuroDish) likewise deliver 10 kilowatts with a diameter of 8.5 meters and azimuthal tracking. Two plants have gone operational in Almeria, one in Bangalore, India, and one in Milan, Italy. All have functioned smoothly and trouble-free, so nothing now stands in the way of serial production.

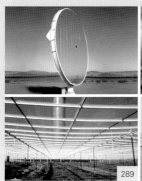

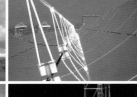

Heliostat, ø 7,50 m
Heliostat, ø 7,5 m
Almeria, España   1990
DLR

Heliostat ø 14 m
Heliostat ø 14 m
Almeria, España   1995
L. & C. Steinmüller, Gummersbach

**150 m Rinnen-
Kollektorelemente**
DCS, 150 m
Almeria, España   2000/2
EU

**800 m Rinnen-
Kollektorelemente**
DCS, 800 m
Kramer Junction, LA, USA 2003
SM AG, Erlangen
FLAGSOL GmbH, Köln, BMU

**400 m Rinnen-
Kollektorelemente**
DCS, 400 m
Almeria, España   2003
CIEMAT, Madrid, España
EU, Imabensa SA

Aufwindkraftwerk, Prototyp
Solar Chimney, prototype
Manzanares, España 1982
BMBF

Aufwindkraftwerk, Entwurf
Solar Chimney, project
                              1982 –

**Gläsernes
Aufwindkraftwerk, Entwurf**
Glass Solar Chimney, project
Hannover   2000
von Gerkan, Marg und Partner

Aufwindkraftwerk, 200 MW
Solar Chimney, 200 MW
Mildura, NSW,
Australia   2007
EnviroMission Ltd / Leighton

Große Solarkraftwerke

Es wird in Zukunft möglich sein, dass die zentralen, solaren Großkraftwerke die Kohle- und Ölkraftwerke ablösen. Hierfür sind zunächst Wasserkraftwerke aus dem ureigensten Arbeitsgebiet der Bauingenieure gefragt. Deren Problem besteht in einem Mangel an geeigneten Standorten, denn da, wo es Wasser gibt, siedeln Menschen.

Das Wasserkraftwerk der Wüste

Die Entwicklung des Aufwindkraftwerks, das in technologischer Hinsicht dem Wasserkraftwerk ähnlich ist, aber im Unterschied zu ihm in menschenleeren Wüsten gebaut werden kann, begann Ende der siebziger Jahre. Sie wurde angeregt durch die Arbeit am Seilnetzkühlturm, inzwischen steht das Aufwindkraftwerk hoffentlich vor der ersten Realisierung im großen Maßstab. Im Vergleich mit den beiden anderen solaren Großkraftwerken – den Turmkraftwerken und den Rinnenkraftwerken – ist das Aufwindkraftwerk einfach und robust, da es kaum bewegliche Teile hat. Es kann vor Ort einheimisch gebaut werden und benötigt als Ausgangsmaterial vor allem Glas und Zement, deren beider Rohstoffe der unerschöpfliche Sand ist: „Sand + Arbeit = Energie!". Das Aufwindkraftwerk funktioniert bei bedecktem Himmel, erlaubt dank einer einfachen Speicherung einen 24-Stunden-Betrieb und verbraucht kein Wasser. Einziger Nachteil ist die hohe Anfangsinvestition. Sie ist bei anderen Solarkraftwerken geringer, weil diese an bereits existierende Kraftwerke angekoppelt werden können und, solange die Sonne scheint, deren Brennstoff ersetzen. Aber diese Solarkraftwerke sind nicht autark und man nennt sie deshalb ‚fuel saver'. Rinnenkraftwerke tun sich auch deshalb leichter als Aufwindkraftwerke, weil es von ihnen funktionierende Prototypen gibt – ein immenser Vorteil in Zeiten geringer Risikobereitschaft.

Weil die Fortschritte beim Bau großer Solarkraftwerke sehr gering sind, arbeiten die Beteiligten – eine kleine Gruppe, in der jeder jeden kennt – frühzeitig zusammen und werfen alles in eine Waagschale, selbst beim Einwerben von Forschungsmitteln. Deshalb arbeiten Schlaich Bergermann und Partner nicht nur engagiert und weitgehend mit Eigenmitteln an seinen ureigensten Entwicklungen, den Dish/Stirling-Systemen und dem Aufwindkraftwerk, sondern auch bei der Weiterentwicklung von Turm- und Rinnenkraftwerken mit.

Central Solar-Power Plants

In the future, it will be possible to replace traditional coal and oil-fired power plants with central, large-scale solar-power plants. At first, hydroelectric power plants come to mind—truly belonging in that core field of civil engineering. Their problem is the lack of suitable sites, for where there is water, there are also human settlements.

The Desert's Hydroelectric Power Plant

The development of the Solar Chimney started at the end of the 1970s. Technologically-speaking, it resembles a hydroelectric power plant, but unlike such plants, Solar Chimneys can be built in deserts, far from human habitation. The interest was spawned by work on the Cable Net Cooling Tower; in the meantime, such a Solar Chimney is, hopefully, close to being realized for the first time on a major scale. Compared with the two other types of large-scale solar-power plants—Central Receiver Systems (CRSs) with Heliostats and Distributed Collector Systems (DCSs) with parabolic troughs—the Solar Chimney is simple and robust as it involves almost no movable parts. It can be built on site using indigenous labor and the main basic materials required are glass and cement, both of which have sand as an inexhaustible raw material: Sand+Labor= Energy! The Solar Chimney functions when the skies are clouded and, thanks to a simple storage system, can run round-the-clock and requires no water. The only disadvantage: the high up-front investment. This is lower in the case of other solar power plants because they can be linked up to existing power plants and, as long as the sun shines, substitute for their fueling. However, such solarpower plants are not self-sufficient and are therefore termed "fuel savers". DCSs further have a better starting position than solar chimneys because there are functioning prototypes for them—always a great advantage at a time when the willingness to take risks is low.

Given that there has been little progress in building large-size solar-power plants, the people involved in solar electricity development (a small group in which each person knows the others personally) work together from a very early stage and then weigh up all the pros and cons, even when trying to attract funding. For this reason, Schlaich Bergermann und Partner is not only committed, and uses its own resources to a large degree to fund its very own in-house developments (the Dish/Stirling systems and the solar chimney), but also works with others on advancing CRSs and DCSs.

Das Aufwindkraft – hier Prototypanlage, Manzanares, Spanien, 1981 – wird auch als ‚Wasserkraftwerk der Wüste' bezeichnet: Glasdach-Kollektor = Speichersee Kamin = Druckrohrleitung Windturbine = Wasserturbine Bodenspeicherung = Speicherbecken
The Solar Chimney—here prototype plant, Manzanares, Spain, 1981— is also called "the desert's hydroelectric water plant":
glass roof collector = storage lake
Chimney = pressure pipeline
Wind turbine = water turbine
Ground storage = storage tank

a | Rinnenkraftwerk, Kramer Junction, Kalifornien, USA
a | DCS, Kramer Junction CA

b–c | Neuer Demonstrations-Loop, Kramer Junction, Kalifornien, USA
b–c | New test loop, Kramer Junction CA

d | Rinnenkollektorelemente, Almeria, Spanien, 2003
d | DCS, Almeria, Spain, 2003

Erster runder Metallmemb-ran-Heliostat, zentrale Stützung ø 7,50 m, 1991
First round metal-membrane heliostat, central support ø 7.5 m, 1991

Azimutal nachgeführter Metallmembran-Heliostat ø 14 m, 1994
Azimuthal tracking metal-membrane heliostat ø 14 m, 1994

Turmkraftwerk 10 MW, Solar One, Barstow, Kalifornien, USA
CRS 10-MW,
Solar One, Barstow, CA

‚Alte', rechteckige Heliostaten mit zentralem Mast
"Old", rectangular heliostats with central mast

Turmkraftwerke

Sonnenstrahlen werden im großen Maßstab reflektiert und gebündelt: Der Receiver sitzt auf der Spitze eines Turms, der 50 bis 150 Meter hoch sein kann, im Brenn-punkt eines großen Heliostatenfelds. Aus der Beschäfti-gung mit den Spiegeln für die Dish/Stirling-Anlagen wurden von Schlaich Bergermann und Partner neuartige, kreis-förmige und hochpräzise Metallmembranheliostaten ent-wickelt. Derzeit werden leider Turmkraftwerke weder gebaut noch betrieben.

Rinnenkraftwerke

Die linienförmige Konzentration von Sonnenstrahlen erfolgt in langen, schmalen und parabolförmigen Rinnen-kollektoren aus gebogenen Spiegelsegmenten. Dabei werden sie auf ein glasumhülltes Metallrohr in der Brenn-linie der Trogachse gebündelt. Hierfür entwickelten Schlaich Bergermann und Partner torsionssteife 12 Meter lange Kollektorelemente mit einer Apertur der Rinne von 5,70 Metern. Die im Jahr 2002 in Almeria gebauten und erfolgreich erprobten Rinnen wurden kürzlich nun mit einem vollständigen Loop in einer Länge von 800 Metern in ein bestehendes Kraftwerk in Kramer Junction, Kali-fornien, USA, integriert.

Central Receiver Systems (CRSs)

Here, sunrays are reflected and focused on a large scale: the receiver is placed on the top of a tower that can be 50 to 150 meters high at the focal point of a large heliostatic field. On the basis of their work with the membrane concentrators for the Dish/Stirling small power plants, Schlaich Berger-mann und Partner have developed innovative, circular and highly precise metal membrane helio-stats. At present, unfortunately, CRSs are neither being built nor operated.

Distributed Collector Systems (DCSs)

The concentration of sunrays by line occurs along long slender and parabolic trough collector systems made of curved mirror segments. The rays are focused on a metal tube enclosed in glass in the focal line of the trough's axis. For this purpose, Schlaich Bergermann und Partner developed torsion-stiff, 12-meter-long collector elements with a 5.7-meter-long aperture. The parabolic troughs erected and successfully tested in Almeria, Spain, in 2002 have recently been integrated with a com-plete 800-meter-long loop into the existing power plant at Kramer Junction, CA, USA.

Aufwindkraftwerk

Solar Chimney

Ort | Location:
Australia, NSW, Mildura

Bauherr | Client: Enviro Mission Ltd

Fertigstellung | Completion:
erwartet | Turnkey expected 2008

Charakteristik | Characteristics:
200 MW-Solarkraftwerk, Stahlbetonröhre, Höhe: 1.000 m, Durchmesser: 120 m, Kollektordach, Durchmesser: 6.000 – 7.000 m | 200-MW solar chimney, reinforced concrete tube tower, height 1,000 m; diameter 120 m, collector roof, diameter 6,000 – 7,000 m

Zusammenarbeit | Cooperation: Leighton Contractors Pty Ltd. Melbourne, Australia; Dipl.-Ing. Karl Kohler, Turbinenspezialist, Heidenheim; Prof. Dr.-Ing. E. Göde, Dr.-Ing. A. Ruprecht, Institut für Hydraulische Strömungsmaschinen, Universität Stuttgart; Wacker Ingenieure, Birkenfeld; Ingenieurgesellschaft Niemann und Partner GbR, Bochum; Prof. Dr.-Ing. Udo Wittek, Lehrstuhl für Baustatik, Universität Kaiserslautern

Leistungen | Scope of work: Entwicklung, Entwurf, Ausführungsplanung | Development, conceptual design, detailed design

Treibhauseffekt, Kaminsog und Windrad – diese bekannten Prinzipien werden effektvoll kombiniert und fertig ist das ‚Wasserkraftwerk der Wüste'. Mit Hilfe des Treibhauseffekts wird die Sonnenstrahlung eingefangen: Sie erwärmt die Luft unter einem flachen kreisförmigen transparenten Kollektordach, das mit Glas- oder Kunststofffolien eingedeckt ist. Diese lassen das kurzwellige Sonnenlicht hindurch, die langwellige Wärmestrahlung aber nicht mehr hinaus. Die erwärmte Luft sitzt unter dem Dach in der Falle. Sie kann von einer unten offenen, inmitten des Kollektordachs stehenden Kaminröhre abgesaugt werden. Der Dichteunterschied zwischen der warmen Luft in der Röhre und der kalten Luft im Außenbereich bewirkt einen Aufwind. Wie bei einem Durchlauferhitzer wird zugleich am äußeren offenen Rand des Kollektordachs kalte Luft angesaugt. Am Fuß der Röhre wird der Luftstrom von einer oder mehreren Turbinen und Generatoren in Elektrizität umgewandelt. Falls gewünscht, kann ein kontinuierlicher 24-Stunden-Betrieb durch unter dem Dach ausgelegte geschlossene Wasserschläuche garantiert werden. Diese geben ihre tagsüber gespeicherte Wärme in der Nacht wieder ab. Die Schläuche brauchen nur einmal gefüllt zu werden, im Betrieb gibt es keinerlei Wasserbedarf.

Derzeit sind mehrere Standorte für den Bau eines großen Aufwindkraftwerks im Gespräch. So soll im australischen Outback bei Mildura, NSW, ein 1.000 Meter hoher Turm entstehen. Mit einem Kollektor, angepasst an den tatsächlichen Strombedarf, ohne Wasserschläuche für den kontinuierlichen 24-Stunden-Betrieb und mit einem Durchmesser von sechs bis sieben Kilometern

Greenhouse effect, chimney up-draft and wind turbines are all well-known principles, combined to great effect here to create a "desert's hydroelectric power plant". With the help of the greenhouse effect, sunrays are captured, heating the air beneath a flat circular transparent collector roof that is covered with glass or plastic foil. These let short-wave solar light through but block out long-wave heat radiation. The heated air is caught beneath the roof and can be sucked off by an open chimney tube positioned in the middle of the collector roof. The difference in density between the warm air in the chimney and the cold air outside causes an upward airflow. As with a convector heater, cold air is simultaneously sucked in at the outer open edge of the collector roof. At the base of the chimney tube, the air flow is transformed into electricity by one or several turbines and generators. If desired, constant round-the-clock operation is possible thanks to the closed water tubes positioned under the roof. At night, they release the heat stored in them during the day. The water tubes need to be filled only once and there is no need for any further water inputs whatsoever during operation.

At present, several locations are being discussed for the construction of a large solar chimney. For example, a 1,000-meter-high tower is planned for Mildura, in the Australian outback in the state of NSW. In a few years' time, with its

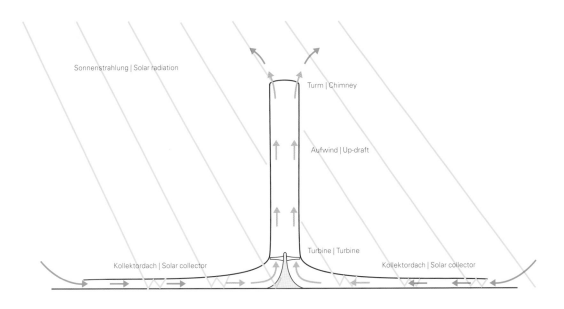

Sonnenstrahlung | Solar radiation

Turm | Chimney

Aufwind | Up-draft

Turbine | Turbine

Kollektordach | Solar collector   Kollektordach | Solar collector

**Prinzip des
Aufwindkraftwerks**
Principle of Solar Chimney

**Ein gebautes Aufwindkraft-
werk liefert Energie für
Glas- und Zementfabriken
für den Bau weiterer
Aufwindkraftwerke –
Investitionskosten sinken!**
A built Solar Chimney supplies
energy for glass and cement
factories for the construction
of further Solar Chimneys—
investment costs drop!

soll dieses solare Großkraftwerk mit 200 Megawatt
Leistung in wenigen Jahren auf eine umweltfreundliche
sichere Weise Strom erzeugen.

Energieerzeugung statt Energieverpuffung

Das Aufwindkraftwerk als Idee zur Energiegewinnung
entstand bei der Arbeit an den Kühltürmen in Seilnetz-
bauweise, deren Baubarkeit durch den Prototyp in Schmehausen bewiesen wurde. Diese ‚Naturzug'-Kühltürme
sind umso wirksamer, je höher sie sind. Da ein klassisches
thermisches Kraftwerk nur dann funktionieren kann, wenn
ihm etwa die Hälfte der zugeführten Energie als Abwärme
entzogen wird, welche durch den Kühlturm ‚verpufft',
entstand die Idee, den Aufwind, also die in einer Kaminröhre
aufsteigende warme leichte Luft, zur Energieerzeugung
zu nutzen. Die Entwicklung vom ersten Prototyp in Spanien
zur in Aussicht stehenden ersten großen Anlage in Australien ist lang und wurde unterstützt durch Kollegen wie
Michael Simon aus München. Der Vorschlag von Edgar
Nazare aus Paris, auf das teure Kollektordach zu verzichten,
wenn die unten offene Kaminröhre eine erforderliche
Höhe hätte, hielt einer Prüfung leider nicht stand. Die entscheidende Idee, mit Hilfe von Wasserschläuchen unter
dem Dach einen 24-Stunden-Betrieb zu gewährleisten,
entstand Mitte der neunziger Jahre in der Solargruppe von
Schlaich Bergermann und Partner.

collector adapted to the actual energy requirement, without 24-hour heat storage, and 6 to
7 kilometers in diameter, this large Solar Chimney
will be able to generate 200 megawatts of environmentally safe and sound electricity.

Energy Generation instead of Energy Dissipation

The Solar Chimney as an idea for power generation arose when working on cooling towers using
cable net structures—a prototype was successfully built in Schmehausen. These "natural draft"
cooling towers are all the more effective the
higher they are. Since a classic thermal power
plant can function only if about half of the supplied
energy is extracted as waste heat which dis-
appears through the cooling tower, the idea arose
of using the up-draft, that is, the light warm air
rising in a chimney tube, to generate energy. It
has been a long development path from the first
prototype in Spain all the way to the prospect of
the first major plant in Australia—and has been
supported by colleagues such as Michael Simon,
based in Munich. The suggestion by Edgar Nazare,
in Paris, to do without the expensive collector
roof if the chimney tube opening at the bottom
were high enough did not, unfortunately, pass the
test stage. The crucial idea of guaranteeing round-
the-clock operation by means of water tubes
under the roof came about in the mid-1990s in
the course of work by the solar group at Schlaich
Bergermann und Partner.

**Prinzip der Speicherung
für 24-stündigen Betrieb**
Principle of storage
for continuous operation

**Zeitlicher Verlauf der Strom-
erzeugung in Abhängigkeit
vom thermischen Speicher-
vermögen des Kollektor-
bodens** | Power production over
a day depending on thermal storage capacity of collector ground

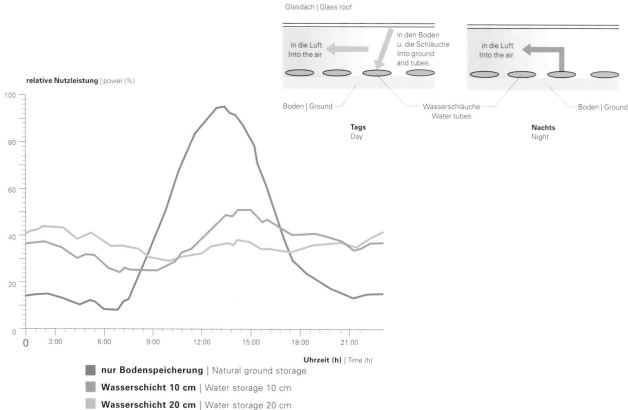

Glasdach | Glass roof

in die Luft
Into the air

in den Boden
u. die Schläuche
Into ground
and tubes

in die Luft
Into the air

Boden | Ground

Wasserschläuche
Water tubes

Boden | Ground

Tags
Day

Nachts
Night

relative Nutzleistung | power (%)

Uhrzeit (h) | Time (h)

■ **nur Bodenspeicherung** | Natural ground storage
■ **Wasserschicht 10 cm** | Water storage 10 cm
■ **Wasserschicht 20 cm** | Water storage 20 cm

Erfolgreiche Versuchsanlage

Mit einer Turmhöhe von 200 Metern und einer Kollektorfläche von 44.000 Quadratmetern konnte ein Prototyp
bereits zu Beginn der achtziger Jahre im Auftrag des
Bundesforschungsministers im spanischen Manzanares
errichtet und etwa sieben Jahre kontinuierlich betrieben
werden. Als Voraussetzung für die Planung großer Anlagen wurden dabei die grundlegenden thermodynamischen Zusammenhänge erarbeitet und durch Messungen
verifiziert.

Leistung

Die Leistung eines Aufwindkraftwerks ist proportional
zur Intensität der Sonnenstrahlung, der Turmhöhe und
der Kollektorfläche. So kann dieselbe Leistung mit einem
hohen Turm und einem kleinen Kollektor oder mit einem
niedrigen Turm und einem großen Kollektor erzeugt werden. Erst die Kosten der einzelnen Komponenten vor Ort
entscheiden über die Dimensionierung einer kostenopti-
mierten Anlage. Ein einzelnes Aufwindkraftwerk kann
mit einer entsprechend großen Kollektorfläche und einem
hohen Kamin für bis 200 Megawatt oder mehr Leistung
ausgelegt werden. So können wenige Aufwindkraftwerke
bereits ein großes Kernkraftwerk ersetzen. Ein 200 Mega-
watt-Großkraftwerk mit 24-Stunden-Speicherung braucht
ein Kollektordach mit einem Durchmesser von 12 Kilometern und eine Röhre von etwa 1.000 Meter Höhe
und einem Durchmesser von 120 Metern, um bei einer
jährlichen Einstrahlung von 2.300 Kilowattstunden pro
Quadratmeter auf eine Energieproduktion pro Jahr von
ungefähr 1.850 Gigawattstunden zu kommen.

Successful Pilot Plant

With a 200-meter-high tower and a collector surface of 44,000 square meters, a prototype was
erected in Manzanares, Spain, in the early 1980s
under commission from the German Federal
Ministry of Research and was in permanent
operation for some seven years. The fundamental
thermodynamic relationships were established
there and verified by measurements in order to lay
the foundations for constructing large-scale plants.

Output

The output of a Solar Chimney is proportional to the
intensity of the solar radiation, tower height and
collector area. In other words, the same output can
be achieved using a high tower and a small collector
as with a low tower and a large collector. It is the
costs of the individual components on location
that decide what dimensions a cost-optimal plant
would have. A single Solar Chimney can be designed
with an appropriate large collector and a high chimney for 200 megawatts or more. In this way, a few
solar chimneys can already replace a large nuclear
power station. In order to generate about 1,850 giga-
watt hours per year at annual solar radiation of
2,300 kilowatt hours per square meter, a 200-mega-
watt large power plant with 24-hour heat storage
requires a collector with a diameter of 12 kilometers
and an approximately 1,000-meter-high tube with
a diameter of 120 meters.

**Prototyp des Aufwind-
kraftwerks, Manzanares,
Spanien, 1982**
Prototype of Solar Chimney,
Manzanares, Spain, 1982

Zusammenhang zwischen Kollektordurchmesser und Turmhöhe
Interrelation between diameter of collector and height of tower

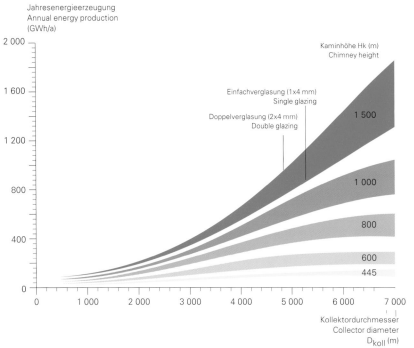

Jahresenergieerzeugung
Annual energy production
(GWh/a)

2 000

1 600

1 200

800

400

0

Kaminhöhe Hk (m)
Chimney height

Einfachverglasung (1x4 mm)
Single glazing

Doppelverglasung (2x4 mm)
Double glazing

1 500

1 000

800

600

445

0   1 000   2 000   3 000   4 000   5 000   6 000   7 000

Kollektordurchmesser
Collector diameter
D_{koll} (m)

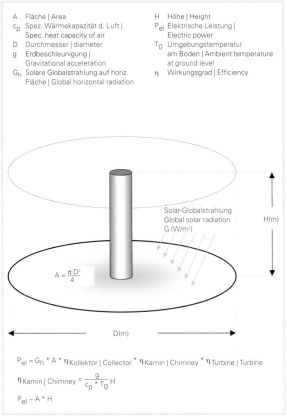

A   Fläche | Area
c_p Spez. Wärmekapazität d. Luft |
    Spec. heat capacity of air
D   Durchmesser | diameter
g   Erdbeschleunigung |
    Gravitational acceleration
G_h Solare Globalstrahlung auf horiz.
    Fläche | Global horizontal radiation

H   Höhe | Height
P_{el} Elektrische Leistung |
    Electric power
T_0 Umgebungstemperatur
    am Boden | Ambient temperature
    at ground level
η Wirkungsgrad | Efficiency

Solar-Globalstrahlung
Global solar radiation
G (W/m²)

H(m)

$A = \dfrac{\pi\,D^2}{4}$

D(m)

$P_{el} = G_h * A * \eta_{Kollektor\,|\,Collector} * \eta_{Kamin\,|\,Chimney} * \eta_{Turbine\,|\,Turbine}$

$\eta_{Kamin\,|\,Chimney} = \dfrac{g}{c_p * T_0} H$

$P_{el} \sim A * H$

Bau des Prototyps, Manzanares, Spanien, 1981
Construction of prototype, Manzanares, Spain, 1981

Herstellung des Kollektordachs aus Folie
Construction of collector roof out of foil

Die Folie des Kollektordachs Manzanares wurde nach einigen Jahren durch Glas ersetzt
The foil of collector roof in Manzanares was replaced after a few years by glass

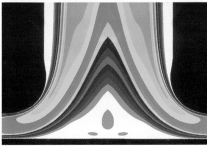

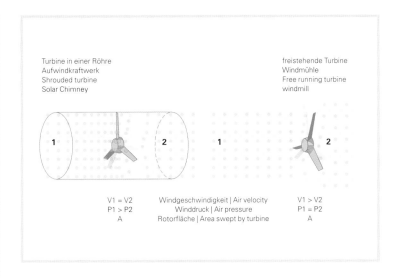

Turbine in einer Röhre
Aufwindkraftwerk
Shrouded turbine
Solar Chimney

freistehende Turbine
Windmühle
Free running turbine
windmill

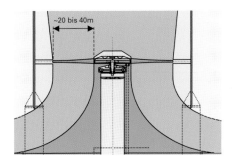

V1 = V2	Windgeschwindigkeit | Air velocity	V1 > V2
P1 > P2	Winddruck | Air pressure	P1 = P2
A	Rotorfläche | Area swept by turbine	A

~20 bis 40m

Blick nach oben in die Röhre mit der Turbine, Manzanares, Spanien
View looking up into the chimney with the turbine, Manzanares, Spain

Turbinenblätter für 200 MW-Aufwindkraftwerk
Turbine rotors for 200-MW Solar Chimney

Strömungsverlauf im Turmeinlauf
Air speed distribution at chimney base

Vertikalachsenturbine für 200 MW
Vertical-axis turbine for 200 MW

Kollektor

Das Kollektordach, eingedeckt mit Glas, Kunststoffelementen oder mit Folien, das etwa 60 Prozent der Gesamtkosten ausmacht, ist aus quadratischen Hängedachfeldern konstruiert. Es soll von ungelernten Arbeitern gebaut werden können, um vor Ort Arbeitsplätze zu schaffen. Seine Längsträger sind so ausgelegt, dass darauf Staubsauger zur Dachreinigung fahren können.

Turbinen

Die Turbinen stehen prinzipiell den druckgestuften Wasserturbinen näher als den geschwindigkeitsgestuften Windkraftanlagen im natürlichen Wind. Sie wurden mit Wasserkraftwerksbauern ausführungsreif entwickelt und kalkuliert. Man kann viele kleine Horizontalachsenmaschinen am Umfang des Kaminfußes anordnen oder, bei kleineren Kraftwerken, eine große Turbine mit vertikaler Achse in den Kaminquerschnitt setzen.

Collector

The collector roof, covered with glass, plastic sheets or foil, accounts for about 60 percent of the total costs and is made up of square suspended roof sections. It should be possible to have the roof erected by unskilled labor so that jobs can be created locally. The longitudinal girders are designed so that vacuum cleaners can run along them to clean the roof.

Turbines

Essentially, the turbines are more closely related to pressure-staged water turbines than to velocity-staged wind-power plants subject to natural wind. They were computed and developed together with hydroelectric power plant builders through to maturity. Many small horizontal-axis turbines can be arranged around the chimney tube base or, for smaller plants, one large turbine with a vertical axis can be placed inside the cross-section of the chimney tube.

Röhre eines Aufwindkraftwerks aus Stahlbeton im Bau
Tube for a Solar Chimney made of reinforced concrete during construction

Röhre aus Stahlbeton

Unter den möglichen Bauweisen – Stahlfachwerke, Seilnetze, Membranen – versprechen die Stahlbetonröhren für alle in Frage kommenden Wüstenländer die höchste Lebensdauer bei günstigsten Kosten. Technologisch gesehen sind es zylindrische Naturzugkühltürme, für den geplanten Turm in Australien mit einem Durchmesser von 120 Metern bei einer Höhe von 1.000 Metern und Wandstärken von 180 Zentimetern am Fuß zu 30 Zentimetern am oberen Rand abnehmend.

Reinforced Concrete Tube

Among the types of structure that could be used (such as steel truss, cable nets or textile membranes) it is reinforced concrete tubes that promise to deliver the longest service life and best cost/benefit ratios for all desert areas worth considering. Technologically speaking, cylindrical, natural draft cooling towers are involved—for the planned tower in Australia, the dimensions have a diameter of 120 meters, a height of 1,000 meters and wall thicknesses of 180 centimeters at the base tapering to 30 centimeters at the upper edge.

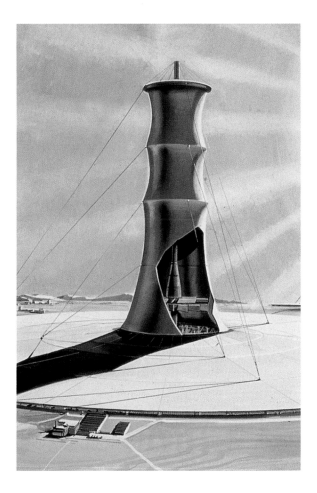

**Röhre eines
Aufwindkraftwerks mit
Membranmantel und
Abspannung**
Guyed tube for a solar chimney
with a membrane skin

**Abgespannte Röhre des
Prototyps in Manzanares
aus Trapezblech**
Guyed tube of the prototype
in Manzanares with corrugated
sheet steel

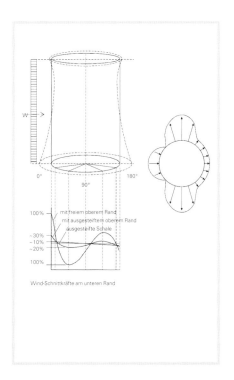

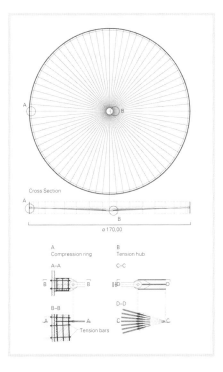

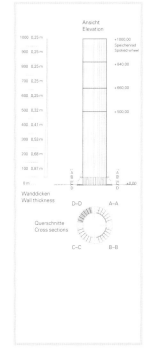

Speichenrad
Spoked wheel

1.000 Meter-Turm
1,000-meter tower

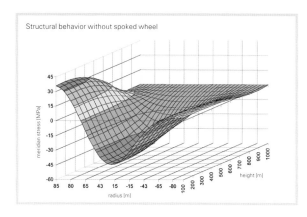

Structural behavior without spoked wheel

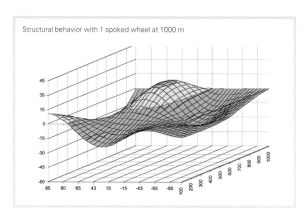

Structural behavior with 1 spoked wheel at 1000 m

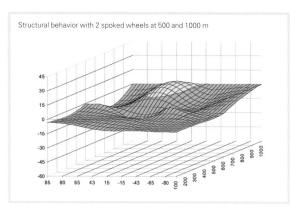

Structural behavior with 2 spoked wheels at 500 and 1000 m

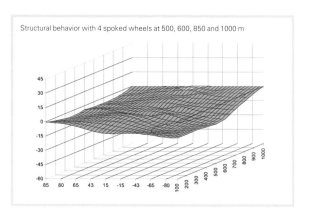

Structural behavior with 4 spoked wheels at 500, 600, 850 and 1000 m

Ovalisieren der Röhre

Solch dünnwandige Röhren ovalisieren im Wind wegen des Flankensogs. Dadurch werden die Meridianzug- und -druckspannungen im Vergleich zu den idealen linearen Biegespannungen eines Kragarms sehr groß. Die Folge sind Steifigkeitsverluste durch Rissbildung und Beulprobleme – Gründe, weshalb Naturzugkühltürme bisher die Höhe von 200 Metern nicht überschritten haben. Dieser Ovalisierung kann mit aussteifenden und vorgespannten Speichenrädern begegnet werden. Sie wirken wie steife Schotte, behindern den Aufwind aber nur minimal. Während die Meridianspannungen in der Kaminwand ohne Speichenräder sehr stark ondulieren, werden sie bereits mit einem Speichenrad am oberen Rand und vollends mit drei weiteren, über die Höhe der Röhre verteilt, stark gedämpft und die Zugspannungen durch die Eigenlast der Röhre überdrückt. Die dünne Schalenwand wird so ausgesteift, dass ein Beulen unmöglich ist. Darüber hinaus wird die besonders kritische, sich über die ganze Höhe erstreckende Schwingungsform so unterteilt, dass winderregte Schwingungen ausgeschlossen sind.

Ovaling of the Tube

Such thin-walled tubes are ovaled under wind pressure because of flank suction. In this way, meridian tension and compression are very large compared with the ideal linear bending stress of a cantilever. The consequences are a loss of rigidity caused by crack formation and buckling problems, both reasons why natural draft-cooling towers have not to date exceeded 200 meters in height. This ovaling can be counteracted by including stiffening and prestressed spoked wheels. They function like rigid diaphragms and yet only minimally prevent up-draft. While the meridian stresses in the chimney tube wall would undulate strongly in the absence of spoked wheels, they are already considerably damped by one spoked wheel at the upper rim and completely damped by three additional wheels spread across the length of the tube, in such a way that the tension is eliminated by the pressure delivered by the dead load of the tube. Thus the thin shell wall is stiffened sufficiently to render buckling impossible. Moreover, the mode of vibration so critical across the entire length of the tube is subdivided in such a way that wind-induced vibration is precluded.

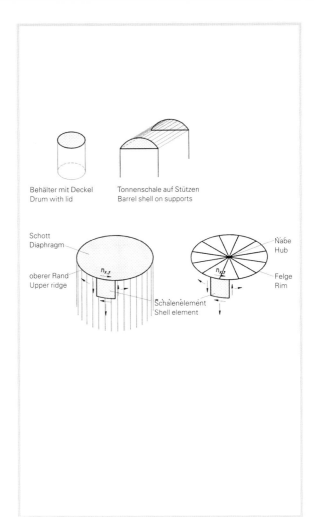

Behälter mit Deckel
Drum with lid

Tonnenschale auf Stützen
Barrel shell on supports

Schott
Diaphragm

oberer Rand
Upper ridge

$n_{x,y}$

Schälenelement
Shell element

Nabe
Hub

Felge
Rim

$n_{x,y}$

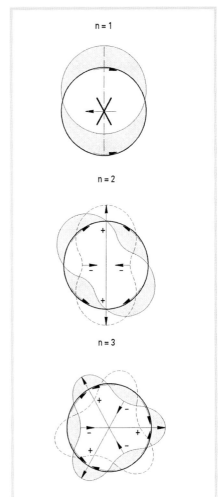

n = 1

n = 2

n = 3

n = 1, Speichenrad bleibt spannungslos, weil es keine Horizontalkraft ableiten kann. Diese wird von der Schale selbst abgetragen, ohne sie aus der Form zu bringen n = 2, 3, Resultierende der $n_{x\vartheta}$ im Speichenrad ist im Gleichgewicht. Auf Verformungen der Felge infolge $n_{x\vartheta}$ reagieren Speichen mit rein radialen Zug- und Druckkräften. Um Druck mit Abbau von Zug beantworten zukönnen, müssen Speichen vorgespannt sein

n = 1, spoked wheel remains without stress, because no horizontal force can be transferred. Shell transfers the horizontal force itself without losing its shape n = 2, 3, resulting forces of $n_{x\vartheta}$ in spoked wheel are in equilibrium. Spokes react to the deformations of rim caused by $n_{x\vartheta}$ with pure radial tension and compression. To counteract compression with tension reduction, the spokes have to be prestressed

Prinzip Speichenrad

Röhren werden mit Schotten sehr wirkungsvoll ausgesteift, weil die Schotte die Randschubkräfte $n_{x\vartheta}$ der Schale ableiten. Auf den ersten Blick scheint es, als wären die Speichen (Pendelstäbe) eines Speichenrads dazu nicht imstande. Diese Schubkräfte $n_{x\vartheta}$ entlang seiner Felge haben einen beliebigen, jedoch symmetrischen und stetigen Verlauf. Deshalb lassen sie sich als Summe n harmonischer Reihenglieder darstellen. Die Speichen reagieren also nur indirekt auf die Schubkräfte $n_{x\vartheta}$, aber direkt auf die Verformungen – eine allgemein gültige Erkenntnis. Aus dem Vergleich des mit einem Vollkreis-Schott ausgesteiften Behälters und der mit Kreissegment-Scheiben ausgesteiften Tonnenschale ist ersichtlich, dass sich zur Aussteifung von Bögen und Tonnen unterschiedlichste Seilverspannungen eignen.

The Spoked Wheel Principle

Diaphragms are highly effective in stiffening the tubes, as diaphragms transfer the edge shear forces $n_{x\vartheta}$ of the shell. At first sight, the spokes (pendulums) of a spoked wheel hardly seem capable of such an achievement. The shear forces $n_{x\vartheta}$ along its rim run random, yet symmetrical and continuous. For this reason, they can be described as the sum n of a harmonious series. Put differently, the spokes respond only indirectly to the shear forces $n_{x\vartheta}$, but directly to deformations—a generally applicable insight. Comparing a container stiffened by a fully circular diaphragm with a barrel shell stiffened by semi-circular diaphragms, it seems suitable to stiffen arches and barrels with the widest variety of cable bracing.

Gesamtjahresbilanz: Vergleich gerechneter und gemessener Monatsmittelwerte der Protyp-Anlage in Manzanares

Overall annual balance: comparison of calculated and measured monthly medium values of prototype plant at Manzanares

Jahresenergiesummen
Annual energy totals

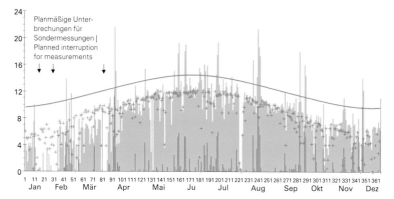

Tägliche Betriebsstunden [h] | Daily operation hours

Planmäßige Unterbrechungen für Sondermessungen | Planned interruption for measurements

- Gesamtproduktionszeit | Total production time: 3'157 h
- Tageslichtstunden | Daylight hours
- Nachtproduktion durch Bodenspeicherung | Night production by ground storage: 244 h
- Gesamtstunden mit mehr als 150 W/m2 Einstrahlung | Total hours with more than 150 W/m radiation: 3'067 h

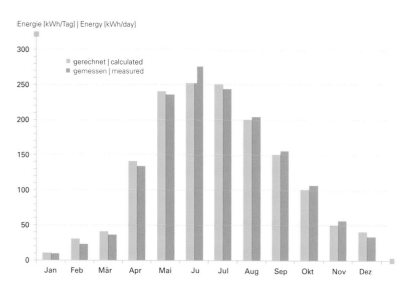

Energie [kWh/Tag] | Energy [kWh/day]

- gerechnet | calculated
- gemessen | measured

Jahresbilanz | Annual balance:
Gerechnet | Calculated: 44.35 MWh
Gemessen | Measured: 44.19 MWh

Kosten und Wirtschaftlichkeit

Mit Unterstützung von Bauunternehmen, Turbinenherstellern sowie der Glas- und Kunststoffindustrie konnten die Investitionskosten von typischen 200 Megawatt-Aufwindkraftwerken verlässlich kalkuliert werden. Während bei fossilen Kraftwerken vor allem die Brennstoffkosten den Strompreis bestimmen, sind dies beim Aufwindkraftwerk allein die Investitionskosten und Steuern.

Bei einem Gesamtzinssatz von 8 Prozent und einer Abschreibungsdauer von 40 Jahren kostet Strom aus Aufwindkraftwerken etwa 8 Cent pro Kilowattstunde. Dies ist geringfügig mehr, als Strom aus neu errichteten Kohlekraftwerken kostet. Bereits bei einer Reduktion des Zinssatzes auf 4 Prozent wäre Strom aus Aufwindkraftwerken mit 6 Cent pro Kilowattstunde konkurrenzfähig.

Die Investitionskosten umfassen zu einem großen Teil Lohnkosten. Das schafft Arbeitsplätze, also eine hohe Wertschöpfung im Lande selbst bei erhöhten Steuereinnahmen und verminderten Sozialkosten. Aufgrund dieser Investitionskosten sind die Stromgestehungskosten des Aufwindkraftwerks am Anfang höher als die des Kohlekraftwerks. Die Kosten für fossile Brennstoffe steigen jedoch jährlich an. Die Differenz der Stromgestehungskosten wird immer kleiner, nach etwa 20 Jahren ist sie verschwunden. Dann wären auch die beiden Kraftwerke im Beispiel abbezahlt. Von diesem Zeitpunkt an erzeugt das Aufwindkraftwerk zu niedrigen Kosten Elektrizität, weil nur noch Betriebs- und Wartungskosten anfallen, im Gegensatz zum Kohlekraftwerk, dessen Bilanz weiterhin von den Brennstoffkosten bestimmt wird. Nach einer Betriebszeit von etwa 30 Jahren muss ein neues Kohle-

Costs and Economic Feasibility

With the support of constructors, turbine manufacturers as well as the glass and plastics industry, the investment for a typical 200-megawatt Solar Chimney could be reliably cost estimated. While with fossil-fuel-fired power plants it is fuel costs that primarily determine the price of electricity, the latter is defined in a Solar Chimney solely by the upfront investment cost and taxes. Assuming an overall interest rate of 8 percent and depreciation over 40 years, electricity from a Solar Chimney costs about € 0.08 per kilowatt hour. That is only slightly more than electricity generated by newly-built coal-fired power plants. If we reduce the assumed interest rate to 4 percent, electricity from Solar Chimneys would already be a competitive € 0.06 per kilowatt hour.

A great amount of the investment costs is made up of labor costs. This creates jobs, meaning added value in the country itself and higher tax income as well as lower social costs for the government. Given these investment costs, the electricity cost price of a Solar Chimney is initially higher than that of a coal-fired power plant. However, the costs of fossil fuels are rising by the year. The difference between the respective electricity cost prices thus decreases steadily and will disappear altogether after about 20 years. At that point, in our example, both power plants will have paid their way. From this point onwards, the Solar Chimney generates electricity at a lower cost, as it

**Vergleich der Strom-
gestehungskosten
von Aufwindkraftwerk
und Kohlekraftwerk**
Comparison of levelized
electricity costs of a Solar
Chimney with a coal-fired
power plant

Stromentstehungskosten | Levelized electricity cost

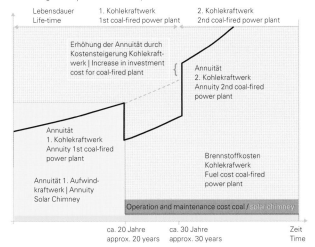

- Stromentstehungskosten, Kohlekraftwerk
  Levelized electricity cost, coal-fired power plant
- Annuität, Kohlekraftwerk
  Annuity, coal-fired power plant
- Betriebs- und Wartungskosten, Kohlekraftwerk
  Operation | Maintenance cost, coal-fired power plant
- Brennstoffkosten, Kohlekraftwerk
  Fuel cost, coal-fired plant

- Stromentstehungskosten, Aufwindkraftwerk
  Levelized electricity cost, Solar Chimney
- Annuität, Aufwindkraftwerk
  Annuity, Solar Chimney
- Betriebs- und Wartungskosten, Aufwindkraftwerk
  operation | Maintenance cost, Solar Chimney

kraftwerk gebaut werden, während das Aufwindkraftwerk
nach wie vor im Einsatz ist: eine weitere Zunahme
der Kostendifferenz zu Gunsten des Aufwindkraftwerks.

Motivation

„Wir müssen etwas tun für den Energiekonsens, für die
Umwelt und vor allem für die Milliarden Unterprivilegierten
in der Dritten Welt. Aber nicht mit Almosen, die wir uns
über deren Schuldzinsen mehrfach zurückholen, sondern
über eine globale Arbeitsteilung. Wenn wir ihnen Solarenergie abkaufen, können sie sich unsere Produkte leisten.
In der Tat sind wir der festen Überzeugung, dass eine
globale Energiewirtschaft, zu der die Sonne ortsabhängig
wie die Wasserkraft im Mix mit fossilen und nuklearen
Brennstoffen einen wesentlichen Anteil beisteuert, keine
Utopie ist."

henceforth incurs only operating and maintenance
costs; above the line the coal-fired power plant
continues to be affected by fuel costs. After an
operating period of about 30 years a new coal-fired
power plant would have to be built, while the Solar
Chimney would still be running: another increase
in the cost differential in the Solar Chimney's favor.

Motivation

"We must do something to achieve an energy con-
sensus, on behalf of the environment and, above
all, the billions of underprivileged people living in
the Third World. But not by handing out alms that
we simply grab back several times over through
the interest they have to pay on their debts, but
through a global division of labor. If we buy their
solar energy, they can afford our products. In fact,
we are firmly convinced that it is by no means
utopian to think of a global energy economy in which
the sun, dependent of geography, like hydropower,
plays a considerable role in the energy mix that
includes fossil and nuclear fuels."

Leichtbau – wieso und wie?

Light Structures—Why and How?

Jörg Schlaich

Jede intelligent und verantwortungsbewusst entworfene Baukonstruktion will so ‚leicht wie möglich' sein. Ihre Aufgabe ist es, ‚Nutzlasten' zu tragen. Die Eigenlasten der Konstruktion selbst sind ein unvermeidliches Übel. Eine Konstruktion kann als umso ‚leichter' bezeichnet werden, je kleiner das Verhältnis ihres Eigengewichts zu der von ihr getragenen Nutzlast ist. Wir erkennen sofort anschaulich, dass eine aus Seilen geknotete Hängebrücke offenbar leichter ist als eine aus Stäben verschweißte Fachwerkbrücke und diese leichter als eine aus Beton gegossene Balkenbrücke. Warum werden nicht ausschließlich Hängebrücken gebaut, sondern nur wenige, und diese nur für große Spannweiten? Wir verstehen intuitiv, dass die Forderung nach Leichtigkeit nicht das einzige Kriterium beim Entwurf einer Baukonstruktion sein kann.

In der Tat, leichte Konstruktionen haben zwei Erbfeinde: die ‚natürlichen Lasten' und die heutigen hohen Lohnkosten. Leichtbauten neigen zu großen schädlichen Verformungen unter Schnee und Temperaturwechseln, sie sind empfindlich gegen winderregte Schwingungen, die sie zerreißen können (das Tacoma-Trauma der Bauingenieure), tun sich dagegen mit Erdbeben buchstäblich leicht. Während man diesen natürlichen Angriffen mit geistreicher Formgebung und geschickter Verspannung durchaus begegnen kann, hat man gegen die hohen Lohnkosten und unseren sorglosen Umgang mit den natürlichen Ressourcen, die das ‚Klotzen' fördern und das Filigrane behindern, in einer materialistischen Gesellschaft kaum eine Chance.

Wieso?

Bevor wir besprechen, wie man Leichtbauten entwirft, wollen wir fragen, wieso es sich heute trotzdem lohnen könnte, Leichtbau zu betreiben. Die schlechten Erfahrungen mit einem Zweig des Leichtbaus, den Betonschalen, die fast ganz verschwunden sind, könnten abschrecken, erneut Anstrengungen zur Förderung und Entwicklung des Leichtbaus zu unternehmen. Dennoch: Nie war Leichtbau zeitgemäßer und notwendiger als heute, und zwar aus ökologischer, sozialer und kultureller Sicht.

Ökologisch gesehen: Leichtbau ist materialsparend, weil er versucht, die Werkstoff-Festigkeiten optimal auszunützen, und so keine Ressourcen vergeudet. Leichtbau ist in der Regel demontierbar und seine Bauteile sind wieder verwendbar, das heißt recyclebar. Er bremst die Entropie und erfüllt mehr als andere Bauweisen die Anforderungen an eine zukunftsfähige und nachhaltige (‚sustainable') Entwicklung.

Sozial gesehen: Leichtbau schafft Arbeitsplätze, weil feingliedrige Konstruktionen sorgfältig durchgebildete, arbeitsintensive Details erfordern mit einem hohen Planungs- und vor allem Fertigungsaufwand. Die mentale Anstrengung tritt an die Stelle der physischen, Zeit und Handwerk verdrängen die Strangpresse wieder – Freude am Konstruieren statt ‚Klotzen'! So lange in unserem heutigen Wirtschaftssystem Arbeitszeit gleichgesetzt wird mit Kosten, wir für die Rohstoffe nur ihren Förderaufwand bezahlen und insgesamt die ‚externen Kosten' noch nicht einrechnen, sind Leichtbauten teurer als funktionell gleichwertige plumpe Bauten. Die Mehrkosten der Leichtbauweise schaffen Arbeit für Menschen und fließen in das soziale System zurück. Qualität hat ihren Preis, aber auch ihren Lohn. In Zeiten der Arbeitslosigkeit und des schwindenden handwerklichen Könnens erwächst den Bauherren eine hohe sozialpolitische Verantwortung. Sie machen es sich zu leicht und denken zu eng, wenn sie sich bei der

Any structure designed intelligently and responsibly aspires to be as "light as possible". Its task is to bear "working load". The dead load of the structure is usually an unavoidable evil in this context. A structure can be classified as all the "lighter", the smaller the ratio of its own weight is to the working load it bears.

We recognize at first glance that a suspension bridge borne by knotted ropes is clearly lighter than a truss bridge, and that this in turn is lighter than a bridge made of cast-concrete girders. Which at once prompts the question why we don't just build suspension bridges when, in fact, there are so few of them, and these are used only for large spans. This insight helps us to understand that the demand for lightness cannot be the only criterion when designing structures.

As it happens, light structures have two arch-enemies: "natural loads" and today's high wages. Light structures are prone to major harmful deformation in snow and changes in temperature, they are sensitive to wind-induced vibration, which can lacerate them (the Tacoma trauma of civil engineers), but can cope easily with earthquakes. While it is indeed possible to counter such natural attacks by developing ingenious shapes and clever bracing, we hardly stand a chance against today's high wages and our careless attitude to natural resources, which favors massive quantity and rejects refined quality in our materialist society.

Why?

Before discussing how lightweight structures are designed, we should ask why it could, after all, still be worthwhile building such structures. The poor experiences with one section of lightweight construction, namely concrete shells, which now have all but vanished, could easily put some off the idea of making the effort to promote and develop lightweight structures. And yet at no point was lightweight construction more up to date and necessary than today, whether viewed from an ecological, sociological or cultural point of view.

Seen ecologically: Building light requires less material input since it aims to make maximum use of materials' strengths and thus does not waste any resources. As a rule, lightweight structures can be dismantled and the elements recycled. Lightweight structures thus halt entropy and, more than other types of buildings, fulfill the requirements for our common future, that is, for sustainable development.

Seen sociologically: lightweight structures create jobs, since delicate structures involve a carefully thought-out, work-intensive attention to detail, entailing high planning and production costs. The work is hard more from a mental than a physical point of view, time and craftsmanship replace dull extrusion once again, which means the joy is in careful detailling and not in quantities! As long as we live in an economic system in which work time is equated with costs, raw materials have a price tag equivalent only to the cost of their extraction, and in which we do not factor in "external costs", light structures will be more expensive than ungainly buildings of equal functional value. These additional costs, however, create jobs and flow back into the social system. Quality has its price, and its rewards, and in times of unemployment and fast disappearing crafts skills, clients thus assume a high degree of social responsibility. To justify choosing the cheapest bidder by pointing to the need to cut costs would be making things too easy for themselves, and too narrow-minded.

Lightweight structures are, of course, not restricted to the advantageous construction of bridges and wide-span roofs; the same principles can also be used for façades, exhibition pavilions, etc. Being in principle more cost-intensive, lightweight structures can easily be derided as elitist. It seems as if only banks and insurance

**1 | Vergleich zwischen Vogel-
knochen und Dinosaurier-
knochen nach Galileo**
Comparison between bone
of a bird and that of a dinosaur,
according to Galileo

**2 | Mammutbaum, Douglasie
und Goldkiefer zeigen, wie
der Stammdurchmesser
mit der Höhe zunimmt**
Redwood, Douglas pine and
golden pine show how the
diameter of the trunk tapers
with increasing height

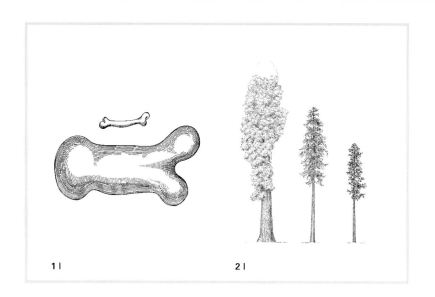

1 | 2 |

$$\beta = \pm\frac{M}{W} = \pm\frac{3}{4}\cdot\gamma\cdot\frac{L^2}{d}$$

$$\text{erf.}\ \frac{d}{L} = \frac{3}{4}\cdot\frac{\gamma}{\beta}\cdot L \neq \text{const!}$$

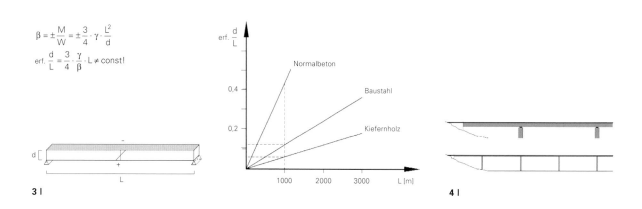

3 | 4 |

Auftragsvergabe an den billigsten Anbieter auf ihren Zwang zur Sparsamkeit berufen.

Natürlich ist der Leichtbau nicht auf den vorteilhaften Bau von Brücken und weit gespannten Dächern beschränkt, sondern eignet sich im Hochbau auch für Fassaden, Ausstellungspavillons und dergleichen mehr. Wegen seiner prinzipiell höheren Kosten kann der Leichtbau in den Ruch des Luxuriösen geraten. Es scheint, als könnten sich ihn nur Banken und Versicherungen, gelegentlich noch Museen leisten, nicht aber der Wohnungsbau und der alltägliche Industriebau. Und die Ingenieure und Architekten genießen einen Abglanz des Elitären, der im krassen Gegensatz steht zum Geist der Pioniere des Leichtbaus: Richard Buckminster Fuller, Konrad Wachsmann, Vladimir Suchov, Max Mengeringhausen und Frei Otto. Heutige Ingenieure und Architekten dagegen treiben den konstruktiven Exhibitionismus exklusiver Projekte immer weiter und merken nicht, dass um sie herum 98 Prozent des Gebauten viel eher ihrer Zuwendung bedürfte und deshalb ihr Tun zutiefst asoziale Züge erhält – der Verfasser weiß, wovon er redet, und klagt sich auch selbst an. Gefragt ist ein vernünftiger, bescheidener, effizienter aber zugleich bezahlbarer Leichtbau.

Kulturell gesehen: Leichtbau, verantwortungsbewusst und diszipliniert betrieben, kann einen wesentlichen Beitrag zur gestalterischen Bereicherung der Architektur leisten. Die Vorstellung von ‚leicht‘, ‚filigran‘ und ‚weich‘ weckt angenehmere Empfindungen als ‚schwer‘, ‚plump‘ und ‚hart‘. Typischer Leichtbau macht den Kraftfluss ablesbar, der aufgeklärte Mensch will verstehen, was er sieht. So kann der Leichtbau über seine rationale Ästhetik Sympathien für die Technik, das Bauen und die Ingenieure

einfordern. Er kann den Ingenieurbau aus seiner heute weit verbreiteten Monotonie und Fantasielosigkeit herausführen und ihn wieder zu einem integralen Teil der Baukultur machen. Leichtbau ist ökologisches, soziales und kulturelles Bauen! Was könnte zeitgemäßer sein?

Wie?

Wie geht das nun, Leichtbau? Wenn wir leichte Baukonstruktionen entwerfen wollen, müssen wir ein paar einfache und einleuchtende Regeln beachten:

Naturgesetz des Maßstabs

Eine Struktur wird umso plumper (das heißt dicker in Relation zu ihrer Länge), je größer sie ist. Die Stärke eines biegebeanspruchten Balkens, der sich nur selbst tragen muss, wächst nicht nur proportional zu seiner Spannweite (wie aus falscher Gewohnheit oft unterstellt wird), sondern mit ihrem Quadrat! Wenn der Balken beispielsweise bei 10 Meter Spannweite 20 Zentimeter dick sein muss, dann wird er bei 100 Meter Spannweite nicht nur 10-fach, sondern 10×10-fach dicker, also 20 Meter dick sein und sein Gesamtgewicht wächst gar um den Faktor 1.000! Ursache dafür ist, dass die Eigenlast schneller wächst (mit der 3. Potenz = dem Volumen) als die Tragfähigkeit (mit der 2. Potenz = der Querschnittsfläche). Diese wichtige Rolle des Maßstabs war schon Galileo Galilei bekannt. Er veranschaulichte sie durch den Vergleich eines kleinen dünnen Vogelknochens mit dem entsprechenden großen plumpen eines Dinosauriers (1). Dessen Beine (Querschnitt A = Π·d²/4) konnte sein mit der Größe schnell wachsendes Gewicht (Volumen V = Π·D³/6) nicht mehr tragen:

d/D = 1/16 d/D = 1/5 d/D = 1/1,6 d/D = 1/1

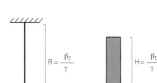

5 |

$$R = \frac{\beta_Z}{\gamma}$$ $$H = \frac{\beta_D}{\gamma}$$

$L_Z \approx 1{,}3R$

$L_D \approx 1{,}3H$

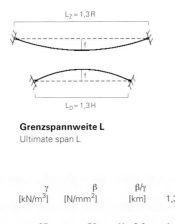

Reißlänge R **Grenzhöhe H** **Grenzspannweite L**
Breaking length R Maximum height Ultimate span L

	γ [kN/m³]	β [N/mm²]	β/γ [km]	β/γ 1,3 [km]
Naturstein-Mauerwerk | Natural stone masonry	25	− 50	H ≈ 2,0	L_D ≈ 2,6
Mauerziegel | Brick	15	− 20	H ≈ 1,3	L_D ≈ 1,7
Normalbeton | Regular concrete	23	− 40	H ≈ 1,7	L_D ≈ 2,3
Hochfester Beton | High strength concrete	23	− 120	H ≈ 5,2	L_D ≈ 6,8
Baustahl | Structural steel	78	− 500	H ≈ 6,4	L_D ≈ 8,3
Stahldraht | Steel wire	78	+ 2200	R ≈ 28	L_Z ≈ 37
Kiefernholz | Pine wood	5	− 60	H ≈ 12	L_D ≈ 16
Glasfaser | Glass fibre	25	+ 2400	R ≈ 96	L_Z ≈ 125
Aramidfaser | Aramid fibre	14	+ 2700	R ≈ 193	L_Z ≈ 250

− Druck + Zug
− compression + tension

6 | Beispiel 1: Betonkugel (ø D [m], γ = 23 kN/m³) auf Betonstütze (ø d [m], β_D = 40/mm²), Druckversagen tritt ein bei:

Example 1: concrete sphere (ø D [m], γ = 23 kN/m³) on concrete column (ø d [m], γ_D = 40 N/mm²) fails to compression if:

$$\beta \cdot \frac{\pi d^2}{4} = \gamma \frac{\pi D^3}{6} \rightarrow \text{erf. } d = \sqrt{\frac{2}{3} \cdot \frac{\gamma}{\beta_D} \cdot D^3} \approx 0{,}02\sqrt{D^3}$$

7 | Beispiel 2: Kleine ‚Erdkugel' (D = 10 m, γ = 55 kN/m³) hängt an einem Drahtseil (β_Z = 2200 N/mm²), Zugversagen wenn:
Example 2: Small "globe" (D = 10 m, γ = 55 kN/m³) is suspended from a wire cable (β_Z = 2200 N/mm²) fails to tension if:

erf. d = 185.687 km

$$\text{erf. } \frac{d}{D} = 14{,}6!$$

d D

Für die ‚wirkliche Erdkugel' (D = 12742 km, γ = 55 kN/m³) würde:
For the "real globe" (D = 12,742 km, γ = 55 kN/m³) meaning:

$$\text{erf. } D \approx 0{,}0041\sqrt{D^3} = 0{,}13\,m$$

$$\text{erf. } \frac{d}{D} = \frac{1}{77}$$

Wie gut, dass die Erde durch die Massenanziehung der Sonne auf ihrer Bahn gehalten wird
It's a good thing that the earth is held on its orbit by the gravitational forces of the sun

companies or museums can afford them, but are out of reach when it comes to building housing and everyday industrial plants and retail shops. And engineers and architects enjoy wallowing in elitism, which is diametrically opposed to the spirit of such pioneers of lightweight structures, as Buckminster Fuller, Konrad Wachsmann, Wladimir Suchov, Max Mengeringhausen and Frei Otto. Today's engineers and architects pursue constructive exhibitionism ever further, without noticing that 98 percent of what is built around them would benefit greatly from their attention, and that there is, therefore, a deeply unsocial aspect to their activities. The author knows what he is talking about and does not exempt himself from this criticism. What is needed are sensible, modest, efficient – but also affordable – lightweight structures.

Seen culturally: building lightweight structures, if undertaken in a disciplined and responsible manner, can make a significant contribution to enriching the architectural spectrum. Whatever is "light", "refined" and "gentle" makes a much more pleasant impression than what is "heavy", "ungainly" and "severe". A typical light structure makes the flow of forces legible, and an enlightened observer wants to be able to understand what he or she is looking at. As such, with their

rational aesthetics, light structures can foster a positive attitude towards technology, construction and engineers. It can guide engineering away from the widespread monotony and lack of imagination that characterize it today and place it in a setting where it is once again an integral part of the culture of building. Ecological, social, cultural: what could be more up to date?

How?

How to create lightweight structures anyway? If we want to design light structures, we need to respect a few easy, obvious rules:

Natural Law of Scale

A structure becomes all the more ungainly (that is, thicker in relation to its length), the bigger it is. The thickness of a beam subject to a bending load that has to support only itself increases not in proportion to its span (which is often assumed in error), but to its square! If, for example, a 10-meter span needs a beam 0.20 meters thick, then a 100-meter span would require a beam not 10 times as thick, but 10×10 times, in other words, a beam 20 meters thick – with the total weight increasing by a factor of 1000!

The reason: its dead load increases more quickly (to the power of three = the volume) than the load-bearing capacity (by the power of two = the cross-sectional area). Galileo was already aware of this important role of scale. He illustrated it by comparing the thin bone of a bird with the correspondingly thick bone of a dinosaur (1). The latter's legs (cross-section A = $\Pi \cdot d^2/4$) were no longer able to support their rapidly increasing weight (volume V = $\Pi \cdot D^3/6$) as they gained in size:

"Now we can see from this how neither art nor nature can enlarge its works infinitely, so that it appears impossible to build enormous ships, palaces or temples, (…): Just as nature, on the other hand, does not allow any oversized trees to exist, since their twigs would break off under their own weight (…) By way of explanation I have sketched a bone for you that is three times the normal length and the mass of which has been thickened, so as to make it of just as much use to correspondingly large animals as the small bone is to smaller animals. You will see the incongruity of the large bone. So if you wanted to retain the same ratios for a giant you would either have to find stronger materials, or it would have to forego its solidity, and make the giant weaker than

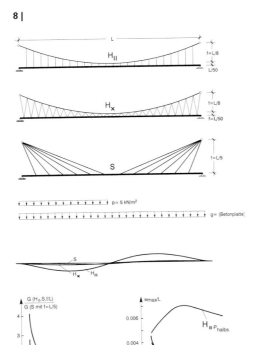

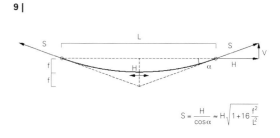

$$S = \frac{H}{\cos\alpha} \approx H\sqrt{1 + 16\frac{f^2}{L^2}}$$

Die hinsichtlich der Verformungen optimale Masthöhe f ist bei Hängebrücken geringer als bei Schrägseilbrücken. Für Fußgänger kann sich die Hängebrücke höhere Maste leisten als für Autos oder Eisenbahnen, weil die Verformungen w nicht so kritisch sind, so dass Seilmengen gespart werden können.
In terms of deformation, the optimal mast height f is less for suspension bridges than for cable-stayed bridges. For pedestrians, a suspension bridge can allow higher masts than for cars or railways, as deformation w is not as critical, meaning savings in cable quantities.

„Hieraus erkennen wir nun, wie weder Kunst noch Natur ihre Werke unermesslich vergrößern können, sodass es unmöglich erscheint, immense Schiffe, Paläste oder Tempel zu erbauen, (…): wie andererseits die Natur keine Bäume von übermäßiger Größe entstehen lassen kann, denn die Zweige würden schliesslich durch das Eigengewicht zerbrechen (…) Zur Erläuterung habe ich Euch einen Knochen gezeichnet, der die gewöhnliche Länge ums Dreifache übertrifft und der in dem Maasse verdickt wurde, dass er dem entsprechend grossen Thiere ebenso nützen könnte, wie der kleinere Knochen dem kleineren Thiere. Ihr erkennt, in welchem Missverhältnis der große Knochen gerathen ist. Wer also bei einem Riesen die gewöhnlichen Verhältnisse beibehalten wollte, müsste entweder festere Materie finden, oder er müsste verzichten auf die Festigkeit, und den Riesen schwächer als Menschen von gewöhnlicher Statur werden lassen; bei übermässiger Grösse müsste er durch das Eigengewicht zerdrückt werden und fallen."[1] Fazit: Baukonstruktionen werden umso schwerer, je größer sie sind. Leicht bauen heißt unnötig große Spannweiten meiden und – wie wir bereits an einem einfachen Balken (3) erkennen – effiziente Werkstoffe (kleines γ/β) einsetzen.

Nicht biegen!

Dieses Naturgesetz des Maßstabs kann man aber mit einigen Tricks umgehen, und zwar wenn man zunächst biegebeanspruchte Bauteile vermeidet zugunsten rein axial auf Zug oder Druck beanspruchter Stäbe, also den Balken

auflöst. Das ist grundsätzlich möglich, wie wir vom Fachwerkträger wissen. Bei Stäben wird die gesamte Querschnittsfläche gleichmäßig genutzt und alles Unnötige weggelassen, bei der Biegung sind nur die Randfasern voll beansprucht, während in der Mitte untätiges Material ‚mitgeschleppt' werden muss.

Dabei sind offenbar zugbeanspruchte Stäbe effizienter als druckbeanspruchte, weil Erstere erst dann reißen, wenn ihr Werkstoff versagt, während schlanke druckbeanspruchte durch Knicken, ein plötzliches seitliches Ausweichen, versagen. Das lässt sich ganz leicht an einem langen Bambusstock ausprobieren, wir können ihn von Hand nicht zerreißen, aber wenn wir uns auf ihm abstützen wollen, knickt er schnell.

Effizienz eines Werkstoffs

Diese günstigen zug- aber auch die druckbeanspruchten Bauteile werden umso effizienter, je größer ihre Zugfestigkeit β_Z bzw. Druckfestigkeit β_D und je kleiner ihre Rohdichte γ ist. Als Reißlänge $R = \beta_Z/\gamma$ bezeichnet man recht anschaulich die Länge, die ein Faden erreicht, bis er unter seiner Eigenlast reißt, entsprechend als Grenzhöhe $H = \beta_D/\gamma$ die Höhe eines Prismas, das gerade in seiner Bodenfuge zerdrückt wird (5).[2]

Während die Reißlänge R eines Seils ebenso wie die Grenzhöhe H einer Säule unabhängig von der Größe ihrer konstanten Querschnittsfläche sind, kommen Maßstab und Effizienz bei Kombination zweier Werkstoffe gleichermaßen ins Spiel (6,7).

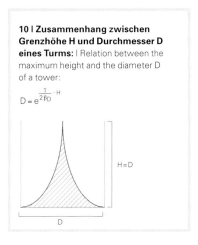

10 | Zusammenhang zwischen Grenzhöhe H und Durchmesser D eines Turms: | Relation between the maximum height and the diameter D of a tower:

$$D = e^{\frac{\gamma}{2\beta_D} \cdot H}$$

H = D

D

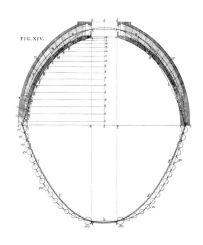

FIG. XIV.

normal-sized humans; were it oversized it would be crushed by its own weight and fall down."[1]

Conclusion: structures become heavier the bigger they are. Building light structures means avoiding unnecessarily wide spans and – as already illustrated by a simple beam (3) – using efficient materials (small γ/β).

No Bending!

It is possible to get round this natural law of scale with a few tricks. First of all, by using members acting purely in axial tension or compression as against those acting in bending. In other words, we have to dissolve girders. In principle that is always possible, as we know from trusses. In the case of struts and ties the entire cross-sectional area can be used evenly, and what is not absolutely essential discarded. In the case of bending, only the edge fibers come fully under pressure, whereby inactive material in the middle has to be borne along, too.

Tensile ties are evidently better value than compression struts, since the former fail only with their material, whereas slender struts buckle by suddenly moving sideways. This can be demonstrated using a

long bamboo stick: we cannot break it in tension by hand but if we want to support ourselves on it, it snaps very easily.

Material Efficiency

Such favorable structural elements subject to tension or compression become all the more efficient the greater their tensile strength β_z or compression strength β_D and the smaller their bulk density γ. The breaking length $B = \beta_z/\gamma$ refers to the length a thread can reach before it breaks under its dead load, corresponding the maximum height $H = \beta_D/\gamma$ refers to the height of a prism just being crushed in its footprint (5).[2]

Whereas the breaking length R of a cable and the maximum height H of a column are independent of the size of their constant cross-sectional area, in the combination of two materials the scale and the efficiency also come into play (6,7).

In reality the diameter of a tower, or in the case of a hollow body the thickness of the wall, tapers upwards in line with the reduction of the compressive stress. If the cross-sectional area from top to bottom is allowed to grow in line with the function so typical for natural phenomena of natural logarithms or e-functions, then the vertical stresses in each cross-section remain constant. In this way, any material can be used to build as high as you want.

Factor γ/β would then only determine the contours of the tower, the smaller it is the more squat it becomes. If one (arbitrarily) sets that height as the maximum height H, at which diameter D becomes as large, then the following applies: for normal concrete H = 37 km, for high-strength concrete H = 122 km, for structural steel H = 153 km and for wood H = 303 km (10).

A hanging cable made of high-quality steel wire (or of aramide fibers) could just about support itself up to a maximum span of 37 kilometers (250 kilometers) (5). If we require a safety factor of 2.0 and assume that in addition to its dead weight the cable must bear at least the same weight again (for example, the stiffening girder of a suspension bridge), but can, on the other hand, disregard the traffic load, then using materials available today (steel wire) the calculated maximum span for suspended structures is calc. $L_{max} \approx 9$ km for arches calc. $L_{max} \approx 2$ km is certainly more than is necessary, sensible and affordable.

With regard to the minimization of the cable or arch weight, the rise-to-span ratio $f/L \approx 0.35$ based on $L_z \approx 1.3$ R is optimum. In the case of suspension bridges, however with regard to deformation and one-sided traffic load and a still acceptable cable weight, $f/L = 1/8 – 1/10$ has proved favorable (8,9).

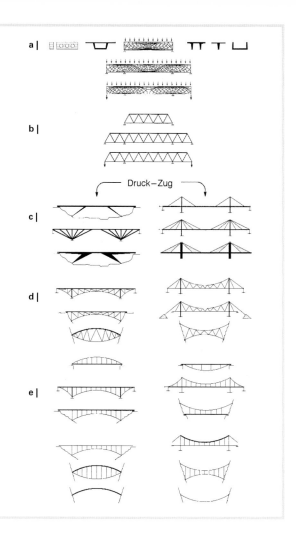

In Wirklichkeit wird man den Durchmesser, bzw. bei einem hohlen Körper die Wandstärke, eines Turms nach oben entsprechend der Abnahme der Druckspannungen verjüngen. Lässt man die Querschnittsfläche von der Spitze bis hin zum Boden nach der für natürliche Phänomene so typischen Funktion des natürlichen Logarithmus beziehungsweise der e-Funktion anwachsen, bleiben die vertikalen Spannungen in jedem Querschnitt konstant. So lässt sich mit jedem Werkstoff beliebig hoch bauen. Der Faktor γ/β bestimmt jetzt nur noch die Kontur des Turms, je kleiner desto gedrungener. Wenn man (willkürlich) als Grenzhöhe H die Höhe ansetzt, bei der der Durchmesser D gleich groß wird, dann wird für: Normalbeton H = 37 km, für hochfesten Beton H = 122 km, für Baustahl H = 153 km und für Holz H = 303 km (10).

Ein durchhängendes Seil aus hochwertigem Stahldraht (Aramidfasern) könnte sich bis zu einer Grenzspannweite von 37 Kilometern (250 Kilometern) noch selbst tragen (5). Verlangt man einen Sicherheitsfaktor von 2,0 und unterstellt, dass das Seil neben seiner Eigenlast zumindest nochmals dieselbe Last zu tragen hat (zum Beispiel den Versteifungsträger einer Hängebrücke), dagegen aber die Verkehrslast vernachlässigen kann, beträgt die rechnerische Grenzspannweite L/4, das heißt mit heute verfügbaren Werkstoffen (Stahldraht) wird die Grenzspannweite für Hängekonstruktionen zu rechn. $L_{grenz} \approx 9$ km, für Bögen zu rechn. $L_{grenz} \approx 2$ km, auf jeden Fall mehr als nötig, sinnvoll und bezahlbar.

Das dem $L_Z \approx 1{,}3$ R zugrunde liegende Stich/Spannweitenverhältnis f/L ≈ 0,35 ist hinsichtlich der Minimierung des Seil- bzw. Bogengewichts optimal. Für Hängebrücken hat sich aber f/L = 1/8 – 1/10 im Hinblick auf erträgliche Verformungen unter halbseitiger Verkehrslast bei dennoch vertretbarem Seilgewicht als effektiv erwiesen (8,9).

Mit f/L = 1/8 und für das Seilgewicht $A \cdot \gamma$ mit $S = A \cdot \beta$ wird für Stahldraht mit der Reißlänge R ≈ 28 km die praktische Grenzspannweite für Hängekonstruktionen geringer, nämlich zu: prakt. $L_{grenz} \approx 0{,}89 \cdot 28 \cdot {}^1/_4 \approx 6{,}2$ km statt 1,3 R immer noch mehr als nötig. Gelingt es, baupraktisch nutzbare Aramidfasern herzustellen, wird prakt. $L_{grenz} \approx 43$ km.

Kleiner Exkurs Brückenbau

Diese drei ersten Ansätze für den Leichtbau eröffnen uns bereits die ganze Formenvielfalt des Brückenbaus (12). Wir erkennen die Auflösung des Balkens zum Fachwerk und dann (links) die Bogentragwerke, die ihre Lasten hauptsächlich über Druckkräfte ableiten, und ihre Umkehrung (rechts), die Hängetragwerke, welche die besonders günstige Zugbeanspruchung nutzen. Ganz unten finden wir die minimalsten Tragwerke, den reinen Bogen oder das zwischen zwei Felswänden hängende Seil, die so aber als Tragwerke untauglich sind, weil sie sich unter Last zu sehr verformen würden.

Dazwischen ergeben sich die verschiedensten Lösungen: Versteifungen der Bögen und Hängeseile durch Koppelungen mit der Fahrbahn und alle Arten von Verspannungen, Stabbögen, Sprengwerke sowie die Schrägseilbrücken und Hängebrücken usw. Je weiter wir fortschreiten, von den dreieckigen zu den viereckigen Maschen, desto leichter, aber auch desto weicher und kritischer gegen winderregte Schwingungen wird es, und darin spiegelt sich die ganze Herausforderung und der Reiz des Brückenbaus wider.

Der aufmerksame Beobachter des heutigen Brückenbaus wird bestätigt finden, dass man auf diesem Gebiet recht pragmatisch ‚so schwer wie gerade vertretbar' baut. Bis ungefähr 100 Meter Spannweite wählt man Balken,

13 | Fußgängerbrücke Max-Eyth-See, Stuttgart, 1989
Footbridge, Lake Max Eyth, Stuttgart, 1989

14 | Fußgängerbrücke Pragsattel I, Stuttgart, 1992
Footbridge, Pragsattel I, Stuttgart, 1992

15 | Ganterbrücke, Simplonpass, Schweiz, 1980, Christian Menn
Ganter Bridge, Simplon Pass, Switzerland, 1980, Christian Menn

16 | Thurbrücke, bei Felsegg, Schweiz, 1933, Robert Maillart
Thur Bridge, near Felsegg, Switzerland, 1933, Robert Maillart

17 |

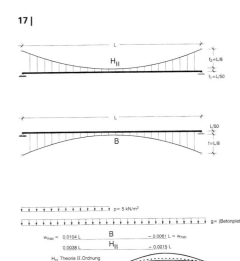

In der Tat wirkt Stabbogenbrücke B prinzipiell wie eine umgekehrte Hängebrücke H_{II}. Eine nähere Betrachtung zeigt aber, dass sich die Verformungen w mit zunehmender, insbesondere einseitiger Last bei der Hängebrücke verringern, während sie sich bei der Bogenbrücke aufschaukeln. Bei Hängebrücken genügt zur Stabilisierung die Eigenlast g und nützt die Biegesteifigkeit J des Trägers. Bogenbrücken hingegen sind auf die Biegesteifigkeit J unbedingt angewiesen.
As a matter of fact, deck-stiffened arch bridge B functions essentially like the inverted suspension bridge H_{II}. However, we soon see that the deformations w are reduced with increasing, specifically one-sided load on the suspension bridge, while in an arch bridge it increases. In the case of suspension bridges, load weight g suffices as stabilization, using the girder's rigidity J. By contrast, arch bridges cannot dispense with rigidity J.

At $f/L = 1/8$ and for a cable weight $A \cdot \gamma$ with $S = A \cdot \beta$ the practical maximum span for suspended structures for steel wire with a breaking length $R \approx 28$ kilometer is less, namely: pract $L_{limit} \approx 0{,}89 \cdot 28 \cdot {}^{1}/_{4} \cdot 6{,}2$ km instead of $1{,}3$ R is still more than necessary. If usable aramide fibers can be successfully produced for building purposes, then pract. $L_{limit} \approx 43$ km.

Slight Excursus: Bridge-Building

These first three examples of lightweight structures already reveal to us the wide variety of forms in bridge-building (12). We can see the beam resolving to form a truss and then (on the left) the arched structures, which predominantly bear load in compression, and their reversion (right), the suspended structures, which make use of the particularly favorable tensile forces. At the bottom we see the most reduced structures, the pure arch or the cable suspended between two cliff walls, which as such cannot be used as load-bearing structures as they would deform too quickly under non-uniform load.

In this way, you arrive at all the various in-between solutions, bracing arches and suspension cables by joining them to the roadway, and all forms of stiffening, deck stiffened arches, raked frames as well as cable-stayed and suspension bridges, etc. The lower we descend, from triangular to rectangular meshes, it becomes all the lighter but also non-flexible and more critical with regard to wind-induced vibration – and herein lies the challenge and the attraction of bridge-building.

Astute observers of bridge-building today will soon see that bridges are true to the pragmatic motto of "as heavy as can be justified". For a span of up to around 100 meters girders are used, up to around 250 meters arches and trusses. For spans of this length, the dead load of the bridge can be at least five times the useful traffic load it can bear. Above 300 meters, however, the dead load of the structure is so great that only "lightweight constructions" working predominantly in tension, cable-stayed bridges and self-anchored suspension bridges of lengths of up to about 1,000 meters come into question. Only back-anchored suspension bridges are used for lengths exceeding this value.

For the sake of good order it ought to be noted at this point that the aforementioned maximum spans apply only to pure back-anchored suspension bridges. With their girder compression boom beneath, cable-stayed bridges have the load-bearing behavior of cantilevering trusses. In the case of self-anchored suspension bridges the stiffening girder also acts as a compression boom. For this reason, in both cases it is the compression strength of the compression boom that determines the possible length of the span. As a result, should both have the same f/L, a self-anchored suspension bridge is inferior to a back-anchored one, whereas with a non-uniform load a cable-stayed bridge is more rigid than a suspension bridge (as the diagram (8) illustrates), and therefore with $f/L \approx 1/5$ still has a trump-card to play – its maximum span thus comes close to that of a back-anchored suspension bridge.

At the moment the longest cable-stayed bridges are the Pont de Normandie in France with a span of 856 meters and the Tatara Bridge in Japan at 890 meters, the largest suspension bridges are the Størebelt Bridge in Denmark at 1,624 meters and the Akashi Bridge in Japan at 1,990 meters. The projected suspension bridge over the Straights of Messina with a 3,500-meter span would feature four cables, each 1.70 meters in diameter. Their load-bearing capacity is halved by the fact that they have to support themselves, with only 50 percent remaining for the relatively small live load set against the intrinsic dead load of the cables and bridge deck.

Strictly speaking, such a bridge can hardly be termed a lightweight structure, but using the materials available today such a wide span cannot be any lighter – here we are at the limits of meaningful structures unless it becomes possible to

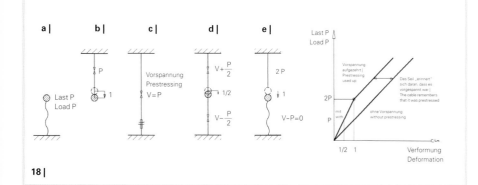

18 |

19 |

bis ungefähr 250 Meter Bögen beziehungsweise Fachwerke. Man erlaubt sich bis zu dieser Weite Eigenlasten, die mindestens dem Fünffachen der Nutzlasten entsprechen. Oberhalb von ungefähr 300 Metern ist das Eigengewicht so groß, dass nur noch zugbeanspruchter ‚Leichtbau', Schrägseilbrücken und selbstverankerte Hängebrücken bis ungefähr 1.000 Meter, und über diese Weite hinaus rückverankerte Hängebrücken in Frage kommen.

Hier muss der Vollständigkeit halber angemerkt werden, dass die oben genannten Grenzspannweiten nur für reine, rückverankerte Hängebrücken zutreffen. Schrägseilbrücken wirken wie Fachwerk- oder Kragträger mit einem unten liegenden Druckgurt. Bei den selbstverankerten Hängebrücken wirkt der Versteifungsträger als Druckgurt. Deshalb bestimmt bei beiden die Druckfestigkeit des Druckgurts die mögliche Spannweite. Folglich ist die selbstverankerte Hängebrücke der rückverankerten – wenn beide das gleiche f/L haben – diesbezüglich unterlegen, während die Schrägseilbrücke bei einseitiger Last (wie das Diagramm (8) zeigt) steifer ist als die Hängebrücke und deshalb mit f/L≈1/5 noch einen Trumpf ausspielen kann und ihre Grenzspannweite dadurch nahe an die der rückverankerten Hängebrücke herankommt.

Die derzeit größten Schrägseilbrücken sind der Pont de Normandie in Frankreich mit 856 Meter Spannweite und die Tatarabrücke in Japan mit 890 Metern, die größten Hängebrücken sind die Storebeltbrücke in Dänemark mit 1.624 Metern und die Akashibrücke in Japan mit 1.990 Metern. Die projektierte 3.500 Meter weit gespannte Hängebrücke über die Straße von Messina soll von vier Kabeln mit je 1,70 Meter Durchmesser getragen werden. Deren Tragfähigkeit ist bereits zur Hälfte dadurch aufgezehrt, dass sie sich selbst tragen müssen, nur die andere

Hälfte bleibt für die gegen die Eigenlast der Kabel und des Brückendecks verschwindend geringe Nutzlast.

Definitionsgemäß handelt es sich hierbei absolut um keinen Leichtbau mehr, aber leichter geht es bei so großen Spannweiten mit den heutigen Werkstoffen nicht – die Grenze des sinnvoll Baubaren ist erreicht –, es sei denn, es gelingt, die Stahlkabel durch Glas- oder Kunststofffasern mit einem wesentlich größeren β/γ zu ersetzen (5).

Eine weitere Frage lautet, warum man diesem Leichtbau, um der Ressourcenersparnis und der Baukultur willen, nicht auch die Brücken kleiner Spannweiten eröffnet. Viele schöne Fußgängerbrücken, bei denen es besonders auf einen menschlichen Maßstab ankommt, und abgespannte oder aufgehängte leichte Dächer zeigen, dass Leichtbau funktioniert und sich lohnt!

In der Typologie der Brücken sind übrigens auf der linken (Druck-) und rechten (Zug-) Seite die jeweiligen Umkehrungen einander zugeordnet, eine für den Entwurf von Brücken (insbesondere von Fußgängerbrücken) sehr anregende Überlegung. Christian Menns Ganterbrücke am Simplonpass in der Schweiz (15, eine der schönsten Brücken unserer Zeit) lässt sich als umgekehrtes Sprengwerk interpretieren (siehe 12, 13–17). Dabei stimmt nachdenklich, dass es ausgerechnet für die heute am weitesten verbreitete Seilbrücke, die Schrägseilbrücke, keine vernünftige überwiegend druckbeanspruchte Umkehrung gibt.

Natürlich muss in diesem Zusammenhang an Robert Hookes Auseinandersetzung mit der Gewölbestatik mit dem Titel *Wie die biegeschlaffe Linie hängt, so wird umgekehrt das stabile Gewölbe stehen* aus dem Jahr 1676 erinnert werden, ebenso wie an David Gregorys (1659–1708) erste mathematisch formulierte Kettenlinie von 1697, die er als „sehr dünnes Gewölbe" begreift, und an Giovanni Polenis Untersuchung der Kuppel von St. Peter

Mechanische Vorspannung
gegensinnige Krümmung |
Mechanical prestressing
anticlastic curvature

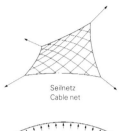

Seilnetz
Cable net

Pneumatische Vorspannung
gleichsinnige Krümmung |
Pneumatical prestressing
synclastic curvature

Membran
Membrane

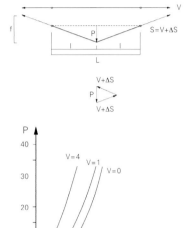

22 | Seil unter Einzellast
Cable subjected to individual load

Gleichgewicht:
Equilibrium:
$$\frac{P}{2} = \frac{f}{l}(V + \Delta S)$$

Verträglichkeit:
Compatibility:
$$\Delta l = \sqrt{l^2 + f^2} - l$$

Werkstoffgesetz:
Material properties:
$$\Delta S = \frac{\Delta l}{l} \cdot EA$$

$$P = 2 \cdot \frac{f}{l}\left(V + \frac{\sqrt{l^2 + f^2} - l}{l} \cdot EA\right)$$

replace the steel cables with glass or plastic fibers with a significantly larger β/γ (5). At the same time, we could ask why, for the sake of saving on resources and of building culture, we do not start focusing on lightweight structures for small-span bridges. Many attractive pedestrian bridges, where human dimensions really do play a part, not to mention guyed and suspended light roofs, illustrate that it can be done and is worthwhile!

Incidentally, in the typology of bridges on the left-hand (compression) and right-hand (tension) side the relevant reversals are allocated accordingly, which in the design of bridges (in particular pedestrian bridges) is a very stimulating proposition. As such, Christian Menn's Ganter Bridge (15, one of the most beautiful bridges of our time) can quite easily be interpreted as a reversed double strut frame (12, 13–17). It makes us ponder the fact that for the most widespread form of cable bridge today, the cable-stayed bridge there is no sensible primarily compressed stress reversal.

In this context we must, of course, make reference to Robert Hooke's work on the structure of vaults: "Just as the slack flexural line hangs, conversely the stable vault line will stand …" (1676), and D. Gregory's first mathematically formula-

ted catenary curve (1697), which he perceives as "a very thin vault", as well as to Poleni's examination of St. Peter's Dome in Rome (1748) (11).[3] In later times, Antoni Gaudí, Frei Otto and Heinz Isler all used suspension models when developing vaults and shells.[4] (cf. also p. 246, 249).

Prestressing

Prestressing is a particularly ingenious way of achieving lightness as it enables undesirable compression stress to be converted into tensile stress and vice versa. In the case of a cable that runs between the roof and the ground (18), which, thanks to the prestressing, transfers the load as tension to the roof and at the same time to the ground as compression, the prestressing enables all building elements to continuously play a part, that is, even cables subject to compression do not slacken. Furthermore, the deformation "remembers" prestressing even when the lower section of cable has become slack. In this way very light, efficient cable girders and cable nets can be built, which have the ideal load-bearing behavior of membranes from structures of struts and ties or of shells.

In the example of the square of rods with crossed cables (19), the diagonal cable subject to compression stress helps to bear the load because it is prestressed. It was initially subjected to tensile stress so that when it comes under compression it senses not pressure but a reduction in tension, which is the same in terms of the load-bearing (see p. 114).

Cable nets would be unusable without prestressing: a sagging set of cables is tensioned against an opposing curved set of cables in such a manner that reverse forces maintain a state of equilibrium. Under outer load the tensile forces in the "upper" set of cables increase and in the "lower" decrease, until the latter become slack (20).

Thanks to the prestressing, even a straight cable just tautened (and correspondingly a plane prestressed net/membrane) can bear transverse loads with deformations, which are controlled by the amount of prestressing, that is, the greater V is, the smaller f is (22).
Above and beyond the application of prestressing on cable nets and membranes illustrated here, and so important in lightweight construction, there is another wide range of possibilities for applying this principle, from prestressed bolts and ground anchors through to prestressed concrete—among civil engineers

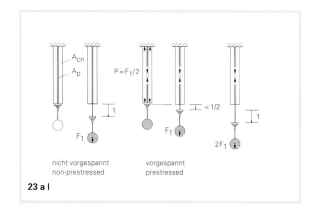

23 a I

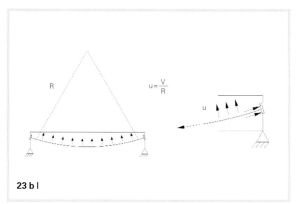

23 b I

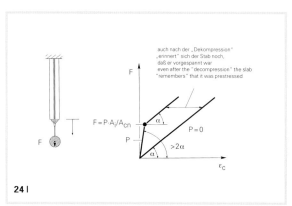

24 I

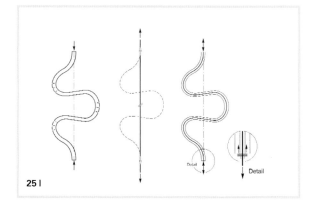

25 I

in Rom (1748) (11).[3] In neuerer Zeit haben Antoni Gaudí, Frei Otto und Heinz Isler Hängemodelle zur Formfindung von Gewölben und Schalen verwendet.[4] (siehe S. 246, 249).

Die geistreiche Vorspannung

Ein besonders geistreicher Trick, Leichtigkeit zu erreichen, ist die Vorspannung, die es erlaubt, eine ungünstige Druckbeanspruchung in eine Zugbeanspruchung zu verwandeln oder umgekehrt Zug in Druck. Im Falle des zwischen Decke und Boden gespannten Seils (18), das eine Last dank der Vorspannung zur Decke auf Zug und zugleich zum Boden auf Druck abträgt, wird durch die Vorspannung erreicht, dass alle Bauteile immer mitwirken, also selbst druckbeanspruchte Seile nicht schlaff werden. Darüber hinaus ‚erinnert' sich das Verformungsbild selbst dann noch an die Vorspannung, wenn der untere Seilabschnitt schlaff geworden ist. So lassen sich sehr leichte effiziente Seilbinder oder Seilnetze bauen, die wie ideale Strukturen aus zug- und druckfesten Stäben oder wie Schalen wirken.

Am Beispiel des mit Seilen ausgekreuzten Stabvierecks (19) trägt die druckbeanspruchte Seildiagonale mit, weil sie vorgespannt ist. Ihr wurde zunächst eine Zugbeanspruchung eingeprägt, sodass sie, wenn sie Druck erhält, nicht diesen, sondern einen Abbau von Zug spürt, was statisch gleichwertig ist (siehe S. 114).

Seilnetze wären ohne Vorspannung nicht brauchbar: Eine durchhängende Seilschar wird gegen eine entgegengesetzt gekrümmte Seilschar so verspannt, dass sich Umlenkkräfte das Gleichgewicht halten. Unter Last nehmen die Zugkräfte der ‚oberen' Seilschar zu, die der ‚unteren' ab, bis Letztere schlaff wird (20).

Dank der Vorspannung kann selbst ein gerade gespanntes Seil (und entsprechend ein vorgespanntes Netz bzw. eine Membran) Querlasten mit kontrollierten Verformungen tragen, die über die Größe der Vorspannung gesteuert werden können, also je größer V, desto kleiner f (22).

Über die hier gezeigte und für den Leichtbau besonders wichtige Anwendung der Vorspannung auf ‚zugbeanspruchte Flächentragwerke' (Seilnetze, Membranen) hinaus, kennen wir vielfältige Anwendungsmöglichkeiten dieses Prinzips, von den vorgespannten Schrauben und Erdankern bis zum Spannbeton, unter Bauingenieuren häufig Synonym für Vorspannung, weshalb er hier noch kurz erwähnt sei (23–25).

Zur doppelten Krümmung

Die Leichtbauprinzipien des Brückenbaus lassen sich auch auf den Hochbau übertragen, zur Überdachung von großen Sport-, Messe- oder Industriehallen. Das verleiht diesen Bauten einen eigenen Charakter und einen menschlichen Maßstab.

Da die Flächen zwischen diesen Seilbindern immer noch durch Träger überspannt werden müssen, was zu halbschweren oder halbleichten Dächern führt (26), drängt sich der Gedanke auf, selbsttragende leichte Flächentragwerke aus doppelt gekrümmten Flächen zu bauen. Im Gegensatz zu Bögen, die nach der ihrer Belastung zugeordneten Stützlinie geformt sein müssen, damit sie rein axial ohne Biegung tragen, und auch im Gegensatz zu einem durchhängenden Seil, das sich mit großen dehnungslosen Verformungen seiner Belastung anpasst, können doppelt gekrümmte Flächen stetige Lasten (Punktlasten und Nadelstiche ausgenommen) stets mit reiner Axialbean-

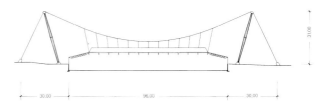

30,00   96,00   30,00

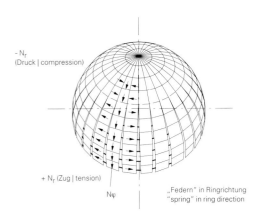

- N_r
(Druck | compression)

+ N_r (Zug | tension)

N_φ

„Federn" in Ringrichtung
"spring" in ring direction

**26 | Europahalle,
Karlsruhe, 1984**
Europe Hall,
Karlsruhe, 1984

**27 | Tragverhalten einer
Kugelschale**
Load-bearing behavior
of a spherical shell

frequently a synonym for prestressing, which is why it is only mentioned briefly here (23–25).

Double curvature

The principles of lightweight structures developed in bridge building can be applied to building construction, to roof over large sport, fair and industrial halls. This gives the buildings their very own character and human dimensions.

Since the surfaces between these cable girders still have to be spanned by girders, which results in a semi-heavy or semi-light roof (26), it would seem obvious to build self-supporting light membrane structures featuring double curvature surfaces. As opposed to arches, which must be shaped so as to correspond to the thrust line designed for their load if they are to bear the load in a purely axial manner, and also as opposed to a sagging cable, which adapts to its load with large non-extensionable deformations, double curvature surfaces can transfer distributed loads (excepting point loads) at all times solely by means of axial stress, also known as membrane stress. What is not achieved in the one direction (for example, in the case of a dome, the parallels), is corrected by the other (the meridians, 27).

These structures are not only extremely light, they also open up a whole new world for architecture, providing an unsurpassable variety of designs that has by no means been exhausted. Like bridges, they also transfer their loads via compression (the shells or grid domes) or via tension (the cable nets and the membrane structures). In between these there are the plane structures, slabs and 3D trusses (28).

Despite the extremely thin wall thickness of shells and grid domes, their curved shape succeeds in stabilizing them against the feared buckling and, likewise, in protecting the extremely light cable nets and membranes from wind-induced vibration through prestressing. For this, the two principal directions of the nets and membranes (once again using the principal of prestressing) are stressed against each other, whereby they adopt the typical saddle shape, with anticlastic curvature. If they are pneumatically prestressed, they adopt a dome shape with synclastic curvature. Thanks to computers, today it is quite possible to determine their exact cutting pattern and to perform the relevant structural and dynamic analysis.

These light planar double-curved membrane structures are much more likely to be stretched to their limits for reasons of manufacturing technology and, as a consequence, costs. These curved surfaces are difficult to manufacture and require expensive formwork and complicated prefabrication. The details in the cable nets

and membranes are highly labor intensive and demand extremely high precision in their production (29).

Conclusion: There are no easy answers to complicated problems; at best, there can be the most suitable compromise. Fortunately, that affords much leeway for subjective design.

It is encouraging that in recent times structures using cables and textile membranes in particular have made great inroads, and the fact that they can be folded means they are used for versatile buildings. This marks the beginning of a new era in building, one that will fundamentally alter life in our changeable climate. The future is only just beginning!

Lightness is difficult, since lightweight construction probes the theoretical boundaries of structural engineering, the technological boundaries using high-performance materials and production boundaries with complicated three-dimensional structures.

True engineers see the building of light structures as a challenge because, as is typical of the profession, it appeals equally to their knowledge, ability and experience as well as to their imagination and intuition. With lightweight structures, engineers can give adequate visual expression to an intelligent and efficient structure, thus making a contribution to the culture of building.

28 | Entwicklung der Flächentragwerke
Development of membrane structures

29 | Herstellung und Geometrie zugbeanspruchter Flächentragwerke
Manufacture and geometry of membrane structures subject to tension

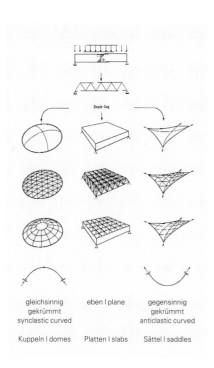

28 |

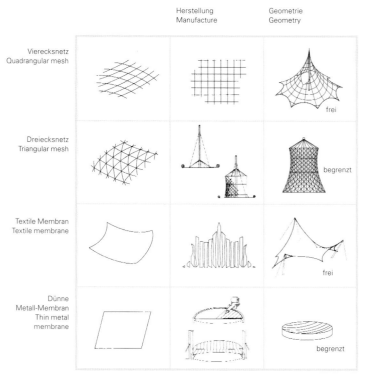

29 |

spruchung, Membranspannungen genannt, abtragen. Was die eine Richtung (zum Beispiel bei einer Kuppel die Breitenkreise) nicht schafft, korrigiert die andere (die Meridiane) (27).

Diese Tragwerke sind nicht nur extrem leicht, sondern sie eröffnen der architektonischen Gestaltung eine völlig neue Welt, deren unüberbietbare Formenvielfalt bis heute keineswegs ausgeschöpft ist. Wie Brücken tragen sie ihre Lasten hauptsächlich über Druckkräfte ab – Schalen oder Stabkuppeln – oder über Zugkräfte – Seilnetze und Membranbauten. Dazwischen verbleiben Flächentragwerke, Platten und Raumfachwerke (28).

Trotz der extrem dünnen Wandstärken der Schalen und Gitterkuppeln gelingt es, sie durch ihre gekrümmte Form gegen das gefürchtete Beulen zu stabilisieren und ebenso die extrem leichten Seilnetze und Membranen durch Vorspannung vor Windschwingungen zu bewahren. Dazu werden die zwei Hauptrichtungen der Netze und Membranen (wieder nach dem Prinzip der Vorspannung) gegeneinander verspannt, wodurch sie die typische Sattelform mit gegensinniger Krümmung annehmen. Werden sie pneumatisch mit innerem Luftüber- oder -unterdruck vorgespannt, nehmen sie eine Kuppelform mit gleichsinniger Krümmung an. Die Formfindung und die statische und dynamische Berechnung ist mit den heutigen computergestützten Berechnungsverfahren durchaus beherrschbar.

An ihre Grenzen stoßen diese leichten Flächentragwerke viel eher aus fertigungstechnischen Gründen bzw., in Folge davon, Kostengründen. Die gekrümmten Flächen sind schwierig herzustellen und benötigen teure Schalungen oder komplizierte Zuschnitte. Details der zugbeanspruchten Netze und Membranen sind aufwändig und verlangen eine extreme Fertigungsgenauigkeit (29).

Fazit: Für anspruchsvolle Probleme gibt es nie eine triviale Lösung, sondern höchstens den optimalen Kompromiss. Das lässt zum Glück viel Spielraum für eine subjektive Gestaltung.

In letzter Zeit haben sich insbesondere die Bauten aus Seilen und textilen Membranen erfreulicherweise durchgesetzt, wobei ihre Faltbarkeit sogar für wandelbare Bauten genutzt wird. Das kennzeichnet den Beginn einer ganz neuen Ära des Bauens, die das Leben in unserem wechselhaften Klima grundlegend verändern wird. Die Zukunft hat gerade erst begonnen!

Das Leichte ist schwer, weil der Leichtbau Grenzen auslotet, die theoretischen der Statik und Dynamik, die technologischen mit hoch leistungsfähigen Werkstoffen und die fertigungstechnischen mit komplizierten dreidimensionalen Strukturen.

Den engagierten Ingenieur reizt der Leichtbau, weil dieser sein Wissen, Können und seine Erfahrung auf der einen und seine Fantasie und Intuition auf der anderen Seite gleichermaßen anspricht. Im Leichtbau kann er einer intelligenten und effizienten Konstruktion den adäquaten gestalterischen Ausdruck verleihen und auf diese Weise einen wesentlichen Beitrag zur Baukultur leisten.

1 | Galileo Galilei, *Unterredungen und mathematische Demonstrationen über zwei neue Wissenszweige, die Mechanik und die Fallgesetze betreffend,* 1638, Neuausgabe hrsg. von Arthur von Oettingen, Darmstadt 1973.
2 | Vgl. Friedrich-Karl Schleyer, Berechnung von Seilen, Seilnetzen und Seilwerken, in: *Zugbeanspruchte Konstruktionen,* Bd. 2, hrsg. von Frei Otto, Berlin 1966.
3 | Karl-Eugen Kurrer, Zur Entwicklungsgeschichte der Gewölbetheorien von Leonardo da Vinci bis ins 20. Jahrhundert, in: *Zeitschrift für Geschichte der Baukunst,* Jg. 1997, München und Berlin.
4 | Erwin Heinle und Jörg Schlaich, *Kuppeln aller Zeiten – aller Kulturen,* Stuttgart 1996.

Biografien
Curricula Vitae
Schlaich Bergermann und Partner

Jörg Schlaich

*1934, Stetten i. R.
j.schlaich@sbp.de

Ausbildung | Education
1963 Dr.-Ing., Technische Hochschule
Stuttgart, Doktorvater Prof. Fritz Leonhardt
1961 Master of Science, Case Institute
of Technology, Cleveland OH, USA
1959–1960 Graduate Assistant, Lecturer for
reinforced concrete structures, Case Institute
of Technology, Cleveland OH, USA
1959 Dipl.-Ing., Technische Universität Berlin
1955–1959 Studium Bauingenieurwesen,
Technische Universität Berlin
1953–1955 Studium Architektur (Grundkurse)
und Bauingenieurwesen (Vordiplom),
Technische Hochschule Stuttgart

Akademische Laufbahn | Academic
Associations
2000 Emeritierung
1974–2000 Professor, Direktor, Institut
für Massivbau, später Institut für Konstruktion
und Entwurf, Universität Stuttgart
1967–1974 Lehrbeauftragter, Institut
für Massivbau, Universität Stuttgart

Zahlreiche Veröffentlichungen, Vorträge |
numerous publications, lectures

Bücher | Books
2001 *Türme sind Träume, Der Killesbergturm
von Jörg Schlaich*, Ludwigsburg
1999 *Ingenieurbauführer Baden Württemberg*,
Jörg Schlaich und Matthias Schüller, Berlin
1996 *Kuppeln aller Zeiten – aller Kulturen*,
Erwin Heinle und Jörg Schlaich, Stuttgart

1994 *Das Aufwindkraftwerk*, Jörg Schlaich,
Stuttgart
1991 *Erneuerbare Energien nutzen*,
Sibylle und Jörg Schlaich, Düsseldorf
1984 *Konstruieren im Stahlbetonbau*,
Betonkalender 1984, Jörg Schlaich,
Kurt Schäfer, Berlin

Büro | Office
1980– Partner, Schlaich Bergermann und
Partner
1980 Gründung der Partnerschaft,
Schlaich Bergermann und Partner
1973–2002 Prüfingenieur für Baustatik
1970–1979 Partner, Leonhardt und Andrä
1963–1969 Leitender Ingenieur, Leonhardt
und Andrä, Stuttgart
1961–1963 Ingenieur, Bauunternehmen
Ludwig Bauer, Stuttgart

Ehrenmitgliedschaften |
Honorary Memberships
2003 Royal Academy of Engineering,
Madrid, España
2000 The Indian National Academy
of Engineering, New Delhi
1999 Akademie der Künste, Berlin
1994 The National Academy of Engineering,
Washington DC, USA
1993 The Royal Academy of Engineering,
London, UK
1991 Freie Akademie der Künste, Hamburg
1988 American Concrete Institute,
Farmington Hills MI, USA

Ehrendoktoren | Honorary Doctor Degrees
2003 IUAV Università di studi, Venezia, Italia
2003 École Polytechnique Fédérale
de Lausanne, Suisse
1994 Eidgenössische Technische Hochschule
Zürich, Schweiz
1992 Slowak University of Technology,
Bratislava, Slovakia
1991 Royal Institute of Technology,
Stockholm, Sweden
1986 Universität Hannover

Auszeichnungen | Honors
2003 Werner von Siemens Ring
2002 Fritz-Leonhardt-Preis
2001 Honorary Professor, Tongji University,
Shanghai, China
1999 Swedish Concrete Award
1999 Prix Albert Caquot
1995 Emil-Mörsch-Denkmünze
1992 Fritz-Schumacher-Preis
1992 Auszeichnung des Deutschen Stahlbaus
1991 Award of Merit in Structural
Engineering, IABSE, Zürich, Schweiz
1990 Freyssinet Medal, Fédération Internationale de la Précontrainte, Lausanne, Suisse
1990 Gold Medal, Institution of Structural
Engineers, London, UK

Rudolf Bergermann

*1941, Düsseldorf
r.bergermann@sbp.de

Ausbildung | Education
1966 Dipl.-Ing., Technische Hochschule
Stuttgart
1961–1966 Studium Bauingenieurwesen,
Technische Hochschule Stuttgart

Büro | Office
1980– Partner, Schlaich Bergermann und
Partner
1980 Gründung der Partnerschaft,
Schlaich Bergermann und Partner
1974–1979 Leitender Ingenieur,
Leonhardt und Andrä
1968–1973 Ingenieur, Leonhardt und Andrä
1966–1967 Ingenieur, Ed. Züblin AG,
Bauunternehmung, Stuttgart

Zahlreiche Veröffentlichungen, Vorträge |
numerous publications, lectures

Ehrungen | Honors
1992 Fritz-Schumacher-Preis
1992 Auszeichnung des Deutschen Stahlbaus

Hans Schober

*1943, Eberdingen
h.schober@sbp.de

Ausbildung | Education
1984 Dr.-Ing., Universität Stuttgart,
Doktorvater: Prof. Jörg Schlaich
1975–1982 Wissenschaftlicher Mitarbeiter,
Institut für Massivbau, Universität Stuttgart
1973 Dipl.-Ing., Universität Stuttgart
1970–1973 Stipendiat der Studienstiftung
des Deutschen Volkes
1968–1973 Studium Bauingenieurwesen,
Universität Stuttgart
1963–1966 Technische Oberschule, Stuttgart,
Abitur
1960–1963 Lehre als Konstrukteur

Büro | Office
1992– Partner,
Schlaich Bergermann und Partner
1982–1992 Ingenieur,
Schlaich Bergermann und Partner
1973–1975 Ingenieur, Technische Abteilung,
Philipp Holzmann AG, Frankfurt

Wesentliche Projekte | Major Projects
Entwicklung der Netzschalen | development
of grid shells; AQUAtoll Neckarsulm;
Museum für Hamburgische Geschichte;
Flusspferdehaus Zoo Berlin; Hauptbahnhof
Berlin; DZ-Bank Berlin; Max-Eyth-See-Brücke
Stuttgart; Rahmenplanung Schnellbahntrasse
Deutsche Bahn; Havelbrücke der Bahn
Berlin-Spandau; Humboldthafenbrücke und
Brücken Hauptbahnhof Berlin; Entwicklung
von Rohrknoten aus Stahlguss | development
of cast steel nodes; Hochbauten | buildings;
World Cultural Center New York

Zahlreiche Veröffentlichungen, Vorträge |
numerous publications, lectures

Andreas Keil

*1958, Stuttgart
a.keil@sbp.de

Ausbildung | Education
1985 Diplom-Ingenieur, Universität Stuttgart
1979–1985 Studium Bauingenieurwesen,
Universität Stuttgart.

Büro | Office
1994– Partner,
Schlaich Bergermann und Partner
1985–1994 Ingenieur,
Schlaich Bergermann und Partner

Wesentliche Projekte | Main Projects
Evripos Bridge Hellas; IGA1993
Fußgängerbrücken Stuttgart; Donaubrücke
der Bahn Ingolstadt; Glacisbrücke Minden;
Wolfgang-Meyer-Sportanlage Hamburg;
Messehalle 26 Hannover; Messeturm Leipzig;
Flughafen Leipzig-Halle; ZOB Hamburg;
Killesbergturm Stuttgart; Fortbildungs-
akademie Mont-Cenis Herne; Skoda Car
Factory Mlada Bolselav Czech Republic

Zahlreiche Veröffentlichungen, Vorträge |
numerous publications, lectures

Wolfgang Schiel

*1948, Hamburg
w.schiel@sbp.de

Ausbildung | Education
1979 Dipl.-Phys., Universität Hamburg
1972–1979 Studium Physik, Vertiefung
Experimentalphysik, Universität Hamburg

Büro | Office
1996– Partner, Schlaich Bergermann und
Partner
1988–1996 Leitender Physiker, Schlaich
Bergermann und Partner
1979–1988 Physiker, DLR – Deutsche
Forschungsanstalt für Luft- und Raumfahrt e.V.,
Stuttgart

Wesentliche Projekte | Main Projects
Solar Chimney Manzanares España;
Dish/Stirling power plants, Deutschland,
España, Italia, India; Heliostats and Parabolic
Troughs, Kramer Junction CA, USA; Solar
Chimney Mildura NSW Australia; Cherenkov
Telescope Namibia, Max Planck Institut
Heidelberg

Zahlreiche Veröffentlichungen, Vorträge |
numerous publications, lectures

Knut Göppert

*1961, Triberg/Schwarzwald
k.goeppert@sbp.de

Ausbildung | Education
1989 Dipl.-Ing., Universität Stuttgart
1989 European Student Award,
Europäische Konvention für Stahlbau
1988 Universität Karlsruhe
1986 University of Calgary, Canada
1982–1989 Studium Bauingenieurwesen,
Universität Stuttgart

Büro | Office
1998– Partner,
Schlaich Bergermann und Partner
1989–1998 Ingenieur,
Schlaich Bergermann und Partner

Wesentliche Projekte | Main Projects
Gottlieb-Daimler-Stadion Stuttgart; Bukit Jalil
National Stadium and National Swimming
Stadium Kuala Lumpur Malaysia; Boehringer
Ingelheim AG; Carport Amt für Abfall-
wirtschaft München; Marschwegstadion
Oldenburg; RheinEnergieStadion Köln;
Neues Waldstadion Frankfurt/Main; Jaber
Al-Ahmad Stadium Kuwait; Fußgängerbrücke
Gahlensche Straße Bochum; Hessenring
Fußgängerbrücke Bad Homburg; Volkswagen
Arena Wolfsburg

Zahlreiche Veröffentlichungen, Vorträge |
numerous publications, lectures

Mike Schlaich

*1960, Cleveland OH, USA
m.schlaich@sbp.de

Ausbildung | Education
1992 Schinkelpreis, Fußgängerbrücke über
die Spree Berlin
1990 Dr.sc.techn., Eidgenössische Technische
Hochschule (ETH) Zürich, Doktorvater: Prof.
Anderheggen
1985–1990 Assistent, Lehrstuhl für Informatik
im Ingenieurwesen, ETH Zürich
1985 Dipl. Bauing. ETH/SIA
1981–1985 Studium Bauingenieurwesen, ETH
Zürich
1979–1981 Studium Bauingenieurwesen
(Vordiplom), Universität Stuttgart

Akademische Laufbahn |
Academic Associations
2000– Lehrbeauftragter, Institut für Leichtbau
Entwerfen und Konstruieren, Universität
Stuttgart

Büro | Office
1999– Partner,
Schlaich Bergermann und Partner
1993–1999 Ingenieur,
Schlaich Bergermann und Partner
1990–1993 Ingenieur, FHECOR
Ingenieros Consultores, Madrid, España

Wesentliche Projekte | Main Projects
Ting Kau Bridge Hong Kong; Glacisbrücke
Ingolstadt; IGA-Brücken Rostock; Tensegrity-
Turm Rostock; Messehalle Rostock;
Olympic Stadium La Cartuja Sevilla España;
Bullring Centro Vista Alegre Madrid España;
Haltestelle Heilbronn; Porsche
Kundenzentrum Leipzig

Zahlreiche Veröffentlichungen, Vorträge |
numerous publications, lectures

Sven Plieninger

*1964, Heilbronn
s.plieninger@sbp.de

Ausbildung | Education
1991 Dipl.-Ing., Universität Stuttgart
1985–1991 Studium Bauingenieurwesen,
Universität Stuttgart.

Büro | Office
2000– Partner,
Schlaich Bergermann und Partner
1991–2000 Ingenieur,
Schlaich Bergermann und Partner

Wesentliche Projekte | Main Projects
National Stadium and National Velodrome
Abuja Nigeria; Convention and Exhibition
Centre Nanning and Shenzhen China;
Messehallen 4, 13, 8/9 Hannover; Messehalle
Husum; Expo-Brücken Hannover; Passage
Roof Bugis Junction Singapore; Expo-Eingang
West Hannover; Mediapark Köln;
Autobahnüberführung Kirchheim/Teck

Zahlreiche Veröffentlichungen, Vorträge |
numerous publications, lectures

Schlaich Bergermann und Partner
Beratende Ingenieure im Bauwesen
Hohenzollernstrasse 1
70178 Stuttgart Germany
Tel +49 (7 11) 6 48 71-0
Fax +49 (7 11) 6 48 71-66
info@sbp.de
www.sbp.de

Bürobiographie | Office monography
1997 *The Art of Structural Engineering,
The Work of Jörg Schlaich and his Team*,
Alan Holgate, Edition Axel Menges,
Stuttgart/London

Mitarbeiter seit 1980

Collaborators since 1980
Schlaich Bergermann und Partner

Mitarbeiter Universität Institut von Jörg Schlaich und Kurt Schäfer

Collaborators University,
Institute of Jörg Schlaich and
Kurt Schäfer

chronologisch I chronologically
aktuell* I current*

chronologisch I chronologically

Jochen Bettermann*	Frank Breinlinger	Karl-Heinz Reineck
Karl Friedrich	Martin Tobergte	Werner Dietrich
Wilfried Haaf	Klaus Rückert	Frank Walther
Klaus Horstkötter	Frank Simon*	Shin Narui
Brian Hunt*	Axel Schweitzer*	Knut Gabriel
Sharadchandra Joshi	Thomas Moschner	Ingeborg Pächter
Günter Mayr	Jürgen Kern	Hermann Meier
Ulrich Otto*	Xavier de Nettancourt	Swietbert Greiner
Volkwin Schlosser	Hans Fuchs	Uli Dillmann
Peter Schulze*	Nevenka Breitling	Jürgen Noesgen
Horst Wohlfart	Hansmartin Fritz*	Wolfgang Menz
Margot Zalbeygi*	Frauke Fluhr	Hartmut Scheef
Guido Ludescher	Michael Werwigk*	Hans Schober
Anneliese Dierberger	Jan Knippers	Dietger Weischede
Franz Kittel	Thomas Bulenda	Bernd Hock
Hans-Dieter Sandner	Tefera Solomon	Ernst-Otto Woidelko
Jürgen Seidel	Kirsten Martin	Elfriede Schnee
Ulrich Dillmann*	Thorsten Helbig	Hans-Georg Reinke
Birgit Graupner-Saba*	Dorothea Krebs	Matthias Jennewein
Dietger Weischede	Manfred Arend	Werner Sobek
Fritz Bacher*	Michael Pötzl	Peter Baumann
Rainer Benz	Stefan Justiz*	Ingeborg Ringhofer
Helmut Lautenschlager	Michael Stein*	Camilo Michalka
Brigitte Sehring	Leonardo Bevilacqua	Harianto Hardjasaputra
Thomas Louis	Andrea Kratz*	Peter Steidle
Roland Fischer	Christoph Ackermann	Thomas Reibnagel
Hermann Meier	Jochen Gugeler*	Elke Mennle
Cornelie Schmid	Bernd Klostermann*	Rosemarie Wagner
Stephan Müller	Nicole Zuber	Rainer Schumann
Heinz Wetzel	Dominik Golenhofen	Hans Gropper
Jürgen Schade	Michael Kleiser*	Anita Jung
Wolfgang Brucker*	Philipp Pfoser*	Klaus Rückert
Rainer Wohlleber	Olaf Kracht*	Wolfgang Sundermann
Antonio Perez	Monica Weisheit*	Bai Minzeng
Aloysus Lubowa	Ludwig Meese*	Peter Mutscher
Helge Kraushaar	Uwe Teutsch	Thomas Kuchler
Ingeborg Vöhringer	Cornelia Striegan*	Matthias Kintscher
Thomas Fackler*	Christiane Sander*	Jürgen Ruth
Helena Martins	Bettina Friedrich*	Uwe Starossek
Thomas Himpel	Gerhard Weinrebe*	João Fonseca
Petra Faußer	Bernd Ruhnke*	Volker Schreiber
Renate Hörseljau	Knut Stockhusen*	Manfred Arend
Rudolf Stief	Dagmar Häfele*	Michael Pötzl
Werner Sobek	Michael Zimmermann*	Salim Al Bosta
Gerhard Gerling	Hannes Gerber*	Ilse Guy
Maria Adler	Karin Zimmermann*	Hermann Hottmann
Brigit Piehl	Jürgen Schilling*	Jochen Gugeler
Joachim Prüfer	Sandra Hagenmayer*	Jia Zhu
Ulrich Grün	Gudrun Geprägs*	Matthias Schüller
Walter Friedl	Jens Schneider*	Fathy Saad
Norbert Gramer	Uwe Burkhardt*	Peter Saradschow
Stefan Habighorst	Christine Schult*	Salah El-Metwally
Thomas Keck*	Hauke Jungjohann*	Ludwig Meese
Gerlinde Callies	Sebastian Linden*	Holger Falter
Feridun Tomalak*	Markus Balz*	Ali Daghighi
Karl-Heinz Schädle	Kai Kürschner*	Stephan Engelsmann
		Volker Schmid
		Stephania Casucci
		Achim Lichtenfels
		Jürgen Graf
		Joachim Spieth
		Annette Bögle
		Martin Synold
		Arndt Goldack
		Jan Ploch
		Matthias Weißbach
		Duc Thanh Nguyen
		Eduardo Leite
		Kathy Meiss
		Christian Dehlinger
		Stefan Greiner

Biografien Autoren
Curricula Vitae Authors

David P. Billington

*1927, Bryn Mawr, Pennsylvania, USA
www.cee.princeton.edu

Ausbildung | Education
1951–1952 Renewal of Fellowship,
Gent, Belgie
1950–1951 Fulbright Fellowship,
Louvain, Belgique
1950 Princeton University, BS Engineering

Beruf | Design & Consulting
1970– Consulting Engineer
1952–1960 Structural Designer,
Roberts & Schaefer Co., New York
1958 Member Delegation,
Concrete Construction in the Soviet Union

Hochschule | Educational & Professional
Activities
1996– First Gordon Y. S. Wu Professor
of Engineering, Princeton University,
Princeton NJ, USA
1964– Professor, Princeton University
1990– Director, Princeton Program
on Architecture and Engineering
1985–1988 Executive Council, Society for
the History of Technology
1978–1985 Chairman, ASCE Committee
on Aesthetics in Design of Structures
1973–1979 Chairman, ACI-ASCE Joint
Committee on Concrete Shell Design &
Construction
1966–1967 Visiting Professor,
Technische Universiteit Delft, Nederlands
1960–1964 Assoc. Professor,
Princeton University

Auszeichnungen | Honors
2003 National Science Foundation Director's
Distinguished Teaching Scholar Award
2003 Honorary Member,
American Concrete Institute
1999–2000 Sarton Chair and Sarton Medal,
Universiteit Gent, Belgie
1999 Honorary Member, ASCE
1998 Fellow, American Academy
of Arts & Sciences
1997 Honorary Doctor of Engineering,
University Notre Dame
1995 Usher Prize for Best Scholarly Work,
Technology & Culture (with Jameson Doig)
1987–1993 Andrew D. White Professor-
at-Large, Cornell University
1992 George Winter Prize, ASCE
1991 Honorary Doctor of Science,
Grinnell College
1990 Honorary Doctor of Humane Letters,
Union College
1986 Member, National Academy
of Engineering
1986 History and Heritage Award, ASCE
1979 Dexter Prize, outstanding book
in the History of Technology

Auszeichnungen für Lehre |
Teaching Awards
2001 Distinguished Teacher Award,
School of Engineering & Applied Science
1999 one of five top educators in Civil
Engineering since 1874, Engineering News
Record
1998 Educator of the Year, Consulting
Engineers Council of New Jersey
1997 Educator of the Year,
Central New Jersey Section,
American Society of Civil Engineers
1996 President's Award for Distinguished
Teaching at Princeton
1995 N.J. State Professor of the Year,
Carnegie Foundation for the Advancement
of Teaching
1990 Charles A. Dana Award for Pioneering
Achievements in Higher Education
1988, 1992 Princeton Engineering Council
Excellence in Teaching Awards

Lehrausstellungen | Teaching Exhibitions
2003 The Art of Structural Design:
A Swiss Legacy, Princeton Art Museum
2000 The New Art of Structural Engineering,
National Science Foundation, Arlington VA
1980 Heinz Isler – Structural Artist, Princeton
Art Museum, (traveled US and Japan)
1978 The Bridges of Christian Menn,
Princeton Art Museum, (traveled US and
Canada)
1976 The Bridges of Robert Maillart,
Princeton Art Museum
1974 The Eads Bridge, Princeton Art Museum
and St. Louis Art Museum
1972 Bridges & Sculpture, Princeton Art
Museum

wichtigste Bücher | Major Books
2003 *The Art of Structural Design:
A Swiss Legacy*, New Haven CO
1997 *Robert Maillart: Builder, Designer, Artist,
A Biography*, Cambridge MA
1996 *The Innovators: The Engineering
Pioneers Who Made America Modern*,
Hoboken NJ
1990 *Robert Maillart and the Art
of Reinforced Concrete*, Zürich
1983 *The Tower and the Bridge: The New Art
of Structural Engineering*, Princeton NJ
1982 *Thin-Shell Concrete Structures*, New
York NY
1979 *Robert Maillart's Bridges*, Princeton NJ
1963 *Structures Models and Architects*
(with Jack R. Janney and Robert Mark),
Princeton NJ

Über 160 Veröffentlichungen in
Fachzeitschriften | over 160 publications in
journals

Annette Bögle

*1968, Bietigheim

Ausbildung | Education
1994 Diplom-Ingenieurin, Universität Stuttgart
1993 Department of Material Science and
Engineering, Tongji University, Shanghai, China
1988–1994 Studium Bauingenieurwesen,
Universität Stuttgart

Beruf | Job Experience
1999–2002 DFG-Forschungsvorhaben „Geometrie, Tragverhalten und Fertigungstechnik
doppelt gekrümmter Flächentragwerke"
1997– Lehrauftrag Baukonstruktion,
Staatliche Akademie der Bildenden Künste,
Stuttgart
1995–1997 DFG-Forschergruppe FOGIB,
Ingenieurbauwerke – Wege zu einer
ganzheitlichen Beurteilung
1995– Wissenschaftliche Mitarbeiterin,
Institut für Konstruktion und Entwurf II
(Prof. Jörg Schlaich), heute: Institut für Leichtbau Entwerfen und Konstruieren (Prof. Werner
Sobek), Bauingenieurwesen, Universität
Stuttgart
1994–1995 Ingenieurin, Boll und Partner,
Stuttgart

Veröffentlichungen | Publications
2003 *Evaluation in Conceptual Design*,
Proceedings | ABSE Symposium, Antwerp;
Belgium
2002 *Zum Bewertungsprozess im Ingenieurwesen am Beispiel des Wettbewerbs einer
Fuß- und Radwegbrücke in Stuttgart*, Beton-
und Stahlbetonbau 97, Heft 11
2000 *Morphology of Structural Form –*
a Contribution to Conceptual Design,
Proceedings Structural Morphology Group,
IASS, Delft, Netherlands, with Arndt Goldack
und Rosemarie Wagner
1999 *Brückenbau – Baukultur?*, Normative
Technikbewertung – Wertprobleme der
Technik und die Erfahrungen der DVI-Richtlinie
3780, Hrsg. Friedrich Rapp, mit Jörg Schlaich
1999 *Structural Design – Aesthetic and
Functionality*, Proceedings fib Symposium,
Prague, Czech Republic
1998 *Dachtragwerke – Funktion und
Konstruktion*, Detail 6, mit Rosemarie Wagner
1998 *Conceptional Design of Renaissance
Arch Bridges*, Proceedings Arch Bridge
Conference, Venezia, Italy, with Holger Falter
1997 *Werten im Erkenntnisprozeß – Ausblick*,
Abschlußbericht FOGIB, Band 1, mit Knut
Gabriel und Joachim Spieth

Ingeborg Flagge

*1942, Oelde Westfalen, geb. Grewe
www.DAM-online.de

Ausbildung | Education
1971 Dr.Phil., Universität Köln
1967–1969 Studium, University-College,
London, UK
1966–1972 Stipendiat, Studienstiftung
des Deutschen Volkes
1963–1971, Studium, Philosophie,
Geschichte, Sanskrit, Archäologie,
Ägyptologie, Alte Geschichte, Kunst- und
Baugeschichte, Universität Köln
1963 English Interpreter,
Dolmetscherschule Köln
1962–63 English Language,
University Cambridge, UK

Beruf | Profession
2000– Direktorin, Deutsches Architektur
Museum DAM
1978–1983 Bundesgeschäftsführerin BDA,
Bonn
1974–1998 Chefredakteurin *der architekt*
1971–1974 Referentin für Öffentlichkeits-
arbeit, Bund Deutscher Architekten BDA, Bonn
1984– Freie Architekturkritikerin und
Herausgeberin

Hochschule | University
1995–2000 Professorin Bau-und
Architekturgeschichte, HWTK Leipzig

Auszeichnungen | Awards
Silberne Halbkugel, Deutsches Nationalkomitee
für Denkmalschutz Kritikerpreis, Bundes-
architektenkammer

wichtigste Bücher | Major Books
Monographien über Bauten oder Architekten |
monographies about buildings or architects:
*Karl-Heinz Schommer, Schweger und Partner,
Kurt Ackermann, Schürmann Architekten,
Helmut Striffler, Richard Meier, Busmann +
Haberer, Gustav Peichl, Wilhelm Kücker*
1991, 1992, 1993, 1994, 1995, 1998, 2000
Jahrbuch Licht und Architektur
1999 *Wohnen 1945–2000*, Stuttgart
1999 *Leipzig seit 1990*, Basel
(mit Anette Hellmuth)
1997 *Streiten für die menschliche Stadt*,
Texte zur Architekturkritik, Hamburg
1996 *Architekturführer Bonn, Berlin*,
mit Andreas Denk
1994–1996 Reihe *Bauwerke*, 5 Bände, Berlin
1994 *Studienführer für Architekten*, Nürnberg
1990 *Bauen und Planen in der Bundesrepublik
Deutschland nach 1945*
1989 *Postbauten – die Nachkriegsarchitektur
der Post*,
1986 *Kinobauten*, München
1985 *Museumsarchitektur*, Bonn
1984 *Architektur in Bonn nach 1945*, Bonn
1982 *Der Entwurf eines neuen Eichstätt*

1973 *Die Utopie der nahen Zukunft –*
Architektur im Jahre 2003

Veröffentlichungen | Publications
Etwa 1500 Beiträge in Fachpublikationen und
Büchern | about 1500 publications in journals
and books
viele Vorträge, Radio und TV-Sendungen,
Filme | numerous lectures, radio and
TV interviews, films

Volkwin Marg

*1936, Königsberg/Ostpreußen
www.gmp-architekten.de

Ausbildung | Education
1964 Dipl.Ing. Architektur
1958–1964 Studium Architektur, TU Berlin,
TU Braunschweig, TU Delft

Büro | Office
1965 von Gerkan, Marg und Partner
Architekten, Hamburg

Hochschule | University
1986– Professor für Stadtbereichsplanung,
Architektur, RWTH Aachen

Auszeichnungen und Ehrenmitglied-
schaften | Awards and Honors
1996 Fritz Schumacher Preis
1979–1983 Präsident, Bund Deutscher
Architekten BDA
1975–1979 Vize-Präsident, Bund Deutscher
Architekten BDA
1974 Akademie für Städtebau und
Landesplanung
1972 Freie Akademie der Künste, Hamburg

Wichtigste Bauten | Main Projects
2004 Umbau Olympiastadion, Berlin
2002 Porsche Center, Leipzig
2001 New Trade Fair, Rimini, Italia
2000 Art Kite Museum, Detmold
1999 Elbkaihaus, Hamburg
1999 Messehalle 8/9, Hannover
1997 Klappbrücke Kieler-Hörn, Kiel
1996 Messehalle 4, Hannover
1996 Neue Messe, Leipzig
1993 Wohnstift Augustinum, Hamburg
1993 Zürichhaus, Hamburg
1991 Sheraton Hotel, Ankara, Turkiye
1991 Carl-Bertelsmann-Stiftung, Gütersloh
1989 Museum für Hamburgische Geschichte
1980 Hanse Viertel, Hamburg
1977 Psychiatrische Kliniken, Rickling
1969 Haus Köhnemann, Hamburg
mehr als 200 fertig gestellte Bauten |
more than 200 completed buildings
etwa 360 Wettbewerbspreise,
davon 160 1. Preise | about 360 competition
prizes, 160 of them 1st prizes

aktuelle Ausstellungen | Recent Exhibitions
1997–2003 Utrecht, Beijing, Marburg,
München, Berlin, Frankfurt, Chicago, Busan,
Mantova, Paris, Hamburg, Hannover, Sevilla,
Porto, Essen, Stuttgart, Venezia, Grenoble,
Bonn, Bucharest, Riga, San Francisco, Seattle

Veröffentlichungen, Vorträge |
Publications, Lectures
Zahlreiche Veröffentlichungen und Vorträge
weltweit | numerous publications and lectures
worldwide

wichtigste Bücher | Major Books
2003 *La Nuova Fiera di Rimini,* Volkwin Marg,
gmp, Milano
2003 *World Architecture Review,* Special
issue on gmp, Building in China, Shenzhen
2001 *Halle 6 Messe Düsseldorf,* gmp,
München
2000 *Modell Virtuell, Analoge und*
digitale Medien in der Architektur, gmp, Berlin

2000 *Halle 8/9,* Volkwin Marg, gmp, München
1999 *Building for the Public,* gmp, Beijing
1997 *The Architecture of gmp,* John
Zukowsky, München
1997 *New Trade Fair Leipzig,* Volkwin Marg,
Basel
1996 *Renaissance of Railway Stations,*
The City in the 21st Century, Wiesbaden
1996 *Pilot-Projekt Aufbau Ost, Neue Messe*
Leipzig, Planung+Bau 1992–1995,
Volkwin Marg, Basel
1995 *Unter großen Dächern,* Gütersloh
1993 *Architektur in Hamburg seit 1900,*
Volkwin Marg, Hamburg

Marc Mimram

*1955, Paris, France
www.mimram.com

Ausbildung | Education
1982 DEA de Philosophie, Université Paris I
Sorbonne
1980 Architecte diplômé, Ecole Nationale
Supérieure des Beaux-Arts, Paris
1979 Master Civil Engineering, University
of California Berkeley, CA, USA
1978 Ingénieur, Ecole Nationale des Ponts
et Chaussées, Paris
1976 Maître des Sciences Mathématiques,
Université Paris VII

Büro | Office
1981 Marc Mimram Ingenierie, Paris

Tragwerksplanung | Structural Engineering
1995 Experimental Lab Aluminia, Novarra,
Italia (Renzo Piano)
1994 Muséum d'histoire Naturelle, Paris
(Chémetov et Huidobro)
1992 Palais des Congrès, Nantes (Yves Lion)
1990 Maison Dall'Ava, Saint Cloud (OMA)
1989 Ministère des finances, Paris (Chémétov
et Huidobro)

Bauten und Brücken | Buildings and Bridges
in Bau | Under Construction:
Bridge across Hai He river, Tianjin, China
Bridges across Highway, Teda, China
Swimming and Ice-Skating Hall, District
de la Plaine de France
Swimming and Ice-Skating Hall, Pailleron
Swimming Hall, Viry-Chatillon
Swimming Hall, Les Ulis
Footbridge across Rhine, Strasbourg – Kehl
Bridge for Metro, Toulouse
Group of 10 Bridges, Autoroute A19, Belfort –
Jura Suisse
High Voltage Towers, EDF, France

2003 Footbridge across Célé, Figeac
2003 Bridge across Meuse, Chooz
2002 Stadium, Morsang
2000 Footbridge Solférino, Paris
2000 Footbridges Saint-Denis and Aubervilliers
1999 Bridge for TGV train, across Canal de
Donzère, Lagarde Adhémar
1998 Housing Bd Barbès, Paris
1998 Bridge across St-Sauveur, Honfleur,
autoroute A29
1997 Footbridge Saint-Maurice-Maison-Alfort
1996 Housing Av. J. Jaurès, Paris
1993 Mat Palmer, 49 m, La Courneuve
1993 Stadium des Grands Pêchers, Montreuil
1993 Péage Station des Eprunes, Autoroute A5
1989 Footbridge PS0, 70 m, across Rocade,
Toulouse

Hochschule | University
1998– Professor of architecture and construction, Ecole d'Achitecture de la Ville
et des Territoires, Paris
1998–1999 Guest Professor, ETH Lausanne,
Suisse
1994–1998 Professor of architecture and
construction, Ecole d'Architecture Paris La
Defense

1991–1994 Professor of architecture and
construction, Ecole d'Architecture Paris-Tolbiac
1979–1989 Assistant Professor, Ecole des
Ponts et Chaussées, Paris

Bücher | Books
1999 *Matières du Plaisir,* Paris
1995 *Paris d'Ingénieurs,*
avec Bertrand Lemoine, Paris
1983 *Structures et Formes,*
Robert le Ricolais, Paris
Das Werk wurde vielfach veröffentlicht |
the projects have been published widely

Konferenzen | Conferences
Bordeaux, Charenton le Pont, Lille,
Montpellier, Nancy, Paris, Strasbourg,
Toulouse, Rennes, Berlin, Genève, Grenoble,
Helsinki, London, Stuttgart, Venezia, Austin,
Boston, Los Angeles, New York, Brasilia,
Montevideo, Beijing, Shanghai, Tokyo

Ausstellungen | Exhibitions
2000 Paris, 1998 Genève, 1997 Venezia,
1996 Paris, 1995 Austin TX

Peter Cachola Schmal

*1960, Altötting
www.DAM-online.de

Ausbildung | Education
1989 Dipl.Ing. Architektur, TU Darmstadt

Lehre | Teaching
1997–2000 Lehrauftrag Entwerfen,
Architektur, FH Frankfurt,
1992–1997 Wissenschaftlicher Mitarbeiter,
Hochbaukonstruktion, Architektur,
TU Darmstadt

Architektur | Architecture
1990–1993 ABE Architekten, Zeppelinheim
1989 Behnisch & Partner, Stuttgart

Deutsches Architektur Museum |
German Architecture Museum
2000 Kurator | Curator

Ausstellungen und Kataloge |
Exhibitions and Catalogs
2003 *A New WTC Design Proposals,*
Max Protetch Gallery
2002 *Das Geheimnis des Schattens,*
Licht und Schatten in der Architektur
2002 *DAM Jahrbuch Architektur in*
Deutschland, mit Wolfgang Voigt
2001 *digital real, blobmeister –*
erste gebaute projekte

Beiträge | Contributions:
2003, 2001 *Ingenieurbaukunst in*
Deutschland, Jahrbuch, Hamburg
2003 *Centrum. Jahrbuch Architektur und*
Stadt, Darmstadt
2002, 2001, 2000 *DAM Jahrbuch Architektur*
in Deutschland, München
1999 *Architektur in Frankfurt,* Hamburg
1999 *Der Poelzig-Bau – Vom IG Farbenhaus*
zur Goethe Universität, Frankfurt
1997 *TU Darmstadt Almanach*
1997 „*... in die Jahre gekommen"* Teil 2,
Stuttgart
1996 *Paltilna,* Hamburg

Etwa 150 Veröffentlichungen in der
Fachpresse | about 150 publications
in journals

Internet
1999–@b ins netz:
www.das-bauzentrum.de
2002– Website DAM:
www.dam-online.de
2002– Architekturportal Frankfurt Main:
www.kultur.inm.de

Projektregister
Register of Projects

Anhang
Appendix

Preise für Projekte
Awards for Projects
Schlaich Bergermann und Partner

Killesbergturm I Killesberg Tower
Stuttgart, 2001
2003 Hugo-Häring-Preis
2002 Auszeichnung guter Bauten,
BDA Baden-Württemberg
2002 Ingenieurbau-Preis, Auszeichnung
2001 Auszeichnung für Beispielhaftes Bauen
1997–2001 Architektenkammer
Baden-Württemberg

Bosch-Areal I Bosch Area
Stuttgart, 2001
2002 Auszeichnung guter Bauten,
BDA Baden-Württemberg

Haltestelle I Tram and Bus Stop
Heilbronn, 2001
2002 Auszeichnung guter Bauten,
BDA Baden-Württemberg
2002 Renault Traffic Design Award
2001 DuPont Benedictus Awards,
Exceptional Merit – Commercial

Messehalle 3 I Trade Fair Hall 3
Frankfurt/Main, 2001
2002 Preis des Deutschen Stahlbaus,
Auszeichnung
2002 RIBA Award

Expo-Brücken I Expo Bridges
Hannover, 2000
2000 Preis des Deutschen Stahlbaus

Flughafen I Airport
Leipzig/Halle, 2000
2002 Renault Traffic Design Award

Fußgängerbrücke B 312 I B 312 Footbridge
Reutlingen, 2001
2002 Renault Traffic Design Award,
Anerkennung

Werrekussbrücke I Werrekus Bridge
Bad Oeynhausen, 1999
2002 Renault Traffic Design Award

Katzbuckelbrücke I Hump Back Bridge
Duisburg, 1999
2002 Footbridge Award, Bridge design and
engineering, Technology medium span
2002 Renault Traffic Design Award,
Fußgängerbrücken
2002 Licht-Architekturpreis, Anerkennung

Römertherme I Roman Baths
Baden bei Wein, 1999
2001 Attestato, Ass. Fra di Cost.
In acciaio Italiano (Italienischer Stahlbaupreis)

Nesenbachtal-Brücke I
Nesenbachtal Bridge
Stuttgart, 1999
2000 Renault Traffic Design Award,
Autobrücken

Fortbildungsakademie Mont-Cenis I
Academy Mont Cenis
Herne, 1999
2000 Holzbaupreis NRW

Steg und Turm I Footbridge and Tower
Weil am Rhein, 1999
1999 Auszeichnung guter Bauten, BDA
Baden-Württemberg

Glacisbrücke I Glacis Bridge
Ingolstadt, 1998
1999 Architekturpreis Beton,
lobende Erwähnung
1998 Ingenieurbau-Preis

Messehalle 8/9 I Trade Fair Hall 8/9
Hannover, 1998
2000 Balthasar-Neumann-Preis,
lobende Erwähnung
2000 Architekturpreis für Vorbildliche
Gewerbebauten, Anerkennung

Fußgängerbrücke über die Enz Mosbach I
Footbridge across Enz Mosbach
1997
2000 Renault Traffic Design Award,
Anerkennung Fußgängerbrücken Kat. 1

Messehalle 13 I Trade Fair Hall 13
Hannover, 1997
2000 Balthasar-Neumann-Preis, Anerkennung
2000 Preis des Deutschen Stahlbaus,
Anerkennung

Skoda Car Factory, Mlada Boleslav
Czech Republic, 1996
1998 Auszeichnung des Europäischen Preises
für Industriearchitektur, Hannover

Messehalle 26 I Trade Fair Hall 26
Hannover, 1996
1997 Preis des Deutschen Stahlbaus
1996 Ingenieurbau-Preis, Auszeichnung

Merkurpromenade, Merkurbrücke I
Merkur Promenade, Merkur Bridge
Messe Leipzig, 1994
1996 Sächsischer Staatspreis für Architektur
und Bauwesen

Glacisbrücke I Glacis Bridge
Minden, 1996
2000 Renault Traffic Design Award,
Anerkennung Fußgängerbrücken Kat. 2

Pont de Normandie, A29, 1995
1995 Rubans d'or, Catégorie-Grands ouvrages
d'art, Grand prix du jury

Messehalle 4 I Trade Fair Hall 4
Hannover, 1995
1998 Balthasar-Neumann-Preis, engere Wahl

Vordach Bahnhof I Canopy Railway Station
Ulm, 1994
1994 Hugo-Häring-Preis

Wolfgang-Meyer-Sportanlage I
Wolfgang Meyer Sports Center
Hamburg, 1994
1994 Bauwerk des Jahres, AIV Hamburg

Bundestag Plenarsaal I Federal Parliament,
Plenary Chamber
Bonn, 1993
1998 Architekturpreis NRW
1994 Grand Prix of the International Academy
of Architecture, Sofia
1994 The Benedictus Award of Innovative
Use of Laminated Glass, Finalist
1993 European Steel Construction Prize, Paris
1993 Deutscher Architekturpreis
1993 Quatenario-International Award
for Innovative Technology in Architecture
1992 Mies-van-der Rohe-Award
for European Architecture, Finalist
1992 BDA-Preis NRW

Gottlieb-Daimler-Stadion I
Gottlieb Daimler Stadium
Stuttgart, 1993
1994 Hugo-Häring-Preis

Wabasha Street Bridge Replacement,
St. Paul/Minneapolis MN, 1992
1994 Progressive Architecture Award, Citation

Mehrzweckhalle I Multifunctional Hall
Schorndorf-Oberberken, 1991
1992 Deutscher Holzbaupreis

Bundespostmuseum I Postal Museum
Frankfurt / Main, 1990
1993 Martin Elsäßer Plakette, BDA Frankfurt

1991 Deutscher Architektur Preis,
Auszeichnung
1991 Architekturpreis Beton
1990 R.S. Reynolds Memorial Award,
AIA, USA
1990 Mies-van-der-Rohe-Award
for European Architecture, Finalist

Museum für Hamburgische Geschichte I
Museum of Hamburg History
Hamburg, 1989
1992 Auszeichnung des Deutschen Stahlbaus
1990 Ingenieurbau-Preis
1990 Mies-van-der Rohe-Award for European
Architecture (Honorable Mention)

AQUAtoll I Swimming Center
Neckarsulm, 1989
1991 Stahlinnovationspreis, 2. Preis 1. Kat.

Römisches Amphitheater I
Roman Amphitheatre
Nîmes, France, 1988
1990 Ingenieurbau-Preis, Würdigung

Max-Eyth-See-Brücke I
Lake Max Eyth Bridge
Stuttgart, 1988
1991 Hugo Häring Preis
1990 BDA-Auszeichnung guter Bauten

Leybold AG Forschung I
Leybold AG Research
Alzenau, 1987
1989 Constructa Preis
1989 Deutscher Architektur Preis,
Auszeichnung
1988 Architekturpreis Beton
1987 BDA-Preis Bayern

Hysolar Institut I Hysolar Institute
Stuttgart, 1987
1988 VIII International Architecture Prize
1988 Mies-van-der Rohe-Award for European
Architecture (Honorable Mention)
1988 Hugo Häring Preis
1987 BDA-Preis Baden-Württemberg

Rhein-Main-Donau Kanal
Fußgängerbrücke I
Rhine Main Danube Canal Footbridge
Kelheim, 1987
1990 FIP-Award for Outstanding Structures
1988 Ingenieurbau-Preis, Auszeichnung

Competition Williamsburg,
Bridge Replacement, 1987
1988 Design Concept Award, New York

Dish/Stirling,
Lampoldshausen 1983,
Riyad, Saudi Arabia 1985
1989 Stahlinnovationspreis, 1. Preis 1. Kat.

Europahalle I Europe Hall **1983**
1983 BDA-Preis Baden-Württemberg

Eislaufzelt I Ice-Scating Tent
München, 1983
1983 Deutscher Architekturpreis,
Auszeichnung
1983 BDA-Preis Bayern
1984 Mies-van-der Rohe-Award
for European Architecture

Aufwindkraftwerk I Solar Chimney
Manzanares, España, 1982
1982 Preis des Deutschen Stahlbaus

Kurgastzentrum I Spa Center
Bad Salzuflen, 1982
1985 Architekturpreis Beton,
Lobende Erwähnung
1984 BDA-Preis NRW, Anerkennung

Fußgängerbrücken Bundesgartenschau I
Footbridges BGS
Stuttgart, 1976
1979 Paul-Bonatz-Preis

Abbildungsnachweis
Illustration Credits

Alle weiteren Abbildungen und Zeichnungen stammen von Jörg Schlaich oder Schlaich Bergermann und Partner
All other photographs and drawings come from Jörg Schlaich or Schlaich Bergermann und Partner, S. = page

3deluxe, Wiesbaden I 53.25
Ackermann + Partner, München I 185.2
Günther Ahner / AV Edition, Stuttgart I 65.7, 74.3, 76.3
Archimation, Berlin I 151.13
AUDI AG, Ingolstadt I 53.19, 165.16
Behnisch, Behnisch & Partner, Stuttgart I 53.26
Arturo Beltrán, Zaragoza, España I 131.4, 134, 151.2
Beton- und Stahlbetonbau, Dez. 1980, Heft 12, S. 281 I 18.2,
Max Bill, Robert Maillart, S. 105, Zürich 1955 I 25
Braake Grobe, Stuttgart I 59.9, 283.8, 286, 292
Hans-Christoph Brinkschmidt, Hamburg I 177.17, 178, 182, 183,
Bünck + Fehse, Berlin I 45.1, 151.16, 164, 177.16, 187.23, 199
Klaus Buergle, Göppingen I 283.7, 287.2, 293.1
Claus Bury, Frankfurt Main I 259, 233.8, 233.9
James Carpenter, New York, USA I 187.12
Cruz y Ortiz, Sevilla, Espana I 151.7, 151.18
Crystal DT, Shanghai, China I 45.2, 151.15
N.Daniilides, Hellas I 187.11, 197.1, 197.2
Gert Elsner, Stuttgart I 21.1, 21.2, 22, 187.9, 190, 217.1, 219, 220, 232.2, 232.9, 232.10, 232.11, 232.12, 232.14, 232.15, 232.16, 232.17, 232.18, 232.19, 232.20, 232.21, 232.22, 234.1, 234.3, 236.1, 263.2, 236.5, 237, 238.4, 250, 251, 256, 257.1, 257.2, 305.1, 305.2
H.G. Esch, Hennef-Stadt Blankenberg I 17, 65.10, 84, 95.8, 166.3, 233.8, 233.17, 233.19, 233.20, 233.21, 233.22, 233.23, 243, 258.1, 258.3, 264-267
Colin Faber, Candela und seine Schalen, München 1965 I 13.1, 90.1,
Stephan Falk / Baubild, Berlin I 223.2, 223.4, 227.1, 227.2
Helmut Fischer GmbH, Talheim I 113.1, 113.6, 115.5
Klaus Frahm, Hamburg I 42.3, 43.1, 113.2, 116, 117, 131.5, 140.1, 165.8, 177.10, 181, 263
Massimiliano Fuksas, Roma I 113.24
Josef Gartner GmbH, Gundelfingen I 127.1
Gehry Partners Ltd., Santa Monica CA, USA I 15, 113.25, 121.1, 121.3, 177.20, 233.3
Gerber Architekten, Dortmund I 53.27
Meinhard von Gerkan, Renaissance der Bahnhöfe, S. 266, Wiesbaden 1997 I 9
von Gerkan, Marg und Partner, Hamburg I 42.1, 44.1, 65.6, 83, 94.4, 118.4, 173.4, 173.19, 175, 177.9, 177.18, 283.8
von Gerkan, Marg und Partner - Akyol I 42.2
Getty Images, Seattle WA, USA I 271.1, 271.2
Gabriele Glöckler, Stuttgart I 53.28
Goldsmith, Myron, Bauten und Konzepte, Buildings and Concepts, S. 8, Basel 1986 I 300.1
Reinhard Görner, Berlin I 87.7, 94.3
Rainer Graefe, M. Gappoev, O. Pertschi, Vladimir G. Suchov 1853–1939, Die Kunst der sparsamen Konstruktion, Stuttgart 1990 I 77
Jörg Gribl, München I 113.12 , 119
Grimshaw, London, UK I 187.20, 187.21
Roland Halbe, Stuttgart I 23, 53.11, 96.3, 113.3, 113.15, 113.17, 126, 128, 129.1, 129.2, 130, 145.4, 150.2, 150.3, 165.4, 165.15, 167, 169.1, 187.2, 187.17, 187.18,191, 193.1, 204-205, 208, 209, 214, 215.2, 225, 226, 299

Michael Heinrich, München I 233.11, 242.5
Oliver Heissner, Hamburg I 131.6, 138-139, 139.2, 140
Henn Architekten, München I 53.14
Peter C.Horn, Stuttgart I 165.5, 168, 177.3, 177.4
HPP, Düsseldorf I 151.11, 151.17
Werner Huthmacher, Berlin I 144.2, 131.13
IL Institut für Leichte Flächentragwerke, Frei Otto, Stuttgart I 99.1
Heinz Isler, Burgdorf, Schweiz I 88.1
Christian Kandzia, Stuttgart I 53.8, 55, 102.2
Klaus Kinold, München I 131.11, 141.3, 141.5, 141.4
Wilmar Koenig, Berlin I 145.7
Kohlmeier & Bechler, Heilbronn I 53.15
Waltraud Krase, Frankfurt Main I 177.11, 185.4, 185.5
Heiner Leiska, Hamburg I 42.2, 65.4, 82, 113.8, 177.12, 177.13, 179, 180.3, 241
Dieter Leistner, Mainz / architekton I 165.10, 170.1, 171
Burkhardt Leitner Constructiv, Stuttgart I 165.17
Bela Letto, Berlin I 113.20, 113.21, 120, 122, 123.1, 125
Thomas A. McMahon, John T. Bonner, Form und Leben, Konstruktionen vom Reißbrett der Natur, S. 118, Heidelberg 1985 I 300.2
Christian Menn, Chur, Schweiz I 12, 25, 305.3
MERO GmbH & Co. KG, Würzburg I 41, 113.14
Marc Mimram, Credit Jean Marie Monthiers I 29, 31
Richie Müller, München I 113.16, 185.3
Stefan Müller, Berlin I 144.1
Muffler Architekten, Tuttlingen I 233.7
Sigrid Neubert, München I 53.9, 95.2, 104, 106.6
Neumann + Partner, Wien, Österreich I 113.23
Monica Nicolic / artur, Köln I 131.10, 131.12, 133
Frei Otto, Das hängende Dach, Berlin 1954 I 96.2
Petzinka Pink Architekten, Düsseldorf I 53.23
Plataforma Solar, Almeria, España I 280.3, 282
PFEIFER Seil- und Hebetechnik GmbH, Memmingen I 106.5, 151.3, 165.3
Max Prugger, München I 97
Punctum/Schink, Leipzig I 53.22
Renzo Piano Building Workshop, Genova, Italia I 65.9, 85.1
Tomas Riehle, Köln I 53.20, 53.24, 233.24, 245, 247
Rostocker Messe- und StadthallenGmbH I 180.1
Jürgen Schmidt, Köln I 43.2, 73, 74.1, 74.2, 74.4, 95.7, 110-111, 113.18, 151.8, 163.1,163.2, 163.3, 165.9, 172, 174-175, 177.8, 233.15, 240, 242.1
Wilfried Schmidt, Hamburg I 87.1, 89, 91
Schnittstelle Stefan Zirwes, Stuttgart I 49, 233.16
Peter Seitz, Wiesbaden I 187.3, 187.4, 198, 223.1, 223.5, 224
Skyspan Europe, Rimsting I 149, 150.1
SNC Lavalin, Montreal, Canada I 131.3, 132
Solar Power One, Barstow CA, USA I 285.2
SOLO STIRLING GmbH, Sindelfingen I 279
Space Group, Busan, Korea I 151.9
Stadtbauatelier, Stuttgart I 113.22
Manfred Storck, Stuttgart I 151.4, 152, 156, 159
Hans Straub, Die Geschichte der Bauingenieurkunst, S. 195, Basel 1992 I 303.2
Dietmar Strauss, Besigheim I 217.4
Dirk Uhlenbrock, Hamburg I 47.2, 233.1, 260, 261
Union Electrica Fenosa, Almeria, España I 65.2, 285.1, 289, 290.1
Uni Stuttgart, Institut Prof. Jörg Schlaich I 34, 36.1-36.5, 37
Rafael Viñoly Architects PC, New York NY, USA I 65.8, 78-81
Ingrid Voth-Amslinger, München I 232.8, 246
Jens Weber, München I 184
Weidleplan Consulting, Stuttgart I 151.12
Klaus D. Weiss, Minden I 232.25, 254.3, 255
How Man Wong, Hong Kong I 272.2

Impressum
Imprint

Dieses Katalogbuch erschien anlässlich der Ausstellung ‚leicht weit – Light Structures, Jörg Schlaich Rudolf Bergermann' im Deutschen Architektur Museum (DAM), Frankfurt am Main (22. November 2003 bis 8. Februar 2004) | This catalog has been published on the occasion of the exhibition "leicht weit—Light Structures, Jörg Schlaich Rudolf Bergermann" at the German Architecture Museum (DAM), Frankfurt am Main (November 22, 2003 until February 8, 2004)

Herausgegeben von Annette Bögle, Peter Cachola Schmal und Ingeborg Flagge im Auftrag des Dezernats für Kultur und Freizeit, Amt für Wissenschaft und Kunst der Stadt Frankfurt am Main | Edited by Annette Bögle, Peter Cachola Schmal and Ingeborg Flagge for the City of Frankfurt am Main

Weitere Stationen der Ausstellung | Further exhibition venues:
03 – 04 / 2004
Freie Akademie der Künste, Hamburg
11/2004 – 02/2005:
YSA Gallery, Yale University,
New Haven CT, USA

© Prestel Verlag, München · Berlin · London · New York, und Deutsches Architektur Museum (DAM), Frankfurt am Main, 2003

© für die abgebildeten Werke bei den Architekten und Fotografen, ihren Erben oder Rechtsnachfolgern | of works illustrated by architects and photographers, their heirs or assigns
Abbildungsnachweis Seite 319 |
Photo credits page 319

Bibliografische Information Der Deutschen Bibliothek: Die Deutsche Bibliothek verzeichnet diese Publikation in der Deutschen Nationalbibliografie; detaillierte bibliografische Daten sind im Internet über http://dnb.ddb.de abrufbar.

British Library Cataloguing-in-Publication Data: a catalogue record for this book is available from the British Library

Deutsches Architektur Museum (DAM),
Schaumainkai 43, 60596 Frankfurt am Main,
Tel +49 (69) 212-36313
Fax +49 (69) 212-36386
www.DAM-online.de

Prestel Verlag, Königinstrasse 9, 80539 Munich,
Tel +49 (89) 38 17 09-0
Fax +49 (89) 38 17 09-35

Prestel Publishing Ltd., 4 Bloomsbury Place,
London WC1A 2QA, Tel. +44 (020) 7323-5004;
Fax +44 (020) 7636-8004

Prestel Publishing, 175 Fifth Avenue,
Suite 402, New York, NY 10010,
Tel. +1 (212) 995-2720; Fax +1 (212) 995-2733
www.prestel.com

Umschlag | Cover:
Katzbuckelbrücke Duisburg | Humpbacked Bridge, Duisburg, Abbildung | Image:
© H.G. Esch, Hennef-Stadt Blankenberg; World Cultural Center New York, THINK, Abbildung | Image: © Rafael Viñoly Architects PC, New York City NY, USA

Redaktion | Editing:
Peter Cachola Schmal (DAM), Annette Bögle

Bildrecherche, Organisation | Picture research, organisation:
Annette Bögle, Karin Zimmermann (sbp)

Zeichnungen | Drawings:
Birgit Graupner (sbp), Christiane Sander (sbp), Elfriede Schnee (Universität)

Lektorat | Editors:
Deutsch: Kirsten Rachowiak (Prestel),
Peter Cachola Schmal (DAM)
English: Peter Cachola Schmal (DAM),
Danko Szabó (Prestel), Annette Bögle

Projektmanagement Prestel | Project management:
Gabriele Ebbecke, Katharina Haderer

Übersetzungen | Translations:
Deutsch – English: Jeremy Gaines,
Peter Cachola Schmal
English – Deutsch (Essay David P. Billington):
Uta Hasekamp
Français – Deutsch (Essay Marc Mimram):
Joanna Zajac-Wernicke
Français – English (Essay Marc Mimram):
David Radzinowicz Howell

Gestaltung | Graphic design:
moniteurs, Berlin,
Sibylle Schlaich, Torsten Köchlin,
Stefan Kanther, Marco Baale

Herstellung | Production:
Matthias Hauer (Prestel)

Reproduktion | Reproduction:
Repro Ludwig, Zell am See

Druck | Printing:
Aumüller Druck, Regensburg

Bindung | Binding:
Kösel, Kempten

Printed in Germany on acid-free paper
ISBN 3-7913-2918-9 (Buchhandelsausgabe)
ISBN 3-7913-6011-6 (Katalogausgabe)

Ausstellung | Exhibition

Idee | Idea:
Ingeborg Flagge

Kuratoren und Texte | Curators and texts:
Annette Bögle,
Peter Cachola Schmal (DAM)

Gestaltung | Graphic design:
moniteurs, Berlin: Sibylle Schlaich,
Torsten Köchlin, Beatriz Jaschinski,
Volker Schlecht, Isolde Frey

Übersetzung | Translation:
Deutsch – English: Jeremy Gaines,
Peter Cachola Schmal

DAM: Realisation | Realization:
Peter Cachola Schmal, Christina Gräwe

Öffentlichkeitsarbeit | Public relations:
Ursula Kleefisch-Jobst

Modell Restaurierung | Model restoration:
Christian Walter

Ausstellungssystem Entwurf | Exhibition system design:
Jörg Schlaich

Ausstellungssystem Ausführung | Exhibition system realization:
Metallbau Schulze & Müller, Wiesbaden
Innenholz, Wiesbaden

Druck | Printing:
Brieke Fach-Fotozentrum & Visuelle Kommunikations GmbH, Frankfurt Main

Installation sbp | Installation:
Michael Zimmermann, Knut Stockhusen,
Axel Schweizer, Sebastian Linden,
Hannes Gerber, Knut Göppert

Dank | Thanks:
Diese Ausstellung konnte nur realisiert werden durch die großzügige und engagierte Mitarbeit seitens des Büros Schlaich Bergermann und Partner, insbesondere durch Jörg Schlaich persönlich. | This exhibition could only be realized thanks to the generous and committed participation of the office of Schlaich Bergermann und Partner, and especially that of Jörg Schlaich himself.

Wir möchten den Leihgebern für die hervorragende Kooperation danken |
We would like to thank the lenders for their exceptional cooperation:
Akademie der Künste Berlin, Architekturmuseum der Technischen Universität München, Auer + Weber + Architekten Stuttgart, DB ProjektBau GmbH Berlin, Deutsches Museum München, Deutsches Zentrum für Luft- und Raumfahrt Stuttgart, Dezernat II Sport- und Wohnungswesen Frankfurt, Heimatmuseum Tiergarten Berlin, Institut für Leichtbau Entwerfen und Konstruktion Universität Stuttgart, Jauss + Gaupp Architekten Friedrichshafen, Josef Gartner GmbH Gundelfingen, MERO GmbH & Co. KG Würzburg, Olympiapark GmbH München, PFEIFER Seil- und Hebetechnik GmbH Memmingen, Rafael Viñoly Architects PC New York City, Silcher Werner Redante Architekten Hamburg, Städtisches Sportamt Stuttgart, südwestdeutsches archiv für architektur und ingenieurbau saai Karlsruhe, Tiefbauamt Stuttgart, von Gerkan Marg und Partner Architekten Hamburg

Die Ausstellung und der Katalog wurden großzügigst unterstützt durch |
The exhibition and the catalog were generously sponsored by:

STADT FRANKFURT AM MAIN

ERNST & YOUNG

Ernst & Young AG,
Wirtschaftsprüfungsgesellschaft
Eschborn / Frankfurt am Main

PFEIFER Seil- und Hebetechnik GmbH,
Memmingen